FOM-Edition

FOM Hochschule für Oekonomie & Management

Reihenherausgeber
FOM Hochschule für Oekonomie & Management, Essen, Deutschland

Dieses Werk erscheint in der FOM-Edition, herausgegeben von der FOM Hochschule für Oekonomie & Management.

Weitere Bände in der Reihe
http://www.springer.com/series/12753

Markus H. Dahm · Stefan Thode
(Hrsg.)

Strategie und Transformation im digitalen Zeitalter

Inspirationen für Management und Leadership

Springer Gabler

FOM Hochschule

Herausgeber
Markus H. Dahm
FOM Hochschule f. Oekonomie & Management
Hamburg, Deutschland

Stefan Thode
FOM Hochschule f. Oekonomie & Management
Hamburg, Deutschland

FOM-Edition
ISBN 978-3-658-22031-0
ISBN 978-3-658-22032-7 (eBook)
https://doi.org/10.1007/978-3-658-22032-7

Die Deutsche Nationalbibliothek verzeichnet diese Publikation in der Deutschen Nationalbibliografie; detaillierte bibliografische Daten sind im Internet über http://dnb.d-nb.de abrufbar.

Springer Gabler

Gedruckt auf säurefreiem und chlorfrei gebleichtem Papier

Springer Gabler ist ein Imprint der eingetragenen Gesellschaft Springer Fachmedien Wiesbaden GmbH und ist ein Teil von Springer Nature.
Die Anschrift der Gesellschaft ist: Abraham-Lincoln-Str. 46, 65189 Wiesbaden, Germany

Vorwort

Organisationen jeder Art müssen sich in den nächsten Jahren und Jahrzehnten besonderen Herausforderungen stellen. Mehr oder weniger simultan wirken diverse Megatrends auf sie ein – unter anderem die Digitalisierung und die mit ihr verbundenen technologischen Revolutionen, der demografische Wandel und die aus ihm resultierenden gesellschaftlichen Umbrüche, ein ausgeprägtes Bewusstsein hinsichtlich Ökologie, Gesundheit, Arbeits- und Privatleben sowie die erforderlichen strategischen, organisatorischen und kulturellen Adaptionen. Mit singulären, isolierten oder punktuellen Anpassungen – ein neues Produkt hier, eine neue Abteilungsleitung da, eine Teamentwicklung dort – kann diesen Herausforderungen nicht adäquat begegnet werden. Organisationen müssen sich transformieren, um weiterhin überlebensfähig zu bleiben. Dem wird sich kein Unternehmen, keine Branche und auch keine Region entziehen können. Diese dynamischen Entwicklungen werden in unzähligen konzeptionellen Ansätzen ausführlich diskutiert: agiles Management, Diversity-Management, Geschäftsmodellinnovation, New Work usw. – die Liste ließe sich beliebig verlängern. Verbindendes Element dieser Ansätze ist das Ziel, Organisationen fit für den Wandel zu machen und die anstehende Transformation aktiv zu managen und zu agieren, statt zu reagieren.

Das vorliegende Buch widmet sich dem Management dieser Transformation. Die Idee zu diesem Buch ist entstanden aus den zahlreichen Erfahrungen der Herausgeber, die sie in den vergangenen zwei Jahrzehnten gleichermaßen als Hochschullehrer und Berater in verschiedenen Organisationen, Branchen und Ländern sammeln konnten und die sie in zahlreichen Diskussionen ausgetauscht haben. Das Buch verbindet neue konzeptionelle Ansätze mit praxisorientierten Erfahrungsberichten. Die Leser sollen so einen Überblick über aktuelle Entwicklungen bekommen, um die spezifischen Herausforderungen von Organisationen reflektieren zu können und zu ganz eigenen, innovativen Lösungen inspiriert zu werden. Insofern richtet es sich sowohl an Praktiker als auch an Wissenschaftler und Studierende.

Der Aufbau des Buches

Unternehmen in der Transformation haben diverse Herausforderungen zu bewältigen. Die ganze Bandbreite abdeckend gliedert sich der Transformationsprozess in vier Dimensionen:

Teil 1 widmet sich **Management und Methoden in der Transformation**. Den Anfang machen *Markus Dahm und Eva Walther*: Sie nehmen den Leser mit auf eine Reise durch die Digitalisierung von Unternehmen und beschreiben, wie sich Geschäftsmodelle, Prozesse, Strukturen, Arbeitsweisen, Unternehmenskulturen und Führungsverständnis verändern bzw. verändern müssen, um langfristig erfolgreich zu bleiben. Anschließend stellen *Stefan Thode und Lars Wistuba* die SWOT^3 als Methode der agilen Strategieentwicklung vor. Es handelt sich um ein multidimensionales Tool, das sie auf Basis der klassischen SWOT-Analyse und der TOWS-Matrix im Rahmen der Entwicklung der Strategie 2020 für die Polizei Niedersachsen entwickelt haben. Es dient dazu, in interdisziplinär besetzten Workshops hierarchie- und funktionsübergreifend diskursive Prozesse der Strategischen Analyse und Strategieformulierung moderieren zu können. Aufgrund ihres multidimensionalen Aufbaus eignet sich die SWOT^3 zur agilen Strategieentwicklung, d. h. zu einer schnellen, anlassbedingten und partizipativen Anpassung bestehender Strategien in der VUCA[1]-Welt. Der anschließende Beitrag von *Carolin Joseph und Markus Dahm* stellt die für eine Transformation erforderlichen Eigenschaften der Veränderungsfähigkeit und Veränderungsbereitschaft von Unternehmen in den Mittelpunkt. Sie zeigen an realen Unternehmensbeispielen wie die von Schlecker, Quelle und dem Weltbildverlag, welche verheerenden Auswirkungen es haben kann, wenn zwischen den Eigenschaften Misfits bestehen. Das vorgestellte „Sustained-Change-Readiness-Modell" (SCR) zeigt, wie sich eine anhaltende Veränderungsbereitschaft und -fähigkeit erzielen lässt und welche Stellhebel dafür besonders wichtig sind. *Sabine Joergens und Markus Dahm* stellen im nachfolgenden Beitrag dar, wie sich das Change-Management, also die Begleitung des Wandels in den Unternehmen, grundlegend verändern muss, damit den Ansprüchen der Mitarbeiter im Hinblick auf Integration und Mitbestimmung besser entsprochen wird – und die Mitarbeiter die Veränderung nicht nur mittragen, sondern auch mitgestalten. Aufgezeigt werden sechs Prinzipien, anhand derer sich das Veränderungsmanagement neu erfinden muss. Bisher gültige Change-Ansätze wie die Change Curve von Kübler-Ross treffen die Wirklichkeit nicht mehr, postulieren die Autoren. Der Beitrag von *Isabel Doege und Stefan Thode* stellt die Ausgangsüberlegung an, dass Unternehmen, die ihr Management agiler gestalten, ihr HR-Management hieran anpassen müssen, da in einer agilen Transformation häufig auf Hierarchieebenen verzichtet wird und neue Anforderungen an die Mitarbeiter gestellt werden. Der Beitrag basiert auf einer persönlichen Befragung von Experten, die im HR-Bereich agiler Unternehmen arbeiten. Es wird aufgezeigt, welche Aufgaben das HR-Management übernehmen sollte und welche Rolle der HR-Bereich im agilen Umfeld wahrnehmen kann. *Heiko Süthoff* zeigt in seinem Beitrag, wie Unternehmen mit Hilfe von digitalen Technologien und neu ausgerichteten Marketingstrategien lernen, ihre wichtigste Zielgruppe zu verstehen: den individuellen Konsumenten. Dazu müssen die bekannten „4 Ps" des Marketings um die „4 Rs" der Transformation erweitert werden: die richtige Information, zur richtigen Zeit, in der richtigen Qualität, im richtigen Kanal.

[1] **V**olatility, **U**ncertainty, **C**omplexity, **A**mbiguity.

Teil 2 betrachtet **Kultur und Leadership in der Transformation**. Zu Beginn stellen *Stefan Thode und Lars Wistuba* in ihrem Beitrag die Entwicklung der Strategie 2020 bei der Polizei Niedersachsen vor. Ein wesentliches Merkmal der Strategie 2020 und aller Folgestrategien ist, dass sie nicht mehr alleinig vom Innenministerium und Landespolizeipräsidium entwickelt werden. Stattdessen soll Expertise unabhängig von Dienstgrad und Funktionsbereich berücksichtigt werden. Folglich muss ein organisationsweites strategisches Mindset entwickelt werden. *Thomas Lucas-Nülle* verdeutlicht, vor welchen besonderen Herausforderungen traditionelle, etablierte Unternehmen mit ihrem häufig sehr komplexen Kunden- und Lieferantenumfeld im Vergleich zu neuen, digitalen Anbietern wie Airbnb, OpenTable, WhatsApp und anderen stehen. Sie müssen in den digitalen Wandel einsteigen, ohne die Basis des Unternehmens zu riskieren. Es gilt also, ein Digital Leadership zu entwickeln. *Aaron Brückner* betrachtet die besonderen Anforderungen, die an Familienunternehmen gestellt werden. Gewohnte Wachstums- und Erfolgsmuster von Familienunternehmen haben zunehmend ausgedient. Um die Überlebensfähigkeit des Familienunternehmens auch in Zukunft zu sichern, ist es notwendig, so sachorientiert wie möglich zu werden, ohne die personenorientierte, auf der Familie basierende Geschichte, Kultur und Erfahrung zu verlieren. Familienunternehmen stehen also vor der paradoxen Herausforderung, zum Konzern werden zu müssen, ohne dabei zum Konzern zu werden. *Clemens Jäger und Nicolai Müller* veranschaulichen, dass Wandelbarkeit zu einer der wichtigsten Kernkompetenzen für Unternehmen wird. Es geht darum, bestehende Geschäftsmodelle ständig zu hinterfragen und weiterzuentwickeln und einen Modus der kontinuierlichen Selbsterneuerung entstehen zu lassen. Bei der dafür notwendigen Veränderung der Unternehmenswerte kann auch Feel-Good-Management einen Beitrag leisten, wie *Jessica Lange* verdeutlicht. Sie sieht es als Anzeichen einer kulturellen Transformation, sowohl gesellschaftlich als auch innerhalb der Unternehmen bzw. im Management. Arbeitsstrukturen und -formen verändern sich, wodurch Unternehmenswerte und -kultur für die Zukunftsfähigkeit eines Unternehmens immer bedeutender werden und die Arbeitgeberattraktivität sich zu einem zentralen Faktor für die zukünftige Wettbewerbsfähigkeit entwickelt. Hier setzt das neuartige und zunehmend relevante Konzept des Feel-Good-Managements an.

Teil 3 enthält Beiträge zu **Technologien und Daten in der Transformation**. *Andreas Hein, Markus Böhm und Helmut Krcmar* stellen digitale Plattformen als Wegbereiter der Digitalisierung vor. Anhand der Beispiele von Apple im Bereich Business-to-Consumer und IBMs Watson IoT-Plattform im Bereich Business-to-Business leiten sie Best Practices ab. *Ute Twisselmann und Maria Hilgenberg* werfen einen Blick auf kognitive Systeme. Sie verstehen darunter alle IT-Lösungen, die Elemente von Analytics, Big Data oder künstlicher Intelligenz umfassen, und beschreiben wichtige Herausforderungen und Erfolgsfaktoren bei kognitiven Transformationswegen. Die wichtigsten Handlungsfelder liegen dabei in den Bereichen kognitive Strategie, Kulturänderung und einer agilen Transformationsmethodik. *Sebastian Rieck* betrachtet mit der Blockchain eine Technologie, die in den letzten Jahren ein rasant gestiegenes Interesse erfahren hat. Doch allzu oft überschattet dabei das große Innovationspotenzial der Blockchain-Technologie die rationale Betrachtungsweise. Für eine zielgerichtete Adaption sind Entscheidungsträger daher angehalten, den entsprechenden Wandel frühzeitig zu erkennen und eigene Anwendungsszenarien planvoll zu prüfen. Dann hat die Blockchain zweifellos das Potenzial, die Kommunikation und Interaktion von Geschäftssubjekten grundlegend zu verändern. Abschließend beschreibt *Horst Tisson* vor dem Hintergrund der Digitalisierung und des dadurch zunehmenden Anteils von Dienstleistungen die steigende Relevanz eines Enterprise-Service-Managements. Er betrachtet dabei sowohl Services für Unternehmenskunden als auch den innerbetrieblichen Leistungsaustausch. Unternehmen müssen flexibel auf Anforderungen der Kunden reagieren und agil neue Services entwickeln können, ohne den operativen Betrieb in seiner Stabilität zu gefährden.

Teil 4 widmet sich schließlich **Branchen und Unternehmen in der Transformation**. *Benjamin Constantine, Tim Gebauer und Benjamin Bartsch* gehen in ihrem Beitrag über die sogenannte Uberisierung der Frage nach, wie neue Anbieter es schaffen können, eine dominierende Marktstellung zu erreichen, während die etablierten Unternehmen nicht in der Lage sind, den anstehenden Wandel für sich zu nutzen. Dabei untersuchen sie drei Fallbeispiele: den Unterkunftsvermittler Airbnb aus dem Silicon Valley, den schwedischen Musikrevolutionär Spotify und den Erfinder des neuen Geldes, PayPal. Sie kommen zu dem Schluss, dass die drei diskutierten Unternehmen vor allem aufgrund der konsequenten Disruption bestehender Geschäftsmodelle erfolgreich sind. *Hilke Posor und Thomas Leppert* engagieren sich neben ihrem Beruf auch gesellschaftlich und haben den Heldenrat e. V. gegründet. Sie leiten aus den Erfahrungen sozialer Initiativen und der Analyse sozialen Engagements Best Practices für die VUCA-Welt ab. Obwohl der soziale Sektor in Deutschland gänzlich anders funktioniert als Wirtschaftsunternehmen, gelingt es ihm dennoch, regelmäßig auf gesellschaftliche Veränderungen zu reagieren. Die dabei gemachten Erfahrungen lassen sich auf Unternehmen übertragen, wenn bestimmte Kompetenzen vorhanden sind. *Albrecht Grell* hat maßgeblich die Ende 2015 begonnene digitale Transformation des maritimen Geschäfts von Det Norske Veritas Germanischer Lloyd (DNV GL) geprägt. Neben der Rolle von Management und Führung diskutiert er, wie sich die Transformationsbestrebungen in der Strategie niederschlagen. Abschließend betrachten *Ivo Mersiowsky, Uta Bösch und Gerald Feigenbutz* die Branche des deutschen mittelständischen Fensterbaus. Dieser steckt in einer Zwickmühle: Einerseits bedarf es vor dem Hintergrund der Digitalisierung durchdachter Produkt- und Prozessinnovationen, andererseits besteht für das Produkt Fenster nicht die Zahlungsbereitschaft wie für ein Lifestyle-Produkt. Es ist einem ruinösen Preiskampf und zunehmend internationalem Wettbewerb ausgesetzt. Der Beitrag stellt den aktuellen Diskussionsstand zur Digitalisierung als Herausforderung für den Fensterbau dar, der für teils industriell und teils handwerklich geprägte Branchen beispielhaft ist. Im Mittelpunkt steht die Frage, welche Chancen und Voraussetzungen Branchenexperten für eine stärker an der Wertschöpfungskette orientierte Betrachtung der Digitalisierung sehen. Als Lösungsansätze werden die Rolle von Normen und Gütekriterien, die Ressourceneffizienz als Leitindikator und die Strategieentwicklung vertieft.

Wir danken herzlich allen Menschen, die dieses Buch auf ganz unterschiedliche Art und Weise ermöglicht haben. Es wäre nicht möglich gewesen, ohne unsere Ehefrauen und Familien. Wir danken euch für eure liebevolle Unterstützung und euren selbstlosen Verzicht. Allen Autorinnen und Autoren danken wir dafür, dass sie früh ihr Interesse signalisiert haben, einen Beitrag zu leisten und ihre wertvollen Erfahrungen zu teilen. Unser Dank gilt zudem Angela Meffert vom Springer Gabler Verlag für die Koordination bei der Erstellung des Buches sowie Susanne Martus für das Korrektorat. Herrn Prof. Dr. Thomas Heupel danken wir für die Aufnahme des Buches in die FOM-Edition und Herrn Kai Enno Stumpp für die Begleitung bei der Entstehung. Ohne den Einsatz aller genannten Personen wäre dieses Buch nicht möglich gewesen.

Hamburg
im Herbst 2018

Prof. Dr. Markus H. Dahm
Prof. Dr. Stefan Thode

Inhaltsverzeichnis

Teil I

Management und Methoden in der Transformation

Digitale Transformation 1

Markus H. Dahm und Eva Walther

1.1 Die Welt im Wandel

Auswirkungen der Digitalisierung
Der digitale Wandel ist nicht erst seit gestern Realität, doch er beschleunigt sich aufgrund des technologischen Fortschritts zunehmend. Heute werden tagtäglich in jeder Sekunde im Durchschnitt mehr Informationen über das Internet ausgetauscht, als vor 20 Jahren im gesamten Netz überhaupt gespeichert waren. Der Einzelhandelskonzern Walmart erfasst pro Stunde Kundendaten im Umfang von 50 Mio. Aktenschränken. Durch den Einsatz von 3-D-Druckern können reale Objekte geschaffen werden. Und dies ist genauso einfach, wie ein Dokument auf Papier auszudrucken. Autos sind in der Lage, selbstständig zu fahren, und steuern zudem umsichtiger und unfallfreier durch den Verkehr als menschliche Fahrer. Nicht zuletzt treffen Kommunikations- und Informationssysteme Entscheidungen besonnener und genauer, als Menschen es können.

Die Kombination von rasant gestiegener Computerleistung und untereinander oder mit realen Gegenständen vernetzten Rechnern hat bereits die Art und Weise verändert, wie wir kommunizieren, interagieren, arbeiten und leben.

Und das ist erst der Anfang. Digitalisierung bedeutet nicht nur, eine Social-Media-Präsenz aufzubauen oder eine mobile Webseite zu entwickeln, sondern geht weit darüber hinaus: Digitale Technologien werden nicht nur Wertschöpfungsketten, Organisationsstrukturen, operative Prozesse und Geschäftsmodelle grundlegend verändern, sondern gesamte Unternehmen. Diesem Wandel wird sich keine Branche und kein Unternehmen

M. H. Dahm (✉)
FOM Hochschule f. Oekonomie & Management
Hamburg, Deutschland
E-Mail: markus.dahm@de.ibm.com

E. Walther
60322 Frankfurt, Deutschland
E-Mail: eva_walther@t-online.de

M. H. Dahm und S. Thode (Hrsg.), *Strategie und Transformation im digitalen Zeitalter*, FOM-Edition, https://doi.org/10.1007/978-3-658-22032-7_1

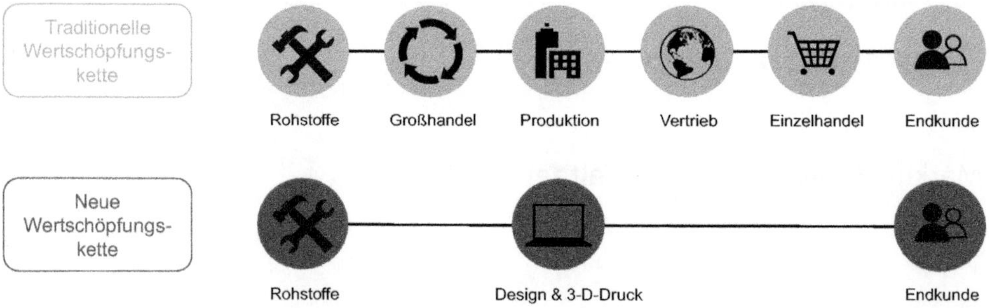

Abb. 1.1 Traditionelle und neue Wertschöpfungskette mit 3-D-Druck

entziehen können. Die erfolgreiche Umsetzung der digitalen Neuerfindung wird demnach maßgeblich dafür sein, welche Unternehmen sich im Wettbewerb behaupten können und welche nicht.

In diesem Zusammenhang fallen häufig die Wörter „digitale Disruption" oder auch „digitale Neuerfindung". Diese beschreiben die Neuerfindung von Geschäftsmodellen und ganzen Wirtschaftszweigen, tiefgreifende Änderungen von Wertschöpfungsketten durch die Digitalisierung unserer Lebenswelt, das veränderte Konsumverhalten und eine völlig neue Wettbewerbssituation (vgl. Deloitte Digital GmbH und Heads! Executive Consultancy 2015, S. 2).

Der *3-D-Druck* ist ein gutes Beispiel für die Digitalisierung unserer Welt. Diese Technologie hat das Potenzial, ganze Fertigungsindustrien zu revolutionieren. Egal, ob es sich um die Automobilindustrie, das Gesundheitswesen, die Luftfahrt, die Rüstungs- oder die Konsumgüterindustrie handelt: Innovationen lassen sich künftig augenblicklich in greifbare Gegenstände verwandeln, indem ein neues Produkt vor Ort entwickelt, konstruiert und ausgedruckt werden kann. Traditionelle Wertschöpfungsketten werden auf diese Weise grundlegend verändert, und es stellt sich die Frage, wie, wo und von wem in Zukunft Dinge hergestellt werden. Produzenten stehen vor der Aufgabe, ihre Rolle in der digitalisierten Welt neu zu definieren, wenn sie auch in Zukunft im Wettbewerb eine relevante Rolle spielen möchten. Abb. 1.1 zeigt am Beispiel des 3-D-Drucks, dass die traditionellen Akteure der Wertschöpfungskette wie Anbieter für Rohstoffe, Großhändler, Hersteller, Logistikunternehmen und Einzelhändler entweder aus der Wertschöpfungskette verschwinden oder sich ihre Rollen signifikant verändern werden.

Der 3-D-Druck ist jedoch nur eines von vielen Beispielen, das verdeutlicht, wie massiv digitale Technologien verschiedene Branchen heute bereits beeinflussen und auch in Zukunft verändern werden.

CEOs sind sich der Auswirkungen der Digitalisierung bewusst

CEOs sind sich darüber einig, dass die Digitalisierung zu erheblichen Veränderungen in ihren Unternehmen führen wird. Doch sie müssen sich auch der Auswirkungen auf ihr eigenes Geschäftsmodell gewahr werden, die erforderlichen Maßnahmen für den Wandel definieren sowie ständige Weiterentwicklung und Innovation im Unternehmen etablieren. Während die ersten beiden Schritte das Überleben des Unternehmens sicherstellen, ist die Etablierung einer Innovationskultur notwendig, um in Zukunft einen nachhaltigen Wert für das Unternehmen zu generieren.

Gleichzeitig vergrößern neue Technologien den Einfluss der Konsumenten. Die Generation aufgeklärter und fordernder Kunden erwartet außergewöhnliche und auf ihre individuellen Bedürfnisse zugeschnittene Erlebnisse. Laut einer von dem IT- und Beratungsunternehmen IBM durchgeführten Umfrage unter 2151 Führungskräften weltweit glauben 54 % der Befragten, dass sich das Kaufverhalten der Kunden von einem produkt- und dienstleistungsorientierten Ansatz zu einem erlebnisorientierten Ansatz weiterentwickeln wird. Dies führt dazu, dass 71 % der Befragten beabsichtigen, individuell auf den jeweiligen Kunden zugeschnittene Lösungen anzubieten. Darüber hinaus soll durch den Einsatz von Technologie für eine Festigung der Kundenbeziehung gesorgt werden (vgl. IBM Institute for Business Value 2016, S. 5).

Polyvore gilt als Beispiel einer erfolgreichen Digitalisierungsstrategie
Dies hat beispielsweise die Online-Community Polyvore bereits in die Tat umgesetzt und gilt deshalb als eine der beliebtesten Social-Shopping-Seiten im Internet (Focus online 2010). Die aus den USA stammende Webseite verbindet Elemente von sozialen Netzwerken mit der Möglichkeit, kreativ tätig zu werden. Und die Idee dahinter ist mehr als einfach: Auf der Plattform können die Mitglieder virtuelle Outfits in sogenannten Sets zusammenstellen. Welche Schuhe passen zu dieser Hose, welches Shirt könnte man mit diesem Blazer kombinieren? Dazu klickt man die gewünschten Teile an und fügt sie in einem Bild zusammen. Sie können gedreht, gespiegelt, vergrößert oder nach Preis sortiert werden. Die Kollektionen können darüber hinaus mit Hintergrundbildern und sogar Sounds aufgewertet werden – so entstehen keine reinen Modebilder, sondern emotionale Erlebnisse. Die selbsterstellten Kollektionen werden im virtuellen Kleiderschrank gesammelt und mit anderen Nutzern geteilt. Diese können die Kombinationen kommentieren, empfehlen oder sich mit dem Ersteller virtuell befreunden. Auch bei Facebook oder Twitter können die Sets geteilt werden. Auf diese Weise wird Einkaufen zum Community-Erlebnis.

Das Besondere an diesem Konzept ist, dass Polyvore Kleidungsstücke aus nahezu allen erdenklichen Onlineshops zentral auf einer Seite zusammenfasst. Bei Kaufinteresse werden die Kunden auf den ursprünglichen Onlineshop umgeleitet. Die Firma selbst verdient ihr Geld beispielsweise mit Werbeanzeigen und Kommissionen für verkaufte Produkte (vgl. IBM 2016, S. 5).

1.2 Der Einfluss der Digitalisierung auf Fachkräfte, Arbeitsweisen und Führung

Kreativität, Empathie und ganzheitliches Denken sind Eigenschaften, die der Arbeitnehmer von morgen mitbringen sollte. Das Denken in Netzwerken beherrscht seit dem rasanten Einzug der Computertechnologien immer mehr Bereiche. Shareness, Collaboration, Crowdsourcing, die „Weisheit der Vielen", Re-Mixing und Co-Creation sind die magischen Wörter, die den Paradigmenwechsel im Umgang mit Wissen und Kreativität einläuten. Branchen vernetzen sich immer mehr miteinander und lassen so neue Märkte entstehen. Das wirkt sich im Umkehrschluss auch auf Unternehmen aus. Ideen stammen künftig nicht mehr von einzelnen Spezialisten, sondern werden von einem lebendigen Wissenskollektiv generiert. Dieses Wissen aktualisiert sich kontinuierlich selbst. Komplexe Wissensarbeit muss hierbei nicht hierarchisch strukturiert sein, wie die Open-Source-Bewegung zeigt, sondern benötigt vor allem Offenheit und Freiräume, um Innovationen hervorbringen zu können. Denn Ideen vermehren sich nach einer Formel, die bereits Plato treffend beschrieben hat: „Wenn zwei Knaben jeder einen Apfel haben und diese tauschen, hat am Ende auch nur jeder einen. Wenn aber zwei Menschen je einen Gedanken haben und diese tauschen, hat am Ende jeder zwei neue."

Unternehmen müssen in der Zukunft mit ihrer wertvollsten Ressource – dem Wissen und der Innovationskraft ihrer Mitarbeiter – sorgsamer umgehen. Das Ideengut jedes Einzelnen wird in Prozesse, Produktentwicklungen und Projekte miteinbezogen werden und dadurch sowohl räumliche als auch zeitliche Aspekte der Arbeitsstrukturen grundlegend verändern (vgl. zukunftsInstitut 2015).

In der digitalen Arbeitswelt sinkt die „Halbwertzeit" von Wissen rapide. Qualifikationen sind schnell veraltet oder decken sich nicht mehr mit den Anforderungen des Arbeitsplatzes. Deshalb ist es sinnvoll, Mitarbeiter kontinuierlich mit dem für sie relevanten Wissen auszustatten. Hierbei spielt das sogenannte adaptive Lernen eine immer größere Rolle. Im Wesentlichen erhalten die Lernenden bei dieser Methode genau das Wissen, das ihren individuellen Bedürfnissen entspricht.

Aber nicht nur die Mitarbeitenden, sondern auch Führungskräfte müssen ihr Wissen fortlaufend erneuern und sich stetig weiterqualifizieren. Digitales und informelles Lernen werden wichtiger, mobiles Lernen liefert bedarfsgerechtes Wissen (vgl. Remdisch 2016, S. 13 f.)

Die Digitalisierung ist einer der entscheidenden Treiber dieser neuen Arbeitswelt und betrifft dabei immer mehr Bereiche: 79 % aller Beschäftigten weltweit sind bereits auf Internet und Telekommunikation angewiesen (vgl. zukunftsInstitut 2015).

Zusätzlich müssen Unternehmen auch das Thema Führung komplett überdenken. Gute Führung war schon immer eine besondere Herausforderung an die Persönlichkeit der Führungskraft. Durch die Digitalisierung kommen neue Anforderungen hinzu: bedingungslose Offenheit, maximale Beweglichkeit, sinnvolle Vernetzung und hohe Partizipation. Dies hat Führung in hoher Dynamik und Komplexität zur Folge. Digitale Strukturen und Prozesse führen auch dazu, dass die Grenzen zwischen Führenden und Geführten unschärfer werden.

Hierarchische Systeme in der klassischen Form sind veraltet. Vernetzungsintelligenz und empathisches Handeln entwickeln sich immer mehr zu den entscheidenden Fähigkeiten für erfolgreiche Führung. So gehört der sichere Umgang mit den neuen Medien zu den Basiskompetenzen, die den strategischen Aufbau und die sorgfältige Pflege der Netzwerke überhaupt erst möglich machen. Der Mensch hinter dem Mitarbeiter, dem Kunden und dem Lieferanten steht im Mittelpunkt. Damit werden persönliche Kontakte zur Pflicht (vgl. Fendt 2015).

Aufgrund dieser Entwicklungen ergeben sich folgende Handlungsempfehlungen für Führungskräfte:

In einer Always-on-Arbeitskultur muss die Führungskraft auf ihre eigene und auf die Gesundheit ihrer Mitarbeitenden achten. Sonst besteht die Gefahr, dass alle Beteiligten ausbrennen, weil die *Work-Learn-Life-Integration* nicht funktioniert.

Außerdem muss die Führungskraft den Aufbau *digitaler Arbeitskulturen* unterstützen. Es geht in der digitalen Arbeitswelt um das Wir und nicht um das Ich. Wir teilen Daten in der Cloud, wir benutzen gemeinsame Tools, um Daten auszutauschen und Wissen zu teilen, wir kommunizieren durch den Einsatz von Webkonferenzen.

Darüber hinaus ist es die Aufgabe der Führungskraft, die Mitarbeitenden im *Netzwerk stark* zu machen. Sie versorgt ihr Team mit Informationen und vernetzt es mit den richtigen Menschen.

Bei der Führung auf Distanz liegt die Herausforderung darin, auch ohne Kontakt von Angesicht zu Angesicht *Vertrauen aufzubauen,* Mitarbeitende an Entscheidungen teilhaben zu lassen und für ihre Bedürfnisse sensibel zu sein.

Nicht zuletzt hat die Führungskraft für ein *innovationsfreundliches Arbeitsklima* Sorge zu tragen. Die Mitarbeitenden müssen zu kreativem Handeln und disruptivem Denken motiviert werden (vgl. Remdisch 2016, S. 9). Dies kann beispielsweise durch das Abhalten von Innovationstagen erfolgen, um die Aufmerksamkeit auf das Thema zu fokussieren und zu aktivieren. Neben der Information und Sensibilisierung zu Innovation empfiehlt sich die direkte Einbindung der Mitarbeiter in den Innovationsprozess in Form von Kreativitätsworkshops. Quer durch alle Funktionen zusammengewürfelte Teams arbeiten an Innovationsfragen und erarbeiten neue Ideen und Lösungen. Sind die Workshops gut moderiert und die Themen spannend, wird dadurch eine immense Zugkraft erzeugt, und Menschen werden für Innovation begeistert und mobilisiert. Ganz wichtig ist natürlich auch, dass die Ideen nicht in einer Schublade landen, sondern Wirkung zeigen. Andernfalls verschwindet jedes Engagement (vgl. Hengsberger 2016).

Zukünftig erfolgreich sind Führungskräfte, die kommunikationsstark, einfühlsam und vertrauensvoll im Umgang mit ihren Mitarbeitern sind. Hierarchie und Autorität stellen keine nachhaltigen Werkzeuge zur Mitarbeiterführung dar. Wer führen will, muss glaubwürdig sein und echt auftreten, Visionen haben und diese kommunizieren sowie die Belange der Mitarbeiter nicht aus den Augen verlieren. Förderung und Weiterbildung, ein offener Umgang mit „Herrschaftswissen" und Konflikten, aber auch die Berücksichtigung der Individualität des Einzelnen stehen dabei im Vordergrund.

Für jüngere Mitarbeiter sind zum Beispiel eine klassische Karriere, Statussymbole, große Firmenwagen, eine Führungsrolle, ein Einzelbüro oder das Mittagessen mit dem Chef nicht mehr ausschlaggebend. Denn bezahlt werden diese Statussymbole häufig mit einer Überbeanspruchung des eigenen Wertesystems. Wertesysteme bestehen heute häufiger aus Work-Life-Integration, Privatsphäre und dem Weiterentwickeln eigener Ideen (vgl. Fendt 2015).

1.3 Digital Leader als Treiber der Digitalisierung im Unternehmen

Die Anforderungen, die eine digitale Neuerfindung mit sich bringt, sind hoch und werden an alle Bereiche des Unternehmens gestellt: Von Unternehmenskultur über Produktionsprozesse bis hin zu Marketing und Kundenkommunikation – überall sind tiefgreifende Veränderungen nötig.

Kaum ein Manager schafft es, sich diesen Herausforderungen parallel zum operativen Geschäft zu stellen. Aufgrund dessen findet vermehrt eine zusätzliche Position Einzug in Unternehmen – nämlich die des Chief Digital Officers (CDO).

Dieser ist dafür verantwortlich, eine Vision für die digitale Zukunft des Unternehmens zu erschaffen, der Organisation eine klare Richtung vorzugeben und jeden Einzelnen aktiv in den Transformationsprozess einzubeziehen. Der CDO ist nicht nur das Bindeglied zwischen allen Führungskräften der Vorstandsebene, sondern auch der direkte Bezugspunkt zur gesamten Organisation und der Mitarbeiter. Für die erforderliche Handlungsfähigkeit sollte er auf jeden Fall im Vorstand angesiedelt sein.

Namhafte internationale Konzerne wie McDonald's, Toyota, Starbucks, Nestlé oder L'Oreal haben die Position des CDOs bereits besetzt. Zahlreiche deutsche Unternehmen hingegen überlegen derzeit, ob sie einen Neuzuwachs auf Vorstandsebene rekrutieren sollen.

Der CDO schafft eine klare Vision für das gesamte Unternehmen, bricht bestehende Silos auf und bewirkt notwendige Veränderungen in der Organisation. Anders ausgedrückt: Für diese Aufgabe bedarf es eines Strategen, eines Umsetzers, eines Change-Managers und Impulsgebers. Und dies alles vereint in einer Person. Die digitale Neuerfindung stellt den CDO vor große organisatorische und persönliche Herausforderungen, und erfordert daher auch eine herausragende Führungspersönlichkeit, die nicht leicht zu finden ist.

Eine der essenziellen Aufgaben eines CDOs liegt darin, durch die Digitalisierung entstehende Potenziale zu identifizieren und für das Unternehmen zu nutzen. Dazu gehört die Entwicklung von digitalen Produkten und Dienstleistungen, die zum einen neue Einnahmequellen erschließen und zum anderen eine Steigerung der Kundenzufriedenheit bedeuten. Ferner muss der CDO in seiner Planung bedenken, welches Mitarbeiter-Knowhow für die Digitalisierung erforderlich ist, welches Wissen im Unternehmen vorhanden ist und welches es zu rekrutieren gilt.

Um diese Aufgaben zu bewältigen, muss der CDO viele Qualifikationen und Kompetenzen mitbringen. Er ist kein reiner IT-Manager, der in erster Linie einen technischen Hintergrund vorweisen muss, sondern er kann aus verschiedenen Bereichen kommen, wie zum Beispiel Betriebs- und Volkswirtschaft, Kommunikation, IT, Verwaltung, Produktentwicklung, Dienstleistung und mehr. In jedem Fall muss er aber höchst diverse Skills in seiner Person vereinen. Neben den breiten fachlichen Anforderungen erfordert die Rolle ein robustes Mandat und ein stabiles Selbstbewusstsein. Denn die Tatsache, dass der CDO für alle Digitalthemen zuständig ist, sorgt zwangsläufig auch dafür, dass er in den Bereich anderer Führungskräfte vorstößt.

Grundsätzlich muss sich jedes Unternehmen, egal zu welcher Branche es gehört, wie viele Mitarbeiter es beschäftigt, welche Produkte und Services es verkauft, und unabhängig davon, wie viel Umsatz es macht, einer Digitalisierung unterziehen. Zur erfolgreichen Durchführung dieses Prozesses bedarf es sowohl Kompetenz als auch Handlungsspielraum und Leadership-Buy-in. Eine digitale Neuerfindung kann nur gelingen, wenn alle im Unternehmen eng verzahnt an dieser Vision festhalten und sich gemeinsam diesen neuen Weg erarbeiten (vgl. Haschka-Helmer und Dreesbach 2015).

1.4 Der Wandel von der Individuenzentrierung zur Everyone-to-everyone-Wirtschaft

Waren früher Unternehmen die eigentlichen Treiber des Konsums, indem sie selbst entschieden, welche Produkte und Dienstleistungen sie bereitstellen und wie sie sie vermarkten, rückte in den letzten Jahren der Kunde bzw. das Individuum zunehmend in den Mittelpunkt und gewann Einfluss auf unternehmerische Entscheidungen. Heute sorgen digitale Technologien dafür, dass die Unternehmens- und Individuumszentrierung von der sogenannten Everyone-to-everyone-(E2E; deutsch: Jeder-zu-jedem-)Wirtschaft abgelöst wird.

E2E wird hierbei durch eine allumfassende Vernetzung und Zusammenarbeit von Unternehmen und deren Kunden und Partnern charakterisiert, die sich über die gesamte Bandbreite an Wertschöpfungsaktivitäten zieht. In diesem integrierten System erfolgt die Zusammenarbeit auf transparente Art und Weise, um eine Atmosphäre von Vertrauen und Effektivität zu schaffen und einen Mehrwert für alle Beteiligten zu generieren (vgl. IBM 2016, S. 2).

Die drei unterschiedlichen wirtschaftlichen Modelle lassen sich anhand der Dimensionen Konnektivität, Interaktivität, Bewusstsein und Intelligenz beschreiben (siehe Abb. 1.2).

E2E zeichnet sich durch die Eigenschaften orchestriert, symbiotisch, kontextbezogen und kognitiv aus (siehe Abb. 1.3).

Orchestrierung bedeutet, dass das wirtschaftliche Ökosystem durch eine reibungslose Zusammenarbeit und nahtlose Integration aller Akteure und Partner geprägt ist (vgl. IBM 2016, S. 1 f.). Hochleistungsfähige Liefer- und Distributionsketten reagieren rasch auf Bedarfsänderungen. Der Wettbewerbsvorteil entsteht dabei durch die Orchestrierung der Zusammenarbeit vom Lieferanten bis zum Kunden. Hierbei besteht hoher Koordinationsbedarf sowohl innerhalb des Unternehmens als auch mit seinen externen Partnern. Erforderlich sind die Harmonisierung der Planung, die Integration der Kooperationspartner entlang der Wertschöpfungskette sowie die übergreifende Abstimmung von Entscheidungsprozessen. Darüber hinaus ist es erforderlich, auch die Kultur, Organisationsstrukturen und Technologien aufeinander abzustimmen. Insgesamt ist eine übergreifende Orchestrierung der Wertschöpfungskette notwendig, damit der Kunde das „Mit einem Klick kann ich alles erledigen"-Gefühl durch ein nahtloses Partnernetzwerk hat. Der Wettbe-

Abb. 1.2 Der Wandel zur Everyone-to-everyone-Wirtschaft

werbsvorteil entsteht letztlich durch die nahtlose Orchestrierung der Zusammenarbeit vom Lieferanten bis hin zum Kunden. Das Berliner Start-up „Zalando“ beispielsweise steht für eine Revolution in der Modewelt und wurde in nur acht Jahren zu einem börsennotierten Konzern mit über 10.000 Mitarbeitern. Das Unternehmen verzahnt Onlinehandel, Auktionen, personalisierte Shopping-Erlebnisse, und Lifestyle-Angebote, um seinen Kunden ein integriertes Einkaufserlebnis anbieten zu können (vgl. Krämer 2009).

Des Weiteren lässt sich E2E als *Symbiose* bezeichnen, bei der jeder und alles, einschließlich Kunden und Unternehmen, voneinander abhängt. Kunden und weitere Partner interagieren miteinander und arbeiten in den Bereichen Co-Design, Co-Creation, Co-Production, Co-Marketing, Co-Distribution und Co-Funding zusammen. Beispielsweise handelt es sich bei Shoes of Prey um einen Online Retailer, der es Kunden ermöglicht,

Abb. 1.3 Die vier Eigenschaften einer E2E-Wirtschaft

die Form, Farbe, Absatzhöhe und Material eigenständig zu bestimmen. Kunden werden so zu Co-Designern und erhalten nicht nur die Schuhe, die ihren Wünschen entsprechen, sondern empfinden auch ein ganz besonderes Einkaufserlebnis (vgl. IBM 2016, S. 2).

Daneben ist E2E *kontextbezogen*. Dies bedeutet, dass die Erfahrungen der Kunden und Partner aufeinander abgestimmt und relevant für die jeweiligen Handlungen und Bedürfnisse sind. Mit der App „BCS Cowdition" von Bayer können zum Beispiel Landwirte und Tierärzte den Ernährungszustand von Milchkühen schnell und unkompliziert bestimmen. Die Smartphone-Anwendung ermittelt die Körperkonditionsnote (BCS-Note) von Kühen, hilft ihnen damit, die Herdengesundheit zu überwachen, und gibt darüber hinaus Hinweise auf Fütterungsfehler und Stoffwechselerkrankungen der Kühe. Die Bedienung der Bayer-App ist nach Angaben des Herstellers selbsterklärend. Der Anwender muss die Kuh lediglich von hinten und von der Seite fotografieren. Durch Auswählen vorgegebener Körperlinien kann er in wenigen Schritten die BCS-Note bestimmen (vgl. Bayer AG 2015).

Zuletzt ist E2E durch einen *kognitiven* Charakter, eigenständiges Lernen und Vorhersageanalyse gekennzeichnet. Auf diese Weise lassen sich Entscheidungen mithilfe eines Computers treffen. Ein Beispiel hierfür ist die Anwendung der künstlichen Intelligenz von IBM Watson im Medizinbereich. Watson kann dank seiner kognitiven Fähigkeiten und der Fähigkeit, aus Fehlentscheidungen zu lernen, Ärzte dabei unterstützen, medizinische Diagnosen zu stellen (vgl. IBM 2016, S. 2).

1.5 Drei Stufen des digitalen Reifeprozesses von Unternehmen

Um im Wettbewerb bestehen zu können, müssen sich Unternehmen im Zuge der Digitalisierung neu erfinden. Hierbei sind viele Unternehmen im Laufe der letzten Jahre durch einen digitalen Reifeprozess (Abb. 1.4) gegangen, der sich durch die Phasen Digitalisierung, digitale Transformation und digitale Neuerfindung auszeichnet (vgl. IBM 2016, S. 2).

Am Anfang des digitalen Wandels wurden bestehende Abläufe von der *analogen in eine digitale Form* überführt, ohne dabei zunächst die Grundlagen zu verändern. Im betrieblichen Ablauf ist das etwa das Ersetzen des papierbasierten durch einen elektronischen Workflow. Die Möglichkeit, Zahlungen online zu tätigen, ist hierfür ein weiteres Paradebeispiel.

Abb. 1.4 Die drei Stufen des digitalen Reifeprozesses

Im Zuge der darauffolgenden *digitalen Transformation* von Unternehmen ging es darum, die unterschiedlichsten Prozesse zu digitalisieren und aufeinander abzustimmen, um den Kunden möglichst individuelle und auf ihn zugeschnittene Erlebnisse bieten zu können. So können Unternehmen heute über ein nie dagewesenes Spektrum an Schnittstellen, sei es online, telefonisch oder in Geschäftsstellen, mit dem Kunden in Kontakt treten, dabei ein nahtloses und integriertes Mehrkanal-Erlebnis offerieren und sich damit entsprechend vom Wettbewerb differenzieren. Zusätzlich ermöglicht eine Multikanalstrategie Unternehmen eine vollständige Sicht auf den Kunden, sein Kauf- und Nutzerverhalten – mit dem Ziel, wertvollen Input für Vertrieb, Kundenbetreuung, und Kundenbindungsmaßnahmen zu gewinnen (vgl. IBM 2016, S. 8).

Die *digitale Neuerfindung* (oder englisch „Digital Reinvention") geht noch einen Schritt weiter. Sie beinhaltet das radikale Umdenken des Geschäftsmodells eines Unternehmens (Disruption). Das große Vorbild ist an dieser Stelle Steve Jobs. Sein iPhone hat den Markt für Mobiltelefone revolutioniert. Und Apples iPad hat gleich eine neue Gerätegattung etabliert – auf Kosten der Laptops. Am besten lässt sich die digitale Neuerfindung allerdings am Beispiel des iTunes Stores veranschaulichen. Anfang der 1980er-Jahre führte Philips die Compact Disc ein. Der digitale Tonträger übertraf die Schallplatte im Hinblick auf Tonqualität und Bedienung und war zudem deutlich billiger zu produzieren. Digital verdrängte Analog binnen wenigen Jahren in eine Nische für Nostalgiker. Die CD war zwar technisch eine große Innovation – doch die Wertschöpfungskette blieb bestehen. Anstatt Plattenspielern boten die Unterhaltungselektronik-Hersteller CD-Spieler. Die Presswerke verlegten sich auf die neuen Tonträger und blieben ebenso im Geschäft wie die Plattenhändler. Auch im Verhältnis zwischen Künstlern und Musikverlagen gab es keine großen Änderungen. Der Markt blieb, wie er war. Der iTunes Music Store hingegen nahm nicht nur Presswerke und Händler aus dem Spiel, sondern er schaffte für Kunden die Notwendigkeit ab, Musik im Bündel von 10 bis 15 Songs zu kaufen. Zudem eröffnete digitaler Musikvertrieb Künstlern die Chance, ohne Platten-Label zu veröffentlichen und dennoch als Band weltweit präsent zu sein (vgl. Ramge 2015).

1.6 Der Weg zu einem digitalisierten Unternehmen

Es stellt sich die Frage, wie es Unternehmen gelingen kann, auf der „digitalen Welle zu reiten" und sich vom Wettbewerb zu differenzieren. Viele Konzerne überlegen sich, wie sie ihr Geschäftsmodell gegen junge, digitale Eindringlinge in ihren Branchen schützen können.

Tatsache ist, dass Geschäftsmodelle zukünftig viel kurzlebiger sein werden, als dies in der Vergangenheit der Fall war. Die Grundregeln für wirtschaftlichen Erfolg galten in den letzten Jahrzehnten für mehrere Jahre. Heutzutage sehen sich Geschäftsmodelle jedoch mit einem raschen Verdrängungsprozess, Disruption und im Extremfall mit vollständiger Zerstörung konfrontiert.

Die *digitale Disruption,* also die Verdrängung bestehender Produkte und Strukturen durch neue Technologien oder Geschäftsmodelle, kann mit einer permanenten Revolution verglichen werden: Sie kommt in kurzen Wellen und betrifft alle Branchen. Mit den richtigen Entscheidungen in Bezug auf die Unternehmensausrichtung und der passenden technischen sowie personellen Ausstattung wird die Digitalisierung aber zur Chance für Unternehmen und zum stärksten Treiber für zukünftige Geschäftserfolge.

Start-ups wie Uber oder Airbnb beispielsweise konnten die Möglichkeiten der weltweiten Digitalisierung geschickt für sich nutzen und sich dadurch in kürzester Zeit zu ernstzunehmenden Konkurrenten für etablierte Unternehmen entwickeln (vgl. Baumeister 2016). Aber auch Unternehmen mit eingespielten digitalen Geschäftsmodellen bekommen die hohe Geschwindigkeit und Veränderungskraft des digitalen Wandels deutlich zu spüren: Laut dem von Zenith veröffentlichten Mobile Advertising Forecast werden im Jahr 2018 weltweit 73 % der Internetnutzung über mobile Geräte erfolgen. Damit setzt sich der Trend des mobilen Internets weiter fort (vgl. Saal 2017).

Ein weiterer Gewinner der Digitalisierung ist Facebook. Der Social-Media-Konzern zählte im vierten Quartal 2017 durchschnittlich 2,13 Mrd. monatlich aktive Nutzer, im Vorjahr waren es 1,86 Mrd. (vgl. Statista 2018a). Auch im Mobilbereich entwickelten sich die Kennzahlen durchweg positiv. Knapp 91 % der aktiven Nutzer greifen über ein mobiles Endgerät auf das soziale Netzwerk zu (vgl. Statista 2018b). Das Geschäftsjahr 2017 schloss Facebook mit 40,65 Mrd. US-Dollar Umsatz (vgl. Statista 2018c) und 15,93 Mrd. US-Dollar Gewinn (vgl. Statista 2018d) ab (vgl. Statista 2018d).

Vielen Unternehmen ist bewusst, dass sie sich angesichts dieser Entwicklungen selbst auch verändern müssen. Allerdings fehlt oft das passende Rüstzeug, um digitale disruptive Strömungen, Technologien und Produkte für sich zu nutzen. Für diese Unternehmen ist die digitale Neuerfindung mehr als nur eine Möglichkeit. Sie ist vielmehr eine Notwendigkeit. Die Gefahr, mit rasanter Geschwindigkeit vom Markt verdrängt zu werden, ist nicht abstrakt, sondern sehr konkret.

1.6.1 Die Erfolgsfaktoren der digitalen Neuerfindung

Auch wenn sich kein digitales Standardmodell ableiten lässt, da die spezifischen Voraussetzungen zu unterschiedlich sind, kann sich ein Unternehmen mit den richtigen Maßnahmen so aufstellen, dass es den Gegebenheiten gewachsen ist und digitale Erfolgsmodelle entwickeln kann.

1. **Kundenorientierung – vom Sender zum Empfänger**
   Das Erfolgsrezept klingt zunächst einfach: Kunden verstehen, bedienen, binden. Nur wer seine Kunden versteht und bedürfnisgerecht bedient, wird sie nachhaltig binden können. Hierbei ist es von entscheidender Bedeutung, dem Kunden über interaktive Kanäle wie Social Media, Kommentare und Rückmeldungen auf Umfragen zuzuhören. Dahinter verbirgt sich der Ansatz einer kundenorientierten Produktentwicklung, der vorsieht, dass die im Zuge der Interaktion mit den Kunden gewonnenen Erkenntnisse bewertet und bei der Produktherstellung berücksichtigt werden. Nicht nur der Faktor

Zeit ist hierbei von Bedeutung, sondern auch die Einstellung des Unternehmens gegenüber seinen Kunden, sowohl als Sender als auch als Empfänger agieren zu wollen. Im Rahmen der Digitalisierung ist die Fähigkeit, den Kunden zu verstehen, ein unerlässlicher Baustein für den Erfolg.

2. **Flexibilität – schnell, schlank, skalierbar**
Schlanke Strukturen, schnelle Entwicklungszyklen und skalierbare Ressourcen sind wichtige Hebel für ein Unternehmen, das auf dem digitalen Markt mitspielen möchte. Ein Unternehmen, welches die Mechanismen der Verdrängung durch digitale Innovationen deutlich zu spüren bekam, ist Nokia. Der ehemalige Pionier der Mobilfonindustrie hatte die rasante Entwicklung des Marktes hin zum Smartphone sprichwörtlich verschlafen. Letztendlich war eine zeitnahe Reaktion aufgrund mangelnder Ressourcen und fehlenden Know-hows nicht möglich. Als Konsequenz musste Nokia erhebliche Verluste von Marktanteilen in nur wenigen Jahren verzeichnen – von rund 35 % im Jahr 2009 auf wenige Prozent im Jahr 2015. Im Juli 2015 teilte Neubesitzer Microsoft schließlich mit, die Handysparte von Nokia als Reaktion auf einen Verlust von insgesamt über 7,6 Mrd. US-Dollar komplett aufzulösen.
Auch Kodak, früher einer der bedeutendsten Hersteller für fotografische Ausrüstung, konnte den Wegfall seines Kerngeschäfts durch die disruptive Technologie der Digitalfotografie nicht ausgleichen. Das Paradoxe dabei ist, dass Kodak mit der DC-100 die weltweit erste Digitalkamera vermarktete. Dennoch verschaffte diese Entwicklung dem Unternehmen nicht den erhofften Erfolg. Daraus lässt sich schließen, dass es nicht entscheidend ist, ob eine Firma als erste mit einem Produkt am Markt ist, sondern ob das Produkt bereits Marktreife hat. Kodak scheiterte mit jeglichen Versuchen, das Kerngeschäft, nämlich die Herstellung hochwertigen Filmmaterials, zu retten. Gleichzeitig hat das Unternehmen den Pfad der Digitalfotografie nicht intensiv genug verfolgt. Die digitale Fotografie marktreif zu machen, überließ Kodak der Konkurrenz. Kodak war in seinen Strukturen zu träge und fixierte sich zudem zu stark auf das alte Kerngeschäft aufgrund der hohen Kompetenzen in diesem Geschäftsbereich. Es mangelte kurz gesagt an Flexibilität.
Es ist schwer vorherzusagen, welche disruptiven Technologien und Innovationen auf dem Markt erfolgreich sein werden. Unternehmen, die ihre Kunden „verstehen“, sind früher in der Lage, solche Entwicklungen zu bewerten. Die gewonnenen Erkenntnisse stellen aber nur dann einen Mehrwert dar, wenn sie zügig auf das Produkt- und Dienstleistungsangebot übertragen werden. Diese Herausforderung lässt sich bewältigen, wenn die personellen Unternehmensressourcen sowohl in der Anzahl als auch in den Kompetenzen der Mitarbeiter skalierbar sind. Hier lässt sich die „80:20“-Regel gut anwenden: Das Unternehmen schafft sich mit 80 % eigenen Mitarbeitern eine stabile Basis an Leistungs- und Wissensträgern, die je nach Bedarf durch 20 % an externer Expertise ergänzt werden kann. So lassen sich neue Methoden, Vorgehensweisen und Erkenntnisse schneller in die Basis tragen und notwendige Produktentwicklungen zeitnah umsetzen.
Ein Grundprinzip der Digitalisierung ist, dass digitale Produkte nie fertig sind. Sie entwickeln sich permanent und schnell weiter. Als Resultat müssen die Produktent-

wicklungszyklen in sehr geringen Abständen stattfinden, um dem digitalen Neuschöpfungsprozess der Erlösmodelle standhalten zu können. Im Falle eines agilen Vorgehens belaufen sich diese auf zwei bis drei Wochen. Der Vorteil des agilen Vorgehens liegt in den schnellen iterativen Entwicklungszyklen: sie ermöglichen es, Produkte und Verbesserungen in kurzen Zeitabständen auf den Markt zu bringen. Dabei lässt sich die Kundenresonanz aufnehmen und in das Folgeprodukt integrieren. Im Gegensatz zu einer sequenziellen Vorgehensweise ist das Unternehmen auf diese Weise nicht gezwungen, sein digitales Produkt auf zwei Jahre im Voraus zu planen.

3. **Digitales Denken**
   Die Digitalisierung bietet den großen Vorteil, dass durch den Einsatz von Analysetools, wie beispielsweise Google Analytics, ein Unternehmen eine große Menge Daten über seine Kunden erhalten kann. Entscheidend ist allerdings, wie man die Daten interpretiert und welche Daten für den Geschäftserfolg von Relevanz sind. Das heißt, Unternehmen sind gezwungen, sich im Vorfeld damit auseinanderzusetzen, welche die für sie wichtigen Leistungsindikatoren sind. So verringern sie die Gefahr, in der Datenfülle wichtige Veränderungen zu übersehen.
   Leider vernachlässigen einige Unternehmen, dass der Prozess der Datenanalyse mit dem Ergebnis der Auswertung noch nicht abgeschlossen ist. Sie lassen sich Berichte über Leistungskennzahlen, die Customer Journey und Exit-Points erstellen, ohne zeitnah Konsequenzen daraus zu ziehen. Es gibt auf diesem Gebiet aber auch Positivbeispiele – Fluggesellschaften gehören dazu. Geschickte Algorithmen bestimmen den Ticketpreis automatisch im Sekundentakt, je nach Angebot und Nachfrage. Klare Kennzahlen, eine konsequente Datenanalyse und automatisierte Folgeaktionen machen dies möglich. Das Produkt wird unmittelbar gemäß Kundenverhalten und -bedürfnissen angepasst. Dieser Mechanismus lässt sich auch auf die digitale Produktentwicklung übertragen.
4. **Stabilität – die richtige Mischung der Geschäftsmodelle**
   Der Leitsatz „Schuster, bleib bei deinem Leisten" galt in vielen Unternehmen über Jahrzehnte als Garant für den Erfolg. Im Zeitalter der Digitalisierung muss diese Überlegung um einen weiteren Aspekt ergänzt werden: „... und diversifiziere dein Geschäft". Ein Unternehmen sollte sein Kerngeschäft nicht leichtfertig aufgeben, sondern es durch Optimierung und gegebenenfalls Digitalisierung der Prozesse zu maximaler Effizienz bringen. In den meisten Fällen ist das Kerngeschäft noch der lukrativste Bereich, da das Unternehmen hier die größte Kompetenz aufweist. Allerdings sollte man im Hinblick auf die disruptiven Verhältnisse den Mut zur Veränderung aufbringen.
   In erster Linie fordert die Digitalisierung eine kluge, unternehmensnahe Geschäftsfelderweiterung und eine sukzessive Anpassung bzw. Ablösung des Kerngeschäfts. Selbst in der Zeitungsverlagsbranche, in der mit drastisch sinkenden Auflagen und einbrechenden Anzeigenerlösen im zweistelligen Prozentbereich umgegangen werden muss, wird keine sofortige Einstellung der Printprodukte empfohlen. Vielmehr ist es ratsam, durch eine digitale Neuerfindung des Unternehmens das Kerngeschäft mindestens noch so lange zu bedienen, wie es sich rechnet und bis vergleichbare digitale Erlösalternativen durch Zukäufe und Eigenentwicklungen gefunden sind.

5. **Innovation – nicht ohne Kultur des Scheiterns**
   Es gibt viele Optionen, um alternative Ertragsbereiche zu entwickeln. Beispielsweise können bestehende Modelle adaptiert, das eigene Produkt verbessert oder neue Erlösquellen kreiert werden. Letzteres erfordert viel Mut und die Berücksichtigung des Innovationsprozesses. Innovation ist zwar schwer zu planen, ist aber für die erfolgreiche Entwicklung eines Unternehmens im digitalen Umfeld auf lange Sicht absolut notwendig. Die dafür benötigten digitalen „Querdenker", die den Mut aufbringen, gewohnte Wege zu verlassen und auch mal mit ihren Ideen zu scheitern, sind selten. Dies liegt insbesondere daran, dass das passende Umfeld fehlt. Kaum ein Unternehmen belohnt Risikobereitschaft, vor allem dann nicht, wenn die Innovatoren mit ihrer Idee keinen Durchbruch erzielen und scheinbar „sinnlos" Kapital verschwenden.
   Aber genau hier liegt die Schwierigkeit: Ohne eine Kultur des erlaubten Scheiterns gibt es keine Innovation.
   Oft sind Teilaspekte dieser fünf Faktoren in Geschäftsprozessen, Erlösmodellen und Strukturen der Unternehmen bereits vorhanden. Doch selten sind alle Aspekte berücksichtigt, und so gut wie nie sind diese stringent umgesetzt. Ein homogenes Zusammenspiel gerät so ins Stocken, der positive Effekt verflüchtigt sich, und die Investition zahlt sich am Ende nicht aus. Das volle Potenzial entfalten die fünf Dimensionen nur, wenn sie sich reibungslos ergänzen können (vgl. Baumeister 2016).

1.6.2 Der Weg zu einem digitalen Unternehmen

Möchte ein Unternehmen die Chancen der Digitalisierung nutzen, empfehlen sich neben den gerade beschriebenen fünf Faktoren die folgenden Schritte:

1. **Zeit für kreatives Denken einräumen:** Organisationen, die aus bestehenden Strukturen ausbrechen möchten, sollten den klugen Köpfen aus allen Geschäfts- und Unternehmensbereichen Zeit zur Verfügung stellen, die verwendet wird, um neue Ideen zu entwickeln, vorzustellen und zu diskutieren.
2. **Digitales Denken fördern:** Die digitale Kultur beginnt in der Organisation ganz oben. Eine ganzheitliche digitale Transformation, die sowohl im Inneren eines Unternehmens (Abläufe, Kultur, Arbeitsweisen und Mitarbeiter) als auch im Äußeren (Image) vollzogen wird, stützt sich auf klare Selbstverpflichtung und Richtungsweisung der Führungskräfte. Diese sind dafür verantwortlich, Investitionspotenziale zu identifizieren. Insbesondere im Hinblick auf Qualifikationen, Talent und Akquise von Mitarbeitern, die die digitale Denkweise verinnerlicht haben und diese leben.
3. **An die Trial-and-Error-Methode gewöhnen:** Manche Initiativen werden mit Erfolg gekrönt sein, andere eben nicht. Unternehmen müssen experimentieren und sich auch auf ein Scheitern vorbereiten. Die Überlebensfähigkeit hängt davon ab, zu erkennen und zu lernen, was im Markt funktioniert und was nicht.

4. **Digitale Partnerschaften etablieren:** Indem sie ihre Kräfte vereinen – insbesondere in Zusammenarbeit mit Start-ups – können Organisationen die Expertise des jeweils anderen in Anspruch nehmen, um innovative oder komplementäre Produkte und Dienstleistungen zu entwickeln. Letztendlich können diese Angebote so miteinander kombiniert werden, dass sich neue bzw. breitere Zielgruppen und Märkte erschließen lassen. Ein Beispiel stellt hierbei das sogenannte Carpooling dar. Dieses entstand ursprünglich 2001 aus der Plattform Mitfahrgelegenheit.de heraus. Mittlerweile ist das europäische Mitfahrnetzwerk in neun verschiedenen Ländern aktiv und führt per App täglich über 10.000 Menschen zu Fahrgemeinschaften zusammen. Auf die Mobilitätsplattform wurde schließlich die Deutsche Bahn aufmerksam, was wenig später in einer dauerhaften Kooperation mündete. Die Bahn offeriert über das Netzwerk eigene Angebote und spricht dabei potenzielle Kunden direkt an (vgl. Baier 2016).
5. **Frisches Blut injizieren:** Der Vorteil bei der Einstellung von neuen Talenten in traditionellen Geschäftsbereichen geht weit über den Zugewinn von praktischen Fähigkeiten und Erfahrung hinaus. Mitarbeiter, die aus einem anderen Unternehmen oder sogar einer anderen Branche kommen, sind weniger betriebsblind und bringen andere Blickwinkel in die Organisation ein.
6. **Den digitalen Erfolg messen:** Unternehmen sollten den Anteil von Erfolg und Wachstum messen, der auf die digitale Neuerfindung zurückzuführen ist. Des Weiteren sollten weitere Indikatoren einer effektiven Digitalstrategie gemessen werden, wie beispielsweise schnellere Produktentwicklung und eine höhere Effektivität bei der Akquise digitaler Talente (vgl. Singh 2016).

Für all die fundamentalen Veränderungen, die eine digitale Neuerfindung erfordert, ist zu betonen, dass nicht der Ansatz „Alles muss anders gemacht werden" verfolgt werden muss. Beispielsweise wird ein Unternehmen, das auf die Herstellung von Motorenkomponenten spezialisiert ist, auch nach einer digitalen Neuerfindung mit einer großen Wahrscheinlichkeit Motorenkomponenten produzieren. Allerdings wird es dies auf eine agilere, analytischere und schlichtweg andere Art und Weise tun. Apple wandelte sich so durch sein iPhone- und iTunes-Ökosystem von einem Computerhersteller zu einer Musik- und Lifestyle-Marke.

Nichtsdestotrotz ist ein entscheidender Erfolgsfaktor für die digitale Neuerfindung, dass sich Unternehmen mit dem Kern ihres Geschäftsmodells auseinandersetzen und diesen mit ihrem Transformationsprogramm auch adressieren. Der Kern eines Unternehmens ist hierbei das Leistungsversprechen, welches sich in der Unternehmensstrategie, den Mitarbeitern, den Prozessen und der Technologie wiederfindet.

Jede digitale Transformation muss also den Wert ansprechen, den eine Organisation durch ihre Produkte und Dienstleistungen ihren Kunden bereitstellt. Dies erfolgt durch eine Strategie, die genau definiert, wo Wert entsteht, verlagert oder vernichtet wird. Ein entscheidender Faktor hierbei ist die Identifikation und Evaluierung bestehender Ressourcen. Es gilt zu erkennen, welche die wichtigsten sind, und zu verstehen, was Kunden tatsächlich wollen oder brauchen. Dies kann sich in der Praxis als überraschend schwer herausstellen. Der Wert, den Amazon beispielsweise ursprünglich bereitstellte, war nicht der, Bücher online kaufen zu können, sondern Bequemlichkeit und eine nahezu unbegrenzte Vielfalt an Auswahlmöglichkeiten anzubieten. Indem Amazon verstand, worin sein wirklicher Mehrwert lag, konnte das Unternehmen sein Angebotsspektrum über Bücher hinausgehend erweitern und sich zu der Marke etablieren, die es heute ist.

Natürlich sind für eine digitale Neuerfindung auch die Mitarbeiter entscheidend. Allerdings muss die Neuerfindung mehr beinhalten, als lediglich einen CDO oder digitale Denker einzustellen. Die Prioritäten zur Weiterentwicklung der Belegschaft sollten vielmehr auf einem klaren Verständnis basieren, welche Fähigkeiten und Kompetenzen in den verschiedenen Hierarchiestufen und Geschäftsbereichen benötigt werden. Dies macht Investitionen in relevante digitale Fähigkeiten, die im Einklang mit der Strategie und den Kundenanforderungen stehen, unabdingbar. Anpassungsfähigkeit, Flexibilität und kontinuierliches Lernen spielen hierbei eine besondere Rolle. Damit die digitale Kultur im Unternehmen fest verankert werden kann, sind Programme notwendig, die die neuen angestrebten Verhaltensweisen fördern und belohnen, wie beispielsweise Leistungsbewertung, Aufstiegsmöglichkeiten und Anreizsysteme.

Auch die Unternehmensprozesse sind entsprechend zu digitalisieren. Agile Entscheidungsmechanismen, digitalisierte oder automatisierte Wertschöpfungsketten und der Einsatz von Robotern oder Analysemethoden können einen erheblichen Einfluss auf die Geschwindigkeit, Flexibilität und die Prozesskosten eines Unternehmens haben.

Zuletzt stellt die Technologie eine entscheidende Komponente digitaler Neuerfindung dar. Begonnen bei der Etablierung von Kollaborationsplattformen für Mitarbeiter bis hin zur Automatisierung und Digitalisierung von Produktionsstraßen. Ein Unternehmen sollte die Sprache von „social", „mobile", „kognitiv", „Internet der Dinge" und „Cloud" fließend sprechen (vgl. De Jong und van Dijk 2015).

Zusammenfassend lässt sich sagen, dass die digitale Neuerfindung nicht nur erfordert, dass sich Unternehmen auf ihren eigentlichen Kern und das damit verbundene Leistungsversprechen besinnen, sondern auch, dass ein fundamentales Umdenken stattfindet. Veränderungen der Organisation, Strukturen, Prozesse, Mitarbeiter und Technologie sind auf dem Weg zu einem digitalen Unternehmen unabdingbar. Dies erfordert an vielen Stellen nicht nur Mut und Experimentierfreude, sondern auch ein Herausbrechen aus der Komfortzone.

1.7 Fazit: Chancen nicht verstreichen lassen

Digitale Dienste und Technologien revolutionieren ganze Geschäftsmodelle, beeinflussen unser Arbeitsumfeld, unsere Art zu kommunizieren, wie wir ein- und verkaufen. Startups mit innovativen, ungewöhnlichen Ideen werden zu ernstzunehmenden Konkurrenten für etablierte Unternehmen. So haben Letztere oft das Nachsehen. Daher sollten Unternehmen den Mut aufbringen, ausgetretene Pfade schnellstmöglich zu verlassen und ihre Geschäftsmodelle zu digitalisieren. Denn die digitale Neuerfindung bietet unglaublich viele Möglichkeiten und Wettbewerbsvorteile. Hierzu zählen Umsatzsteigerung durch neue digitale Produkte und Services, Verbesserung des Kundenerlebnisses und damit Erhöhung der Kundenbindung sowie Kostenreduktion und Effizienzsteigerung im Betrieb.

Die wesentlichste Erkenntnis der letzten Jahre im Bereich Digitalisierung ist jedoch wie so oft: Zeit ist Geld! Wer bei der Digitalisierung seines Geschäftsmodells, seines Leistungsportfolios und seiner Marktbearbeitung zu viel Zeit verliert und sich vor wesentlichen strategischen Entscheidungen scheut, riskiert, mittel- bis langfristig von neuen agilen und innovativen Spielern im Markt verdrängt zu werden (vgl. Esser 2014).

Literatur

Baier, C. (2016). 10 Beispiele für Kooperationen zwischen Startups und etablierten Firmen. Startups und Unternehmen: So klappt die Zusammenarbeit. deutsche startups. https://www.deutsche-startups.de/2016/01/21/startups-und-unternehmen-klappt-die-zusammenarbeit/. Zugegriffen: 15. Sept. 2017.

Baumeister, C. (2016). Digitale Disruption als Chance – neue Erlösquellen durch digitale Transformation erschließen. eStrategy. https://www.estrategy-magazin.de/2016/digitale-disruption-als-chance-neue-erloesquellen-erschliessen-durch-digitale-transformation.html. Zugegriffen: 15. Sept. 2017.

Bayer, A. G. (2015). Moderne Milchviehhaltung: Bayer setzt auf selektive Therapieansätze und neue Strategien. Vetion.de. http://www.vetion.de/neues/detail.cfm?main_id=1374&StartRow=1. Zugegriffen: 15. Sept. 2017.

Deloitte Digital GmbH, & Heads! Executive Consultancy (2015). *Überlebensstrategie „Digital Leadership"*. https://www2.deloitte.com/content/dam/Deloitte/at/Documents/strategy/ueberlebensstrategie-digital-leadership_final.pdf. Zugegriffen: 15. Sept. 2017.

Esser, M. R. (2014). Chancen und Herausforderungen durch Digitale Transformation. Strategy & Transformation Consulting. http://www.strategy-transformation.com/digitale-transformation-verstehen/. Zugegriffen: 15. Sept. 2017.

Fendt, U. (2015). Führung im Zeitalter der Digitalisierung. Computerwoche. https://www.computerwoche.de/a/fuehrung-im-zeitalter-der-digitalisierung,3217788. Zugegriffen: 20. Sept. 2017.

Focus online (2010). Shopping-Plattform Polyvore – Mode-Demokratie im Netz. Focus online. http://www.focus.de/digital/internet/shopping-plattform-polyvore-mode-demokratie-im-netz_aid_517034.html. Zugegriffen: 20. Sept. 2017.

Haschka-Helmer, R., & Dreesbach, K. (2015). Was ist und wofür braucht es einen Chief Digital Officer? Gründerszene. https://www.gruenderszene.de/allgemein/chief-digital-officer-fachbeitrag. Zugegriffen: 20. Sept. 2017.

Hengsberger, A. (2016). 10 Maßnahmen zur Schaffung von Innovationskultur. LEAD Innovation Management. http://www.lead-innovation.com/blog/10-ma%C3%9Fnahmen-zur-schaffung-von-innovationskultur. Zugegriffen: 20. Sept. 2017.

IBM Institute for Business Value (2016). Digital reinvention in action. https://www-01.ibm.com/common/ssi/cgi-bin/ssialias?htmlfid=GBE03752USEN. Zugegriffen: 20. Sept. 2017.

De Jong, M., & van Dijk, M. (2015). Disrupting beliefs: a new approach to business-model innovation. McKinsey Quarterly. http://www.mckinsey.com/business-functions/strategy-and-corporate-finance/our-insights/disrupting-beliefs-a-new-approach-to-business-model-innovation. Zugegriffen: 15. Sept. 2017.

Krämer, C. (2009). Stärken nutzen mit Business Collaboration. ECIN. https://www.ecin.de/fachartikel/16949-business-collaboration-staerken.html. Zugegriffen: 22. Sept. 2017.

Ramge, T. (2015). Disruption, Plattform, Netzwerkeffekt – Die drei Zauberworte. brand eins, 4. https://www.brandeins.de/archiv/2015/handel/disruption-plattform-netzwerkeffekt-die-drei-zauberworte-neue-wirtschaft/. Zugegriffen: 22. Sept. 2017.

Remdisch, S. (2016). Leadership Garage Toolbox für die Führung in der digitalisierten Welt. http://www.leuphana.de/fileadmin/user_upload/Forschungseinrichtungen/ipm/files/LeadershipGarageToolbox.pdf. Zugegriffen: 22. Sept. 2017.

Saal, M. (2017). Mobile Werbeausgaben werden sich bis 2019 verdreifachen. Horizont. http://www.horizont.net/medien/nachrichten/Prognose-fuer-Deutschland-Mobile-Werbeausgaben-werden-sich-bis-2019-verdreifachen-161899. Zugegriffen: 10. Apr. 2018.

Singh (2016). Six steps to becoming a truly digital business. Accenture. https://www.accenture.com/us-en/insight-outlook-six-steps-digital-business. Zugegriffen: 22. Sept. 2017.

Statista (2018a). Anzahl der monatlich aktiven Facebook Nutzer weltweit vom 3. Quartal 2008 bis zum 4. Quartal 2017 (in Millionen). https://de.statista.com/statistik/daten/studie/37545/umfrage/anzahl-der-aktiven-nutzer-von-facebook/. Zugegriffen: 10. Apr. 2018.

Statista (2018b). Anzahl der monatlich aktiven mobile Facebook-Nutzer weltweit vom 1. Quartal 2009 bis zum 4. Quartal 2016 (in Millionen). https://de.statista.com/statistik/daten/studie/223264/umfrage/monatlich-aktive-mobile-nutzer-von-facebook-zeitreihe/. Zugegriffen: 10. Apr. 2018.

Statista (2018c). https://de.statista.com/statistik/daten/studie/193380/umfrage/umsatz-von-facebook-weltweit/. Zugegriffen: 10. Apr. 2018.

Statista (2018d). Gewinn bzw. Verlust von Facebook weltweit in den Jahren 2008 bis 2017 (in Millionen US-Dollar). https://de.statista.com/statistik/daten/studie/458817/umfrage/gewinn-von-facebook-weltweit/. Zugegriffen: 10. Apr. 2018.

zukunftsInstitut (2015). Die Neuerfindung der Arbeitswelt. https://www.zukunftsinstitut.de/artikel/die-neuerfindung-der-arbeitswelt/. Zugegriffen: 22. Sept. 2017.

Prof. Dr. Markus H. Dahm begleitet seit 1995 deutsche, europäische und globale Organisationen in Strategie-, Transformations- und Change-Prozessen. Der Fokus liegt auf digitalem Wandel, strategischer Neuausrichtung, Produktivitätssteigerung mittels Lean Management, Organisationsentwicklung, Qualitätsmanagement mittels Six Sigma, Kulturwandel und Leadership-Themen. Aktuell ist er Abteilungsleiter in der Beratungs-Practice Digital Change &Transformation in der IBM Deutschland GmbH. Zuvor war Markus Dahm einige Jahre als Experte für Bankberatung bei Ernst & Young in München europaweit tätig. Er publiziert regelmäßig zu aktuellen Management- und Leadership-Fragestellungen in wissenschaftlichen Fachmagazinen, Blogs und Online Magazinen sowie der Wirtschaftspresse und ist Autor zahlreicher Bücher. Markus Dahm hat Lehraufträge am Hasso-Plattner-Institut in Potsdam und der Kühne Logistics University in Hamburg. Seit über zehn Jahren ist er fest in die Lehre und Forschung an der FOM Hochschule Essen/ Hamburg verankert. Als Digital Transformation Thought Leader ist er als Speaker zu Themen wie New Ways of Work, Digitalisierung, Digital Leadership und agile Organisationsgestaltung auf Konferenzen und Symposien gefragt. Markus Dahm ist Mitglied der Schweizerischen Gesellschaft für Organisation, des International Bankers Forums, des Deutschen Outsourcing Verbandes, des BPM Bundesverbandes der Personalmanager und des DFJV Deutscher Fachjournalisten-Verband. Er lebt mit seiner Frau und seinen zwei Kindern in Hamburg.

Eva Walther hat mehrjährige Erfahrung als Beraterin für Strategie- und Transformationsprojekte bei einer namhaften, global tätigen Unternehmensberatung vorzuweisen. Ihr fachlicher Fokus liegt hierbei auf den Themen Veränderungsmanagement und Digitalisierung. Aktuell ist sie als Leiterin des Project Management Office einer weltweiten Excellence-Initiative bei einem deutschen Technologiekonzern tätig. Frau Walther ist Autorin mehrerer Veröffentlichungen.

SWOT³ als Methode der agilen Strategieentwicklung

2

Stefan Thode und Lars Wistuba

2.1 Ausgangsüberlegungen zur Strategieentwicklung

2.1.1 VUCA-Welt als Rahmenbedingung

Strategien – ganz gleich für welche Art von Organisation – sind in einem zunehmend komplexen und dynamischen Umfeld zu entwickeln. In Wissenschaft und Praxis findet sich hierfür seit geraumer Zeit der Begriff VUCA – ein Akronym, das für Volatilität (Schwankung), Uncertainty (Ungewissheit), Complexity (Komplexität) und Ambiguity (Mehrdeutigkeit) steht:

- **Volatility:** Volatilität beschreibt die „Häufigkeit, Geschwindigkeit und Reichweite von Veränderungen" (Aulinger 2017, S. 2) über die Zeit. Oftmals werden diese Schwankungen durch überraschende Ereignisse ausgelöst. Beispiele: Konjunktureinbrüche infolge von 9/11 und Lehman-Crash.
- **Uncertainty:** Die Entwicklung und der Ausgang von Ereignissen kann immer weniger vorausgesagt werden. Beispiele: Niemand weiß, wie der demografische Wandel genau ausfällt, wie schnell und in welchem Maße sich die Elektromobilität durchsetzt, welche Flüchtlingsströme Deutschland erreichen, wie sich die wirtschaftliche Konjunktur in den kommenden zehn Jahren entwickeln wird oder welche Unternehmen in den kommenden zwei Jahren disruptive Innovationen hervorbringen werden.

S. Thode (✉)
FOM Hochschule f. Oekonomie & Management
Hamburg, Deutschland
E-Mail: stefan.thode@fom.de

L. Wistuba
30457 Hannover, Deutschland
E-Mail: larswistuba@aol.com

M. H. Dahm und S. Thode (Hrsg.), *Strategie und Transformation im digitalen Zeitalter*, FOM-Edition, https://doi.org/10.1007/978-3-658-22032-7_2

- **Complexity:** Organisationen sehen sich in ihrer Umwelt mit einer kaum noch überschaubaren Anzahl von untereinander interagierenden gesellschaftlichen, ökologischen, politisch-regulatorischen, technologischen und ökonomischen Einflussfaktoren (Variablen) konfrontiert. Beispiel: Der Klimawandel beeinflusst Migrationsbewegungen, welche wiederum Auswirkungen auf den demografischen Wandel haben, der zu veränderten Kundenbedürfnissen führt, die die Nachfrage nach Produkten bestimmen und die Entwicklung von (neuen) Märkten fördern. Spätestens hier kommt es zu Rückkopplungseffekten mit ungewissem Ausgang: Durch neue Märkte entsteht gegebenenfalls ein zunehmender Ressourcenverbrauch, der wiederum das Weltklima verändert und so weiter. Schon dieses einfache Beispiel verdeutlicht: Lineares Denken in Kausalitäten führt nicht weiter, und niemand weiß, welche Konsequenzen die Wechselwirkungen nach sich ziehen werden.
- **Ambiguity:** Die resultierende Komplexität wird erst im Zeitablauf – also ex post – verstehbar. In der Gegenwart bestehen Mehrdeutigkeiten, das heißt, Akteure bewerten eine Situation ganz unterschiedlich und gelangen entsprechend zu divergierenden Schlussfolgerungen. Beispiele: Ist Digitalisierung Fluch oder Segen? Resultieren aus dem demografischen Wandel Chancen oder Risiken? Schafft Urbanisierung Vor- oder Nachteile?

Dies hat zwangsläufig Konsequenzen für die Strategieentwicklung, denn Organisationen sind nur selten auf eine VUCA-Welt vorbereitet. Wichtig ist damit unter anderem, dass VUCA-kompatible Methoden angewandt werden. Das agile Management bietet in diesem Zusammenhang wichtige Impulse.

2.1.2 Agiles Management als Konsequenz

Der Begriff Agilität im Kontext von Organisationen existiert bereits seit mehreren Jahrzehnten (zur Begriffshistorie und Verwendung in verschiedenen organisationtheoretischen Ansätzen und Konzepten vgl. Förster und Wendler 2012). Sie wird gemeinhin verstanden als die

1. Fähigkeit von Organisationen und/oder Personen,
2. sich schnell und flexibel auf neue Kundenbedürfnisse, technologische Entwicklungen und/oder Wettbewerber einzustellen und
3. die sich wandelnden Bedürfnisse der Beschäftigten zu berücksichtigen (Jacobs et al. 2017, S. 15).

Analog unterscheidet Aulinger (2017, S. 2 f.) eine *innere* von einer *äußeren Agilität*: Während äußere Agilität dazu dient, die Überlebensfähigkeit und Innovationskraft einer Organisation gegenüber ihrer Umwelt zu gewährleisten (und dies ist ebenso die Kernaufgabe der Strategieentwicklung), beschreibt innere Agilität hierfür notwendige Managementprinzipien. Wird Management bzw. Unternehmensführung nach Auslegung der deutschsprachigen betriebswirtschaftlichen Literatur (zum Beispiel Dillerup und Stoi 2008) in die Führungsfunktionen Planung, Organisation, Personalführung und Kontrolle (zum klassischen angelsächsischen Begriffsverständnis vgl. Koontz und O'Donnell 1955) unterteilt, so lassen sich für agiles Management folgende Prinzipien ableiten:

Führungsprinzipien des agilen Managements

- **Planung:** An die Stelle einer langfristigen, mitunter auf mehrere Jahre ausgelegten Planung rückt eine kurzfristige. Dies zeigt sich am deutlichsten in der am weitesten verbreiteten (zu dieser Einschätzung vgl. VersionOne 2017) Methode agilen Managements: das aus der Softwareentwicklung stammende Scrum. Dort werden neue Funktionalitäten in kurzen, zwei- bis vierwöchigen Iterationen zur Marktreife gebracht. Allerdings ist es nicht das Ziel, eine vollständig ausgereifte Lösung zu entwickeln. Vielmehr werden Lernprozesse angestrebt, vor allem durch regen Austausch mit den Kunden. Aufgrund der Charakteristika der VUCA-Welt kehrt agiles Management damit von der Vorstellung des allwissenden und alles antizipierenden *Great Man* ab und anerkennt die Tatsache der begrenzten Rationalität einzelner Entscheidungsträger. Statt eines vermeintlich allwissenden Individuums entscheidet das Team, das sich aus Experten mit verschiedenen Wissensbasen und Erfahrungsschätzen zusammensetzt, im diskursiven, partizipativen Austausch und gegebenenfalls moderiert durch eine neutrale Person (im Scrum ist dies beispielsweise der Scrum Master).
- **Organisation:** In organisatorischer Hinsicht zeigen sich die Prinzipien agiler Planung auch bei verschiedenen Methoden des agilen Managements (unter anderem Scrum, Design Thinking, Kanban). Agiles Management ist eine Abkehr von vertikal hierarchischen und horizontal stark spezialisierten Organisationsformen und eine Hinwendung hin zu flachen Hierarchien und crossfunktionalen Teams.
- **Personalführung:** Im agilen Management werden Mitarbeiter und Führungskräfte stärker intrinsisch, das heißt über den Inhalt ihrer Tätigkeit und eine förderliche Organisationskultur (unter anderem Offenheit, Transparenz, Kommunikation, Wertschätzung), als über extrinsische Anreize (unter anderem Karriere, Status, Geld) motiviert.
- **Kontrolle:** Arbeitsergebnisse werden nicht in einem Top-down-Verfahren von der nächsthöheren Managementebene kontrolliert, sondern durch das Team selbst (im Scrum zum Beispiel durch täglich stattfindende Daily Scrums und vierteljährliche Retrospektiven) oder durch den Kunden, der eng in die Entwicklungsprozesse eingebunden wird. Dadurch – und durch die beschriebenen Charakteristika der Planung, Organisation und Personalführung – erhöht sich die Selbstbestimmung (Deci und Ryan 2000) der handelnden Akteure und damit auch deren Identifikation und Commitment mit der Tätigkeit und der Gesamtorganisation.

In Summe erscheint agiles Management besser geeignet, die Überlebensfähigkeit einer Organisation in einer volatilen, ungewissen, komplexen und mehrdeutigen Welt zu gewährleisten. Im Rahmen der Strategieentwicklung ist damit vor allem entscheidend, dass eine *VUCA-kompatible* und damit *agile Methode* eingesetzt wird, die es (1) in *inhaltlicher Hinsicht* ermöglicht, Expertise unabhängig von Hierarchie und Status zu berücksichtigen, und (2) in *prozessualer Hinsicht* bewirkt, dass der *Prozess selbst agiler* wird, das heißt auf sich überraschend und kurzfristig verändernde Umweltfaktoren schnell und flexibel reagiert werden kann.

2.2 Varianten der Strategieentwicklung

2.2.1 Klassische Strategieentwicklung

In der Literatur zum strategischen Management finden sich unzählige Methoden zur Strategieentwicklung. Dies gilt unabhängig davon, ob Unternehmen oder öffentliche Organisationen betrachtet werden. Gemeinhin sind diese Methoden den klassischen Phasen der Strategieentwicklung zugeordnet: Strategische Analyse und Strategieformulierung; hinzu kommen die Phasen der Strategieimplementierung sowie der strategischen Kontrolle und Evaluation (Welge und Al-Laham 2008; Johnson et al. 2011; siehe zum Beispiel Schedler und Siegel 2004, S. 183 ff., insbesondere S. 200 für einen Überblick im Kontext öffentlicher Organisationen). Die in diesem Beitrag vorgestellte Methode SWOT[3] wurde von den Autoren für die Polizei Niedersachsen zur Entwicklung der Strategie 2020 konzipiert. Dort zeigte sich zu Beginn des Prozesses das folgende Bild:

Beispiel

Die Projektverantwortlichen der Polizei Niedersachsen hatten zu Beginn des von ihnen initiierten Strategieentwicklungsprozesses nur wenige theoretische wie praktische Erfahrungen mit Strategie und konnten auch nur bedingt auf in der Polizei Niedersachsen bereits genutzte Methoden und Instrumente zurückgreifen. Vereinzelt wurden Methoden und Instrumente der Strategieimplementierung genutzt – in erster Linie behördenübergreifend eingesetzte Zielvereinbarungen sowie bei einzelnen Behörden entwickelte *Balanced Scorecards*. Es wurden in der Vergangenheit jedoch keine Erfahrungen mit Methoden und Instrumenten der strategischen Analyse und Strategieformulierung gesammelt, weder praktisch noch theoretisch. Auch bestand vor 2012 nur für einzelne Entscheidungsträger eine ohnehin lediglich eingeschränkte Transparenz darüber, wie das Innenministerium zu bis dato getroffenen polizeirelevanten strategischen Entscheidungen gelangt war. Hinzu kam, dass die Polizei Niedersachsen, genau wie andere Organisationen und Unternehmen auch, bereits seit geraumer Zeit in einer VUCA-Welt agieren musste, ohne dass sie darauf in strategischer Hinsicht ausreichend ausgerichtet gewesen wäre.

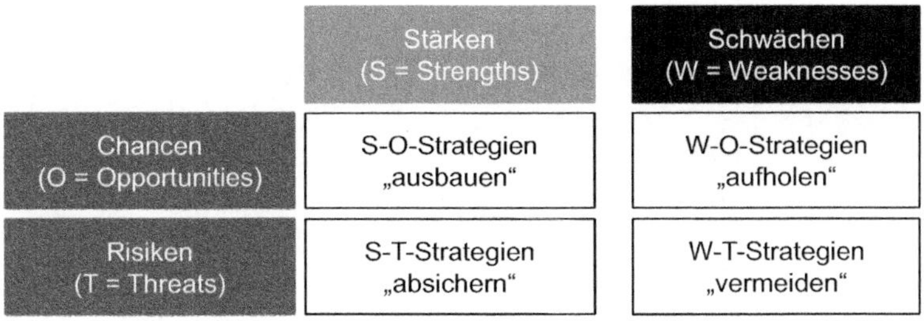

Abb. 2.1 Klassische SWOT-Analyse und TOWS-Matrix

Eine in Wissenschaft und Praxis vielfältig diskutierte und eingesetzte Methode der Strategieentwicklung ist die *SWOT-Analyse* bzw. – daraus abgeleitet – die *TOWS-Matrix* (vgl. grundlegend Johnson et al. 2011; Kerth et al. 2011; Kreikebaum et al. 2011). Das übliche Vorgehen der SWOT-Analyse (Akronym für *Strengths, Weaknesses, Opportunities, Threats*) besteht darin, zunächst im Rahmen einer Umweltanalyse organisationsexterne Faktoren zu identifizieren, die für die Organisation relevant sind, und diese dahingehend zu beurteilen, ob sich aus dem Faktor Chancen ergeben oder Risiken entstehen. Parallel oder anschließend werden in einer internen Organisationsanalyse Organisationseigenschaften identifiziert und bewertet. Die Bewertung sollte idealerweise nicht intuitiv, sondern anhand von Vergleichsmaßstäben (zum Beispiel vergleichbare Organisationen, wichtigster Wettbewerber) erfolgen: Aus dem Vergleich eigener Organisationseigenschaften mit denen anderer Organisationen/Wettbewerber resultiert die Bewertung als relative *Stärke* bzw. *Schwäche*. In der TOWS-Matrix werden nun die Stärken und Schwächen der Organisation den sich aus der Umwelt ergebenden Chancen und Risiken gegenübergestellt und miteinander verknüpft (vgl. hierzu grundlegend Weihrich 1982 und die Abb. 2.1). Die Leitfragen hierbei lauten:

1. Welche Stärken können eingesetzt werden, um die sich bietenden Chancen zu nutzen bzw. die auftretenden Risiken zu bewältigen (sogenannte SO- bzw. ST-Strategien)?
2. Welche Schwächen müssen insbesondere behoben werden, um die sich bietenden Chancen nutzen bzw. die auftretenden Risiken bewältigen zu können (sogenannte WO- bzw. WT-Strategien)?

2.2.2 Agile Strategieentwicklung

Abgeleitet aus den vorherigen Ausführungen zum agilen Management und den Charakteristika der VUCA-Welt muss eine agile Methode der Strategieentwicklung folgende Attribute aufweisen:

Attribute einer agilen Methode der Strategieentwicklung

- **Phasenübergreifend:** Idealerweise deckt eine agile Methode alle Phasen des Strategieentwicklungsprozesses – also strategische Analyse und Strategieformulierung – ab.
- **Möglichkeit zum hierarchiefreien und crossfunktionalen Diskurs:** Aufgrund einer zunehmend volatilen, ungewissen, komplexen und mehrdeutigen Realität auf der einen und einer gleichzeitig nur begrenzten Rationalität einzelner Entscheidungsträger auf der anderen Seite ist es zwingend erforderlich, möglichst schnell einen hierarchiefreien, ungefilterten Diskurs von Expertinnen und Experten mit verschiedenen funktionalen Hintergründen moderieren zu können.
- **Mehrdimensionalität und höheres Skalenniveau:** Klassische Methoden der Strategieentwicklung – SWOT-Analyse und TOWS-Matrix zeigen dies stellvertretend – sind oftmals eindimensional und greifen in ihrer Analyse meist auf ein niedriges, nämlich nominales Skalenniveau zurück. Umweltfaktoren sind entweder Chancen *oder* Risiken, Organisationseigenschaften entweder Stärken *oder* Schwächen – nicht jedoch beides gleichzeitig und mit über die Zeit wechselnden Anteilen. Einer VUCA-Welt wird dies nicht gerecht, da die Realität nicht adäquat abgebildet werden kann. In der Realität sind Organisationen zudem nicht zeitgleich, sondern gegebenenfalls zeitlich gestaffelt mit verschiedenen Umweltfaktoren (demografischer Wandel, Digitalisierung, Klimawandel etc.) konfrontiert; zudem haben diese eine unterschiedlich große Bedeutung. Um diese Komplexität abbilden zu können, sind Methoden mit höherem Skalenniveau (zumindest Ordinalskalen) notwendig.
- **Kurzfristige bzw. anlassbezogene Anwendung:** Klassische Strategieentwicklungsprozesse kennen jährlich einmalige, meist zum immer selben Zeitpunkt (gern im Herbst im Rahmen der jährlichen Planungs- und Budgetrunden) stattfindende Klausurtagungen bzw. Workshops. Wesentlicher Grund hierfür ist, dass große Mengen an Informationen und Daten (über ökonomische, gesellschaftliche, politische, technologische und ökologische Entwicklungen) von den verantwortlichen Bereichen (zum Beispiel Controlling) sowohl aufwendig gesammelt und aufbereitet als auch von den Entscheidungsträgern durch mühsames „Aktenstudium“ verstanden und verarbeitet werden müssen. Dies braucht Zeit – mit in einer VUCA-Welt dennoch unbefriedigendem, da zwangsläufig ungenauem Ergebnis. Angemessener erscheint es, Informationen und Daten in kürzeren Zyklen (etwa quartalsweise) bzw. anlassbezogen zu verarbeiten und die Strategie damit laufend anzupassen.
- **Ergebnis mit Freiheitsgraden:** Für den Inhalt von Strategien ist in einer VUCA-Welt zudem entscheidend, dass formulierte Pläne und Ziele mehr Freiheitsgrade aufweisen und weniger starr sind. Entsprechend sollte weniger Wert darauf

gelegt werden, mehrjährig geltende Kennzahlen-Zielwerte zu formulieren und möglichst punktgenau zu erreichen. Sinnvoller erscheinen agil anpassbare Maßnahmenpläne, wie sie sich zum Beispiel im Ansatz des Beyond Budgetings zeigen.

- **Einfachheit:** Eine agile Methode der Strategieentwicklung muss all das zuvor Beschriebene berücksichtigen – und gleichzeitig pragmatisch genug sein, um die handelnden Akteure nicht kognitiv zu überfordern, Widerstände zu vermeiden und damit den Prozess nicht zu behindern.

Überholt sind somit: Mehr-Jahres-Pläne mit auf die Nachkommastelle exakten Budgetwerten, Strategieentwicklung als Closed-Shop-Veranstaltung des Top-Managements, nur einmal jährlich und zum immer gleichen Zeitpunkt stattfindende Klausurtagungen zur Strategiereflexion. Dies erfordert von Organisationen nicht nur, auf die sich verändernde Umwelt zu reagieren, sondern ebenso, sich selbst, das heißt die eigene Kultur, zu verändern. Strategieentwicklung wird in diesem Sinne zur Organisationsentwicklung – hin zu mehr Agilität.

Beispiel

Das Methoden- und Instrumenten-Set der Polizei Niedersachsen zur Entwicklung ihrer Strategie 2020 beinhaltet unter anderem: moderierte Workshops, Foren, Querschnittsgruppen bestehend aus Mitarbeiterinnen und Mitarbeitern aller Hierarchieebenen, externe Impulse aus Wissenschaft und Praxis, Befragungen, Zielvereinbarungen, Evaluationen und allgemeine Methoden des Change-, Projekt-, Stakeholder- und Risikomanagements sowie des Controllings. Zur strategischen Analyse und Strategieformulierung wurde jedoch eigens eine agile Methode konzipiert und angewandt, die sich für den Einsatz in Workshops und die Moderation von Gruppen eignet: die SWOT³.

2.3 Agile Strategieentwicklung mittels SWOT³

Die SWOT³ greift Charakteristika und die Grundlogik der klassischen SWOT-Analyse bzw. TOWS-Matrix auf. Letztere haben jedoch deutlich Defizite (zu Historie und Kritik an SWOT und TOWS vgl. unter anderem Hill und Westbrook 1997; Kreikebaum et al. 2011 sowie den Literaturüberblick bei Helms und Nixon 2010); einige wurden durch die SWOT³ behoben. Zum einen durch ihre Mehrdimensionalität, zum anderen durch die Verwendung eines höheren, ordinalen bzw. konsensual metrischen Skalenniveaus bei der Bewertung von Umweltfaktoren. Ausgangspunkt ihrer Entwicklung war eine Reflexion durch die Autoren dieses Beitrags, Stefan Thode und Lars Wistuba, zu Beginn des Strategieentwicklungsprozesses im Jahre 2012.

Beispiel: Agile Strategieentwicklung mittels SWOT³

„Problematisch erschien insbesondere die fehlende Abbildung der zeitlichen Perspektive der Umwelttrends *(Impact Time).* Welche Umwelttrends prognostisch in welcher zeitlichen Nähe oder Ferne auf die Polizei Niedersachsen einwirken würden, sollte für strategische Priorisierungen doch eine bedeutende Frage sein" (Wistuba et al. 2017, S. 853). Auch die bloße Kategorisierung von Organisationseigenschaften als relative Stärken bzw. Schwächen sowie von Umwelttrends als Chancen oder Risiken erscheint den Autoren nicht differenziert genug, als dass die *volatile, ungewisse, komplexe und mehrdeutige Wirklichkeit* hierdurch angemessen abgebildet werden könnte. Sie fahren fort: „Besonders bei der Betrachtung möglicher Umwelttrends wurde deutlich, dass diese meist sowohl riskante als auch chancenträchtige Anteile in unterschiedlichen Ausprägungen aufweisen *(Polarity).*" Klassische SWOT/TOWS-Varianten betrachten auch nicht, welche Bedeutung *(Impact)* ein Umwelttrend auf die Organisation hat, wodurch „eine weitere wichtige Grundlage für strategische Richtungs- und Schwerpunktentscheidungen" fehlt. Zur anschließenden Strategieformulierung schlussfolgern Thode und Wistuba: „Am Ende der bisherigen Analyseverfahren bleibt außerdem unklar, wie man vom tabellarischen Analyseergebnis zur konkreten Formulierung strategischer Ziele kommt. Der direkte Sprung von der tabellarischen Abstraktion zur Zielformulierung gefährdet aber die nachvollziehbare, logische Stringenz und damit die Qualität und Akzeptanz der Strategie" (Wistuba et al., S. 854). Die Autoren kamen somit zu dem Ergebnis, dass die klassische SWOT-Analyse bzw. TOWS-Matrix letztlich nicht geeignet war, um die methodische Basis des Prozesses zur Entwicklung der Strategie 2020 der Polizei Niedersachsen zu bilden, und entwickelten eine neue, mehrdimensionale Variante der SWOT-Analyse bzw. TOWS-Matrix: die $SWOT^3$ (deutsch: „SWOT hoch drei"; englisch: „SWOT cubed").

Die $SWOT^3$ bildet die vier klassischen SWOT-Elemente *Stärken und Schwächen* sowie *Chancen und Risiken* in drei strategischen Dimensionen differenziert und synoptisch ab: Bedeutung (Impact), Eintrittszeit (Impact Time) und Polung (Polarity), Letzteres spiegelt die Einordnung zwischen den Polen Chance und Risiko bzw. Stärke und Schwäche wider. Damit erfüllt die $SWOT^3$ eine Forderung von Helms und Nixon (2010, S. 240): „The future of SWOT analysis seems to lie in ordering the variables and moving toward weighting them will help add focus for decision makers." Um die $SWOT^3$ „Workshop-tauglich" zu machen und Diskussionen sowie Entscheidungsprozesse zielgenauer und effizienter zu unterstützen, wird sie als Diagramm auf Basis eines Koordinatensystems visualisiert (vgl. Abb. 2.2). Dieses weist folgende Eigenschaften auf:

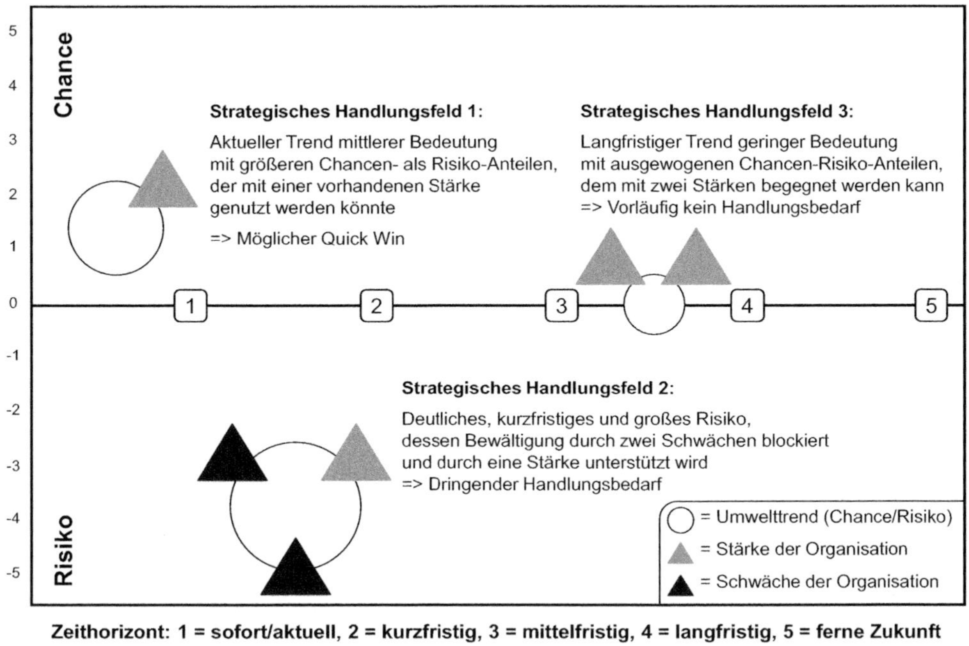

Abb. 2.2 Schematische Darstellung der SWOT³

Eigenschaften des Koordinatensystems der SWOT³

1. **Vertikale Achse:** differenzierte Berücksichtigung von Chancen- und Risikoanteilen eines Umweltfaktors auf einer 11-Punkt-Skala von +5 (Umweltfaktor ist ausschließlich Chance) bis −5 (Umweltfaktor ist ausschließlich Risiko).
2. **Horizontale Achse:** relative Einordnung aller identifizierten Umweltfaktoren innerhalb eines Zeitkontinuums mit fünf Orientierungspunkten von „aktuell" bis „ferne Zukunft".
3. **Bewertung:** organisationsspezifische Bewertung der Umweltfaktoren auf einer fünfstufigen Skala, dargestellt durch die Größe des Faktors (bzw. Kreises).
4. **TOWS-Verknüpfung:** simultane Verknüpfung bedeutender Umweltfaktoren mit faktorrelevanten Stärken und Schwächen der Organisation zu strategischen Handlungsfeldern.

Die dreidimensional bewerteten Umweltfaktoren ergeben mit den ihnen zugewiesenen Organisationseigenschaften sogenannte *strategische Handlungsfelder*. Dabei handelt es sich um ausformulierte und im Diskurs unter Workshop-Teilnehmern konsensual abgestimmte Texte, die für jeden Umweltfaktor beschreiben, wie dessen Chancenanteil mittels

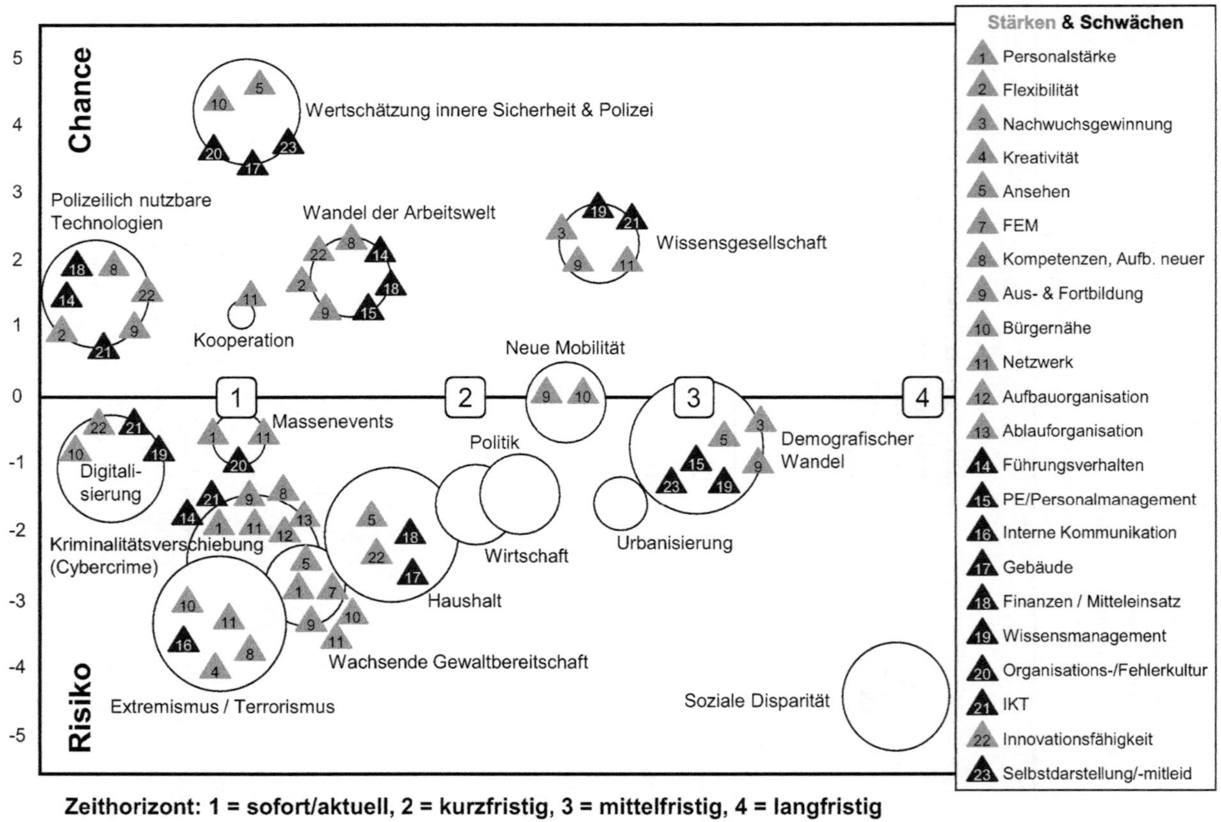

Abb. 2.3 Ergebnis der ersten SWOT³ auf Ebene des Landespolizeipräsidiums des Landes Niedersachsen

welcher Stärken genutzt werden soll bzw. an welchen Schwächen die Organisation arbeiten muss, damit dieser Chancenanteil genutzt werden kann. Analoges gilt für den Risikoanteil. Wistuba et al. (2017, S. 855) schlussfolgern: „Dieser textliche Zwischenschritt erleichterte die folgende Zielfindung und -formulierung erheblich. Hierbei wurde nicht zwingend aus jedem strategischen Handlungsfeld ein strategisches Ziel abgeleitet. Teils ergaben sich mehrere Ziele aus einem Handlungsfeld, teils bot sich ein Ziel in Zusammenschau mehrerer Handlungsfelder an, teils zeigten die Handlungsfelder keine prioritären strategischen Handlungsbedarfe auf. Im Ergebnis wurden nicht – wie in der TOWS-Matrix üblich – die Realität zu stark abstrahierende Normstrategien abgeleitet, sondern ein für alle Beteiligten gut nachvollziehbarer Brückenschlag von der Strategischen Analyse zur Strategieformulierung geschafft."

Die strategischen Handlungsfelder sind ein wichtiger Zwischenschritt, um die der VUCA-Welt entsprechende Komplexität der Analyse, die sich in einer entsprechenden Vielzahl von Umweltfaktoren (Chancen und Risiken) und Organisationseigenschaften (Stärken und Schwächen) zeigen kann, widerzuspiegeln. Abb. 2.3 gibt das Ergebnis der ersten, 2012/13 auf Ebene des Landespolizeipräsidiums (LPP) des Landes Niedersachsen entwickelten SWOT³ wieder. Umwelttrends, die weder mit Stärken noch mit Schwächen verknüpft wurden (Wirtschaft, Politik, Urbanisierung und Soziale Disparität), wurden im weiteren Prozess nicht als strategische Handlungsfelder berücksichtigt.

2.4 Weitere Aspekte agiler Strategieentwicklung

Klassische Strategieentwicklungsprozesse waren in der Regel in sich abgeschlossen und hatten ein formelles Start- und ein exaktes Enddatum. Agile Strategieentwicklung hingegen ist kein abgeschlossener Prozess, sondern aufgrund zahlreicher Lernzyklen und in Analogie zur Scrum-Methodik ein Kreislauf. Strategien entstehen, zumal in einer VUCA-Welt, zudem zunehmend emergent (Mintzberg 1978). „Emergente, gewachsene Strategien entwickeln sich aus alltäglichen Routineabläufen, Aktivitäten und Prozessen in Organisationen, die zu Entscheidungen führen, welche die langfristige Ausrichtung einer Organisation bestimmen" (Johnson et al. 2011, S. 504). Gerade in einer VUCA-Welt stoßen intendierte Strategien an ihre Grenzen, und es muss der notwendige Freiraum gewährt werden, damit sich emergente Strategien entwickeln können.

Dies trifft umso mehr auf die Strategie 2020 der Polizei Niedersachsen zu, existierte vor der Strategie 2020 doch gar kein formaler Strategieentwicklungsprozess. Die Strategie 2020 ist vielmehr Ergebnis eines zum Teil geplanten, zum Teil aber auch emergenten Zusammentreffens mehrerer glücklicher Umstände. Diese haben in Summe dazu geführt, dass die Strategieentwicklung Merkmale der Agilität entwickelt hat. Zu diesen Merkmalen zählen:

Merkmale der Agilität in der Strategieentwicklung der Polizei Niedersachsen

- **Mindset:** Sukzessive muss sich ein organisationsweites strategisches (vgl. hierzu ausführlich den zweiten Beitrag von Thode und Wistuba in diesem Buch in Kap. 7) und ein agiles Mindset entwickeln. Letzteres war und ist notwendig, da eine $SWOT^3$ nur angewendet werden und ihr gesamtes Potenzial entfalten kann, wenn die am Strategieentwicklungsprozess Beteiligten offen und hierarchiefrei zu diskutieren bereit sind, flexibel im Denken und Handeln sind und über die richtige Einstellung verfügen. Nach Aulinger (2017, S. 8) zeigt sich ein agiles Mindset erst, wenn Folgendes zutrifft: „Es darf für die Mitglieder einer Organisation kein mentaler Kraftakt sein, sich ‚agil' zu verhalten. Das Gegenteil ist der Fall: Für die Beteiligten muss es ein Selbstverständnis sein, sich agil zu verhalten." Dieses Selbstverständnis ist – auch nach einigen Jahren – noch nicht flächendeckend vorhanden, aber es bildet sich immer mehr heraus. Das dürfte auch der $SWOT^3$ weitere Potenziale eröffnen.
- **Anlassbezogene Strategiereflexion:** Die Strategie 2020 wird mittels der $SWOT^3$ fortlaufend – auf Landesebene mindestens einmal jährlich, auf Behördenebene unterjährig und anlassbezogen – inhaltlich überprüft und fortgeschrieben. Auch prozessual werden weiterhin Verbesserungen vorgenommen. Ihre inhaltliche und prozessuale Agilität zeigte die Strategie 2020, als es im Jahre 2015 zu einem deutlichen Anstieg der Zuwanderung kam: „So befassten sich die Strategiepaten im Landespolizeipräsidium auf Basis von Expertisen ab Oktober 2015 mit der Frage, welche strategischen Konsequenzen aus der prognostischen Entwicklung der Zuwanderung für die Innere Sicherheit und die Polizeiarbeit abzuleiten sind. Die in mehreren Workshops erstellte Analyse führte im Januar 2016, im Zuge der jährlichen Strategieüberprüfung, u. a. zur Ergänzung eines strategischen Ziels und dazugehöriger Maßnahmen" (Wistuba et al. 2017, S. 852, siehe hierzu auch das entsprechende Ziel in Abb. 2.4). Insofern ist die $SWOT^3$ – anders als die klassischen Varianten der SWOT-Analyse bzw. TOWS-Matrix – eben gerade kein „‚snapshot' of a point in time" (Helms und Nixon 2010, S. 239), sondern agil.
- **Hierarchieübergreifende, organisationsweite und crossfunktionale Partizipation:** Die Strategie 2020 setzt sich in Summe aus einer Landes- und neun Behördenstrategien (sechs Polizeidirektionen, LKA, Polizeiakademie, Zentrale Polizeidirektion) zusammen. Für das Zusammenspiel der Strategieebenen ist entscheidend: Die Behördenstrategien bauen auf eigenen strategischen Analysen auf und operationalisieren nicht nur die Landesstrategie. Vielmehr existiert ein *Gegenstromverfahren*: „Die *Landesstrategie* wird unter Beteiligung der Polizeibehörden [...], die *Behördenstrategien* [...] unter Beteiligung des Landespolizeipräsidiums (fort-)entwickelt" (Wistuba et al. 2017, S. 846). Ferner

gilt: Sowohl auf Landes- als auch auf Behördenebene wurden neben den Führungsebenen (Landespolizeipräsident, Landespolizeidirektor und Referatsleitungen auf Landesebene, Behörden- und Dezernatsleitung auf Behördenebene) die Personalvertretung und die Gleichstellungsbeauftragten eingebunden. Auf Behördenebene gibt es gar ein polizeiinternes Novum: eigens für die Strategieentwicklung gebildete Querschnittsgruppen aus Vertreterinnen und Vertretern der Organisationsbasis.

- **Selbstwirksamkeit:** Alle Facetten des Prozesses zur Entwicklung der Strategie 2020 fördern die Selbstwirksamkeit und damit die Identifikation mit der späteren Strategie: „Diese Art und Weise der Strategiebildung zahlt auf den Wertbeitrag, die Eigenständigkeit und Profilbildung der Behörden ein und bewirkt damit eine Eigenmotivation. Statt der Umsetzung einer oktroyierten Strategie geht es nun um die Entwicklung und Realisierung einer Strategie, die eigene strategische Herausforderungen und individuelle Aspekte der Behörden abbildet" (Wistuba et al. 2017, S. 846). Ferner gilt: Die zunächst entwickelte Landesstrategie wurde 2013 in einem ersten Schritt von sämtlichen Führungskräften evaluiert. Die Inhalte des Strategieentwurfes wurden zu 86 % akzeptiert, der begonnene Prozess erhielt gar 92 % Zustimmung (Brockmann et al. 2013). Anregungen wurden im Rahmen einer qualitativen Erhebung aufgenommen und flossen entweder in die anschließend überarbeitete Strategie ein, oder es wurde durch die Projektverantwortlichen ausführlich begründet, warum dies nicht als sinnvoll erachtet wurde. Auch dieses Vorgehen führte bei allen Beteiligten zu einer verstärkten Selbstwirksamkeit.
- **Einfachheit und Kommunikation:** In der VUCA-Welt ist es ebenso ambitioniert wie wichtig, die Ergebnisse eines Strategieentwicklungsprozesses in einer möglichst präzisen und – zumal für Unbeteiligte – schnell begreifbaren Form darzustellen. Auch war es nicht das Ziel, „Hochglanzbroschüren" zu erstellen, die infolge von Strategieanpassungen wieder aufwendig ausgetauscht werden müssten. Kommunikationsgrundsatz war, die „Strategie 2020 möglichst ‚von Mensch zu Mensch' weiterzugeben. Schriftliche und visuelle Darstellungen der Strategie sollten nicht für sich allein stehen, sondern die persönliche Kommunikation unterstützen. In diesem Sinne wurden unter anderem Präsentationen, Videoclips, Sprechzettel und Flyer eingesetzt" (Wistuba et al. 2017, S. 858) Die Strategie 2020 ließ sich im Ergebnis – trotz aufwendiger Analyse- und Formulierungsschritte – als One Pager visualisieren (vgl. Abb. 2.4).

Abb. 2.4 Die Strategie 2020 der Polizei Niedersachsen auf Landesebene im Überblick. (Stand: Mai 2017)

2.5 Fazit und Ausblick

Ausgehend von den Rahmenbedingungen einer VUCA-Welt hat der vorliegende Beitrag zahlreiche Charakteristika des agilen Managements vorgestellt und aufgezeigt, wie diese auf den Prozess der Strategieentwicklung übertragen werden können. In methodischer Hinsicht bietet die SWOT^3 ein praktikables Werkzeug, um gleichermaßen die Herausforderungen der VUCA-Welt zu bewältigen und die Anforderungen des agilen Managements zu erfüllen. Beispielhaft wurde auf die Polizei Niedersachsen verwiesen, in deren Prozess zur Entwicklung der Strategie 2020 die SWOT^3 von den beiden Autoren dieses Beitrages konzipiert und bei der Entwicklung einer Landes- und von neun Behördenstrategien eingesetzt wurde. Dort hat sie ihre Zwecke erfüllt: Eine fundierte und gleichermaßen akzeptierte Strategie zu entwickeln, die die Organisation nachweisbar handlungsfähiger und agiler machte. Dabei entfaltete die SWOT^3 ihr Potenzial zur Gruppenmoderation besonders in denjenigen Strategieentwicklungsprozessen, in denen die Gruppe nachweislich über besonders fundierte Expertise und Erfahrung verfügte. Aufgrund ihres generischen Charakters erscheint die SWOT^3 darüber hinaus für jede Art von Organisation und Strategie geeignet. Auch ist sie offen für weitere methodische Anpassungen und Erweiterungen.

Literatur

Aulinger, A. (2017). *Die drei Säulen agiler Organisationen*. Whitepaper IOM Steinbeis-Hochschule. Berlin: Steinbeis-Hochschule.

Brockmann, J., Homberg, F., & Vogel, R. (2013). *Evaluationsbericht zur Strategie 2020 (unveröffentlicht)*. Hamburg, Friedrichshafen, Bournemouth: Landespolizei Niedersachsen.

Deci, E. L., & Ryan, R. M. (2000). The „what" and „why" of goal pursuits: human needs and the self-determination of behavior. *Psychological Inquiry*, *11*, 227–268.

Dillerup, R., & Stoi, R. (2008). *Unternehmensführung: Management & Leadership* (2. Aufl.). München: Vahlen.

Förster, K., & Wendler, R. (2012). *Theorien und Konzepte zu Agilität in Organisationen*. Dresden: Technische Universität.

Helms, M. M., & Nixon, J. (2010). Exploring SWOT analysis – where are we now? A review of academic research from the last decade. *Journal of Strategy and Management*. https://doi.org/10.1108/17554251011064837.

Hill, T., & Westbrook, R. (1997). SWOT analysis: it's time for a product recall. *Long Range Planning*, *30*, 46–52.

Jacobs, J. C., Kagermann, H., & Spath, D. (2017). *Arbeit in der digitalen Transformation – Agilität, lebenslanges Lernen und Betriebspartner im Wandel. Ein Beitrag des Human-Resources-Kreises von acatech und der Jacobs Foundation – Forum für Personalvorstände zur Zukunft der Arbeit*. München: Herbert Utz.

Johnson, G., Scholes, K., & Whittington, R. (2011). *Strategisches Management. Eine Einführung* (9. Aufl.). München: Pearson Studium.

Kerth, K., Asum, H., & Stich, V. (2011). *Die besten Strategietools in der Praxis*. München: Hanser.

Koontz, H., & O'Donnell, C. (1955). *Principles of management: an analysis of managerial functions*. New York: McGraw-Hill.

Kreikebaum, H., Gilbert, D. U., & Behnam, M. (2011). *Strategisches Management*. Stuttgart: Kohlhammer.

Mintzberg, H. (1978). Patterns in strategy formation. *Management Science*, *24*, 934–948.

Schedler, K., & Siegel, J. P. (2004). *Strategisches Management in Kommunen – Ein integrativer Ansatz mit Bezug auf Governance und Personalmanagement*. Düsseldorf: Edition der Hans Böckler Stiftung.

VersionOne (2017). 11th annual State of Agile Report. http://stateofagile.versionone.com. Zugegriffen: 18. Dez. 2017.

Weihrich, H. (1982). The TOWS matrix – a tool for situational analysis. *Long Range Planning*, *15*, 54–66.

Welge, M. K., & Al-Laham, A. (2008). *Strategisches Management*. Wiesbaden: Gabler.

Wistuba, L., Thode, S., & Balzer, Y. (2017). Die Strategie 2020 der Polizei Niedersachen – Neue Wege aus der Ökonomisierungsklemme. In J. Stierle, D. Wehe & H. Siller (Hrsg.), *Handbuch Polizeimanagement* (S. 835–866). Wiesbaden: Springer Gabler.

Prof. Dr. Stefan Thode begleitet seit 20 Jahren internationale Konzerne, mittelständische Unternehmen und öffentliche Organisationen als Berater und Coach in komplexen Strategieentwicklungs- und Transformationsprozessen. Seine Grundüberzeugung: Eine umfassende Veränderung gelingt nur, wenn sie gleichermaßen strategisch, organisatorisch, technologisch und kulturell erfolgt. Bis 2008 war er für PricewaterhouseCoopers in verschiedenen Funktionen im In- und Ausland tätig, zuletzt als Global Strategy & Change Manager in London (UK) und Stamford (USA). Dort leitete er ein Team aus internationalen Change-Experten. Seit 2008 ist Stefan Thode ordentlicher Professor für Internationales Management an der FOM Hochschule in Hamburg. Er lehrt und forscht auf den Gebieten der Strategieentwicklung und -umsetzung, des Change Managements und der Organisationsgestaltung und -entwicklung. 2012 erhielt er den Lehrpreis der FOM Hamburg. Lehr- und Forschungsaufenthalte führten und führen ihn unter anderem an Universitäten in Istanbul, Kiew, Murcia, New York und Sydney. Stefan Thode wird als Speaker und Moderator zu Führungskräftekonferenzen und Podiumsdiskussionen eingeladen. Themen sind u. a. Agiles Management, Change Management, Geschäftsmodellinnovation, New Work, Strategie und Transformation. Er studierte Betriebswirtschaftslehre an der Christian-Albrechts-Universität zu Kiel und der McMaster University in Hamilton (Kanada); 2002 wurde er von der Universität Hamburg zum Dr. rer. pol. promoviert. Stefan Thode lebt mit seiner Frau und seinen beiden Töchtern in Hamburg.

Dr. phil. Lars Wistuba konnte Erfahrungen in verschiedenen Führungspositionen bei der Polizei Niedersachsen sammeln. Im Niedersächsischen Innenministerium hat er als Strategiereferent maßgeblich zur Entwicklung und Umsetzung der Strategie 2020 der Polizei Niedersachsen beigetragen. Als Kriminaloberrat leitet er aktuell die Kriminalfachinspektion 1 für Tötungs-, Brand- und Sexualdelikte in der Polizeidirektion Hannover. Er hat unter anderem Soziale Verhaltenswissenschaften, Soziologie und Rechtswissenschaft (M.A.) sowie Polizeimanagement (M.A.) studiert. Seine Promotion an der Universität Hildesheim erfolgte in den Disziplinen Psychologie und Soziologie. Er verfügt über Erfahrung als Seminarleiter, Trainer, Moderator und Berater. Seine Schwerpunkte sind Führung, Organisation und Strategie.

Need for Change – Wie können Unternehmen Veränderungsbedarf erkennen?

3

Reflexionen zur Veränderungsbereitschaft und -fähigkeit von Organisationen

Carolin Joseph und Markus H. Dahm

3.1 Ausgangssituation

In der heutigen Zeit stehen Organisationen immer wieder vor neuen Herausforderungen: Zum Beispiel die Digitalisierung, durch welche neue technologische Trends weitreichende Änderungen in Wirtschaft und Gesellschaft bringen, wie Urbanisierung oder Automatisierung von Wissensarbeit. Aber auch der demografische Wandel stellt Organisationen vor große Herausforderungen, zum Beispiel, dass unterschiedliche Anforderungen an Führungskräfte und deren Umgang mit verschiedenen Altersgruppen und deren individuellen Erwartungen gestellt werden. Auch der Umgang mit neuen Technologien – beispielsweise mit neuen digitalen Kommunikationsmöglichkeiten, wie Slack-Channel oder Watson Workspace – können Herausforderungen darstellen. Das sind neue Tools, mit denen ältere Mitarbeitergruppen gegebenenfalls langsamer lernen umzugehen als jüngere. Den Anforderungen von unterschiedlichen Mitarbeitergruppen mit großen Altersunterschieden gerecht zu werden, stellt durch den demografischen Wandel eine weitere neue Herausforderung für Unternehmen dar, der sie sich unweigerlich stellen müssen. Tun sie dies nicht, so können sie in Folge viele Mitarbeiter verlieren und damit die Existenz des Unternehmens gefährden. Damit einher geht der „War for Talents", was bedeutet, dass die Unternehmen nicht mehr in der bequemen Position sind, dass die passenden Bewerber von alleine zu ihnen kommen. Stattdessen müssen sie nun aktiv auf die High Potentials zugehen und sie umwerben, damit diese nicht womöglich bei der Konkurrenz ein Angebot

C. Joseph (✉)
IBM Deutschland GmbH
20097 Hamburg, Deutschland
E-Mail: carolin.joseph@de.ibm.com

M. H. Dahm
FOM Hochschule f. Oekonomie & Management
Hamburg, Deutschland
E-Mail: markus.dahm@de.ibm.com

M. H. Dahm und S. Thode (Hrsg.), *Strategie und Transformation im digitalen Zeitalter*, FOM-Edition, https://doi.org/10.1007/978-3-658-22032-7_3

annehmen. Auch neuartige disruptive Geschäftsmodelle treffen im Zuge der Digitalisierung früher oder später jede Branche. Disruption ist eine Art Störung, die bestehende konventionelle Angebote oder Geschäftsmodelle mithilfe neuer Technologie und digitaler Innovationen abzulösen oder ganz vom Markt zu verdrängen versucht. Das wohl populärste Beispiel dafür ist das Internet. Die Menschen gehen mittlerweile ganz selbstverständlich davon aus, dass Dienstleistungen, zum Beispiel das Übertragen von Informationen – ehemals per Brief, heute kostenfrei per E-Mail in kürzester Zeit von einem Ort an einen anderen Ort auf der anderen Seite der Welt übermittelt werden. Statt SMS nutzen wir heute die verschiedensten Messenger-Dienste wie beispielsweise WhatsApp, Facebook oder Telegram und viele mehr. Statt Lexika befragen wir heute Google und erhalten nicht mehr nur einen kurzen Eintrag, sondern seitenlange Ergebnistreffer. Wenn man „Change Management" googelt, erhält man „75.000.000 Ergebnisse" in nur 0,49 Sekunden. Das GPS (Global Positioning System) ist eines von vielen weiteren Beispielen für Disruption. Heutzutage ersetzt das 1970 entwickelte Satellitensystem den Bedarf an Landkarten fast vollständig, und das Verlagswesen musste eine wichtige Sparte aufgeben.

Ein anderes, mittlerweile klassisches Beispiel für Disruption ist Airbnb. Zu Beginn war Airbnb eine Onlineplattform, über die man zu einem kleinen Preis beispielsweise eine Luftmatratze im Wohnzimmer einer fremden Person bekommen konnte. Diese Low-Cost-Lösung war perfekt für Low-Value-Kunden geeignet. Damit wurden Kunden angesprochen, die sich eine Übernachtung im Marriott nicht leisten konnten oder wollten. Airbnb hat mittlerweile an Popularität gewonnen, und damit haben auch die Inserate an Qualität gewonnen. Inzwischen kann man seinen ganzen Amerika-Roadtrip über bequem in kleinen amerikanischen Anliegerwohnungen oder Zimmern von Privatpersonen schlafen. Per App funktioniert die Abwicklung der Buchung bis hin zur Schlüsselübergabe im sogenannten Key-Butler ganz reibungslos. Der Key-Butler ist eine kleine, fest montierte Box, zu der man per PIN-Eingabe bestimmten Personen Zugriff gewähren kann. Diese Entwicklung hat das Hotelgewerbe erschüttert. Große Hotelketten, die für Gebäude und Personal hohe Kosten aufwenden müssen, konnten bei den Preisen schnell nicht mehr mithalten. Immer mehr Kunden erkennen den Mehrwert in hochwertigen Inseraten auf der Onlineplattform und ziehen es vor, in fremden Städten über Airbnb ganz nebenbei Kontakt zu Einheimischen zu knüpfen (Ramge 2015).

Uber hingegen stand als privater Taxiservice von Beginn an in direkter Konkurrenz zu existierenden Taxiunternehmen. Bei Uber werden private Fahrzeuge eingesetzt, die als Taxis fungieren. Per App können Kunden ihren Fahrservice in wenigen Klicks bestellen. Im Vergleich mit konventionellen Taxiunternehmen sind die Fahrzeuge in der Regel luxuriöser und extravaganter. Hinzu kommt, dass die Uber-Taxis meist schneller vor Ort sind. Viele Angestellte von Taxiunternehmen sind auf die Straße gegangen, um gegen den Uber-Konkurrenten zu protestieren. Mittlerweile gibt es auch Stimmen, die behaupten, Uber sei keine tatsächliche Disruption und würde den herkömmlichen Taxiunternehmen lediglich viele Marktanteile wegnehmen. Denn auch die Taxiunternehmen ziehen nach und müssen sich, anders als Uber, keine Gedanken mehr um die Versicherung der Fahrgäste machen (Ramge 2015).

Diese kurz dargestellten Megatrends üben Druck auf Unternehmen aus, was insbesondere die Führungsebene einer Organisation vor eine schwere Entscheidung stellt: Fordern die Entwicklungen eine Veränderung des Unternehmens? Muss sich das Unternehmen wandeln oder nicht? Diese Entscheidung kann weitreichende Konsequenzen mit sich bringen. Passt man sich den neuen Gegebenheiten an und stellt später fest, dass diese nicht disruptiv oder von Dauer waren, so wurde womöglich ein bestehendes Geschäft zerstört oder zumindest vernachlässigt und oftmals viel Geld verloren. Andererseits: Wenn sich der Trend als nachhaltig erwiesen hat, war es gut, die Weichen auf Transformation zu stellen, um nicht aus dem Markt verdrängt zu werden.

In einer Studie wurden 408 Teilnehmer aus dem Top- und Mittelmanagement sowie Mitarbeiter aus der operativen Ebene in Unternehmen verschiedener Größen und Branchen zum Thema Veränderungsbereitschaft befragt (Mutaree GmbH (Hrsg.) 2016). Die Studie zeigte, dass aus Perspektive der Befragten die Notwendigkeit für Veränderung nicht rechtzeitig erkannt wird und dringend notwendige Change-Prozesse folglich nicht zeitnah angestoßen werden, damit das Unternehmen sich an aktuelle Marktänderungen anpassen kann. Betrachtet man dies vor dem Hintergrund der kontinuierlichen Veränderungen und der vielfältigen Einflüsse, mit denen Organisationen heutzutage ständig konfrontiert werden, so stellt sich die Frage, woran der Veränderungsbedarf einer Organisation erkannt werden kann. Wann ist Wandel notwendig und anhand welcher Indikatoren kann Veränderungsbedarf identifiziert werden?

3.2 Funktionale Betrachtung von Organisationen – das Fit-Konzept aus der Gestalttheorie

Die Gestalttheorie – oder auch der Gestaltansatz – beruht auf der Gestaltpsychologie, die Anfang des 20. Jahrhunderts postuliert wurde. Aus dieser hat sich der Gestaltansatz entwickelt, welcher auch Konfigurationsansatz genannt wird und sich auf den organisationalen Kontext bezieht. Organisationen wird darin eine Multidimensionalität zugeschrieben. Diese Multidimensionalität kommt zustande, weil Organisationen demnach aus vielen verschiedenen Variablen bestehen, die in Summe die Organisation als solche ausmachen. Einzelne Variablen losgelöst aus der Kombination aller Elemente können die Organisation nicht alleine repräsentieren (Wolf 2011). Erst die Kombination aller Variablen zusammen wird Konfiguration genannt und repräsentiert die Organisation. Beispiele für externe Variablen können Kundenbedürfnisse, Gesetzgebungen, Image eines Unternehmens oder auch Werte der Gesellschaft sein. Interne Variablen sind zum Beispiel die Werte des Unternehmens, der Führungsstil, die Unternehmensvision oder die Unternehmensstrategie. Alles, was das Unternehmen in Summe ausmacht, wird im Gestaltansatz als Variable deklariert (Bleicher 2013; Deuringer 2013).

Der Gestaltansatz ist ein theoretischer Ansatz, der die eben beschriebenen Variablen eines Unternehmens betrachtet und dabei deren Stimmigkeit zueinander als vorteilhaft beschreibt (Meyer et al. 1993). Stimmigkeit bedeutet, dass die Kombination aller Variablen und deren Ausprägungen insofern vorteilhaft für das Unternehmen sind, als sie zur Erreichung der Unternehmensziele beitragen. Besondere Stimmigkeit kann durch das Ausschöpfen von Synergieeffekten erlangt werden. An dieser Stelle kommt das Fit-Konzept zum Tragen. Ist die Konfiguration der Variablen stimmig und demnach für die Erreichung der Ziele vorteilhaft, so liegt ein sogenannter Fit vor (Burton und Obel 2013). Sie stehen dem Erreichen der Unternehmensziele nicht im Weg. Es können aber auch Ungleichgewichte zugrunde liegen. Das heißt, dass die Kombination der vorliegenden Variablen für die Erreichung der Unternehmensziele ungünstig ist (Wolf 2000). Beispielsweise kann es sein, dass der bisher etablierte Führungsstil der Führungskräfte nicht mit den Anforderungen der jüngsten Generation der Mitarbeiter übereinstimmt. Angenommen, die jungen Talente im Unternehmen fordern größtenteils autonomes Handeln und viele Entscheidungsfreiräume, und die Führungskräfte sind einen autoritären Führungsstil gewohnt, dann befindet sich ein Teil der Variablen im Unternehmen in einem Ungleichgewicht. Ein anderes Beispiel für ein Ungleichgewicht ist, dass sich das Marktumfeld und das Angebot so ändern, dass sich dadurch Kundenanforderungen verändern. Vielleicht gibt es im Markt einen neuen Anbieter, der Glühbirnen anbietet und ein völlig neues Kundenbedürfnis nach elektrischem Licht geweckt hat, während Sie weiterhin Kerzen verkaufen. Ihre Organisation und die darin enthaltenen Variablen befinden sich dann in einem Misfit-Zustand, bei dem bestimmte Variablen, im Beispiel hier Angebot und Kundenbedürfnis, nicht mehr optimal aufeinander abgestimmt sind. Ein strategischer Misfit bezeichnet eine erfolgverringernde Situation zwischen diesen Variablen. Der Unternehmensführung kommt in einem solchen Falle die Aufgabe zu, eine neue Konstellation der Variablen herzustellen, die den Erfolg des Unternehmens weiterhin sichert (Wolf 2000).

Misfits können einem Unternehmen also erheblichen Schaden zufügen, weil sie ein Ungleichgewicht der Variablen im gesamten Unternehmen verursachen. Wie im sozio-technischen System einer Organisation hat die Veränderung einer Variablen Auswirkungen auf das gesamte System (French und Bell 1994). Es ist unmöglich, eine Maßnahme oder eine Veränderung in der Organisation durchzuführen, ohne Auswirkungen auch in anderen Sub-Systemen zu verursachen (siehe Abb. 3.1). Das Ziel ist es also, alle Variablen in ihrer Gesamtheit im Gleichgewicht zu halten. Da dieser Zustand in der heutigen Zeit von Digitalisierung, disruptiven Geschäftsmodellen und weiteren Megatrends nur schwerlich dauerhaft beizubehalten ist, sollte sich ein Unternehmen seiner Veränderungsbereitschaft und seiner Veränderungsfähigkeit bewusst sein und diese Fähigkeiten – wenn nötig – verbessern.

Miller erkannte in der erfolgreichen Konfiguration aller Variablen im Unternehmen einen starken Wettbewerbsvorteil. „Configuration, in short, is likely to be a far greater source of competitive advantage than a single aspect of strategy“ (Miller 1996, S. 509 f.). Begründet wird dies durch die Annahme, dass die Veränderung und Anpassung einzelner Variablen zwar leicht durch konkurrierende Organisationen zu imitieren, aber die Gestaltung und Stimmigkeit der Merkmale nur schwer zu kopieren ist. Resultierend können Organisationen bei erfolgreicher Konfiguration ihrer Parameter Wettbewerbsvorteile erzielen. Im Umkehrschluss bedeutet dies, dass Unstimmigkeiten, die sogenannten Misfits, eine erfolgsmindernde Wirkung haben.

Abb. 3.1 Sozio-technische Systemtheorie. (Quelle: In Anlehnung an French und Bell 1994)

Die Literatur beschäftigt sich jedoch auch mit der Frage, wieso eine Organisation überhaupt in einen Misfit-Zustand gelangt. Ein Misfit-Zustand bringt dem Unternehmen keinen Mehrwert, sondern vielmehr einen Leistungsverlust. Warum aber kommt es dennoch dazu, dass ein Unternehmen in einen solchen Zustand übergeht? Es wird argumentiert, dass erfolgreiche Unternehmen, also Unternehmen im Fit-Zustand, häufig einen Überschuss an finanziellen Ressourcen erzielen. Dieser Überschuss wird dann zum Beispiel in Technologien oder erweiterte Organisationsgrößen investiert, indem beispielsweise neue Mitarbeiter eingestellt werden (Donaldson 2001). Die überschüssigen finanziellen Mittel können auch in Innovationen investiert werden, was beispielsweise zur Neustrukturierung von Aufgaben führt. Auch werden diese Mittel bei produzierenden Unternehmen häufig in Diversifikation investiert. Zum Beispiel kann dabei die horizontale Produktdiversifikation fokussiert werden, bei der es um die Ausdehnung der bisherigen Produktpalette geht. Ein Pkw-Hersteller produziert zusätzlich zu Pkws Wohnmobile und Kleintransporter. Überschüssige finanzielle Mittel werden dabei vorausgesetzt, um eine Steigerung der eben genannten Faktoren zu erzielen. Das Verändern der Unternehmensvariablen kann eine Organisation in einen Misfit-Zustand katapultieren, denn das Investieren hat Einfluss auf alle anderen Unternehmensvariablen und deren Gleichgewicht. Wie in der bereits beschriebenen sozio-technischen Systemtheorie hat das Ändern einer Variable einen Einfluss auf die anderen Bereiche. Im Beispiel des Pkw-Herstellers bedeutet das, dass durch die Wohnmobile nicht mehr nur Pkws für den Alltag verkauft werden, sondern auch Fahrzeuge für den Gebrauch speziell im Campingurlaub. Durch den Eintritt in den Bereich Wohnmobile sieht sich das Unternehmen nun mit neuen Konkurrenten konfrontiert. Außerdem haben die Kunden an Wohnmobile ganz andere Ansprüche als an Pkw. Zudem ändern sich viele Variablen oder es kommen neue hinzu. Mit Änderungen der Variablen ist dabei zum Beispiel gemeint, dass Kunden ihren Pkw nicht mehr nur nutzen, um zum Einkaufen zu fahren oder täglich zur Arbeit zu kommen, sondern dass sie auch in ihrem Fahrzeug schlafen, einen Campingkocher transportieren und Schlafplätze haben wollen. Das wiederum hat nicht nur Änderungen für die Produktion zur Folge, sondern beispielsweise auch für die Beratung. Berater müssen sich auf andere Kundentypen einstellen, und Kunden wollen ausführlicher beraten werden oder sind aufgrund der hohen finanziellen Investition in das Wohnmobil kritischer als Kunden, die einen Mittelklasse-Pkw kaufen. Das bedeutet, dass hohe Investitionen zum Teil dazu beitragen können, dass Unternehmen in einen Misfit-Zustand geraten (Donaldson 2001).

3.3 Unternehmensbeispiele

Dieses Kapitel zeigt Unternehmensbeispiele von Misfits, die in der Praxis zu finden waren bzw. sind. Dazu werden verschiedene Großunternehmen (> 1000 Mitarbeiter) betrachtet, bei denen sich Veränderungsbedarf abzeichnete. Einige befinden sich zum Teil noch im Transformationsprozess oder haben diesen bereits erfolgreich abgeschlossen. Einige der Unternehmen jedoch scheiterten, da die Stärke der Auswirkungen und Folgen nicht bzw. nicht früh genug erkannt und folglich zu spät gehandelt wurde.

3.3.1 Deutsche Bahn – Misfit zwischen Unternehmensstrategie und Gesetzgebung

Zum 1. Januar 2013 wurde der Fernreiseverkehr mit der Freigabe von Fernbussen liberalisiert. Damit wurde das Bahnmonopol, das bisher im deutschen Markt herrschte, vernichtet. Das durch den Bundesrat beschlossene und zuvor von Union und FDP eingeleitete Gesetz stellte insbesondere die Deutsche Bahn vor neue Herausforderungen. Zwar betrieb die Bahn durch eine Ausnahmeregelung zu dieser Zeit selbst schon eine Fernbuslinie mit 30 Zielen, jedoch drangen durch die Liberalisierung mehrere Wettbewerber auf den Markt. So hatte die Bevölkerung vor der Liberalisierung nur wenige Ausweichmöglichkeiten zum Zugverkehr, nun jedoch eine vor allem günstigere Alternative (Brönstrup 2012). 2014 war jeder dritte Fernbusreisende zuvor Zugreisender und Kunde der Deutschen Bahn, wodurch diese mehr als 200 Mio. € Umsatz einbüßte (Bund 2015). Zu Beginn dieser Entwicklung 2013 wäre es dringend notwendig gewesen, die strategische Ausrichtung des Unternehmens zu überdenken. Wurde in den vergangenen Jahren auf eine Hochpreisstrategie im ICE-Verkehr gesetzt, der Fokus auf die Verbindung von Metropolen gelenkt und ländliche Regionen dabei eher unbeachtet gelassen, so mussten nun wieder langsame Züge auf den zuvor ausgebauten Schnellstrecken eingesetzt werden, um den Kunden günstige Alternativen zu bieten (Bund 2014). Vielen Kunden war die Bahn zu teuer geworden – diese freuten sich umso mehr über die neuen, günstigen Gegenangebote. Vor allem Studenten und Rentner, für die eine Stunde mehr Fahrt kein Problem darstellte, stiegen freudig auf die Busse um (Bund 2014). Die Bahn konnte mit den günstigen Ticketpreisen nicht mithalten, probierte wiederum, den Komfort zu erhöhen und somit Kunden zu gewinnen. Was die Bahn konnte, konnten die jungen, dynamischen Busunternehmen jedoch ebenfalls, und so verfügten Busplätze schnell über eigene Steckdosen, gratis WLAN und Medienangebote (Breitinger 2016). Es lässt sich zusammenfassen, dass die Bahn mit ihren verschiedenen Bus- und Zuglinien zwar ein heterogenes Leistungsangebot bereitstellte, sich allerdings durch die zuvor herrschende Monopolsituation keine eindeutige Wettbewerbsstrategie erkennen lässt. Dadurch entstand mit Eintritt der Fernbusse ein interner Misfit zwischen Strategie, Gesetzgebung und damit mit der dynamischen Umwelt.

3.3.2 Weltbild Verlag – Misfit zwischen Strategie, technologischen Neuerungen und Ausrichtung des Markenimages

Vor der Insolvenz im Jahr 2014 war Weltbild eines der größten deutschen Buchhandels-, Verlags- und Versandunternehmen. Die Geschichte des Unternehmens geht auf die Winfried-Werk GmbH zurück, welche vor allem katholische Literatur veröffentlichte (Steinkirchner 2011). 1987 wurde die Weltbild-Verlag-GmbH gegründet, 2001 entstand die Verlagsgruppe Weltbild. Weltbild lag in kirchlicher Hand, zwölf katholische Bistümer waren neben dem Verband der Diözesen und der Soldatenseelsorge Berlin die Eigentümer (Hielscher und Steinkirchner 2014; Welt o.J.). Großen Einfluss auf die Insolvenz hatte die Digitalisierung. Allen voran machten sich Wettbewerber wie Amazon zunehmend auf dem Markt breit und führten zu einem Umbruch der gesamten Buchhandelsbranche (Gassmann 2014). Die Digitalisierung beeinflusste auch das Kaufverhalten der Kunden. Immer mehr Bücher wurden online gekauft oder als E-Book heruntergeladen. Dazu passte die heterogene Multichannel-Strategie von Weltbild nicht. Durch den Druck und Versand von Katalogen sowie den Betrieb vieler Buchläden verzeichnete Weltbild im Vergleich viel höhere Kosten als reine Onlinehändler. Man versuchte zwar, sich stärker auf das Onlinegeschäft zu fokussieren, jedoch erweckte es den Anschein, dass das Unternehmen nicht zu seinem Konkurrenten aufschließen konnte (Grabitz und Tauber 2011; IfM 2017). Des Weiteren schien es Weltbild an einem klaren Profil und Image der Marke zu fehlen. Eine zu breit gefächerte Produktpalette und eine uneinheitliche Strategie erschwerten den Erfolg im Wettbewerb (Grabitz und Tauber 2011; Hielscher und Steinkirchner 2014). Amazons Strategie beispielsweise kann zwar ebenfalls als heterogen und differenziert angesehen werden, aber dennoch verliert das Unternehmen dadurch keine Kunden – ganz im Gegenteil, Amazon ist damit sehr erfolgreich. Die Unterschiede scheinen hier in der weiteren Ausgestaltung der Strategie zu liegen, beispielsweise stellt Amazon einen Marktplatz für viele individuelle Händler dar, die diesen als Absatzkanal nutzen. Bei Amazon passen Image und Angebot zueinander. Dies drückt sich bereits im Markenlogo von Amazon aus. Dort findet sich unterhalb des Schriftzugs ein kleiner geschwungener Pfeil vom „A“

hin zum „Z“ des Namens und symbolisiert damit sinnbildlich die allumfassende Produktauswahl in allen erdenklichen Bereichen. Amazon symbolisiert damit nicht nur die Breite der Auswahl, sondern bringt mit dem an einen lächelnden Mund erinnernden Pfeil einen positiven Lifestyle zum Ausdruck. Ganz nach dem Motto: Wer bei Amazon einkauft, erhält damit auch ein Stück positive Lebensqualität, ganz egal, um welches Produkt es geht. Diesen Schritt scheint Weltbild mit seinem gleichbleibenden und durch die katholische Kirche geprägten Motto und Image nicht geschafft zu haben. Das Image und das breitgefächerte Angebot, welches auf diversen Kanälen erhältlich war, passten möglicherweise nicht zueinander. Die technologische Infrastruktur war vorhanden, aber schien dies nicht bei der entsprechenden Zielgruppe anzukommen. Die Multichannel-Strategie und die tatsächliche Ausrichtung der Marke haben einen folgenschweren Misfit ergeben. Aber nicht nur diese Variablen haben nicht in einem Fit zueinander gestanden, sondern auch die Art der Produkte (Printmedien) hat mit den Kundenanforderungen in einem Misfit gestanden, denn die Kunden forderten viel häufiger die damals neue digitale Version von Büchern: E-Books.

3.3.3 Otto – Misfit zwischen Strategie, Investition in technologische Neuerungen und Kundenanforderungen

Ähnlich wie dem Verlag Weltbild scheint es auch dem Handelsunternehmen Otto im Jahr 2013 an einer klaren Positionierung der Marke zu mangeln. Durch die Heterogenität der angebotenen Waren schien sich kein klarer Stil erkennen zu lassen und es schien kein klares Alleinstellungsmerkmal zu geben. Das Unternehmen – bekannt für seine dicken und schweren Kataloge – bekam immer stärker die Auswirkungen der Digitalisierung und des veränderten Kaufverhaltens zu spüren. Der Umsatz sank. Onlinehändler überzeugten immer mehr Kunden durch dynamische, ständig angepasste Angebote, günstige Preise und schnelle Lieferzeiten. Otto setzte weiterhin auf Kataloge. Dabei lässt sich die Schwäche von Katalogen klar erkennen: Während online immer die neuesten Trends angeboten werden können, zeigt der Katalog meist veraltete Angebote. E-Commerce wurde bei Otto als digital übertragene Katalogseiten betrachtet, was zu einem Missverhältnis bei Investitionen führte. Das Unternehmen generierte mehr als die Hälfte der Neukunden mittlerweile über das Internet, allerdings wurde weiterhin viel stärker in Printmedien investiert. Man schien die Wichtigkeit des Onlinehandels nur schleppend zu erkennen (Jensen und Schwarzer 2013). Folglich stellt Otto im Jahr 2013 ein weiteres Beispiel für einen Misfit zwischen strategischer Ausrichtung und dynamischer Umwelt dar. Nichtsdestotrotz zählt Otto heute zu den wenigen Versandhäusern, die den Sprung zum erfolgreichen Onlinehandel schafften, indem sie die digitale Ausrichtung durch die Otto Group in den Fokus gerückt haben (Hielscher 2017).

3.3.4 Schlecker – Misfit zwischen Innovationskraft und Mitarbeiterführung sowie zwischen Strategie und Kundenanforderungen

Einen Grund für das Scheitern des einstigen Drogerieriesen Schlecker (Insolvenz 2012) stellt ein verpasster Strategiewechsel dar (Neuhaus 2017). Während sich das Marktverhalten änderte, verfolgte Schlecker weiterhin eine Strategie kleiner Läden mit geringem Sortiment. „For you, vor Ort" schien die Kunden nicht mehr zu reizen. Sie kauften lieber bei anderen Drogerieketten wie dm oder Rossmann, welche mit breiterem Angebot und freundlichen Filialen lockten (Bergermann und Hielscher 2017). Schleckers Filialen mit ihren engen Gängen stellten insbesondere für Mütter mit Kinderwagen und für ältere Menschen mit Gehhilfen eine Herausforderung dar, obwohl diese eine wichtige Kundengruppe repräsentierten (Hielscher 2009, 2011, 2016; Marquart 2012). Der Expansionsdrang des Unternehmens trotz stagnierender Kaufkraft verschlechterte die Situation zusätzlich. Schlecker differenzierte seine Produktpalette nicht ausreichend, um mit den Angeboten der Konkurrenz mithalten zu können. Auch die günstigen Preise halfen dem Unternehmen nicht, die Kunden zu halten (Hielscher 2009). Die diskutierte dynamische Umwelt stellt bei abstrakter Betrachtungsweise auch einen Misfit zu den gleichbleibenden, strukturierten Aufgaben dar. Auch die Strategie unter dem Motto „For you, vor Ort" mit vielen kleinen Filiale und wenig regionsübergreifenden Angeboten sowie der beengenden Filialgestaltung stellt einen großen Misfit mit der Variable Kundenwünsche dar. Dies führte das Unternehmen 2012 in die Insolvenz. Kunden haben sich von dem kleinen, familiären Unternehmen abgewandt und wegen nicht erfüllter Kundenwünsche große Drogerieketten wie dm und Rossmann bevorzugt. Durch das Wegbleiben vieler Stammkunden zeichneten sich sinkende Umsatzzahlen schnell ab, dennoch scheint das Unternehmen die benannten Misfits nicht rechtzeitig identifiziert und darauf reagiert zu haben (Hielscher 2009; Bergermann und Hielscher 2017).

3.3.5 Quelle – Misfit zwischen Lagerkosten, Skalierung von Produktanzahl und Kundenanforderungen

Quelle galt einst als modernste Paketfabrik der Welt, als es 1957 eine neue leistungsfähige Versandanlage bauen ließ, welche als erste Versanddaten elektronisch verarbeiten konnte. Mit mehr als 100.000 verschickten Paketen pro Tag wurde Quelle einer der größten deutschen Versandhändler. Durch den Erfolg verwöhnt reagierte das Unternehmen gelassen auf den Markteintritt durch Amazon Mitte der 1990er-Jahre (Clasen 2016). Amazon bot damals Bücher an, später folgten CDs und DVDs. Selbst der zunehmende Wettbewerb durch Amazons günstige Preise schien Quelle nicht zu beunruhigen. Quelle setzte weiterhin auf seinen homogenen Vertrieb mit dicken Katalogen als Werbemittel und einzelnen Geschäften (Vogt 2016). Doch im zunehmenden Preiskampf stellten Preise, welche für ein halbes Jahr bis zum neuen Katalog galten, keine gute Wettbewerbsposition dar. Eine Ausweitung der Vertriebskanäle mit dem notwendigen Einstieg des Unternehmens ins Onlinegeschäft kam zu spät. Zudem konnte man mit Amazons Strategie, als Vermittler zu agieren, nicht mithalten, besaß man doch riesige, kapitalschluckende Lagerhäuser. Quelle scheiterte an der fehlenden Digitalisierung im eigenen Unternehmen, indem man im ersten Schritt dem neuen Kundenanspruch, immer aktuelle Preise und Angebote zu erhalten, nicht gerecht wurde (Tiemann 2012). Im zweiten Schritt gab es auch zwischen den Lagerkosten und Produktpreisen einen Misfit. Da Quelle zum einen Betreiber der Onlineplattform war und zum anderen gleichzeitig auch der Anbieter, musste Quelle seine Produkte – häufig in teuren Lagerhäusern – selbst unterstellen und sie auch selbst versenden (Tiemann 2012). Dies bedeutete einen hohen logistischen Aufwand und hohe Lagerkosten. Mit dem Markteintritt von Amazon gewöhnten sich die Kunden an niedrigere Preise. Amazon stellt die Onlineplattform zur Verfügung, ist häufig auch selbst als Anbieter präsent, hat aber auch sehr viele externe Anbieter, die über Amazons Plattform ihre Produkte vertreiben. Dadurch war jeder Cent für die Lagerung, der nach dem Markteintritt von Amazon noch auf die Produktpreise und damit auf die Kunden umgelegt wurde, aus Sicht der Kunden zu viel. Bei Quelle scheinen Ausgaben und Kosten mit den geänderten Kundenansprüchen bezüglich der Preise im Misfit zueinander gestanden zu haben.

3.4 Sustained Change Readiness – ein Instrument zur Identifikation der Veränderungsbereitschaft und -fähigkeit

Die skizzierten Unternehmensbeispiele zeigen, wie wichtig es ist, sich zur richtigen Zeit in die richtige Richtung weiterzuentwickeln, damit man nicht von existenzbedrohenden Misfits eingeholt wird. In einem volatilen Umfeld, wie es in den meisten Märkten heutzutage vorliegt, stellen unerkannte Misfits eine große Herausforderung für Unternehmen dar. Wandel ist eine unberechenbare Konstante in der Wirtschaft. Unternehmen müssen das zunehmende Ausmaß von Veränderungen aktiv managen und ihre Fähigkeiten an die Dynamiken der Umwelt anpassen. Um herauszufinden, inwieweit ein Unternehmen überhaupt veränderungsbereit und im zweiten Schritt auch veränderungsfähig ist, kann das „Sustained-Change-Readiness-Modell“ (kurz: SCR) als Analysetool eingesetzt werden und wertvolle Hinweise über diese beiden Eigenschaften der Organisation geben (Dahm und Rolff 2016). Dieses Analysetool wurde bereits in der Schiffs- und Navigationsbranche bei dem Kieler Unternehmen Raytheon Anschütz angewendet.

Die Analyse der Veränderungsbereitschaft und -fähigkeit in einem Unternehmen wird nach dem SCR-Modell von externen Change-Experten geleitet. Das Modell ist in zwei Phasen gegliedert: die Analysephase und die Auswertungsphase mit Workshop. Die erste Phase basiert hauptsächlich auf der Durchführung von Interviews mit den wichtigsten Repräsentanten und Wissensträgern aus der Organisation für jede SCR-Dimension. Die vier Dimensionen, die für den Erfolg auf der Ebene des Gesamtunternehmens entscheidend sind, teilen sich wie folgt auf: Strategie, Personal, Organisation und Technologie

Abb. 3.2 Der SPOT-Diamant mit den Dimensionen Strategie, Personal, Organisation und Technologie & Prozesse. (Quelle: Dahm und Rolff 2016)

& Prozesse. Diese vier Dimensionen formen das sogenannte SPOT Diamant Framework (siehe Abb. 3.2), welches Unternehmen dabei helfen kann, diejenigen Fähigkeiten zu identifizieren, zu analysieren und weiterzuentwickeln, welche maßgeblich den Wandel im Unternehmen unterstützen und vorantreiben. Jede der vier Dimensionen umfasst eine Auswahl an Indikatoren, die für den Erfolg entscheidende Unternehmensfähigkeiten beschreiben (Dahm und Joseph 2017a).

3.4.1 Vier mal neun Indikatoren

Innerhalb jeder der vier Dimensionen des SPOT-Diamanten wird eine Auswahl von neun SCR-Indikatoren bestimmt, die die Grundlage für die weitere Analyse der Veränderungsfähigkeiten bilden. Vier dieser Indikatoren werden jeweils einer „Muss"-Ebene (erste Ebene) und vier einer „Kann"-Ebene (zweite Ebene) zugeordnet (Abb. 3.3). Das heißt, vier von neun Indikatoren sind obligatorische Elemente, die sich auf jedes Unternehmen universell anwenden lassen. Die anderen vier Elemente dagegen können zu der Analyse hinzugezogen werden, um ein genaueres Bild der Transformationsbereitschaft zu zeichnen, sind aber nicht zwangsläufig auf jedes Unternehmen universell anwendbar. Der zentrale Indikator ist der sogenannte SPOT-Integrator, welcher eine Verbindung zu den jeweils anderen drei Dimensionen herstellt. Bei dem SPOT-Integrator handelt es sich um einen Indikator, der eine stärkere Ausstrahlung hat als die anderen Indikatoren in seiner Dimension, indem er nicht nur die Veränderungsfähigkeiten in seiner Dimension, sondern darüber hinaus die Fähigkeit der gesamten Organisation maßgeblich mit seiner Wirkkraft beeinflusst (Abb. 3.4) (Dahm und Rolff 2016). Jeder Indikator aus dem SCR-Modell kann als Variable in der Organisation gesehen werden, die zur Vermeidung eines Misfits in einer Balance mit den anderen Variablen stehen muss. In der ersten Ebene jeder der vier Dimensionen befinden sich vier fest definierte Indikatoren, die unabhängig von Bran-

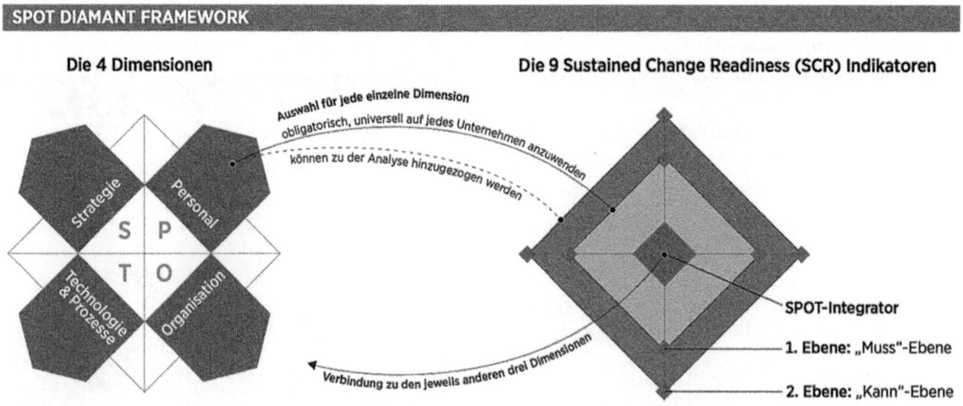

Abb. 3.3 Das SPOT Diamant Framework. (Quelle: Dahm und Rolff 2016)

che, Unternehmensgröße und Kernkompetenz von jedem Unternehmen analysiert werden sollten. Aufgrund dieser Konstanten ist ein Benchmarking der Ergebnisse zu anderen Unternehmen, beispielsweise in der gleichen Industrie, möglich. Das zweite Level der SPOT-Dimensionen vereint vier Indikatoren, die individuell entweder vom Unternehmen selbst oder in Zusammenarbeit mit den durchführenden Beratern definiert werden, um so ein genaues Bild der Transformationsfähigkeit zeichnen zu können (siehe Abb. 3.4). Bei der Entscheidungsfindung, welche Indikatoren des SCR-Modells aus der zweiten Ebene analysiert werden sollen, bietet es sich an, Schlüsselpersonen für die jeweilige Dimension

	Strategie	Personal	Organisation	Technologie & Prozesse
SPOT Integrator	Dynamische Fähigkeiten	Unternehmenskultur	Lernende Organisation	Kollaborationstechnologie
1st Level	Strategische Planung	Fähigkeiten	Ressourcenverteilung	Business Analytics
	Strategische Ausführung	Führung	Netzwerk	Intelligente Systeme
	Verbindung zw. strateg. Planung und Ausführung	Beschäftigungsfähigkeit	Länderübergreifende Organisation	Systemstandardisierung
	Strategische Vision	Mitarbeiterengagement	Internes Change-Management	Geschäftsprozesse
2nd Level	Anpassungsfähigkeit	Unternehmenswerte	Koordination	Informationstechnologie
	Aufnahmefähigkeit	Diversity	M&A	Innovationstechnologie
	Innovationsfähigkeit	Vergütungssystem	Governance	...
	...	Talent-Management	...	...

SPOT Integrator · 1st Level · 2nd Level

Abb. 3.4 Übersicht der vier SPOT-Dimensionen

einzubeziehen. Beispielsweise sind HR-Verantwortliche für die Dimension Personal als Ansprechpartner prädestiniert (Dahm und Rolff 2016).

3.4.2 Die SPOT-Integratoren

Die vier SPOT-Integratoren können durch ihre Wirkkraft die Veränderungsbereitschaft der gesamten Organisation maßgeblich beeinflussen. Wie das geschehen kann, wird in den folgenden Abschnitten erläutert.

3.4.2.1 SPOT-Integrator 1: dynamische Fähigkeiten

Der SPOT-Integrator dynamische Fähigkeiten aus der Dimension Strategie beschreibt die Fähigkeit eines Unternehmens, nicht nur frühzeitig Wettbewerbsvorteile zu identifizieren, sondern auch schnell darauf zu reagieren. Beispielsweise ist ein Unternehmen, welches die Stimmungslage seiner Kunden ständig beobachtet, klar im Vorteil, wenn sich die Stimmung verändert. Zum Beispiel kann man dafür Social Media Analytics nutzen. Auf diese Weise ist ein Unternehmen in der Lage, auch bei kleinen Veränderungen frühzeitig zu erkennen, ob seine Kunden unzufrieden sind, und kann dem nachgehen und gegebenenfalls intervenieren. Solche und weitere dynamische Fähigkeiten tragen dazu bei, dass ein Unternehmen langfristig Wettbewerbsvorteile erreichen kann. Durch sie sind Unternehmen in der Lage, neues Wissen und auch neue Fähigkeiten zu erlangen und wenn nötig Ressourcen umzuschichten (Dahm und Joseph 2017a).

Ein Charakteristikum von veränderungsbereiten Unternehmen ist, dass die strategische Planung nicht als enges Korsett angesehen wird, sondern als flexibler Plan, der sich der Umwelt anpasst. Ein treffendes Beispiel dafür wäre ein Unternehmen, welches sich einen flexiblen Plan über die Verteilung von Ressourcen für ein bestimmtes Projekt macht.

Strategische Pläne sollten so konzipiert werden, dass sie im Falle von Veränderungen stets flexibel genug sind, um angepasst zu werden. Deshalb ist in dieser Dimension – der Strategie-Dimension – auch der Indikator „Strategische Vision“ enthalten. Visionen sind langfristig angelegte und übergeordnete Ziele eines Unternehmens. Sie müssen nicht nur langfristig und sinnschaffend sein, sondern möglichst auch motivierend, um die Mitarbeiter abzuholen und im Idealfall jeden Tag aufs Neue für ihre Arbeit zu begeistern. Und obwohl sie eigentlich sehr langfristig angelegt sind, kommt ein Unternehmen manchmal in Zugzwang, diese anzupassen. Die zuvor beschriebenen neuen disruptiven Geschäftsmodelle (vgl. Abschn. 3.1 und 3.2), die nach und nach viele Märkte und Branchen ereilen werden, zwingen die betroffenen Unternehmen dazu, ihre Vision bei Bedarf flexibel anzupassen. Das Management kann nicht an einer alten Vision festhalten, während neue Konkurrenten mit neuen Geschäftsmodellen den Markt erobern. Dynamische Fähigkeiten helfen einem Unternehmen dabei, gedanklich vorbereitet und ein Stück weit gelassen auf solche – nicht vorhersehbaren – Ereignisse und Marktänderungen zu reagieren (Dahm und Joseph 2017a).

3.4.2.2 SPOT-Integrator 2: Unternehmenskultur

Unternehmenskultur ist der SPOT-Integrator aus der Personal-Dimension. Er bezieht sich auf die im Unternehmen vorherrschende Kultur. Es gibt Unternehmensformen und -kulturen, deren Strukturen, Denkweisen, Werte und Normen besonders förderlich für die Akzeptanz von Neuem sind – und es gibt jene, deren Strukturen eher hinderlich sind, wenn es darum geht, Veränderungen im Unternehmen zu etablieren. Ein grundsätzlich konservatives Denken, Festhalten an bereits Bekanntem, starre Strukturen und Prozesse, die man einhält, egal, ob sie sinnvoll sind oder nicht, sind Dinge, die ein Unternehmen eher daran hindern, sich zu verändern und in neue Richtungen zu entwickeln. Vergleicht man beispielsweise eine Behörde und ein junges Start-up-Unternehmen miteinander, dann werden einige grundlegende Unterschiede in den Arbeitsweisen deutlich. Während das Start-up eine Innovationskultur pflegt und neue Ideen stets willkommen heißt und fördert, indem zum Beispiel in Gemeinschaftsräumen extra dafür vorgesehene Whiteboards vorhanden sind, auf denen man spontane Ideen und Einfälle notiert, ist in der Behörde normalerweise wenig von Innovationen und agilem Arbeiten zu spüren. Die Mitarbeiter der Behörde kennen die meisten Prozesse auswendig und hinterfragen deren Sinnhaftigkeit nur selten bis gar nicht, weil die Unternehmenskultur es nicht von den Mitarbeitern verlangt, außerhalb der Prozesse zu denken. Weil die Unternehmenskultur einen besonders starken Einfluss auf die Veränderungsbereitschaft und -fähigkeit hat, ist sie im SCR-Modell der SPOT-Integrator. Sie beeinflusst das Denken, Fühlen und Handeln der Mitarbeiter in jeder ihrer Tätigkeiten (Dahm und Joseph 2017b).

Motivation für Veränderung und Wandel bei den Mitarbeitern hervorzurufen, ist in schwierigen Zeiten meist keine große Hürde, weil die Mitarbeiter von sich aus sehr leicht den erforderlichen „Sense of Urgency" für Veränderung entwickeln. Stellt man sich ein Unternehmen vor, das über einen längeren Zeitraum immer weniger Produkte und Dienstleistungen an die Kunden verkauft, so ist abzusehen, dass die Stimmung unter der Belegschaft nach und nach immer schlechter wird. Die Verkäufer können ihre Zielvorgaben zum Beispiel nicht mehr erreichen. Dies ist ein Prädiktor dafür, dass sie aufgrund weniger Verkäufe auch weniger finanzielle Belohnungen bekommen. So kann sich die Stimmung auf lange Sicht stark verschlechtern. Vielleicht entwickeln die Verkäufer aufgrund der schlechten Zahlen zunächst einen größeren Ehrgeiz. Sie geben sich in Verkaufsgesprächen nun noch mehr Mühe und kontaktieren sogar noch mehr potenzielle Kunden als zuvor. Ist der Grund für die schlechte Lage des Unternehmens aber nicht, dass die Verkäufer nicht gut genug verkaufen, sondern dass vielleicht ein neuer Konkurrent in den Markt eingetreten ist und mit niedrigeren Preisen punktet, so haben die Verkäufer kaum eine Chance mit ihrem neuen Ehrgeiz. Wenn es einem Unternehmen allerdings besonders gut geht, ist es eine wahre Herausforderung, das gleiche Level an Engagement zu erreichen. Dies ist darauf zurückzuführen, dass die Mitarbeiter das Unternehmen nicht im Zugzwang sehen, sich zu verändern. Schreibt ein Unternehmen schwarze Zahlen und tut dies über einen langen Zeitraum hinweg, scheint die derzeitige Strategie sinnvoll und zielerfüllend zu sein.

Ohne eine akute Bedrohung ist die Mitarbeitermotivation für Veränderung in den meisten Unternehmenskulturen limitiert. Aber nicht nur eine eingeschränkte Motivation, sondern auch eine zumeist enorme Bürokratie in vielen Unternehmen beschränkt die Mitarbeiter in ihrer Flexibilität, auf Neuerungen und Dynamiken zu reagieren. Beispielsweise verhindern komplexe oder starre Prozesse in manchen Unternehmen, dass Mitarbeiter zeitnah Trainings für neue Kernthemen bekommen können. Starre Prozesse, die für diese Zeitverzögerung sorgen, können hier zum Beispiel aufwendige Kostenfreigaben sein. Selbst wenn es für Schulungen vorgesehene Budgets gibt, ist es manchmal für Mitarbeiter eine zeitintensive Herausforderung, alle erforderlichen Freigaben durch das Management zu bekommen. Das führt dazu, dass Mitarbeiter erforderliche Trainings, die eigentlich akut benötigt werden, erst mit großer Zeitverzögerung und manchmal sogar zu spät oder gar nicht bekommen.

Ein Command-and-Control-System, in dem Mitarbeiter den Anweisungen des Managements strikt zu folgen haben und Querdenker, die auch mal über den „Tellerrand" schauen, weniger erwünscht sind, ist ein Indikator dafür, dass die Veränderungsfähigkeit eines Unternehmens unzureichend ausgeprägt ist. Über die Veränderungs*bereitschaft* kann in diesem Fall ohne weitere Betrachtungen der Organisation nur wenig gesagt werden. Es kann zum Beispiel sein, dass die Mitarbeiter zwar eine Veränderungsbereitschaft mitbringen, sie jedoch aufgrund eines Command-and-Control-Systems nicht leben können. Ist dies der Fall, so ist dem Unternehmen dringend zu empfehlen, die vorhandenen Strukturen zu öffnen und starre Prozesse, wie beispielsweise komplizierte Kostenfreigabenprozesse für Schulungen, zu lockern. Dadurch kann sich das Innovationspotenzial der Mitarbeiter besser entfalten. Durch ein geeignetes Umfeld, welches neue Ideen und Denkanstöße zulässt und idealerweise auch aktiv fördert, kann ein Unternehmen nur profitieren. Viele Mitarbeiter haben unzählige Ideen, die das Unternehmen voranbringen können. Diesen Ideen sollte man Aufmerksamkeit und Raum verschaffen (Dahm und Joseph 2017a).

3.4.2.3 SPOT-Integrator 3: Lernende Organisation

Der SPOT-Integrator der Dimension Organisation bezieht sich auf die Fähigkeit einer Organisation, zu lernen. Dabei wirkt der Begriff lernende Organisation oft irreführend, da nicht die Organisation als Institution selbst lernt, sondern die Menschen lernen, die sich darin bewegen. Die Menschen lernen zum Beispiel durch Jobtrainings, durch Austausch mit anderen Mitarbeitern oder eignen sich neue Inhalte, zum Beispiel durch eine Onlinerecherche oder auch durch einen akademischen Abschluss, selbst an. Eine sogenannte lernende Organisation hat möglichst flache Hierarchien, möglichst kleine Kontrollspannen und ist intern unter den Abteilungen effizient miteinander vernetzt. Diese Eigenschaften sind Voraussetzungen und damit als Hygienefaktoren für das Lernen der Mitarbeiter im Unternehmen anzusehen (Dahm und Joseph 2017a).

In einer Organisation trifft man auf ein kontinuierliches Streben nach Entwicklung und Erweiterung von Fähigkeiten. Die entwickelten und erweiterten Fähigkeiten wiederum haben einen Einfluss darauf, wie die Individuen im Unternehmen auf die gesamtheitliche Entwicklung des Unternehmens einwirken. Lernen die Mitarbeiter beständig dazu und sind es gewohnt, sich neuen Herausforderungen und Situationen erfolgreich zu stellen, so überträgt sich diese Fähigkeit auf das Unternehmen als Institution. Idealerweise befindet sich eine lernende Organisation in ständiger Bewegung. Dadurch kann eine gewisse Flexibilität, die im SPOT-Integrator „dynamische Fähigkeiten" bereits beschrieben wurde, erst nachhaltig und langfristig ermöglicht werden (Dahm und Rolff 2016). Jede Bewegung im Unternehmen, jede Neuerung und jede Herausforderung wird von den Mitarbeitern als Anregung verstanden und aufgefasst, welche im weiteren Verlauf des Entwicklungsprozesses dem Unternehmen zugutekommen kann. Zum Beispiel reichern sich die Erfahrungswerte der Mitarbeiter im Verlauf der Zeit immer mehr an. Mitarbeiter haben vielleicht schon die eine oder andere Krise des Unternehmens miterlebt und können ihre Erfahrungen in der neuen Situation anwenden oder adaptieren. Sie haben zum Beispiel aufgrund ihres Erfahrungsschatzes ein Gefühl dafür entwickelt, wie Kunden auf veränderte Servicebedingungen wie die Umstellung von Callcenter zu Chatservice reagieren würden. Wird im Management ernsthaft über eine solche Veränderung weg vom Callcenter hin zu einem Chatservice nachgedacht, so sollten von Beginn der Diskussion an Mitarbeiter einbezogen werden, die im betroffenen Unternehmensbereich bereits viele Erfahrungswerte gesammelt haben. Langjährige, erfahrene Mitarbeiter eigenen sich hierfür am besten. Sie sind in der Lage, die Reaktion der Kunden genau einzuschätzen, und können gute Prognosen über eine mögliche Ablehnung der Kunden geben. Auch können sie ihre Kollegen besser einschätzen als das Management und können daher auch die Bedeutung der Veränderung für das Unternehmen selbst beurteilen.

Kreatives und innovatives Problemlösen ist eine der Kernkompetenzen, die Mitarbeiter einer lernenden Organisation beherrschen. Damit Mitarbeiter diese Fähigkeiten entwickeln können, müssen einige Voraussetzungen im Unternehmen gegeben sein. Dazu gehört, dass es eine klar formulierte und motivierende Unternehmensvision gibt, die den Mitarbeitern ein klares, langfristiges Ziel gibt. Eine Vision kann außerdem auch dazu dienen, die Mitarbeiterschaft als Team zu festigen. Eine Gruppe von Menschen, die ein gemeinsames Ziel verfolgt, wächst zu einem Team zusammen. Eine weitere Voraussetzung ist die Nutzerzentriertheit bei allen Tätigkeiten. Es sollte darum gehen, die Kundenerfahrung zu optimieren. Dies ist ebenfalls ein Faktor, der den Mitarbeitern ein gemeinsames Ziel gibt und sie als Einheit zusammenbringt, die als Ziel hat, dem Unternehmen zum Erfolg zu verhelfen. Um Fähigkeiten wie innovatives Problemlösen zu erlernen und grundsätzlich zu ermöglichen, sollte im Unternehmen eine Fehlerkultur gelebt werden, die es ermöglicht, Neues auszuprobieren und kleinere Risiken einzugehen, die und die Chance gibt, neue Ideen zu entwickeln. Dazu gehört auch eine kritische Selbstreflexion der Mitarbeiter. Förderlich kann auch ein partizipativer Führungsstil sein, der Ideenmanagement garantiert und Ideen der Mitarbeiter ermutigt und damit fordert und managementseitig fördert.

Im Gegensatz zur traditionellen Organisation, welche auf starken Hierarchien und kleinen Kontrollspannen aufbaut, zeichnet sich die lernende Organisation durch ihre flachen Hierarchien und dynamischen Netzwerke aus. Insbesondere die flache Hierarchie erlaubt es den Mitarbeitern, sich aktiv an der Entwicklung der Unternehmensstrategie zu beteiligen und ihre Ideen zu platzieren.

3.4.2.4 SPOT-Integrator 4: Kollaborationstechnologie

Der vierte SPOT-Integrator heißt Kollaborationstechnologie. In der Dimension „Technologie und Prozesse“ ist dies eine maßgebende Komponente (Dahm und Joseph 2017a).

Unternehmen suchen ständig nach neuen Wegen, eine Hochleistungsbelegschaft aufzubauen. Die effektive Anwendung von Technologien, die zum Beispiel das Teilen von Dokumenten ermöglicht oder Videochats unterstützt, hilft besonders global aufgestellten Unternehmen, die Verbindung zwischen allen Mitarbeitern zu garantieren (Dahm und Joseph 2017a). Aber auch nicht-global aufgestellte Unternehmen profitieren von diesen Technologien. Sie unterstützen nämlich auch die Echtzeit-Kommunikation zwischen verschiedenen Standorten innerhalb des gleichen Landes. Auch Unternehmen, die nur einen einzigen Standort haben, können profitieren, wenn zum Beispiel gut organisierte File-Sharing-Systeme eingesetzt werden. Solche Systeme ersparen dem Unternehmen viel administrativen Aufwand, weil Dokumente zum Beispiel nicht mehr per Aktenordner von einem zum anderen Büroraum getragen werden müssen, sodass jeder Mitarbeiter auf benötigte Informationen in kurzer Zeit zugreifen kann. Kollaborationstechnologien erschließen signifikante Geschäftsvorteile, indem die Geschäftsprozesse beschleunigt und die Interaktion mit externen Parteien ausgebaut werden. Die vielfältigen Vorteile von Kollaborationstechnologien erhöhen die Handlungsgeschwindigkeit der Organisation grundlegend und sind daher ein elementarer Faktor der technologischen Veränderungsbereitschaft und -fähigkeit.

Die Möglichkeit, Informationen in Echtzeit zu teilen, ermöglicht es der Belegschaft, unabhängig von ihrem geografischen Standort alle Betroffenen mit relevanten Informationen zu versorgen. Wird beispielsweise eine Abteilung restrukturiert, deren Mitarbeiter an verschiedenen Standorten beschäftigt sind, so ist es möglich, sie unabhängig von ihrem Standort in alle Veränderungen zeitgleich und mit identischen Informationen einzubeziehen. Die Mitarbeiter haben die Möglichkeit, unter Nutzung selbiger Technologien Feedback zurückzuspielen. Auf diese Weise ist ein Austausch gewährleistet. Kollaborationstechnologien erleichtern Führungskräften die Einbindung aller Mitarbeiter in laufende Transformationsprozesse, da auf diese Weise ein kontinuierlicher Informationsfluss auch über Abteilungs- und Ländergrenzen hinweg gewährleistet wird.

Aber nicht nur die Mitarbeiterschaft muss für den Wandel sensibilisiert werden, sondern auch die Führungskräfte: und zwar für die Stimme ihrer Mitarbeiter. Nichts in einem Unternehmen verrät mehr über die Mitarbeiterbedürfnisse als die Mitarbeiterstimme (häufig auch Employee Voice genannt). Dafür muss man dieser Stimme beispielsweise mithilfe von Umfragetools wie Kennexa, SurveyGizmo, SurveyMonkey oder anderen Gehör verschaffen.

Der Zugriff auf die kollektive Stimme der Belegschaft hilft dem Management, zum Beispiel Innovationen zu identifizieren, die Produktivität der gesamten Organisation zu verbessern und auch Friktionen nachhaltig zu verhindern. Friktionen zwischen Mitarbeitern und deren Vorgesetzten können leicht entstehen, wenn Mitarbeiter sich nicht oder unzureichend verstanden und wahrgenommen fühlen. Zum Beispiel kommt es in Organisationen nicht selten vor, dass mittlere Führungskräfte sich nicht darüber bewusst sind, welche Aufgabenfelder und Tätigkeiten ein bestimmter Teil ihrer Abteilung oder Organisationsstruktur bearbeitet. Der Manager hat sehr viel Administratives zu tun. Er nimmt währenddessen zwar wahr, dass dieser Teil seines Bereichs schwarze Zahlen schreibt, aber interessiert sich weitestgehend nicht dafür, was die Mitarbeiter genau machen. Dies führt dazu, dass Mitarbeiter sich nicht angemessen wertgeschätzt fühlen, weniger motiviert arbeiten und Friktionen zwischen Mitarbeiterschaft und dem Manager entstehen. Man arbeitet nicht miteinander, sondern versucht, sich als Mitarbeiter neben der eigentlichen Arbeit noch mit allen Mitteln bei dem Manager zu positionieren. Dies behindert die Arbeit am operativen Geschäft und kostet Ressourcenaufwand. Aus diesem Grund ist es unerlässlich, auf die kollektive Stimme der Mitarbeiter zu hören. Es ist Aufgabe des Managements und einer jeden Führungskraft, sich Zeit und Raum für solche Tätigkeiten zu schaffen. Konkret könnte dies durch regelmäßige persönliche Treffen mit den Mitarbeitern geschehen. Besonders in Organisationen, die global aufgestellt sind, ist dies ein wichtiger Indikator für Nähe zur Mitarbeiterschaft. Nicht umsonst heißt es, dass es die wichtigste Aufgabe eines Managers ist, zu kommunizieren. Solche persönlichen Meetings sind in den meisten Fällen nicht in kurzen Abständen realisierbar. Aber dennoch können persönliche Treffen, die beispielsweise halbjährlich stattfinden, einen positiven Effekt auf die Zusammenarbeit und das gegenseitige Verständnis haben. In der Zeit zwischen diesen Meetings ist es als Manager essenziell, seinen Mitarbeitern über die anderen Kommunikationswege wie beispielsweise das Telefon aufmerksam zuzuhören und in einem kontinuierlichen Austausch zu bleiben.

Eine enge Verbindung der Mitarbeiter mit der Organisation wird so aktiv gefördert. Dadurch wird letztlich die emotionale Bindung der Mitarbeiter zum Unternehmen gefestigt. Hat ein Unternehmen dieses Stadium der Verbundenheit seiner Mitarbeiter zum Arbeitgeber geschaffen, ist es viel leichter, dem Wandel erfolgreich zu begegnen. Dies ist darauf zurückzuführen, dass den Mitarbeitern in einer solchen Vertrauenssituation der Erfolg des Unternehmens persönlich wichtig wird. Im Idealfall entwickelt sich daraus eine Art intrinsische Motivation. Auf diese Weise ist die Wahrscheinlichkeit, dass sich neue Ideen in den Köpfen der Mitarbeiter entfalten, entwickeln und letztlich in einem kollaborativen Prozess mit anderen Mitarbeiten mehr und mehr Gestalt annehmen, bedeutend größer.

3.4.3 Ergebnisse der Analyse mittels der Sustained-Change-Readiness-Methode

Ziel der Analyse ist es, anhand der gesammelten Einschätzungen aus den Interviews mit den Schlüsselpersonen einen Reifegrad für jeden Indikator zu ermitteln. Dieser Reifegrad hilft dem Unternehmen, besser zu verstehen, welche der Indikatoren der Veränderungsbereitschaft und -fähigkeit bereits besonders ausgeprägt sind. In der SCR-Analyse gibt es insgesamt sechs Reifegradstufen: Initial, Repeatable, Defined, Managed, Optimized und Sustained (initial, definiert, wiederholbar, gemanagt, optimiert und nachhaltig) (vgl. Abb. 3.5). Ziel einer jeden Organisation sollte es sein, möglichst viele Merkmale nachhaltig zu entwickeln. Hat ein Indikator den Reifegrad „Nachhaltigkeit“ erlangt, so ist gewährleistet, dass er langfristig zur Veränderungsbereitschaft und -fähigkeit des Un-

Abb. 3.5 Reifegradstufen im SCR-Modell

ternehmens beiträgt. Folglich sind in diesem Bereich, den der Indikator abdeckt, alle notwendigen Fähigkeiten entwickelt. Das bedeutet, dass die Belegschaft in der Lage ist, gezielt auf unerwartete Veränderungen einzugehen und zu reagieren (Dahm und Joseph 2017b).

Es wird für jeden Indikator ein übergreifender gemittelter Reifegrad ermittelt. Dieser Reifegrad pro Indikator ergibt sich aus den jeweiligen Einschätzungen der Befragten zu den jeweils drei bis vier Merkmalen eines Indikators. Jeder Interviewte hat seine persönliche Einschätzung darüber abgegeben, bei welchem Reifegrad er die jeweiligen Merkmale sieht.

Eine beispielhafte Ermittlung der Reifegrade des Indikators „Fähigkeiten der Mitarbeiter" aus der Dimension „Personal" könnte wie folgt aussehen: Zu diesem Indikator wurden 15 Schlüsselpersonen befragt. Der Indikator hat die folgenden drei untergeordneten Merkmale „Ausprägung der Softskills der Mitarbeiter", „Ausprägung der Fach-Skills der Mitarbeiter" und „Vielfalt und Auswahl der Trainingsmethoden". Jede der 15 Personen hat eine Einschätzung zu allen drei Merkmalen abgegeben. Daraus wird nun pro Merkmal ein gemittelter Reifegrad ermittelt; drei, vier und fünf (vgl. Abb. 3.6) (Dahm und Joseph 2017b).

Nun wurden für diesen Indikator die gemittelten Reifegrade pro Merkmal ermittelt. Anschließend ist es möglich, einen Gesamtreifegrad für diesen Indikator zu ermitteln, indem man aus den hier angegebenen Reifegraden das Mittel bildet: $(3+4+5)/3=4$. Damit liegt der Gesamtreifegrad für diesen Indikator bei vier (managt).

Dieses Vorgehen für die quantitative Auswertung wird für jeden diskutierten Indikator wiederholt, bis am Ende ein übersichtliches Bild über die Ausprägungen der Indikatoren entsteht.

Abb. 3.6 Grafische Beispielauswertung für den Indikator Fähigkeiten der Mitarbeiter

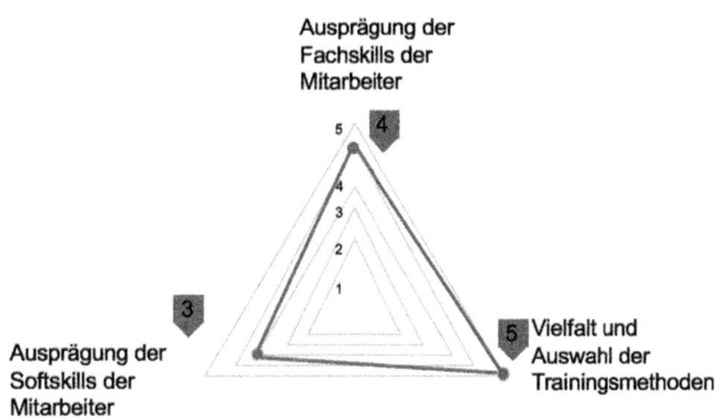

Die identifizierten Reifegrade stellen die Ausgangsbasis für die eigentliche Arbeit im Unternehmen dar. Das erstellte Abbild der Veränderungsbereitschaft und -fähigkeit sollte möglichst breit kommuniziert werden. Alle Mitarbeiter sollten Zugang zu den Ergebnissen haben, und Rückmeldungen von anderen Mitarbeitern sollten entgegengenommen werden. Es ist wichtig, dass sich das ganze Unternehmen darüber bewusst wird, wo die Stärken und die derzeitigen Schwächen liegen. Nur so wird gewährleistet, dass sich die Ausprägungen der Indikatoren verbessern. Kenntnis über diese Ergebnisse ist der erste Schritt und die Voraussetzung zur Optimierung.

Anhand dieses Abbildes sollte ein individuell erstelltes Workshop-Konzept von den Experten erarbeitet werden, die auch die Interviews durchgeführt haben. Dieses maßgeschneiderte Workshop-Format hat zum Ziel, Stärken weiter auszubauen, für Schwächen zu sensibilisieren und gemeinsam an diesen zu arbeiten.

Das Unternehmen sollte Zeit und Ressourcen zur Verbesserung investieren, um diese Bereitschaftslücken schnellstmöglich zu verkleinern. In der Beispielauswertung hat das Merkmal „Ausprägungen der Softskills der Mitarbeiter" einen Reifegrad von drei erlangt. Demnach ist in diesem Bereich noch Potenzial zur Verbesserung.

Da die Bereitschaftslücken individuell sind, gibt es kein allgemeingültiges Rezept für die Form der Workshops, die aus der SCR-Analyse resultiert. Daher ist es essenziell, nach der SCR-Analyse mit den Experten weiter an der Verbesserung der Veränderungsbereitschaft und -fähigkeit zu arbeiten.

Nach Covey's Modell des Zeitmanagements gibt es zwei Aspekte, in denen To-dos kategorisiert werden: Dringlichkeit und Wichtigkeit (Covey 2005). Oft sind es wichtige, aber gleichzeitig nicht dringende Dinge, die im Alltag untergehen und leider häufig vernachlässigt werden. Nehmen wir ein einfaches Beispiel aus dem privaten Alltag: Sie sehen Ihren besten Freund aufgrund vieler familiärer Verpflichtungen und wegen Ihres anstrengenden Jobs nur noch sehr selten. Die Freundschaft besteht schon seit vielen Jahren und ist Ihnen beiden sehr wichtig. Doch immer wieder kommen Ihnen dringende Tätigkeiten dazwischen. Ihr Telefon klingelt, weil Sie einen Anruf von Ihrem Ehepartner bekommen, um abzustimmen, was es heute zum Abendessen gibt, Sie wollen noch schnell die letzten zehn neuen E-Mails bearbeiten, und Ihre Kinder wollen mit Ihnen über den anstehenden Ausflug in den Vergnügungspark sprechen. Dies alles sind Dinge, die dringend sind. Das klingelnde Telefon können Sie in den meisten Fällen nicht einfach ignorieren, und die Kinder und die E-Mails können Sie ebenfalls nicht ignorieren. All dies ist in dem Moment dringend, aber nur bedingt wichtig.

Im Gegensatz dazu gibt es auch Tätigkeiten, die weniger dringend sind, aber von ganz besonderer Wichtigkeit. Zum Beispiel, die Freundschaft zu Ihrem besten Freund zu pflegen. Es drängt Sie nichts, sich jetzt in diesem Moment darum zu kümmern. Es ist aber sehr wichtig, dass Sie sich von Zeit zu Zeit bei ihm melden und sich einen Moment dafür freinehmen, um ihn einfach mal zu fragen, wie es ihm wirklich geht. Es ist wahrscheinlich nicht entscheidend, dass Sie den Telefonhörer heute in die Hand nehmen und ihn sofort anrufen. Wichtig für den Erhalt Ihrer Freundschaft ist aber, dass Sie das wenigstens einmal im Monat tun (Abb. 3.7) (Covey 2005).

	Dringend	Nicht dringend
Wichtig	• Krisen • Probleme • Fristen	• Planung • Erholung • PR • Netzwerken • Werteklärung • Vorbeugung
Nicht wichtig	• Viele Anrufe • Die meistens E-Mails • Manche Post • Viele Sitzungen	• Zeitfresser • Viele E-Mails • Einige Anrufe • Surfen im Internet

Abb. 3.7 Die vier Quadranten des Zeitmanagements. (Quelle: In Anlehnung an Covey 2005)

Auf den organisationalen Kontext ist das eins zu eins übertragbar. Sie sitzen im Büro, und das Telefon klingelt permanent. Es rufen Kollegen und Mitarbeiter an und wollen „Personaldinge" mit Ihnen besprechen: Wann kommt der neue Praktikant? Wie besetzen wir die kürzlich freigewordene Stelle? All diese Anrufe sind dringend, aber nur bedingt wichtig. Das gilt auch für die meisten E-Mails. In die Kategorie „weder dringend noch wichtig" gehören Dinge wie das Surfen im Internet, viele Sitzungen und Telefon-Besprechungen – viele davon könnte man sich sparen. Die wirklich wichtigen und gleichzeitig dringenden Dinge sollten wir definitiv sofort bearbeiten. Dazu gehören zum Beispiel einzuhaltende Fristen wie das Einreichen eines Angebots für einen Kunden. Die Aktivitäten, die wir im Alltag allzu häufig vergessen, gehören zur Kategorie „nicht dringend, aber verdammt wichtig": beispielsweise das Netzwerken mit anderen Abteilungen oder gar mit anderen Unternehmen. Dies ist aufwendig, nicht akut notwendig, aber dennoch essenziell. Kontakte können einem häufig Zeit ersparen, in prekären Lagen helfen oder gar *den* großen Auftrag für Ihr Unternehmen bedeuten. Ein etwas anderes Beispiel: Haben Sie heute schon daran gedacht, wann Sie Ihre nächste Erholungsphase eingeplant haben? Ja – die Erholung ist heute vielleicht noch nicht dringend, aber trotzdem ungemein wichtig. Wenn Sie vorhaben, das ganze Wochenende durchzuarbeiten, dann sollten Sie diese Entscheidung gut durchdenken. Für Ihre Organisation bedeutet das langfristig, einen weniger produktiven Mitarbeiter an Bord zu haben, was für die Veränderungsbereitschaft und -fähigkeit heißt, einen potenziellen Treiber für Veränderung weniger zu haben.

3.5 Fazit

Ein sich veränderndes Umfeld wird Unternehmen in Zukunft immer häufiger begegnen. Die Entwicklungen in den Märkten werden zukünftig sogar immer rasanter und radikaler werden. Umso wichtiger ist es, sich für die Ausrichtung aller relevanten Indikatoren der Veränderungsbereitschaft und -fähigkeit einzusetzen. Das SCR-Modell hilft, diese Bereitschaftslücken zu identifizieren und für die Wichtigkeit und Dringlichkeit dessen zu sensibilisieren. Um Misfits vorzubeugen und die Existenz des Unternehmens nicht unnötig zu gefährden, sollte die Veränderungsbereitschaft und -fähigkeit des eigenen Unternehmens stets auf der Agenda des Managements stehen. Kein Unternehmen sollte enden müssen wie zum Beispiel das Familienunternehmen Schlecker oder wie der Weltbild Verlag. Hinter jedem Unternehmen stehen viele Menschen, die viel Zeit und Arbeit aufgewendet haben, damit das Unternehmen in seiner Anfangsphase Laufen lernt und im späteren Verlauf mehr und mehr Erfolge erzielt. Bevor man sich neuen Konkurrenten wie Uber, Airbnb oder neuen Rivalen geschlagen gibt und Insolvenz anmelden muss, haben die Mitarbeiter eines Unternehmens immer die Chance, sich selbst zu verändern und die Herausforderung anzunehmen. Es obliegt dem Management, die notwendigen Voraussetzungen dafür bereits im Vorfeld zu schaffen.

Literatur

Bergermann, M., & Hielscher, H. (2017). Schleckerland. *WirtschaftsWoche*, *10*, 56–61.

Bleicher, K. (2013). *Organisation: Strategien – Strukturen – Kulturen* (2. Aufl.). Wiesbaden: Springer Gabler.

Breitinger, M. (2016). Ende eines harten Kampfes. Zeit online, 03.08.2016. http://www.zeit.de/mobilitaet/2016-08/fernbusmarkt-flixbus-postbus-konkurrenz-monopol-preise. Zugegriffen: 26. Juni 2017.

Brönstrup, C. (2012). Freie Fahrt für Freie Busse. Tagesspiegel, 14.11.2012. http://www.tagesspiegel.de/wirtschaft/freie-fahrt-fuer-freie-busse/7384406.html. Zugegriffen: 29. Juni 2017.

Bund, K. (2014). Konkurrenzlos billig. Zeit online, 21.08.2014. http://www.zeit.de/2014/33/fernbus-preis-wettbewerb/komplettansicht. Zugegriffen: 29. Juni 2017.

Bund, K. (2015). Vergesst es! Zeit online, 09.04.2015. http://www.zeit.de/2015/13/fernbus-bahn-auto-verkehr/komplettansicht. Zugegriffen: 29. Juni 2017.

Burton, R., & Obel, B. (2013). *Strategic organizational diagnosis and design. The dynamics of fit* (3. Aufl.). New York: Springer.

Clasen, N. (2016). Disruption or no Disruption – eine Frage des Erlebens? *OrganisationsEntwicklung*, *3*, 5–9.

Covey, S. R. (2005). *Die 7 Wege zur Effektivität: Prinzipien für persönlichen und beruflichen Erfolg* (39. Aufl.). Offenbach: Gabal.

Dahm, M., & Joseph, C. (2017a). So analysieren Sie die Veränderungsbereitschaft Ihres Unternehmens – Teil 1: Vorbereitung und Durchführung der Interviews. *Projektmagazin Online*, *12*. https://www.projektmagazin.de/artikel/so-analysieren-sie-die-veraenderungsbereitschaft-ihres-unternehmens-teil-1_1120385 (Teil 1)

Dahm, M., & Joseph, C. (2017b). So analysieren Sie die Veränderungsbereitschaft Ihres Unternehmens – Teil 2: Auswertung der Ergebnisse und Workshop. *Projektmagazin Online, 13.* https://www.projektmagazin.de/artikel/so-analysieren-sie-die-veraenderungsbereitschaft-ihres-unternehmens-teil-2_1120630 (Teil 2)

Dahm, M. H., & Rolff, B. (2016). HR auf Change Mission – Das Konzept der nachhaltigen Veränderungsbereitschaft und -fähigkeit (SCR). *Personalführung, 2,* 28–33.

Deuringer, C. (2013). *Organisation und Change Management: Ein ganzheitlicher Strukturansatz zur Förderung organisatorischer Flexibilität.* Wiesbaden: Springer Gabler.

Donaldson, L. (2001). *The contingency theory of organizations.* London: SAGE.

French, E. L., & Bell, C. H. (1994). *Organisationsentwicklung. Sozialwissenschaftliche Strategien zur Organisationsveränderung* (2. Aufl.). Bern: Haupt.

Gassmann, M. (2014). Weltbild scheitert an Amazon und Tebartz-van Elst. Welt, 10.01.2014. https://www.welt.de/wirtschaft/ar-ticle123753059/Weltbild-scheitert-an-Amazon-und-Tebartz-van-Elst.html. Zugegriffen: 18. Juni 2017.

Grabitz, I., & Tauber, A. (2011). Weltbild-Verlag wird zum Objekt der Begierde. Welt, 24.11.2011. https://www.welt.de/wirtschaft/ar-ticle13731874/Weltbild-Verlag-wird-zum-Objekt-der-Begierde.html. Zugegriffen: 18. Juni 2017.

Hielscher, H. (2009). Alle gegen Anton. *WirtschaftsWoche, 33,* 30.

Hielscher, H. (2011). Schlecker Lars und Meike Schlecker, Mehr Licht, mehr Umsatz. *WirtschaftsWoche, 20,* 14.

Hielscher, H. (2016). Die fetten Jahre sind vorbei. *WirtschaftsWoche, 29,* 40–41.

Hielscher, H. (2017). Er kam, sah und grillte. *WirtschaftsWoche, 14,* 46.

Hielscher, H., & Steinkirchner, P. (2014). Sieben Fragen und Antworten zur Weltbild-Pleite. WirtschaftsWoche, 13.01.2014. http://www.wiwo.de/unternehmen/handel/nach-der-insolvenz-sieben-fragen-und-antworten-zur-weltbild-pleite/v_detail_tab_print/9325200.html. Zugegriffen: 7. Juli 2017.

IfM (Hrsg.). (2017). Weltbild-Insolvenz: Hintergründe. Mediadb.eu, 11.04.2017. https://www.mediadb.eu/dossiers/dossiers/newsdetail/article/weltbild-insolvenz-hintergruende.html?cHash=ece4086531bd659b4c5822603c9d7a1b&type=98. Zugegriffen: 16. Juni 2017.

Jensen, S., & Schwarzer, U. (2013). Gute Zeiten, schlechte Zeiten. *Manager Magazin, 3,* 24.

Marquart, M. (2012). Ladenschluss im Drogerie-Imperium. Spiegel, 01.06.2012. http://www.spiegel.de/wirtschaft/unternehmen/zerschlagung-von-schlecker-gru-ende-fuer-die-pleite-a-835436.html. Zugegriffen: 17. Juni 2017.

Meyer, A., Tsui, A., & Hinings, C. R. (1993). Configurational approaches to organizational analysis. *Academy of Management Journal, 36*(6), 1175–1195.

Miller, D. (1996). Configurations Revisited. *Strategic Management Journal, 17*(7), 505–512.

Mutaree GmbH (Hrsg.) (2016). *Change-Fitness-Studie 2016. Vom Erkennen zum Wollen, vom Wollen zum Machen – Haltung und Handwerk im Change.*

Neuhaus, A. (2015). Wir mussten insolvenz anmelden wegen einer geplatzten Lastschrift. Handelsblatt. https://www.handelsblatt.com/unternehmen/mittelstand/familienunternehmer/schlecker-pleite-wir-mussten-insolvenz-anmelden-wegen-einer-geplatzten-lastschrift/19803938.html?ticket=ST-1448309-ztYv1GEs9xyYOhfHwzzI-ap1. Zugegriffen: 12. Aug. 2018.

Ramge, T. (2015). Disruption, Plattform, Netzwerkeffekt. Die drei Zauberworte. Brand eins 2015. https://www.brandeins.de/magazine/brand-eins-wirtschaftsmagazin/2015/handel/die-drei-zauberworte. Zugegriffen: 12. Aug. 2018.

Steinkirchner, P. (2011). Nicht nur an die üblichen Verdächtigen denken. *WirtschaftsWoche, 48,* 10.

Tiemann, C.-P. (2012). Niedergang der Versandhäuser. Frankfurter Rundschau, 18.07.2012. http://www.fr.de/rhein-main/neckermann-karstadt-und-quelle-niedergang-der-versandhaeuser-a-826669. Zugegriffen: 29. Juni 2017.

Vogt, M. (2016). Etablierte Unternehmen scheitern an der Digitalisierung. Management Circle, 26.02.2016. http://www.management-circle.de/blog/etablierte-unternehmen-scheitern-an-der-digitalisierung/. Zugegriffen: 1. Juli 2017.

Welt (Hrsg.). (o. J.). Weltbild – Informationen und Hintergründe. *Welt*. https://www.welt.de/themen/weltbild/. Zugegriffen: 5. Juli 2017.

Wolf, J. (2000). *Der Gestaltansatz in der Management- und Organisationslehre*. Wiesbaden: Gabler.

Wolf, J. (2011). *Organisation, Management, Unternehmensführung, Theorien, Praxisbeispiele und Kritik* (4. Aufl.). Wiesbaden: Gabler.

Carolin Joseph ist bei IBM Deutschland als Consultant im Bereich Digital Change & Transformation tätig. Ihr akademischer Hintergrund ist in der Wirtschaftsinformatik sowie in der Wirtschaftspsychologie verankert. Seither bilden die Themenschwerpunkte Organisationsgestaltung und -entwicklung sowie Führungspsychologie und Arbeitspsychologie einen integralen Bestandteil ihres fachlichen Interesses. Der Leitgedanke, dass Veränderungsbereitschaft in einer Zeit des ständigen und immer schneller werdenden Wandels eine grundlegende Voraussetzung für erfolgreiche Unternehmenstransformation ist, führte sie zur Weiterentwicklung des Sustained-Change-Readiness-Modells. Mithilfe eines strukturierten Vorgehens ist es möglich, die Veränderungsbereitschaft und -fähigkeit eines Unternehmens zu analysieren.

Prof. Dr. Markus H. Dahm begleitet seit 1995 deutsche, europäische und globale Organisationen in Strategie-, Transformations- und Change-Prozessen. Der Fokus liegt auf digitalem Wandel, strategischer Neuausrichtung, Produktivitätssteigerung mittels Lean Management, Organisationsentwicklung, Qualitätsmanagement mittels Six Sigma, Kulturwandel und Leadership-Themen. Aktuell ist er Abteilungsleiter in der Beratungs-Practice Digital Change &Transformation in der IBM Deutschland GmbH. Zuvor war Markus Dahm einige Jahre als Experte für Bankberatung bei Ernst & Young in München europaweit tätig. Er publiziert regelmäßig zu aktuellen Management- und Leadership-Fragestellungen in wissenschaftlichen Fachmagazinen, Blogs und Online Magazinen sowie der Wirtschaftspresse und ist Autor zahlreicher Bücher. Markus Dahm hat Lehraufträge am Hasso-Plattner-Institut in Potsdam und der Kühne Logistics University in Hamburg. Seit über zehn Jahren ist er fest in die Lehre und Forschung an der FOM Hochschule Essen/ Hamburg verankert. Als Digital Transformation Thought Leader ist er als Speaker zu Themen wie New Ways of Work, Digitalisierung, Digital Leadership und agile Organisationsgestaltung auf Konferenzen und Symposien gefragt. Markus Dahm ist Mitglied der Schweizerischen Gesellschaft für Organisation, des International Bankers Forums, des Deutschen Outsourcing Verbandes, des BPM Bundesverbandes der Personalmanager und des DFJV Deutscher Fachjournalisten-Verband. Er lebt mit seiner Frau und seinen zwei Kindern in Hamburg.

Erleben statt Managen

Change Management in Zeiten radikaler Digitalisierung

4

Sabine Joergens und Markus H. Dahm

4.1 Change the Change

4.1.1 Einführung

Jede Branche erlebt verschiedene Trends und muss sich konstant mit neuen Themen auseinandersetzen. Ein Thema, das branchenübergreifend relevant ist, ist die Digitalisierung. Sie hat ganze Industrien verändert und dazu geführt, dass Unternehmen ihre Geschäftsmodelle anpassen oder sich komplett neu erfinden mussten, wie beispielsweise Unternehmen des Printsektors. Die Digitalisierung beeinflusst dabei alle Unternehmensbereiche. Unternehmen sehen sich daher heutzutage zum einen mit der Bedrohung durch neue Wettbewerber auf dem Markt konfrontiert, gleichzeitig müssen sie die digitale Transformation ihres Unternehmens bewältigen. Das führt dazu, dass Unternehmen gezwungen sind, in dem Bestreben digitaler, agiler, innovativer und kundenzentrierter zu werden, radikale Transformationen anzustoßen, um Potenziale zu nutzen und wettbewerbsfähig zu bleiben (Capgemini Consulting 2012).

4.1.2 Ausgangslage

In der Vergangenheit waren weder die Transformationen so komplex wie heute, noch waren die Mitarbeiter je so fordernd bei den Ansprüchen an den eigenen Arbeitgeber.

S. Joergens (✉)
70178 Stuttgart, Deutschland
E-Mail: sabine.joergens@t-online.de

M. H. Dahm
FOM Hochschule f. Oekonomie & Management
Hamburg, Deutschland
E-Mail: markus.dahm@de.ibm.com

M. H. Dahm und S. Thode (Hrsg.), *Strategie und Transformation im digitalen Zeitalter*, FOM-Edition, https://doi.org/10.1007/978-3-658-22032-7_4

Zum Beispiel war die Einführung eines ERP-Systems eines der wenigen großen Projekte, die auf mehrere Jahre geplant wurden, ohne dass es nebenher andere Projekte gab. Organisationen hatten früher auch mehr Zeit, Veränderungen umzusetzen. Heute ist Geschwindigkeit ein entscheidendes Erfolgskriterium. Neben der Geschwindigkeit steigen auch die Anzahl der parallel laufenden Veränderungsprojekte und deren Komplexität. Überspitzt gesprochen, sind momentan zwei Phänomene zu beobachten, wenn es um die digitale Transformation von Unternehmen geht: Auf der einen Seite wird monatelang mit der Planung und in Workshops verbracht, ohne je mit der Umsetzung zu beginnen. Auf der anderen Seite wird mit der Umsetzung verschiedenster Maßnahmen begonnen, ohne sich davor Gedanken darüber gemacht zu haben. Proofs of Concepts, Minimal Viable Products und Projekte aller Art werden durch das Unternehmen gejagt, ohne einem definierten Ziel zu folgen. Beides ist auf eine gewisse Ratlosigkeit und Verunsicherung aufgrund mangelnder Erfahrungen im Bereich der digitalen Transformation zurückzuführen. Dies geht vor allem auch zulasten der Mitarbeiter. Hinzu kommen die gestiegenen Ansprüche der Arbeitnehmer in Bezug auf ihren Arbeitsplatz, die Arbeitszeitsouveränität und die Work-Life-Integration. Zudem war die Loyalität dem Arbeitgeber gegenüber noch nie so gering (Dahm und Rolff 2017).

Daher ist die Bedeutung der Unternehmenskultur enorm gestiegen, und Unternehmen haben erkannt, wie wichtig es ist, die eigene Kultur zu formen und anzupassen. Eine innovative und agile Kultur gilt als Erfolgskriterium. Leider lässt sich hierbei besonders stark die Rat- und Planlosigkeit erkennen, mit der viele Unternehmen diese Aufgabe angehen. Ein angenehmes und motivierendes Arbeitsumfeld und die Befähigung der Mitarbeiter, erfolgreich in unserer neuen digitalen Welt zu arbeiten, müssen im Fokus jeder Veränderung und jedes Unternehmens liegen. Es muss ein Wandel erfolgen, der weg von dem alleinigen Management bzw. Bewältigen einer Veränderung führt. Veränderungen müssen vielmehr von allen Beteiligten aktiv (mit)gestaltet und erlebt werden (Dahm 2017).

Ein bereits sehr verbreiteter Ansatz zur Integration von Mitarbeitern in Unternehmen sind Mitarbeiterumfragen. Diese punktuelle Aufnahme der Gefühlslage der Mitarbeiter dient als Basis, um daraus dann Aktionspläne für das nächste Jahr abzuleiten. Es reicht jedoch nicht mehr aus, Mitarbeiter nur einmal im Jahr nach ihrer Meinung zu fragen und bei für sie relevanten Entscheidungen einzubeziehen. Organisationen müssen jeden Tag die Erfahrung der Mitarbeiter formen, um eine Kultur zu schaffen, die in Zeiten konstanter Veränderung dem Unternehmen zum Aufblühen verhilft. Um dies zu schaffen, müssen Unternehmen bei den Mitarbeitenden neue Fähigkeiten und Kompetenzen aufbauen und ihren Blick nach innen wenden. Nur so kann eine digitale Transformation gelingen.

Veränderungsmanagement, das „Organizational Change Management“, ist keine neue Disziplin und wird in vielen Unternehmen bereits erfolgreich eingesetzt. Um den Wert von Veränderungsmanagement zu erklären, wird oft die Change-Kurve von Kübler-Ross zu Hilfe genommen oder das Drei-Phasen-Modell von Lewin. Beide Modelle beschreiben einen Prozess, in dem Menschen durch eine Veränderung von einem aktuellen Zustand beispielsweise aufgrund von aufkommender Unsicherheit erst einmal in einen schlechteren Zustand wechseln, jedoch am Ende aus diesem gestärkter herauskommen, zurück in eine Normalität (Hayes 2014). Diese Form der Veränderung gibt es kaum noch. Man kann einen Schritt weitergehen und sagen: Die Change-Kurve ist tot. Jeder Mitarbeiter in jedem Unternehmen befindet sich konstant in unterschiedlichsten Veränderungsphasen, teilweise gleichzeitig in mehreren. Daher fällt auch die Definition, was Normalität heutzutage in einem Unternehmen bedeutet, äußerst schwer.

4.1.3 Neue Wege entdecken

Es kann sich kein Unternehmen erlauben, Mitarbeiter abzuhängen oder gar ganz zu verlieren. Agilität, Innovationskraft und Kundenzentrierung funktionieren nur gemeinschaftlich. Es ist die Aufgabe jeder Führungskraft, jedes Personalverantwortlichen und jedes Projektleiters, Veränderung aktiv zu gestalten, um das Mitarbeitererlebnis zu formen und deren Potenzial freizusetzen. Veränderung im Unternehmen wird sowohl von Führungspositionen als auch von inoffiziellen Machtpositionen, wie beispielsweise anerkannten Meinungsführern und Vertrauenspersonen, im Unternehmen gestaltet. Zur Vereinfachung wird der Begriff „Changer“ stellvertretend für alle genutzt, die Veränderung im Unternehmen anstreben und aktiv formen wollen. In mancher Hinsicht können wir die Aufgaben eines Changers mit denen im Marketing und Sales vergleichen. Solis und Littleton (2017) schreiben, dass die Mitarbeitererfahrung die neue Kundenerfahrung ist. Diese Aussage beinhaltet zum einen, dass die Kundenerfahrung eng mit dem Mitarbeitererlebnis verbunden ist. Mitarbeiter bilden die Schnittstelle zum Kunden, und ihre Erfahrung als Mitarbeiter prägt ihre Interaktion mit Kunden. Zum anderen müssen Unternehmen beginnen, die eigene Mitarbeitererfahrung so strategisch zu planen und umzusetzen wie ihre Kundenbeziehung. Gallup (2016) gibt an, dass 87 % der Mitarbeiter in Unternehmen weltweit sich ihrem Arbeitgeber nicht besonders verbunden fühlen und entsprechend auch nicht für diesen engagieren. Mitarbeiterzufriedenheitsprogramme und Veränderungsmanagement werden nicht effektiv betrieben. Würde ein solches Unternehmen mit wenig engagierten Mitarbeitern eine Transformation durchlaufen, würde das ein äußerst schwieriges Unterfangen werden.

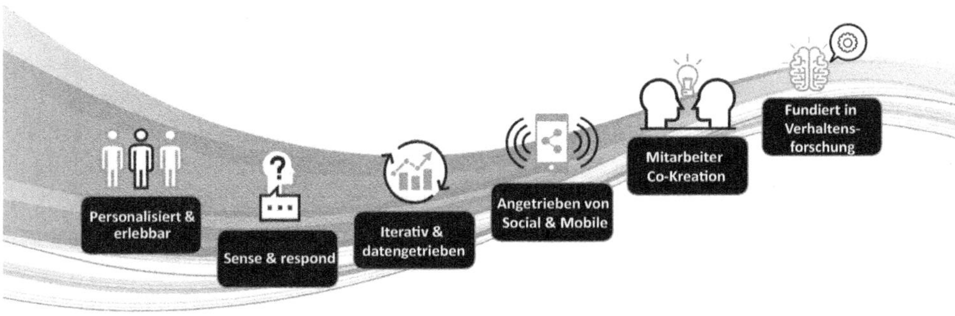

Abb. 4.1 Grundsätze für Changer

Wie müssen Changer in Zukunft agieren, und welche Fähigkeiten brauchen sie, um in diesem digitalen Wandel erfolgreich zu sein? Sechs Grundsätze werden im Folgenden aufgezeigt, um diese neuen Fähigkeiten zu beschreiben (Abb. 4.1). Diese wurden sowohl aus dem Marketing als auch aus anderen Disziplinen wie der Psychologie, dem Vertrieb, dem Personalwesen und dem interkulturellen Management abgeleitet (Jobber und Ellis-Chadwick 2013). Zusätzlich ist es an der Zeit, dass sich Changer auch im beruflichen Alltag der neuen digitalen Möglichkeiten bedienen.

4.1.3.1 Personalisiert und erlebbar

Seit Jahren versuchen Unternehmen, ihren Kunden eine personalisierte Erfahrung zu bieten. Es wird darin investiert, diese erlebbar und einprägsam zu machen, mit dem Ziel, dass Kunden langfristig an das Unternehmen gebunden werden. Es wird Zeit, dass Changer sich dies auch zunutze machen und für ihre Mitarbeiter eine personalisierte Erfahrung formen. Wie bereits beschrieben, sehen sich Mitarbeiter in ihrem beruflichen Alltag inzwischen einer Flut von Veränderungen gegenüber. Diese können sich schon stark von denen des direkten Büronachbarn unterscheiden. Kollegen in der gleichen Abteilung erleben ihren Berufsalltag nicht gleich. Unterschiedliche externe und interne Faktoren spielen eine große Rolle dabei, wie ein Mitarbeiter das Erlebte bewertet. Dazu gehören Faktoren wie beispielsweise das Alter der Kollegen, die Jahre, die man bereits bei dem Unternehmen ist, der Familienstand und die persönlichen Ziele. Unternehmen müssen ihre Botschaften, Maßnahmen und Trainings auf die unterschiedlichen Zielgruppen im Unternehmen abstimmen und gezielt einsetzen. So haben sie die höchste Durchschlagskraft und gleichzeitig die Möglichkeit, Ressourcen zu optimieren.

In der Produkt- und Serviceentwicklung wird Design Thinking verwendet, eine Methode mit dem Zweck, ein nutzerzentriertes Design zu erreichen. Dafür werden sogenannte Personas entwickelt, die repräsentativ für eine bestimmte Zielgruppe stehen. Eine Persona hilft, sich in die Zielgruppe hineinzuversetzen und Empathie für diese zu entwickeln, um so die beste Lösung für sie zu finden. Ein Beispiel für eine Persona ist Anna: Anna ist 26 Jahre alt, sie arbeitet seit zwei Jahren im Unternehmen, ist ehrgeizig und reist gerne. Zusätzlich zu einer detaillierten Beschreibung der Persona bedient man sich in der Werkzeugkiste von Design Thinking noch der sogenannten „Empathy Map". Mithilfe dieser wird die Persona noch intensiver betrachtet, und es wird bereits der Kontext der zu betrachtenden Situation einbezogen. Im Beispiel mit Anna kann das etwa bedeuten, dass in ihrem Unternehmen eine HR-Transformation hin zu einem Shared Service Center bevorsteht. Für Anna wird nun evaluiert, wie sie sich dabei fühlt, was sie denkt, was sie sagt und was sie tut. So kann ein ganzheitliches Bild der Persona erstellt werden. Diese Informationen werden im Gespräch mit realen Nutzern gesammelt. Design Thinking ist daher eine wichtige Methode für Changer und besonders gut für die Gestaltung einer personalisierten Erfahrung geeignet. Gleiches gilt für die sogenannte „Customer Journey". In einer solchen Customer Journey wird der Weg eines Kunden abgebildet, um zu sehen und auch festzulegen, welche Interaktionen und Schnittstellen ein Kunde mit dem Unternehmen hat. Gleiches können Changer für die Mitarbeiter tun. Diese Methoden helfen, sich auf den Mitarbeiter zu fokussieren, und stellen dar, wie dieser durch die Veränderung gehen soll. Zudem wird für den Mitarbeiter damit auch ein klares Endziel definiert. Im Fall von Anna wird eine Journey erstellt, die für sie relevante HR-Prozesse beschreibt, die sich aufgrund der Umstellung geändert haben, und wie diese ihr in Zukunft helfen werden, ihre beruflichen Ziele zu erreichen. Daraus lässt sich dann das sogenannte „What is in it for me"-Statement ableiten. Diese individuelle Mehrwertformulierung hilft bei der Kommunikation und der Auswahl der richtigen Maßnahmen, um den Mitarbeiter durch die Veränderung zu führen. Durch ein personalisiertes Erleben der Veränderungen werden Mitarbeiter besser abgeholt und stehen einer Veränderung positiver gegenüber. Changer müssen aktiv eingreifen, um die Veränderung zu einer positiven und bestärkenden Erfahrung für Mitarbeiter zu machen.

4.1.3.2 Sense und respond

So, wie Veränderungsprojekte in der Vergangenheit, wie zum Beispiel die Einführung eines neuen ERP-Systems, auf mehrere Jahre ausgelegt waren, so wurde auch das Change-Management oft für einen großen Zeitraum im Vorfeld geplant. Es gab meterlange Projektpläne, und Aktivitäten wurden für die nächsten zwei bis drei Jahre beschrieben. So wurde leider oft an der Realität vorbei geplant. Änderungen und Anpassungen des Plans gehörten zum Alltag. Wie oft haben wir erlebt, dass ein Go-Live verschoben wurde? Ohne die Bedeutung von Planung untergraben zu wollen, leben wir heute doch in einer Welt, in der es schwierig ist, so weit vorauszuschauen. Schnelligkeit der Veränderung und Ungewissheit erlauben es kaum, weitsichtige Initiativen bis ins Detail auszuarbeiten. Drastisch gesagt ist das Zeitverschwendung und erlaubt kaum Flexibilität. Es fehlen Möglichkeiten, auf die Bedürfnisse der Mitarbeiter flexibel und situationsgerecht zu reagieren.

In der Softwareentwicklung werden seit vielen Jahren agile Methoden genutzt. Diese finden auch mehr und mehr ihren Platz im Projektmanagement. Die ersten Statistiken zeigen, dass agile Methoden auch im Projektmanagement erfolgreich eingesetzt werden können. Laut einer Studie von The Standish Group International (2012) wurden Projekte nach dem Wasserfallmodell nur in zwölf Prozent der Fälle als erfolgreich bewertet. Bei agilen Projekten lag die Erfolgsquote bei 42 %. Auch Changer sollten Veränderungen so weit möglich agiler gestalten und der Softwareentwicklung und dem Projektmanagement folgen. Aufgrund einer fehlenden allgemeingültigen Definition von agil sollte stattdessen von „sense" – spüren oder hineinfühlen und „respond" – reagieren gesprochen werden. Hiermit ist gemeint, dass es in Zukunft unabdingbar sein wird, ein offenes Ohr für die Mitarbeiter zu haben. Ein nutzerfreundliches Design der Change-Initiative, mit vielen Feedbackloops, trägt zusätzlich zum Erfolg bei. In vielen Unternehmen gibt es einmal im Jahr eine Mitarbeiterzufriedenheitsumfrage, und es wird zusätzlich am Ende von Projekten um Rückmeldung gebeten. Beides sind wichtige Schritte in die richtige Richtung. Nur muss dieses Feedback noch viel intensiver stattfinden. Die Frequenz muss erhöht werden, und es muss über unterschiedliche formelle und informelle Kanäle erfolgen. Feedback erst am Ende einzuholen, erlaubt einem Changer nicht mehr zu reagieren. Umfragen sind ein gutes Mittel, aber auch hier kann man sich beim Marketing bedienen und

Methoden wie Fokusgruppen, interne und externe soziale Netzwerke und Influencer nutzen. Soziale Netzwerke können genutzt werden, um zu analysieren, was die Mitarbeiter denken, ohne sie selbst direkt zu fragen. In der Vergangenheit haben sich viele Changer gern in der Nähe der Kaffeemaschine oder des Wasserspenders aufgehalten. Zusätzlich zu den Erfrischungen erhält man dort vor allem wichtige Informationen, beispielsweise über die Stimmungslage und Probleme der Mitarbeiter. Dieser inoffizielle Kommunikationskanal ist nach wie vor essenziell und existiert auch in der virtuellen Welt. Dort handelt es sich dann zum Beispiel um Plattformen wie Microsoft Yammer oder IBM Connections. Changer können hier explizit und direkt nach Feedback fragen, können aber auch neue Technologien nutzen, um das implizit Gesagte auszuwerten und zu verstehen. Sogenannte „Tone and Sentiment Analyser" ermöglichen es, aus Texten Gemütszustände des Verfassers herauszulesen. Es ist möglich, positive oder negative Tendenzen in einem Text anhand bestimmter Wörter und Muster zu identifizieren. Eine bestimmte Stimmung oder Einstellung kann auch ohne Technologie durch einen Influencer hervorgerufen bzw. verstärkt oder vermindert werden. Ein Influencer ist eine Person, die ein großes Ansehen in der Zielgruppe besitzt und diese entsprechend beeinflussen kann. Eine solche Person ist oft das Ideal der Zielgruppe. Daraus kann man erste Schlüsse über die Zielgruppe ziehen und kann im Umkehrschluss diese Person nutzen, um die Zielgruppe gezielt und indirekt zu beeinflussen.

Zuhören ist zwar ein wichtiger Schritt bei einer Veränderung, aber er hilft nur dann, wenn auch darauf reagiert wird. Ansonsten wird dadurch nur ein falscher Eindruck vermittelt, was zu Enttäuschung und Frust bei den Beteiligten führt. Das Gehörte muss aufgenommen werden, und es müssen konkrete Aktionen folgen. Dies sollte so schnell wie möglich passieren, und ebenso muss die Wirksamkeit der Aktionen zügig überprüft werden. Changer müssen dafür sorgen, dass eine beidseitige Kommunikation aufgebaut wird und das Feedback auch wirklich aufgenommen wird und Maßnahmen abgeleitet und auch umgesetzt werden. Changer können dabei auf den später beschriebenen „Co-Creation"-Ansatz und die Verhaltensforschung zurückgreifen. Dies wird die Mitarbeiterzufriedenheit und das Engagement der Mitarbeiter erhöhen.

4.1.3.3 Iterativ und datengetrieben

Aufbauend auf dem „Sense & Respond"-Grundsatz müssen Changer den nächsten Schritt gehen und sich auch selbst die Digitalisierung zunutze machen. In der Vergangenheit hat das Change Management immer wieder darunter gelitten, dass es schwierig war, den Mehrwert bzw. den quantifizierbaren Nutzen aufzuzeigen. Es war nicht möglich, den Einfluss von Change-Aktivitäten auf Geschäftsergebnisse zu messen. Aktuell zeigt sich immer stärker, dass Mitarbeiterzufriedenheit und Kultur einen großen Einfluss auf den Erfolg eines Unternehmens haben. Nun müssen Changer die neuen technologischen Möglichkeiten in Form von Communities, Netzwerken und Datenbanken sowie die damit entstandenen Daten nutzen, um zum einen den Mehrwert einer Initiative sichtbar zu machen, und zum anderen, um die Daten als Steuerungsmittel zu verwenden. Durch die Verbindung von weichen und harten Themen im Change-Management-Bereich können sich Changer einen Platz am Tisch der Entscheider sichern. Harte Fakten, wie zum Beispiel eingegangene Kundenbeschwerden, werden in den meisten Unternehmen erfasst und ausgewertet. Zusätzlich können Organisationen aber noch mehr messen und sichtbar machen, was in der Vergangenheit oft als weiche Faktoren angesehen wurden. Dazu zählt beispielsweise die Mitarbeiterzufriedenheit oder der Trainingserfolg. Werden diese Daten nun gesammelt und in Verbindung mit den harten unternehmensrelevanten Faktoren gesetzt, lassen sich Abhängigkeiten erkennen, deren Analyse zu neuen Erkenntnissen führen kann. Entscheidungen können damit gezielt und auf Daten basierend getroffen werden. Besonders interessant ist dabei die Kombination von quantitativen Daten und qualitativen Informationen, die beispielsweise mithilfe einer künstlichen Intelligenz ausgewertet werden können. Zudem besteht die Möglichkeit, sowohl interne als auch externe Datenquellen zu verwenden. Wie bereits in Abschn. 4.1.3.2 beschrieben, ist es möglich, Daten aus Netzwerken wie Twitter, Facebook, Glassdoor oder auch Kununu auszuwerten. Mitarbeiter äußern sich auf unterschiedlichen Social-Media-Plattformen über ihren Arbeitgeber. Auch hieraus kann man Nutzen ziehen. Diese Daten können in manchen Fällen negative Stimmungen aufdecken, die ansonsten intern nicht aufgefallen wären. Am Beispiel von Glassdoor lässt sich dies gut erklären. Auf Glassdoor können Arbeitnehmer ihre Arbeitgeber bewerten. Dabei werden auch Daten zum genauen Arbeitsfeld erfasst, wodurch eine genaue Zuordnung der Bewertung zum Beispiel zu einer Abteilung möglich ist. Sieht ein Automobilzulieferer seine Ingenieure als eine sehr wichtige Mitarbeitergruppe im Unternehmen an, kann dieser Zulieferer über eine Analyse der sozialen Netzwerke nun sehen, dass beispielsweise gerade die Ingenieure im Unternehmen schlechte Bewertungen abgeben und eine generelle Unzufriedenheit signalisieren. Dies gibt dem Zulieferer die Möglichkeit, früh auf solche Anzeichen zu reagieren. Andersherum beurteilen zum Beispiel Mitarbeiter in einem bestimmten Fachbereich das Unternehmen besonders gut. Diese Information kann genutzt werden, um zu analysieren, was zu diesen positiven Bewertungen geführt hat, und aus den identifizierten Gründen können dann Maßnahmen für andere Fachbereiche abgeleitet werden.

Daten können zudem auch genutzt werden, um Verhaltensänderungen herbeizuführen. Dazu werden Indikatoren benötigt, die das richtige Verhalten identifizieren. Es ist wichtig, zuerst das gewünschte Verhalten der Mitarbeiter im Unternehmen und die unterliegende Zielkultur zu definieren. Daten und Analysen werden heutzutage immer noch häufig nur an das Management zurückgespiegelt. Es bietet sich aber auch die Möglichkeit an, die relevanten Daten den Mitarbeitern zur Verfügung zu stellen. Hierdurch kann eine persönliche und selbstgetriebene Steuerung erzielt werden. Eine neue Kultur kann nur gefestigt werden, wenn sie von allen getragen wird und die Mitarbeiterschaft zu einem eigenständigen Korrigieren des Verhaltens fähig ist. Im Privatleben nutzen viele diesen Effekt bereits unbewusst. Träger einer Smartwatch oder eines Fitnessarmbands generieren in jeder Sekunde Daten zu ihrem Schlafverhalten, ihrer Bewegung und Ernährung. Diese Daten konsumieren sie dann selbst, und in vielen Fällen passen sie daraufhin ihr Verhalten an. In Unternehmen kann dies auch eingesetzt werden. Gewisse Ziele und dazugehörige Key Performance Indikators (KPIs) werden aufgesetzt und gemessen. Die Ergebnisse werden periodisch dem Management und den Mitarbeitern zur Verfügung gestellt. Alternativ kann man sich auch Methoden wie Enterprise Gamification bedienen. Dabei werden Elemente aus Spielen in einem anderen, spielfremden Kontext verwendet, mit dem Ziel der Verhaltensänderung. Bestimmtes Verhalten wird dann belohnt und besonders gewürdigt. Die spielerisch eingeführten Verhaltensweisen sollen dann nach und nach in den Alltag der Mitarbeiter übergehen.

4.1.3.4 Angetrieben von Social und Mobile

Studien zeigen, dass die Generationen Y und Z einen starken Einfluss auf die Arbeitsumgebung haben werden (Lake 2015). Diese Generationen sind mit Handys, Tablets und sozialen Netzwerken aufgewachsen. Die Nutzung von Apps und Profile auf Social-Media-Seiten sind für sie so natürlich wie Schaukeln auf dem Spielplatz (Barck 2016). Sie genießen die Vorteile dieser Technologien und erwarten von ihren Arbeitgebern, dass diese ihnen auch am Arbeitsplatz den Einsatz dieser Technologien ermöglichen. Denn wenn ein Arbeitgeber nicht die benötigte Technologie bereitstellt, dann bauen sich die Mitarbeiter ihre eigene „Schatten-IT" auf, mit Dropbox, Facebook und WhatsApp beispielsweise. Häufig bietet der Arbeitgeber aber eine Lösung für Datenablage, Wissensmanagement und Kommunikation. Aber diese Plattformen hinken oft stark den Produkten am freien Markt hinterher. Mitarbeiter versuchen, ihre Arbeit zu vereinfachen, wo es geht, und greifen zu Alternativen, die benutzerfreundlicher sind. Dass sie damit die Sicherheit ihres Unternehmens riskieren, ist vielen gar nicht bewusst. So haben Mitarbeiter das Bedürfnis, aktuelle und intuitive Technologie zu nutzen. Ein Beispiel: Es gab in Deutschland mal eine Werbung einer Versicherung für ihre neue App. In der Werbung wurde beschrieben, dass die meisten Menschen sich nicht mit dem Thema Versicherungen auseinandersetzen wollen. Um diese Hemmschwelle zu überwinden, bietet die App die Möglichkeit, sich wann und wo man möchte zu informieren und beraten zu lassen. Dies gilt in vielerlei Hinsicht auch für die Mitarbeiter eines Unternehmens. Während sie ihrer täglichen Arbeit nachgehen, ist es schwierig und lästig, sich noch zusätzlich mit Projekten und Veränderungsinitiativen auseinanderzusetzen. Durch die Möglichkeiten in den Bereichen „Social" und „Mobile" ist es möglich, gezieltere und personalisierte Botschaften an die Mitarbeiter zu übermitteln und gleichzeitig den Kanal für Interaktion zu öffnen. Zusätzlich hat es den Vorteil, dass Mitarbeiter die Inhalte konsumieren können, wann und wo es ihnen passt. Social steht in diesem Kontext für alle Arten von internen sozialen Netzwerken, die den Mitarbeitern in ihrem Unternehmen zur Verfügung stehen. Dabei kann es sich um ein einfaches Forum auf der sonst statischen Intranetseite handeln bis hin zu komplexen Plattformen wie IBM Connections, Facebook Business und Jive. Mobile bezieht sich auf alle Apps, die auf den mobilen Endgeräten der Mitarbeiter genutzt werden können. Dies können Kommunikations-Apps sein, aber auch Apps für Trainingszwecke, beispielsweise für die Vermittlung von Inhalten für Fort- und Weiterbildungen. Hierbei ist es erst einmal unwichtig, ob die Apps auf einem Firmenendgerät oder auf einem privaten Handy betrieben werden. Social und Mobile können nicht strikt voneinander getrennt werden, da es viele Überschneidungen der beiden Bereiche gibt.

Interne soziale Netzwerke können dafür genutzt werden, um eine Veränderung beispielsweise von unten voranzutreiben und zu verbreiten. Sogenannte „Change-Agent-Netzwerke", Netzwerke, die aus Personen bestehen, die sich für eine Veränderung einsetzen und diese auch aktiv unterstützen, erhalten damit eine Möglichkeit, enger zusammenzuarbeiten. Außerdem können ihre Stimmen und ihre Reichweite durch solche Netzwerke verstärkt werden. Wie in dem zuvor beschriebenen Beispiel mit der App, unterstützen sie die Kommunikation und helfen, Mitarbeiter zu erreichen. Diese werden dadurch für Botschaften empfänglicher. Richtig eingesetzt, fördern sie Zeitsouveränität, indem Mitarbeiter dadurch mehr Kontrolle darüber erhalten, wann und wo sie sich über ein Thema informieren wollen. Zudem erhalten sie neue Wege, sich zu beteiligen. Social und Mobile unterstützen nicht nur eine Veränderung, sie befähigen idealerweise Mitarbeiter auch zum besseren Arbeiten und Kollaborieren.

4.1.3.5 Mitarbeitereinbindung

Der „War for Talent" ist eine Herausforderung, der sich Unternehmen stellen müssen. Deshalb wächst der Druck auf Unternehmen, eine Kultur und eine Arbeitsumgebung zu schaffen, die den Mitarbeitern zusagt. Mitarbeiterengagement und Loyalität können durch aktives Einbinden bei einer Veränderung gesteigert werden. Change-Programme und -Initiativen dürfen nicht in Isolation vom betroffenen Transformations- und Projektteam geplant und umgesetzt werden. Organisationen sollten die Möglichkeit wahrnehmen, ihre Mitarbeiter in den Veränderungsprozess so aktiv wie möglich einzubinden. Ebenso ist es wichtig, von Beginn an den Nutzen einer Veränderung für die Mitarbeiter klar herauszuarbeiten und auch zu kommunizieren. Dies führt zu einem positiven Mitarbeitererlebnis. Eine Veränderung sollte daher keinen Rückschritt für die Mitarbeiter bedeuten.

Ein weiterer Grund für eine aktive Einbindung der Mitarbeiter bzw. Betroffenen ist die dadurch entstehende Innovationskraft. Eine Gruppe von Menschen ermöglicht eine Sicht auf ein Problem aus sehr vielen verschiedenen Perspektiven und entsprechend vielen Lösungsansätzen. Es können Aspekte berücksichtigt werden, die ansonsten sehr wahrscheinlich erst im Nachhinein aufgefallen wären. Organisationen sollten daher von der Kreativität ihrer Mitarbeiter Gebrauch machen. Auch hier können die Prinzipien von Design Thinking angewendet werden. In diesem Fall ist der Nutzer dann der Mitarbeiter. Die Zusammenarbeit mit den Mitarbeitern ist auch für Changer extrem wichtig. Mitarbeiter sind das Gesicht des Unternehmens zum Kunden. Das Unternehmensbild profitiert von zufriedenen und befähigten Mitarbeitern. Eine gute Zusammenarbeit zeichnet sich unter anderem durch die Integration verschiedener Mitarbeitergruppen und die Berücksichtigung der unterschiedlichen Sichtweisen aus. Das Projektteam ist zusammen mit den betroffenen Mitarbeitergruppen die Basis, dabei darf aber nicht vergessen werden, auch die IT oder andere Fachbereiche einzubinden. So wird eine nutzengetriebene und zugleich umsetzbare Lösungsfindung gefördert. Zudem ist es unabdingbar, dass auch Projektsponsoren und Vertreter der Unternehmensführung anwesend sind. Es ist wichtig, dass hierbei direkt eine Überprüfung der Realisierbarkeit stattfindet, aber auch Entscheidungen verpflichtend getroffen werden. Angenommen, es findet ein Workshop zur Identifizierung von Eigenschaften einer App für das Personalwesen statt. In diesem Fall sollten an dem Workshop auf jeden Fall Vertreter der IT und des Personalwesens teilnehmen. Gleichzeitig sollten Mitarbeiter und Führungskräfte aus unterschiedlichen Bereichen eingeladen werden. Diese gemischte Gruppe erarbeitet nun die Grundeigenschaften der neuen Applikationen. Dies sollte in einer kreativen Atmosphäre geschehen, beispielsweise mit Design-Thinking-Methoden und dem klaren Fokus, die Probleme und Herausforderungen der Betroffenen zu lösen. Am Ende des Workshops sollte eine Einigung auf konkrete Eigenschaften erfolgen, mit denen dann weitergearbeitet werden kann. Wenn jedoch an dem Tag kein Entscheidungsträger im Raum ist, dann verfliegt die Energie und die Dynamik des Prozesses. In einem weiteren Termin muss dem Entscheidungsträger erst einmal vermittelt werden, was in dem kreativen Prozess gemeinsam erarbeitet wurde. Die Entscheidung verzögert sich oder wird im schlimmsten Fall blockiert. Daher ist es essenziell, dass alle Parteien zusammenkommen, zusammen etwas entwickeln und es dann eine finale Entscheidung gibt.

Erfahrungsgemäß können Mitarbeiter kreativer arbeiten, wenn man sie aus ihrer gewohnten Arbeitsumgebung herauszieht. Entweder können dafür im eigenen Gebäude Räume bereitgestellt werden, die eine interaktive und kreative Zusammenarbeit ermöglichen, oder es kann auf einen externen Anbieter zurückgegriffen werden. Viele Digital-Agenturen und Beratungen haben inzwischen sogenannte Studios, Garages oder Labs eröffnet, um genau dieses kreative und kollaborative Arbeiten zu ermöglichen (CB Insights 2017). Nicht nur in explizit dafür durchgeführten Workshops sollten Mitarbeiter dazu aufgerufen werden, zu partizipieren, sondern auch durch die Nutzung sozialer Netzwerke oder anderer Kommunikationskanäle kann es allen Mitarbeitern ermöglicht werden, eine Veränderung mitzugestalten. So ist es möglich, neue Ideen von der Mitarbeiterschaft zu gewinnen, und gleichzeitig wird dadurch die Unterstützung für die Umsetzung gefördert. IBM hat in den vergangenen Jahren eine große Initiative gestartet, um das Unternehmen agiler zu machen. Hierfür wurden unter anderem die Büroflächen umgebaut, um kreatives, innovatives und agiles Arbeiten zu fördern. Wie diese Änderungen aussehen, hat man in die Entscheidungsgewalt der Mitarbeiter gegeben. Eine „SpaceMaker" Challenge wurde ausgerufen. Ähnlich wie bei Kickstarter und anderen Crowdfunding-Plattformen konnten sich Teams formen, Ideen ausarbeiten und sich mit ihrer Idee um eine Finanzierung bewerben (Assenmacher 2017). Jeder IBMler erhielt 2000 virtuelle Dollar und konnte diese in die Ideen investieren, die ihm am besten gefallen haben. So wurden die Ideengenerierung und die Ideenbewertung komplett von der Mitarbeiterschaft übernommen. Die beliebtesten Ideen wurden dann entsprechend umgesetzt. Dies ist ein Beispiel, wie Mitarbeiter aktiv, selbst organisiert und befähigt eine Transformation mitgestalten können.

4.1.3.6 Fundierte Verhaltensforschung

In den letzten Jahren hat sich die Beliebtheit des Studienfachs Wirtschaftspsychologie immens gesteigert. Eine Spezialisierung dabei ist die Organisationsverhaltensforschung. Es geht darum zu verstehen, wie Organisationen über die vorgegebenen Strukturen, Rollen, Hierarchien und Prozesse hinaus funktionieren. Das Thema Kultur spielt hier eine wichtige Rolle. Organisationsverhaltensforscher beschäftigen sich unter anderem damit, wie die Leistung des Unternehmens gesteigert werden kann, wie große Transformationen erfolgreich umgesetzt werden können oder etwas granularer, mit dem Design und der Einführung neuer HR-Prozesse. Diese Themen betrachten sie aus einer wissenschaftlichen und empirischen Sicht. Changer haben häufig eine Ausbildung als Coaches, Organisationsmediatoren oder vergleichbare Qualifikationen. In manchen Unternehmen und Beratungen kommen inzwischen dedizierte Organisationsverhaltensforscher dazu. Dies ist ein Trend, der gestärkt werden sollte und von dem die Changer Community profitieren kann. Verhaltensforscher müssen zwingend bei Transformationen und großen Veränderungen eingebunden werden. Ihr Fachwissen und ihre wissenschaftlich fundierte Herangehensweise sind eine Bereicherung für jedes Veränderungsprojekt. Es ist nicht möglich, eine große Organisationstransformation anzustoßen, ohne über das Thema Kultur und Mitarbeiterverhalten nachzudenken. Hier trifft der Spruch von Peter Drucker „Culture eats Strategy for Breakfast" bestens. Tiefe Einsicht in das Verhalten der Organisation und der Mitarbeiter hilft dabei, sowohl den jetzigen Stand der Kultur zu identifizieren als auch fundierte Diskussionen über die angestrebte Kultur zu führen. Daraus können dann Maßnahmen abgeleitet werden, um das gewünschte Zielbild zu erreichen. Verhaltensforscher besitzen das Fachwissen, qualitative und quantitative Daten zu erheben und diese auszuwerten. Kultur ist ein schwer greifbares Thema. Nichtsdestotrotz kann man die Kultur eines Unternehmens qualifizieren und erfassen. Dieser Schritt ist unabdingbar, um zu verstehen, auf welche Hindernisse eine Transformation stoßen wird, was die Stärken der Organisation sind, auf die man bauen kann, und welche Kulturelemente neu eingeführt werden müssen. Verhaltensforschung unterstützt Changer dabei, die Mitarbeitererfahrung und die Verhaltensänderung genauer zu betrachten und zu gestalten.

4.1.4 Zusammenfassung

Radikale Veränderungen in allen Industrien und in der Arbeitswelt rufen danach, das traditionelle Change Management zu überdenken. Changer müssen ihren Fokus auf das positive Erleben einer Veränderung legen. Grundsätzlich muss das Thema Change mit mehr Mitarbeiterzentrierung, Innovation und Kreativität betrieben werden. Die beschriebenen sechs Prinzipien: „Personalisiert und erlebbar", „Sense und respond", „Iterativ und datengetrieben", „Angetrieben von Social und Mobile", „Mitarbeitereinbindung" und „Fundierte Verhaltensforschung" werden bei dem Wandel helfen.

Mit diesen Fähigkeiten sind Unternehmen, Führungskräfte und Mitarbeiter selbst in der Lage, aus der Vergangenheit herauszutreten, sich auf Neues einzulassen, Potenzial zu erkennen und hervorzuheben und eine Veränderung als strategischen Vorteil zu nutzen.

Literatur

Assenmacher, K. (2017). *Crowdfunding als kommunale Finanzierungsalternative*. Wiesbaden: Springer Gabler.

Capgemini Consulting (2012). The digital advantage, how digital leaders outperform their peers in every industry. Capgemini and MIT center for digital business. https://www.capgemini.com/wp-content/uploads/2017/07/The_Digital_Advantage__How_Digital_Leaders_Outperform_their_Peers_in_Every_Industry.pdf. Zugegriffen: 10. Okt. 2017.

CB Insights (2017). From AT&T To Xerox: 65 Corporate Innovation Labs. https://www.cbinsights.com/research/corporate-innovation-labs/. Zugegriffen: 10. Okt. 2017.

Dahm, M. H. (2017). Die Mitarbeiterstimme stärken und das Engagement am Arbeitsplatz erhöhen. *Betriebswirtschaft im Blickpunkt*, *8*, 208–214.

Dahm, M. H., & Rolff, B. (2017). Engagiert durch Fragen und Zuhören. Human Resources Manager, Juni/Juli 2017. https://www.humanresourcesmanager.de/news/engagiert-durch-fragen-und-zuhoeren.html. Zugegriffen: 20. Nov. 2017.

Gallup (2016). *The worldwide employee engagement crisis*. Washington: Gallup Institut.

Hayes, J. (2014). *The theory and practice of change management*. Houndmills: Palgrave Macmillan.

Jobber, D., & Ellis-Chadwick, F. (2013). *Principles and Practice of Marketing* (7. Aufl.). Berkshire: McGraw-Hill.

Lake, S. (2015). Karriereziele und Erwartungen an den Arbeitgeber von Studierenden und jungen Berufstätigen: Umfrageergebnisse 2008 bis 2013. In M. Hartmann (Hrsg.), *Rekrutierung in einer zukunftsorientierten Arbeitswelt* (S. 29–46). Wiesbaden: Springer Gabler.

Solis & Littleton (2017). *The 2017 state of digital transformation*. San Francisco: Altimeter.

Standish Group (2012). *Chaos manifesto. The year of the executive sponsor*. Boston: The Standish Group International, Incorporated.

Sabine Joergens ist seit sieben Jahren für die IBM Deutschland tätig. Nach Ihrem dualen Bachelorstudium ist sie seit Oktober 2014 als Change Consultant im Bereich Talent & Engagement angestellt und hat parallel einen Masterabschluss an der University of Leeds erworben. Durch Stationen in verschiedensten Industrien, konnte Sabine Joergens ihre Expertise in der erfolgreichen Durchführung von Veränderungsmaßnahmen konstant ausbauen.

Prof. Dr. Markus H. Dahm begleitet seit 1995 deutsche, europäische und globale Organisationen in Strategie-, Transformations- und Change-Prozessen. Der Fokus liegt auf digitalem Wandel, strategischer Neuausrichtung, Produktivitätssteigerung mittels Lean Management, Organisationsentwicklung, Qualitätsmanagement mittels Six Sigma, Kulturwandel und Leadership-Themen. Aktuell ist er Abteilungsleiter in der Beratungs-Practice Digital Change &Transformation in der IBM Deutschland GmbH. Zuvor war Markus Dahm einige Jahre als Experte für Bankberatung bei Ernst & Young in München europaweit tätig. Er publiziert regelmäßig zu aktuellen Management- und Leadership-Fragestellungen in wissenschaftlichen Fachmagazinen, Blogs und Online Magazinen sowie der Wirtschaftspresse und ist Autor zahlreicher Bücher. Markus Dahm hat Lehraufträge am Hasso-Plattner-Institut in Potsdam und der Kühne Logistics University in Hamburg. Seit über zehn Jahren ist er fest in die Lehre und Forschung an der FOM Hochschule Essen/ Hamburg verankert. Als Digital Transformation Thought Leader ist er als Speaker zu Themen wie New Ways of Work, Digitalisierung, Digital Leadership und agile Organisationsgestaltung auf Konferenzen und Symposien gefragt. Markus Dahm ist Mitglied der Schweizerischen Gesellschaft für Organisation, des International Bankers Forums, des Deutschen Outsourcing Verbandes, des BPM Bundesverbandes der Personalmanager und des DFJV Deutscher Fachjournalisten-Verband. Er lebt mit seiner Frau und seinen zwei Kindern in Hamburg.

5 HR-Management in agilen Unternehmen – Ergebnisse einer explorativen Untersuchung

Isabel Doege und Stefan Thode

5.1 Ausgangssituation

Vor dem Internetzeitalter waren Unternehmen von längeren Phasen der Stabilität und Beständigkeit geprägt und wiesen eine klare Strukturiertheit auf. Sie standen im Wettbewerb mit bekannten und etablierten Unternehmen; größere Transformationen waren nur in größeren zeitlichen Abständen erforderlich. Spätestens mit der fortschreitenden Digitalisierung stehen Unternehmen vor der ungleich größeren Herausforderung, ihre Geschäftsmodelle kritisch zu hinterfragen und laufend weiterzuentwickeln. Die heutigen Märkte werden mit dem Akronym VUCA (Englisch für Volatility, Uncertainty, Complexity und Ambiguity) beschrieben. Die Folge sind neben veränderten Kundenanforderungen und steigendem Innovationsdruck auch hochkomplex verflochtene Geschäftsbeziehungen zwischen Unternehmen. Zusätzlich müssen sich Unternehmen insbesondere mit dem demografischen Wandel auseinandersetzen, da neue Generationen neue Unternehmenskulturen fordern.

Als Lösung für diese Herausforderungen werden vermehrt agile Arbeitsweisen und Organisationsformen genannt (Komus 2017, S. 27). Diese sollen Unternehmen in die Lage versetzen, schneller, flexibler und effektiver zu agieren. Im Gegensatz zu einer klassischen, stark hierarchisch geprägten Organisationsform mit effizienzbetonender Führung stellen agile Organisationen die Kundenbedürfnisse und Mitarbeiter in den Mittelpunkt (Nowotny 2016, S. 24).

I. Doege (✉)
22085 Hamburg, Deutschland
E-Mail: doege.isabel@web.de

S. Thode
FOM Hochschule f. Oekonomie & Management
Hamburg, Deutschland
E-Mail: stefan.thode@fom.de

M. H. Dahm und S. Thode (Hrsg.), *Strategie und Transformation im digitalen Zeitalter*, FOM-Edition, https://doi.org/10.1007/978-3-658-22032-7_5

Auch wenn nur in Teilen des Unternehmens mit agilen Methoden gearbeitet wird, müssen Geschäftsabläufe im gesamten Unternehmen entsprechend angepasst werden. Dazu gehören nicht zuletzt personalrelevante Strukturen, da in agilen Organisationen häufig auf Hierarchieebenen verzichtet wird und neue Anforderungen an die Mitarbeiter entstehen. Neben den Managementebenen muss sich auch die Personalabteilung auf die neuen Bedürfnisse ihrer Kunden – der Mitarbeiter – einstellen (Häusling et al. 2016, S. 9).

Es liegen zwar mehrere empirische Studien zur Verbreitung von Agilität in Unternehmen und dem Einsatz agiler Methoden vor. Dazu zählen die dreimalig durchgeführten Studien „Status Quo Agile“ von Komus beginnend im Jahre 2012. Darin wird die Nutzung agiler Methoden im Projektmanagement analysiert. Die Studie aus dem Jahre 2016/2017 kommt unter anderem zu der Erkenntnis, dass agile Methoden auch vermehrt in IT-fernen Unternehmen eingesetzt werden (Komus 2017). Empirische Studien jedoch, die sich auf die konkreten Auswirkungen agiler Organisationen auf die Handlungsfelder des Human Resources Management (HRM) beziehen – Personalmarketing und -auswahl, Personalbetreuung und Mitarbeiterbindung, Leistungsmanagement und Vergütung, Personal- und Managemententwicklung sowie Personalfreisetzung (DGFP 2012) –, sind kaum vorhanden. Aus diesem Grunde wurde von den Verfassern dieses Beitrages eine empirische Untersuchung anhand von qualitativen Experteninterviews durchgeführt. Ziel dieser Untersuchung ist die Beantwortung der Frage, welche Aufgaben das HR-Management übernehmen sollte und welche Rolle der HR-Bereich in der agilen Praxis wahrnehmen kann.

5.2 Agile Prinzipien

Ihren Ursprung hat die heutige Agilitätsdiskussion in den 1990er-Jahren. Die IT-Branche erlebte in den 1990er-Jahren einen Umbruch, da sich das Internet und der Mobilfunk weltweit rasant verbreiteten. In den USA begannen Praktiker, die klassische Softwareentwicklung zu hinterfragen, und entwickelten neue Methoden wie Scrum, Extreme Programming (XP) und Feature Driven Development (FDD). Diese gaben nach dem Platzen der Internetblase im Jahr 2000 den Anstoß zur Veränderung (vgl. Appelo 2011, S. 20). Aus Sicht der Praktiker waren viele Projekte nicht aufgrund der Größe und Zusammensetzung der Projektteams gescheitert, sondern an der Methodik (Nowotny 2016, S. 25–26).

Basierend auf neu entwickelten Methoden verfassten daher im Februar 2001 17 Softwareentwickler in den Bergen von Utah das sogenannte „Agile Manifesto“. Aus dem agilen Manifest wurden Werte und Prinzipien abgeleitet, die den Entwicklungsprozess revolutioniert haben und neue Erkenntnisse hervorbrachten. Dazu zählt insbesondere, dass primär das Entscheidungsverhalten der Menschen zum Projekterfolg beiträgt (Range 2017).

Die 17 Softwareentwickler haben einen Zusatz zu dem „Agile Manifesto“ verfasst, in dem die zwölf Prinzipien agiler Softwareentwicklung zusammengefasst sind (Beck et al. 2001a, 2001b). Diese bilden zusammen mit dem Manifest das Fundament agilen Arbeitens und ergänzen das agile Wertesystem. Das agile Manifest stellt jedoch kein absolutistisches Wertesystem dar, sondern ein präferiertes. Zusammengefasst stehen demnach das

Menschliche, die Kommunikation im Team, die enge Zusammenarbeit mit dem Kunden, ein konstruktiver Umgang mit Veränderungen im Projekt sowie das Engagement für funktionierende Software im Mittelpunkt (Nowotny 2016, S. 27).

5.3 Klassische versus agile Organisationen

Agile Methoden werden vermehrt auch in softwarefernen Bereichen angewendet. Gesamte Organisationen adaptieren die Werte und Prinzipien, um ihre Strategie und Geschäftsprozesse agil zu gestalten. Dies erfordert ein Umdenken in den Managementebenen von Unternehmen sowie einen Kulturwandel, und auch die Mitarbeiter müssen sich entsprechend anpassen.

Laloux beschreibt den Großteil heutiger Wirtschaftsunternehmen als moderne, leistungsorientierte Organisationen, die Grundzüge des Taylorismus aufzeigen. Ziel dieser sei es, „[...] besser zu sein als die Konkurrenz, Profite zu erwirtschaften und zu expandieren“ (Laloux 2015, S. 36). Die formale Struktur ist dabei einer hierarchischen Pyramide gleichzusetzen. Ausgehend von der Gesamtaufgabe des Unternehmens werden Teilaufgaben abgeleitet. Die Aufgaben werden nach Bereichen, Abteilungen und Teams in einer Aufbauorganisation strukturiert. Es ergeben sich spezialisierte, funktionale Rollen für die Mitarbeiter. Die Machtverteilung verläuft nach dem Top-down-Prinzip. Die Führungskräfte planen, entscheiden und kontrollieren die Arbeitsabläufe ihrer Mitarbeiter (Denning 2016, S. 10). Der Fokus der Führungskräfte liegt auf Prozessen und Plänen sowie dem obersten Unternehmensziel: Profit zu generieren. Informationen werden als Machtquelle interpretiert, weshalb der Informationsfluss ebenso von oben nach unten verläuft und nur dann untere Schichten der Organisation erreicht, wenn es als notwendig erachtet wird (Laloux 2015, S. 320).

Diese Strukturen werden mittlerweile zunehmend als Ursache dafür gesehen, dass der interne Koordinations- und Kommunikationsaufwand zunimmt, Mitarbeiter Motivationsprobleme zeigen und Entscheidungen nicht schnell genug getroffen werden (Kasch 2013, S. 48; Kotter 2014, S. 8).

Als Alternative werden agile Organisationsstrukturen diskutiert. Allerdings gibt es für diese agilen Strukturen in der Wissenschaft bisher weder eine endgültige Definition noch eine einheitliche Organisationstheorie (Förster und Wendler 2012, S. 33). Im Vergleich zu klassischen Organisationen stehen in agilen der Kunde und die Mitarbeiter im Mittelpunkt. Die Bedürfnisse der Kunden gilt es zu befriedigen. Das oberste Unternehmensziel ist somit nicht Profit, sondern die Zufriedenheit der Kunden; Profit wird als dessen Resultat verstanden. Ein wesentlicher Pfeiler agiler Organisationen ist die Aufstellung selbstorganisierter, cross-funktionaler Teams. Diese sind keiner fachlichen oder disziplinarischen Führungskraft unterstellt, sondern werden häufig von Agile Coaches oder beim Einsatz von Scrum durch einen Scrum Master begleitet (Kasch 2013, S. 50). Aufgrund der Ausrichtung auf den jeweiligen Kunden werden auch die Aufgaben des Teams auf diesen ausgerichtet. Mithilfe von iterativen Prozessen und regelmäßigem Austausch mit dem

Kunden wird die anfallende Arbeit bestimmt und koordiniert (Denning 2016, S. 14). Um den Anforderungen gerecht werden zu können, ist jede notwendige Kompetenz im Team vertreten. Aufgaben, die unternehmensinterne, häufig administrative Dienstleistungen innerhalb des Unternehmens darstellen, werden meist weiterhin von Zentralabteilungen wie Finanzen oder Personal abgebildet. Wichtig ist jedoch, dass diese rein beratend tätig sind und den Teams keine Vorgaben machen (Laloux 2015, S. 318; Kasch 2013, S. 50). Ein wichtiger Wert, der sich vor allem auf den Informationsfluss auswirkt, ist Transparenz. Die Kommunikation verläuft somit horizontal, und Informationen sind für jeden Mitarbeiter zugänglich (Denning 2016, S. 14), zum Beispiel, indem mit Taskboards gearbeitet wird, auf denen sämtliche Aktivitäten der Teammitglieder aufgeführt sind.

Zusammenfassend ist also festzustellen, dass es deutliche Unterschiede zwischen klassischen und agilen Organisationen hinsichtlich der Strategie, der Struktur, der Arbeitsabläufe, der Führung und der Werte gibt. Dies bedeutet zwangsläufig, dass sich auch die Rolle des HR-Managements verändern muss.

5.4 Anforderungen an das HR-Management in agilen Organisationen

5.4.1 Konzeptionelle Vorüberlegungen

„Verwalten und regieren – der Ursprungsgedanke des Personalmanagements lässt sich im Wesentlichen auf diese zwei Worte reduzieren“, so das pointierte Fazit von Gloger und Häusling (2011, S. 33). Zum Ausdruck bringt es, dass HR-Management (HRM) in klassischen Organisationen effizienzorientiert ausgerichtet ist. In agilen Organisation hingegen ändern sich die Schwerpunkte; die Instrumente des HRM müssen an die Organisationsform und -kultur angepasst werden.

5.4.1.1 Personalmarketing und -auswahl

Agile Organisationen fordern von den Mitarbeitern neben einem grundlegenden agilen Mindset besonders Selbstführungs- und Lernkompetenz sowie Kollaborations- und Antizipationsfähigkeit. Diese Anforderungen sind auf den hohen Autonomiegrad und die stetige Interaktion im agilen Kontext zurückzuführen (Stock-Homburg et al. 2016, S. 21). Das Personalmarketing muss entsprechend auf die neue Zielgruppe abgestimmt werden und gezielt die Werte des agilen Unternehmens darstellen (DGFP 2016, S. 41). Es gilt, Bewerber anzusprechen, die Interesse an der Arbeit in einem agilen Umfeld haben und hinsichtlich ihrer Persönlichkeitseigenschaften dafür geeignet sind. Für die Personalauswahl entsteht daraus die Herausforderung, die erforderlichen Kompetenzen zu identifizieren. Die fachlichen Kompetenzen und Erfahrungen treten dabei in den Hintergrund, da Agilität davon ausgeht, fachliche Defizite schnell ausgleichen zu können (Laloux 2015, S. 176). Um eine authentische Personalauswahl zu gestalten und die Selbstorganisation der Teams zu berücksichtigen, übernehmen diese selbst die Verantwortung für den Einstellungsprozess. HR fungiert vielmehr als Prozessbegleiter und unterstützt bedarfsabhängig (Stock-

Homburg et al. 2016, S. 23). Je nach Agilitätsgrad des Unternehmens werden Mindestanforderungen an den Prozess sowie Regeln entweder von HR vorgegeben oder selbst von den Teams entwickelt.

5.4.1.2 Personalbetreuung und Mitarbeiterbindung

In agilen Unternehmen sind die Auswirkungen auf die Personalbetreuung gering. Die administrativen Aufgaben müssen weiterhin von HR wahrgenommen werden. Allerdings impliziert die Kultur der Selbstführung und Autonomie, dass die Mitarbeiter versuchen, selbst Lösungen zu finden und sich gegenseitig zu unterstützen (Laloux 2015, S. 185). Für die Mitarbeiterbindung ist es entscheidend, den Mitarbeitern die Entwicklungsmöglichkeiten in einer agilen Organisation aufzuzeigen. Es gibt im klassischen Sinne in der Regel keine Aufstiegsmöglichkeiten, sondern horizontale Entwicklungsperspektiven. Diese sind individuell gestaltbar und in alle Richtungen hin möglich (DGFP 2016, S. 43).

5.4.1.3 Leistungsmanagement und Vergütung

Agiles Leistungsmanagement orientiert sich genauso wie in klassischen Organisationen an den Unternehmenszielen und der Strategie. Allerdings werden daraus keine individuellen Ziele für die Mitarbeiter abgeleitet, sondern kollektive Ziele gemeinsam definiert. Diese werden kontinuierlich überprüft und angepasst, da sich die Ziele und Vorgaben in einem agilen Umfeld schnell ändern können (DGFP 2016, S. 37). Deshalb ist eine institutionalisierte Leistungsbeurteilung in vorgegebenen Intervallen eher nicht förderlich (Stock-Homburg et al. 2016, S. 22). Je nach Bedarf sollte die Beurteilung vielmehr täglich oder in kurzen Intervallen durchgeführt werden. Praktikabel ist hierfür eine kurze, eher formlose Art und Weise, die jedoch auf die Bedürfnisse der Mitarbeiter abgestimmt ist (Häusling et al. 2016, S. 25 f.). Im Gegensatz zur klassischen Top-down-Leistungsbeurteilung ist es in agilen Organisationen sinnvoll, dass die Teammitglieder sich gegenseitig beurteilen (Laloux 2015, S. 186). Es wird angenommen, dass Kolleginnen und Kollegen aufgrund der engen Zusammenarbeit eine bessere Einschätzung der Arbeitsleistung vornehmen könnten als die bzw. der disziplinarische Vorgesetzte. Die Herausforderung für das HRM besteht entsprechend darin, in Abhängigkeit von den Bedürfnissen der internen Kunden einen regelmäßigen Feedback-Prozess zu entwickeln.

Aufgrund der Auswirkungen agilen Arbeitens auf die Leistungsbeurteilung können Gehaltserhöhungen nicht mehr vom jährlichen Mitarbeitergespräch abhängig gemacht werden. Deshalb gilt es, auch hier einen Prozess zu entwickeln, in dem Teammitglieder über die Gehälter mitbestimmen sowie Verfahrens- und Verteilungsgerechtigkeit gegeben ist (Häusling et al. 2016, S. 29). Auch leistungsorientierte Vergütungssysteme bieten sich in agilen Organisationen aufgrund des Teamfokus und der kollektiven Ziele nicht an. Vielmehr sollten variable Vergütungsbestandteile abhängig vom Team- bzw. Unternehmenserfolg etabliert werden (Stock-Homburg et al. 2016, S. 22).

5.4.1.4 Personal- und Managemententwicklung

Die Auswirkungen agilen Arbeitens auf die Personal- und Managemententwicklung sind wie die anderen Handlungsfelder von dem Prinzip der Selbstführung und Autonomie der Mitarbeiter gekennzeichnet. Sie tragen die Verantwortung für ihr individuelles Lernen und erhalten beispielsweise ein festgelegtes Budget für außerbetriebliche Fortbildungen (Laloux 2015, S. 180). HR kann bei der Auswahl beratend tätig werden, übernimmt dabei allerdings nicht die Rolle des Entscheiders (Stock-Homburg et al. 2016, S. 23). Den Mitarbeitern ist die Auswahl der Fortbildungen freigestellt, da die Entwicklungsmöglichkeiten in einer agilen Organisation von den persönlichen Neigungen und der fachlichen Weiterentwicklung geprägt sind (Häusling et al. 2016, S. 26). Unternehmensinterne Fortbildungen dienen häufig der Vermittlung und Stärkung der Unternehmenskultur. Sie werden in der Regel von Kollegen geleitet anstatt von externen Trainern (Laloux 2015, S. 182). Die einzig verpflichtenden Maßnahmen können für neue Mitarbeiter entwickelt werden, um ihnen den Einstieg in das neue Umfeld zu erleichtern und Themen wie hierarchiefreies Arbeiten näherzubringen (Laloux 2015, S. 181). Gleichzeitig bedeutet das Arbeiten ohne Hierarchien für das HRM, dass keine Managemententwicklung im klassischen Sinne benötigt wird. Die fachliche Weiterentwicklung der Mitarbeiter beinhaltet keine disziplinarische Führungsverantwortung, weshalb darauf ausgerichtete Weiterbildungen entfallen (Häusling et al. 2016, S. 26).

5.4.1.5 Personalfreisetzung

Insbesondere wenn sich ein Unternehmen von einer klassischen hin zu einer agilen Organisation entwickelt, kann es zu Freisetzungen kommen. Begründet wird dies damit, dass sich nicht jeder Mensch mit agilen Arbeitsweisen identifizieren kann und vor allem die Führungskräfte in ihren neuen Rollen nicht zufrieden sind (Nowotny 2016, S. 367). Eine Alternative wäre, Mitarbeiter im Unternehmen zu halten, jedoch nicht zwangsläufig in ihrem ursprünglichen Team (Gloger und Häusling 2011, S. 71).

5.4.2 Empirische Erkenntnisse

Die Untersuchung wurde anhand von vier Experteninterviews in Form einer qualitativen Datenerhebung durchgeführt. Ziel war es, über bestehende konzeptionelle und empirische Erkenntnisse hinaus festzustellen, welche Aufgaben das HR-Management in der Praxis wahrnimmt und welche Rolle der HR-Abteilung in agilen Organisationen zukommt. Die Interviews wurden innerhalb einer Woche im Juli 2017 persönlich bzw. per Skype geführt (siehe Tab. 5.1). Als Experten wurden Mitarbeiter der Personalabteilung agiler, mittelständischer Unternehmen ausgewählt. Sie haben einen Überblick über die definierten Handlungsfelder des HRM und sind in die agile Weiterentwicklung des Unternehmens eingebunden.

Tab. 5.1 Überblick Experteninterviews

Bezeichnung Unternehmen	Branche	Mitarbeiter	Datum des Interviews	Bezeichnung Experte
U_1	Internet und Onlinemedien	80	03.07.2017	Exp_1
U_2	Internet und Onlinemedien	126	03.07.2017	Exp_2
U_3	Internet und Onlinemedien	120	05.07.2017	Exp_3
U_4	Marketing und Werbung	80	05.07.2017	Exp_4

5.4.2.1 Personalmarketing und -auswahl

Die agilen Prinzipien und Werte fordern von den Mitarbeitern eines agilen Unternehmens besondere Kompetenzen, um die nötige Verantwortung übernehmen zu können. In diesem Punkt sind sich auch die befragten Experten einig. Die Mitarbeiter müssen offen für das agile Mindset sein und sich mit den Werten der Organisation identifizieren. Das Personalmarketing ist bei den vier Unternehmen vom agilen Konzept geprägt. Die Karriereseiten der Unternehmen U_2 und U_3 wurden deshalb neu gestaltet. Auch Unternehmen U_1 setzt bei der Gestaltung der Karriereseite auf Transparenz und versucht bereits damit, die Arbeitsweise und Kultur zu veranschaulichen. Unternehmen U_4 hat als „New Work“-Unternehmen eine etablierte Arbeitsgebermarke entwickelt, wozu unter anderem die agile Arbeitsweise beiträgt. Außerdem versucht Unternehmen U_4, Bewerber durch neu gestaltete Stellenanzeigen zu unkonventionellen Bewerbungen zu bewegen. Auch hierbei wird auf Transparenz gesetzt und versucht, die Persönlichkeit des Bewerbers schon anhand der Bewerbung einzuschätzen.

Die Auswirkungen der agilen Strukturen sind in der Personalauswahl allerdings noch deutlicher. In Unternehmen U_1, U_3 und U_4 ist die Rolle des HR-Bereiches insofern an das Umfeld angepasst, als er als Organisator und Berater tätig ist. Die Verantwortung für den gesamten Personalauswahlprozess tragen die Teams und werden je nach Bedarf von HR unterstützt. Im Unternehmen U_4 ist der HR-Tätigkeitsbereich allerdings weiter gefasst, da HR das erste Gespräch mit Bewerbern alleine führt und daraufhin an das jeweilige Team weitergibt. Die letztendliche Auswahl treffen in den Unternehmen U_1, U_3 und U_4 die Teams selbst, wobei in Unternehmen U_1 sowohl die Führungskraft als auch HR eine Stimme haben. Die Auswahl basiert auf Vorstellungsgesprächen, in denen alle drei Unternehmen versuchen, transparent zu sein und mithilfe von offenen Fragen ehrliche Antworten der Bewerber zu erhalten. Es gibt in keinem der befragten Unternehmen standardisierte Auswahlinstrumente.

Unternehmen U_2 ist gesondert zu betrachten, da sich die gesamte Organisation erst seit einigen Monaten in der agilen Transformation befindet. Der Personalauswahlprozess soll so umgestellt werden, dass die cross-funktionalen Teams mehr Verantwortung übernehmen und HR hier als fachlicher Experte unterstützend wirkt.

5.4.2.2 Personalbetreuung und Mitarbeiterbindung

Die Experten schildern die Auswirkungen auf die Personalbetreuung sowie die Mitarbeiterbindung aus verschiedenen Perspektiven und empfinden diese entsprechend unterschiedlich.

Exp_2 konnte seit der agilen Transformation keine Veränderungen in diesem Bereich feststellen. Dies könnte darauf zurückgeführt werden, dass sich die Strukturen für die Mitarbeiter und HR noch im Wandel befinden.

Exp_1 beschreibt auf die Frage nach den Auswirkungen auf die Personalbetreuung einen geänderten Anspruch an HR. Demnach verzichtet HR auf Macht und versucht, sich selbst abzuschaffen. Aufgaben ergeben sich so aus den Bedürfnissen des Unternehmens und der Mitarbeiter, sie werden von HR nicht selbst geschaffen. Zwar gibt es fachliche Themen, bei denen HR der Ansprechpartner ist, aber alles andere wird in erster Instanz im Team gelöst, wobei der Agile Coach die Teams unterstützt.

Auch Exp_4 nennt Fragestellungen, für die HR verantwortlich ist. Allerdings wird hier versucht, Fragen schnell und unbürokratisch zu beantworten und Dokumentation sowie lange Genehmigungsprozesse innerhalb des rechtlichen Rahmens zu umgehen.

Exp_3 nimmt die Personalbetreuung aufgrund der agilen Arbeitsweise auf einer anderen Ebene wahr. In Unternehmen U_3 gibt es keine Führungskräfte, weshalb HR teilweise informell in diese Rolle gedrängt wird. Die Teams führen sich zwar selbst, benötigen jedoch ab einem gewissen Grad Unterstützung. Aus Sicht von Exp_3 ist es eine wichtige Aufgabe von HR, den Mitarbeitern Wertschätzung entgegenzubringen und gleichzeitig Vertrauen aufzubauen. In klassischen Unternehmen gehört dies zu den Aufgaben der Führungskraft. Neben vielen Benefits, die das Unternehmen den Mitarbeitern bietet, ist es vor allem die Wertschätzung, die Mitarbeiter – laut Exp_3 – langfristig an das Unternehmen bindet.

Auch in Unternehmen U_1 ist die Mitarbeiterbindung Aufgabe von HR. Exp_1 versteht darunter vor allem Prozesse des Leistungsmanagements und die damit verbundene Vergütung. Im Unternehmen hat der bisherige Prozess für Unzufriedenheit gesorgt, weshalb dieser zurzeit an die agilen Prinzipien angepasst wird.

Exp_4 stellt einen Zusammenhang zwischen der Mitarbeiterbindung und Einbindung in Entscheidungen her. Es ist im Unternehmen U_4 besonders wichtig, dass alle Mitarbeiter Entscheidungen frei treffen dürfen und auch das gesamte Unternehmen betreffende Entscheidungen gemeinsam getroffen werden.

Exp_2 vertritt die Sichtweise, dass die agile Transformation keine Auswirkungen auf die Mitarbeiterbindung hat. Bereits vorher vertrat das Unternehmen die Philosophie, dass der Mensch im Mittelpunkt steht, und beschäftigte beispielsweise schon vor der Transformation einen Feelgood-Manager.

5.4.2.3 Leistungsmanagement und Vergütung

In den Experteninterviews wurde deutlich, dass eine agile Transformation ein Umdenken des HRM hinsichtlich des Leistungsmanagements sowie der Vergütung fordert. Vorweg: Für alle Unternehmen gilt übereinstimmend, dass Gehälter aller Mitarbeiter weder offengelegt noch transparent behandelt werden. Einigkeit besteht unter den Experten darin, dass die individuelle Bewertung der Mitarbeiter in einem agilen Unternehmen von deren Entwicklung getrennt sein sollte. Allerdings haben die Unternehmen U_2 und U_3 bisher keine Maßnahmen zur Leistungsbewertung entwickelt; Unternehmen U_2 arbeitet lediglich mit Teamzielen anhand des OKR-Modells[1]. In den Unternehmen U_1 und U_4 werden die Mitarbeiter individuell bewertet, wobei Unternehmen U_4 zusätzlich Teamziele definiert. Lediglich die Bezeichnung ist in den Unternehmen verschieden: Während Exp_4 von Zielen spricht, wurde in Unternehmen U_1 von Zielen auf Erwartungen umgestellt. Die Definition ist allerdings sehr ähnlich, da in beiden Unternehmen das Verhalten und die Haltung des Mitarbeiters bewertet werden. Der wirtschaftliche Erfolg, wie beispielsweise die Summe von Verkaufsabschlüssen des Mitarbeiters, hat entsprechend keinen direkten Einfluss auf die Bewertung. Exp_1 begründet diese Entwicklung damit, dass die Mitarbeiter des Unternehmens Kreativarbeiter sind und ein leistungsorientiertes System dadurch zu unfairen Bewertungen führte.

Feedback für ihre Entwicklung erhalten die Mitarbeiter der vier Unternehmen von ihren Kollegen und teilweise durch HR. In Unternehmen U_1 konnte bereits eine Feedback-Kultur etabliert werden, die ohne Vorgaben gelebt wird. In den Teams, die nach Scrum arbeiten, ist Feedback ohnehin in die tägliche Arbeit integriert. HR bietet lediglich Workshops zum Thema Feedback an, um die Entwicklung zu fördern.

Auch Exp_3 beobachtet im Unternehmen die Entwicklung einer Feedback-Kultur; die Mitarbeiter fordern mittlerweile eigenständig Feedback ein. Einen Leitfaden für Feedback-Gespräche gibt es jedoch nur für neue Mitarbeiter. Mit ihnen werden innerhalb der Probezeit zwei Gespräche geführt, um Erwartungen zu besprechen. Die Teams können diese selbst organisieren und führen und werden auf Nachfrage auch von HR unterstützt.

Auch Unternehmen U_4 strebt eine Feedback-Kultur an. Exp_4 ist dies ein Anliegen, da Feedback direkt und schnell gegeben werden sollte. Ein festes Entwicklungsgespräch führt HR einmal im Jahr mit jedem Mitarbeiter. In diesem Gespräch werden die individuellen Ziele des Mitarbeiters besprochen. Exp_4 holt dafür bei den Kollegen Feedback ein.

Exp_2 beschreibt die Implementierung eines neuen Feedback-Prozesses, der im Zuge der agilen Transformation entwickelt wurde und kontinuierlich angepasst wird. Auch hier erfragen die Mitarbeiter Feedback von Kollegen, erhalten dieses jedoch anonymisiert.

In diesem Themenbereich zeigt sich der Agilitätsgrad der Unternehmen. So konnten die Unternehmen U_1, U_3 und U_4 ihre Prozesse bereits anhand von Erfahrungswerten an die Bedürfnisse der Mitarbeiter anpassen, wohingegen Unternehmen U_2 erst die ersten Schritte geht.

[1] Objectives and Key Results (OKRs) ist eine Führungsmethode, die auf die transparente Zielsetzung für das gesamte Unternehmen fokussiert ist. Die Objectives (Ziele) und Key Results (Ergebnisse) werden in einer Periode von drei Monaten festgesetzt (Alberti 2015).

Die Vergütung der Mitarbeiter stellt in allen befragten Unternehmen eine Herausforderung dar. Dies betrifft in Unternehmen U_2, U_3 und U_4 insbesondere den Prozess für Gehaltserhöhungen.

Exp_2 verweist auf die fehlende Leistungsbewertung, die auf einem neuen Kompetenzmodell basieren soll. Erst mit der Implementierung des Modells kann ein neuer Prozess für Gehaltserhöhungen entwickelt werden. Ziel des Unternehmens ist es, die Mitarbeiter anhand des Kompetenzmodells den Zeitpunkt und die Höhe selbst bestimmen zu lassen.

In Unternehmen U_3 und U_4 wird der Prozess, der einmal jährlich durchgeführt wird, von HR initiiert und zurzeit überarbeitet. In beiden Fällen steht somit noch nicht fest, wie Gehaltserhöhungen im nächsten Jahr bestimmt werden.

Exp_1 beschreibt die Bestimmung des variablen Gehaltsanteils, der ausschließlich in Unternehmen U_1 Bestandteil der Vergütung ist, als Herausforderung. Dieser wurde bisher an den individuellen Zielen des Mitarbeiters gemessen, was die Mitarbeiter unzufrieden stimmte. Deshalb orientiert sich der variable Gehaltsanteil künftig an dem neuen Erwartungsbogen. Erhöhungen des fixen Gehalts erfolgen durch die Führungskraft in Abstimmung mit den anderen Führungskräften.

5.4.2.4 Personal- und Managemententwicklung

Im Bereich Personalentwicklung zeigen sich Auswirkungen durch die agile Organisation, weil die Mitarbeiter sich selbst führen und mehr Verantwortung übernehmen müssen als in klassischen Organisationen. Auch der Fokus von HR auf die individuellen Bedürfnisse der Mitarbeiter wird deutlich.

Exp_2 berichtet von dieser Entwicklung, obwohl sich das Unternehmen erst seit einigen Monaten in der agilen Transformation befindet. Durch die Umstellung der Teams haben sich für die Mitarbeiter neue Entwicklungsmöglichkeiten ergeben, und sie informieren sich selbstständig über Weiterbildungen. Der Fokus der Personalentwicklung liegt deshalb eher auf der Teamentwicklung, um die Zusammenarbeit in den einzelnen Teams zu verbessern. Dies ist auch auf den aktuellen Wandel in Unternehmen U_2 zurückzuführen, da cross-funktionale Teams sich erst finden und eine gemeinsame Arbeitsweise entwickeln müssen.

In den anderen befragten Unternehmen, die bereits seit Längerem agil arbeiten, gibt es spezielle Workshops zur agilen Arbeitsweise. Diese können regelmäßig bei Interesse von den Mitarbeitern besucht werden. Themenschwerpunkte der Workshops sind im Unternehmen U_1 Kommunikation und Feedback, die auch im Unternehmen U_3 neben Konfliktmanagement und Zusammenarbeit zu den sogenannten Sockelkompetenzen zählen. Im Unternehmen U_4 wird in Workshops erklärt, was Agilität bedeutet, und eine Gelegenheit geboten, sich zu Problemstellungen auszutauschen. Alle anderen Workshops und Initiativen werden in den drei Unternehmen auf Nachfrage der Mitarbeiter entwickelt.

Ihre eigene Rolle als HR-Mitarbeiter interpretieren die vier Experten ähnlich: Sie geben Impulse, gehen auf die Bedürfnisse der Mitarbeiter ein und unterstützen sie bei Bedarf. Exp_3 beobachtet in diesem Zusammenhang, dass die Mitarbeiter neben dem jährlichen Weiterbildungsbudget in Höhe von 1000 € eine Orientierung für die Entwicklungsmöglichkeiten benötigen. Eine klassische Linienkarriere ist in dem Unternehmen nicht möglich, da es weder eine Führungsebene noch Stufen in den einzelnen Rollen gibt. Mitarbeiter entwickeln sich vielmehr auf sozialer Ebene und durch Verantwortungsübernahme. Exp_1 beschreibt die Möglichkeiten in Unternehmen U_1 identisch. Exp_4 berichtet von ähnlichen Auswirkungen, bezeichnet die Entwicklungsmöglichkeit jedoch als Fachkarriere. Um den Mitarbeitern das Gefühl zu geben, sich weiterzuentwickeln, wurden Abstufungen in den einzelnen Rollen vorgenommen.

Da es nur in den Unternehmen U_1 und U_2 eine Führungsebene gibt, ist nur mit den entsprechenden Experten über die Managemententwicklung gesprochen worden. Exp_1 sieht hierin eine Herausforderung, da bisher kein einheitliches Führungsverständnis vorherrscht. Im Unternehmen U_2 wurden vor der agilen Transformation spezielle Trainings für Führungskräfte angeboten. Diese finden mittlerweile aufgrund der geänderten Rolle der Führungskräfte nicht mehr statt. Allerdings werden die Führungskräfte intensiv begleitet, um sie bei der Gestaltung der neuen Rolle zu unterstützen.

5.4.2.5 Personalfreisetzung

In den vier befragten Unternehmen kommt es generell nur selten zu arbeitgeberseitigen Personalfreisetzungen. Dies könnte eine Auswirkung der agilen Arbeitsweise, vor allem des agilen Recruitings, sein. Vor einer Trennung werden die Alternativen gemeinschaftlich geprüft und es wird versucht, eine andere Lösung zu finden. Exp_1 und Exp_3 berichten, dass die Teams die Entscheidungen selbst verantworten. HR übernimmt in allen Unternehmen eine Unterstützungsfunktion, sofern der Bedarf entsteht.

5.5 Fazit und kritische Würdigung

Wie sich agiles Arbeiten auf das HRM auswirkt, hängt von verschiedenen Faktoren ab und ist teilweise in Abhängigkeit des Agilitätsgrades zu betrachten. Die Erkenntnisse der einzelnen Experteninterviews weisen in gewisser Hinsicht Parallelen auf, sind aber dennoch auch einzeln zu betrachten. Jedes Unternehmen wird von individuellen Einflüssen, wie beispielsweise von verschiedenen Kunden oder Dienstleistern, geprägt, und vor allem die Einzigartigkeit jedes Unternehmens sorgt für unterschiedliche Bedingungen. Ungeachtet dessen sind die Eckpfeiler agiler Unternehmen deutlich geworden.

Der Wandel der Unternehmenskultur sollte immer der erste Schritt innerhalb einer agilen Transformation sein. Werte wie Vertrauen, Respekt, Wertschätzung und Eigenverantwortung bilden die Basis für agile Arbeitsweisen. Auch HR muss sich an diesen Werten orientieren und die Bedürfnisse der Mitarbeiter verstehen. Agile Unternehmen brauchen einen kompetenten HR-Bereich, der als Impulsgeber agiert. Während einer agilen Transformation ist es besonders wichtig, dass der HR-Bereich seine bisherige Vorgehensweise hinterfragt. Zentrale Auswirkungen von Agilität können vor allem in den Bereichen Personalauswahl, Leistungsmanagement und Vergütung sowie Personal- und Managemententwicklung festgestellt werden.

Die Personalauswahl muss in agilen Organisationen als partizipativer Prozess gestaltet werden, damit die jeweiligen Teams ihre eigenen Kollegen selbst auswählen können. Für HR stellt dies insofern eine Herausforderung dar, als sie Teams dazu befähigen muss, passende Mitarbeiter zu identifizieren und den Prozess professionell zu gestalten. Je nach Agilitätsgrad des Unternehmens und Erfahrung der Teams verändert sich entsprechend die Rolle von HR. Diese sollte sich während der agilen Transformation vom Prozessbegleiter und Rahmengeber hin zum Impulsgeber auf Abruf entwickeln.

Das Leistungsmanagement und die Vergütung stellen agile Organisationen aufgrund vielfältiger Auswirkungen vor besondere Herausforderungen. Aufgrund sich schnell ändernder Anforderungen können Leistungsziele nicht langfristig bestehen bleiben. Sinnvoll ist die Definition von Teamzielen und daraus abgeleiteten individuellen Zielen für jeden Mitarbeiter und für kurze Perioden, beispielsweise Quartale. Die Ziele sollten darauf ausgerichtet sein, agile Werte zu fördern und der Entwicklung der Mitarbeiter einen Rahmen zu geben. Feedback zu dem individuellen Leistungsstand und der täglichen Arbeit müssen Mitarbeiter in agilen Organisationen direkt sowie kontinuierlich von ihren Kollegen und Kunden erhalten. Sowohl intern als auch im externen Austausch mit den Kunden sollte deshalb eine Feedback-Kultur gelebt werden. HR hat die Aufgabe, je nach Bedarf Instrumente und einen Rahmen für die Förderung der Feedback-Kultur anzubieten.

Bei der Gestaltung von Vergütungssystemen sollte das HRM für eine Verteilungs- und Verfahrensgerechtigkeit sorgen. Die Mitarbeiter müssen in den Prozess ihrer Gehaltserhöhungen einbezogen werden. Eine eigenständige Entscheidung ist jedoch nur in Unternehmen mit einer ausgeprägten agilen Reife zu empfehlen. Und insbesondere ein transparenter Umgang mit Gehältern erfordert eine von allen Mitarbeitern gelebte, starke agile Unternehmenskultur.

Die Personalentwicklung agiler Unternehmen sollte auf die Bedürfnisse der einzelnen Mitarbeiter und Teams abgestimmt sein. Besonders in diesem Handlungsfeld ist Eigeninitiative der Mitarbeiter wichtig, und HR kann als Berater zu Weiterentwicklungsmöglichkeiten fungieren. Zwar gibt es in agilen Organisationen keine Karrierepfade wie in klassischen Organisationen, dennoch können Mitarbeiter ihre Expertise erweitern und entweder neue Rollen im Unternehmen einnehmen oder mehr Verantwortung übernehmen. Die Aufgabe des HRM sollte es sein, den Mitarbeitern diese Möglichkeiten aufzuzeigen und ihnen eine Orientierung zu geben. Es gilt weiterhin, kontinuierliches Lernen und den Wissensaustausch mit Kollegen in den Arbeitsalltag zu integrieren. In agilen Unternehmen wird dies beispielsweise durch Retrospektiven gefördert. Um ein gemeinsames Verständnis von agilem Arbeiten zu schaffen, ist es sinnvoll, wenn HR Workshops zu den wichtigsten Kompetenzen anbietet. Diese sogenannten Sockelkompetenzen umfassen Themen wie Feedback geben und erhalten, Kommunikation, Konflikte, Entscheidungsfindung und Zusammenarbeit.

In agilen Unternehmen gibt es entweder keine Hierarchie oder nur wenige Managementebenen. Deshalb beschäftigt sich das HRM nicht zwangsläufig mit der Managemententwicklung. Gibt es jedoch Führungskräfte, so stehen diese vor veränderten Anforderungen und einer neuen Rolle. Besonders innerhalb agiler Transformationen sollte das HRM die Aufgabe übernehmen, Führungskräfte im Wandel zu betreuen und sie mit ihren neuen Aufgaben vertraut zu machen. Unter den Führungskräften muss, wie auch in klassischen Unternehmen, ein einheitliches Führungskonzept vertreten werden und sie sollten als Botschafter der agilen Werte und Enabler ihrer Mitarbeiter fungieren.

Zusammenfassend ist festzustellen, dass das HRM die Agilität in Unternehmen durch Impulse fördern kann und sollte. Je nach Reife des Unternehmens können die Impulse auch als Rahmen erweitert werden. Wichtig ist jedoch, dass die HR ihre Instrumente kontinuierlich hinterfragt, weiterentwickelt und an die Bedürfnisse der Organisation anpasst. Abschließend ist zu berücksichtigen, dass die Schlussfolgerungen auf der Befragung von nur vier Experten basieren. Wissenschaftliche Gütekriterien können damit nicht eingehalten werden. Und insbesondere die Untersuchung größerer Unternehmen könnte andere Ergebnisse liefern, vor allem hinsichtlich der Aspekte der agilen Führung und der Laufbahnplanung.

Literatur

Alberti, M. (2015). *Das OKR Buch – Führen wie im Silicon Valley mit Objectives and Key Results: Mit OKRs mehr Fokus und Motivation erzielen*

Appelo, J. (2011). *Management 3.0: leading agile developers, developing agile leaders*. Boston: Pearson Education.

Beck, et al. (2001a). Manifesto for agile software development. http://agilemanifesto.org. Zugegriffen: 20. Nov. 2017.

Beck, et al. (2001b). Twelve principles of agile software. http://agilemanifesto.org/principles.html. Zugegriffen: 20. Nov. 2017.

Denning, S. (2016). How to make the whole organization „Agile". *Strategy & Leadership, 44*, 10–17.

DGFP e.V. (2012). *Integriertes Personalmanagement in der Praxis: Prozesse und professionelle Standards* (2. Aufl.). Bielefeld: Bertelsmann.

DGFP e.V. (2016). PraxisPapiere: Agile Unternehmen – Agiles Personalmanagement. http://www.dgfp.de/wissen/praxispapiere/agile-unternehmen-agiles-personalmanagement-4323. Zugegriffen: 29. Nov. 2017.

Förster, K., & Wendler, R. (2012). Theorien und Konzepte zu Agilität in Organisationen. Technische Universität Dresden, Fakultät Wirtschaftswissenschaften. Dresdener Beiträge zur Wirtschaftsinformatik. http://www.qucosa.de/fileadmin/data/qucosa/documents/12960/Foerster-Wendler_Theorien-Konzepte-Agilitaet_gesamt.pdf. Zugegriffen: 30. Nov. 2017.

Gloger, B., & Häusling, A. (2011). *Erfolgreich mit Scrum – Einflussfaktor Personalmanagement: Finden und Binden von Mitarbeitern in agilen Unternehmen*. München: Hanser.

Häusling, A., Kahl, M., & Römer, E. (2016). Servicebroschüren: Agile HR. https://www.bpm.de/publikationen/servicebroschueren/agile-hr. Zugegriffen: 29. Nov. 2017.

Kasch, W. (2013). Agil ist anders. Personalmagazin. http://www.go-agile.de/fileadmin/media/pdf/PM1113_48-50_Organisationsaufbau.pdf. Zugegriffen: 30. Nov. 2017.

Komus, A. (2017). *Status Quo Agile 2016/2017*. Hochschule Koblenz. http://www.hs-koblenz.de/rmc/fachbereiche/wirtschaft/forschung-projekte-weiterbildung/forschungsprojekte/status-quo-agile-201617/. Zugegriffen: 30. Nov. 2017.

Kotter, J. P. (2014). *Accelerate: building strategic agility for a faster-moving world*. Boston: Harvard Business Review Press.

Laloux, F. (2015). *Reinventing Organizations: Ein Leitfaden zur Gestaltung sinnstiftender Formen der Zusammenarbeit*. München: Vahlen.

Nowotny, V. (2016). *Agile Unternehmen – Fokussiert, schnell, flexibel*. Göttingen: BusinessVillage.

Range, C. (2017). Agilität im Management. *ZFO – Zeitschrift Führung und Organisation*, *86*, 184–189.

Stock-Homburg, R., Groß, M., & Roller, D. (2016). Agilität und Effizienz richtig ausbalancieren: Wettbewerbsvorteile durch integriertes Personalmanagement. *Personalführung*, *49*, 18–24.

Isabel Doege ist als Beraterin für Organisations- und Personalentwicklung bei der Alephants GmbH tätig. Nach ihrer Berufsausbildung zur Personaldienstleistungskauffrau vertiefte sie ihr Wissen durch ein berufsbegleitendes Studium der Betriebswirtschaftslehre und Wirtschaftspsychologie an der FOM Hamburg. Währenddessen sammelte sie praktische Erfahrungen im HR-Bereich des Spieleunternehmens Goodgame Studios sowie zuletzt bei der Werbefilmproduktion Markenfilm. Unter anderem begleitete Isabel Doege mehrere Umstrukturierungen und digitalisierte personaladministrative Prozesse. Sowohl im Studium als auch in der beruflichen Praxis hat sie sich intensiv mit agilen Arbeitsformen auseinander gesetzt. Dadurch verfügt sie über Expertenwissen für HR im agilen Umfeld.

Prof. Dr. Stefan Thode begleitet seit 20 Jahren internationale Konzerne, mittelständische Unternehmen und öffentliche Organisationen als Berater und Coach in komplexen Strategieentwicklungs- und Transformationsprozessen. Seine Grundüberzeugung: Eine umfassende Veränderung gelingt nur, wenn sie gleichermaßen strategisch, organisatorisch, technologisch und kulturell erfolgt. Bis 2008 war er für PricewaterhouseCoopers in verschiedenen Funktionen im In- und Ausland tätig, zuletzt als Global Strategy & Change Manager in London (UK) und Stamford (USA). Dort leitete er ein Team aus internationalen Change-Experten. Seit 2008 ist Stefan Thode ordentlicher Professor für Internationales Management an der FOM Hochschule in Hamburg. Er lehrt und forscht auf den Gebieten der Strategieentwicklung und -umsetzung, des Change Managements und der Organisationsgestaltung und -entwicklung. 2012 erhielt er den Lehrpreis der FOM Hamburg. Lehr- und Forschungsaufenthalte führten und führen ihn unter anderem an Universitäten in Istanbul, Kiew, Murcia, New York und Sydney. Stefan Thode wird als Speaker und Moderator zu Führungskräftekonferenzen und Podiumsdiskussionen eingeladen. Themen sind u. a. Agiles Management, Change Management, Geschäftsmodellinnovation, New Work, Strategie und Transformation. Er studierte Betriebswirtschaftslehre an der Christian-Albrechts-Universität zu Kiel und der McMaster University in Hamilton (Kanada); 2002 wurde er von der Universität Hamburg zum Dr. rer. pol. promoviert. Stefan Thode lebt mit seiner Frau und seinen beiden Töchtern in Hamburg.

6 Digitale Transformation im Marketing: Voraussetzungen schaffen mit den „4 Rs"

Heiko Süthoff

6.1 Digitale Transformation im Marketing – quo vadis?

Die Medien sind sich einig: „Digitalisierung ist eine Jahrhundertaufgabe", „Deutschland muss bei der Digitalisierung aufholen" (Riedel 2017), „Die Digitalisierung verändert die Wirtschaft in einer nie gekannten Geschwindigkeit" (Meyer 2017). Wirft man jedoch einen Blick in die deutschen Chefetagen, scheint die Jahrhundertaufgabe noch nicht überall den Weg auf die Agenda gefunden zu haben. Der Grund, warum 94 % der Führungskräfte in einer Studie (Etventure & GfK 2016) der digitalen Transformation noch keine Bedeutung beimessen, mag daran liegen, dass hinter dem Schlagwort „Digitalisierung" schlichtweg kein konkretes praxiserprobtes Konzept steht. Da anschauliche Beispiele fehlen, ist man vorsichtig: „Digitalisierung dürfe kein Selbstzweck sein, im Vordergrund müsse immer der Mehrwert für die Konsumenten stehen", bringt Stefan Heidenreich, Vorstandsvorsitzender des DAX-Unternehmens Beiersdorf AG, zum Ausdruck (Müller 2017).

Auch wenn bis dato keine einschlägige Definition für „Digitalisierung" geläufig ist, so trägt zumindest das Wort „Digitalisierung" eine gewisse Selbstreferenzialität in sich. Es beschreibt einen Wandel von einem Status quo hin zu einem neuen, digitalen Status. Überträgt man diesen Gedanken auf das Konsumentenverhalten, findet man bereits jetzt zahlreiche Praxisbeispiele im Alltag, die eine solche Transformation durchlaufen haben, wie Tab. 6.1 zeigt.

H. Süthoff (✉)
22083 Hamburg, Deutschland
E-Mail: heiko@suethoff.de

M. H. Dahm und S. Thode (Hrsg.), *Strategie und Transformation im digitalen Zeitalter*, FOM-Edition, https://doi.org/10.1007/978-3-658-22032-7_6

Tab. 6.1 Analoge Produkte und Dienstleistungen werden durch digitale Äquivalente abgelöst

Analoges Produkt oder Dienstleistung	Digitales Produkt oder Dienstleistung
Physische Audio-/Video-Datenträger (zum Beispiel CDs, DVDs)	Digitale Streaming-Dienste (zum Beispiel Spotify, Netflix)
Taxibuchungen über die etablierten Taxi-Zentralen	Online-Vermittlungsdienste zur Personenbeförderung (zum Beispiel Uber)
Klassische Hotelbuchungen über Reisebüros	Online-Reiseportale (zum Beispiel Booking.com) bzw. Communities zur Buchung von Appartements (zum Beispiel Airbnb)
Freizeitschuhe „von der Stange"	Personalisierte Schuhe aus dem Online-Konfigurator (zum Beispiel bei Nike, Adidas)

Auch wenn die digitalen Geschäftsmodelle oftmals als disruptiv und erschreckend für die etablierten, traditionellen Geschäftsmodelle in den Medien dargestellt werden, sind die Gründe für den Erfolg relativ simpel: Alle in Tab. 6.1 genannten Beispiele haben gemein, dass eine deutlich höhere Wertschöpfung für den Kunden realisiert werden konnte – sei es durch eine

- schnellere,
- einfachere,
- kundenindividuellere oder
- kostengünstigere

Bereitstellung der Produkte und Dienstleistungen. Denn letztlich müssen auch die digitalen Geschäftsmodelle den Grundprinzipien des Marktes folgen: Stiften Produkte und Dienstleistungen keinen eindeutigen Kundennutzen, finden Verkäufer und Käufer nicht zusammen.

Damit Verkäufer und Käufer zusammenfinden, muss früher wie heute eine Kommunikation des Angebots an die potenzielle Käuferschaft erfolgen. McCarthy (1960) formulierte einst die „4 Ps" (product, price, place and promotion, also Produkt, Preis, Distribution und Absatzförderung) als Hauptinstrumente im Marketing-Mix eines jeden Unternehmens zur Vermarktung der eigenen Produkte und Dienstleistungen. Die „4 Ps" haben weiterhin ihre Daseinsberechtigung. Im Gegensatz zu früher haben Unternehmen heute jedoch die Chance, ihren Marketing-Mix nicht nur am Markt, sondern auch individuell am Kunden auszurichten. Diese Chance ist im Produktionsfaktor „Daten" begründet, dem Öl des 21. Jahrhunderts.

Die Hauptaufgaben des Marketings, nämlich das Erfassen und Analysieren von Kundenbedürfnissen sowie das anschließende Kommunizieren der eigenen Produkte und Dienstleistungen an geeignete Zielgruppen, ist durch den Einsatz von neuen, digitalen Technologien zielgerichteter möglich als noch im letzten Jahrhundert. Dieser Beitrag zeigt daher auf, dass die bekannten „4 Ps" des Marketings um die „4 Rs" erweitert werden müssen:

- die *richtige* Information,
- zur *richtigen* Zeit,
- in der *richtigen* Qualität,
- im *richtigen* Kanal.

6.2 Der Kunde im Fokus – strategische Ausrichtung nach den „4 R s"

Die globalen Media-Spendings im Jahr 2017 signalisieren bereits jetzt einen Wandel: große Universal-Kampagnen über die traditionellen Kanäle Print und TV verlieren gegenüber Online-Werbung, wie in Abb. 6.1 dargestellt (Saal 2017).

Zwei Gründe können für den Wandel ausgemacht werden: Erstens verbringen Konsumenten mittlerweile deutlich mehr Zeit vor internetfähigen Endgeräten als vor klassischen TV-Geräten (zum Beispiel Smartphones, Tablet-PCs). Zweitens erkennen Werbetreibende, dass Online-Werbung präziser auf den Empfänger abgestimmt werden kann. Die großen Universal-Kampagnen über Massenkanäle wie TV verlieren damit immer mehr gegenüber den kundenspezifischeren Kampagnen über Direktmarketingkanäle, wie zum Beispiel Social Media.

Vor dem Hintergrund dieser Entwicklungen ist ein Strategiewandel im Marketing unerlässlich, um den Kontakt zu den eigenen Zielgruppen nicht zu verlieren. Der digitale Wandel im Marketing baut dabei auf vier Thesen auf:

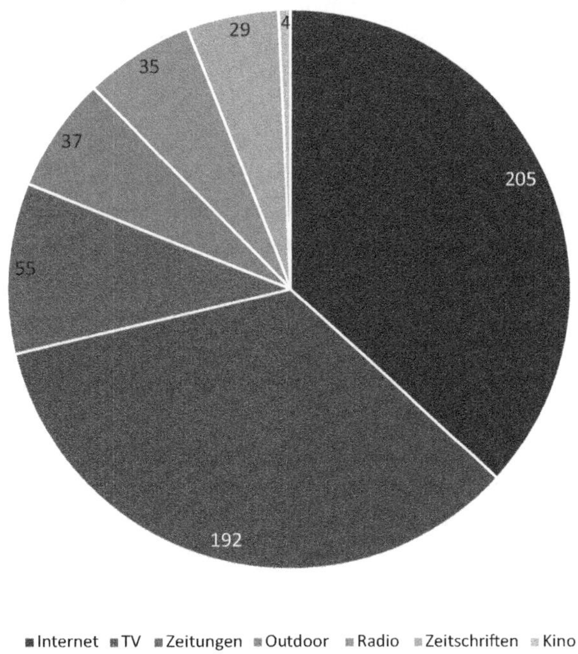

Abb. 6.1 Prognostizierte globale Werbeausgaben pro Kanal 2017 in Mrd. US-Dollar. (Quelle: In Anlehnung an Saal 2017)

1. Konsumenten suchen aktiv den Kontakt mit Unternehmen, um sich über deren Produkte und Dienstleistungen zu informieren. Sie suchen nach Inspiration oder wollen konkrete Bedürfnisse befriedigen.
2. Dabei warten Konsumenten nicht mehr, bis das Unternehmen sie über Massenkanäle anspricht, sondern sie wollen aktiv über diverse Kanäle mit dem Unternehmen in Kontakt treten – bis hin zur One-to-one-Kommunikation.
3. Konsumenten sind bereit, den Unternehmen zum Beispiel Kauf-, Verhaltens- und Bewegungsdaten zur Verfügung zu stellen, sofern sie dafür einen Gegenwert erwarten können (zum Beispiel individuellere Angebote).
4. Konsumenten sind aufgrund des weltweit gestiegenen Angebots an Produkten und Dienstleistungen weniger loyal. Wird die Kundenbeziehung durch Unternehmen aufgrund fehlender Personalisierung im Angebot oder in der Ansprache vernachlässigt, droht der Konsument mit Abwanderung zum Konkurrenten oder mit Kontaktabbruch.

Auch wenn die Entwicklungen hinsichtlich gesteigerter Wertschöpfung etwas einseitig zugunsten der Konsumenten ausfallen, so können sehr wohl auch die Unternehmen profitieren. Werbetreibende können durch eine strategische Neuausrichtung künftig ihr „Bauchgefühl" bei Kampagnen durch einen analytischen Ansatz unter Verwendung von granular zur Verfügung stehenden Konsumentendaten ersetzen. Statt Kampagnen für wenige, größtenteils nur grob abgesteckte Zielgruppen zu erstellen, können sie künftig jeden einzelnen Konsumenten als Individuum betrachten. Dabei bildet jedes Individuum eine eigene Zielgruppe mit vielen, granularen Aspekten rund um Verhalten und Präferenzen, zu denen Daten vorliegen. Auch wenn eine One-to-one-Marketingbeziehung aus heutiger Sicht erst in wenigen Fällen praktikabel erscheint, so kann zumindest eine deutlich geringere Abstraktion bei der Bildung von Zielgruppen erreicht werden, um Streuverluste zu minimieren.

Eine neue Ausrichtung im Marketing hin zu einem analytischen Ansatz bringt natürlich auch das Thema IT-Technologie auf den Plan, da eine große Menge an Konsumentendaten gesammelt und analysiert werden muss. Jedoch kann die Auswahl und Einführung von geeigneten IT-Systemen nicht als Heilmittel oder gar Wettbewerbsvorteil betrachtet werden. Theoretisch kann selbst ein kleiner Mittelständler heutzutage IT-Lösungen einkaufen, die bislang aufgrund von Leistungsumfang und Anschaffungskosten nur von Großkonzernen eingesetzt werden konnten. IT-Systemanbieter bieten neuerdings skalierbare Produkte und Preismodelle, sodass kleine Unternehmen mit der IT-Lösung wachsen, bei anfänglich nur geringen Kosten.

Bedeutender als die Technologie hingegen ist die Neuausrichtung der eigenen Organisation, das heißt die Umstellung der eigenen Prozesse, die Neuregelung von Verantwortlichkeiten und die Definition von Qualitätsstandards. Diese Faktoren sind in den in Abb. 6.2 genannten „4 Rs" begründet.

Richtige Zeit	Bedarf	Suche	Entscheidung	Kauf	In Gebrauch nehmen	Nutzung	Empfehlung
Richtige Information	„Ich habe ein Bedürfnis, das ich befriedigen möchte."	„Ich suche nach Möglichkeiten, mein Bedürfnis zu befriedigen."	„Ich habe mehrere Möglichkeiten identifiziert, möchte sie jetzt vergleichen und möchte mich entscheiden."	„Ich habe eine passende Lösung für mich gefunden, vergleiche Anbieter und möchte kaufen."	„Ich habe ein Produkt/einen Service gekauft und möchte es/ihn in Gebrauch nehmen (z. B. installieren, aufbauen, montieren)."	„Ich nutze das Produkt/den Service (wiederkehrend) und möchte den vollen Nutzen genießen."	„Ich bin zufrieden/ unzufrieden und möchte meine Meinung kundtun."
Richtige Qualität	Definierte Anforderungen an die Qualität der Produktkommunikation.						
Richtiger Kanal	Analoge und digitale Kommunikationskanäle.						

Kundenfokus

Abb. 6.2 Das 4-R-Modell im Überblick

6.3 Die richtige Information zur richtigen Zeit

Das erste „R" definiert den richtigen Zeitpunkt. Das Modell stellt in der ersten Dimension die Reise des Konsumenten dar. Dieser bewegt sich in der Kaufphase vom Bedürfnis über die Suche und die Entscheidung bis hin zum Kauf. In der anschließenden Nutzungsphase bewegt der Konsument sich von der Phase des In-Gebrauch-Nehmens über die Nutzung bis hin zur (positiven oder negativen) Empfehlung. Für Werbetreibende ist diese Einteilung entscheidend für ein neues Konsumentenverständnis. Wenn der Konsument in den Fokus rücken soll, dann muss Klarheit über die Phasen bestehen, in denen er sich befinden kann.

Abhängig von den jeweiligen Phasen leitet sich das zweite „R" ab – die richtige Information. Ein potenzieller Kunde, der noch in der Such-Phase ist, wird sich vermutlich von konkreten Angeboten abgeschreckt fühlen, da er noch gar nicht die für sich passende Lösung gefunden hat. Hingegen sucht ein Kunde, der bereits eine konkrete Lösung für sich entdeckt hat, das beste preisliche Angebot und erwartet keine grundlegenden Informationen zum Produkt oder zur Dienstleistung mehr.

Die ersten zwei „R" bilden damit die Grundlage, ob sich ein Konsument überhaupt von der Produktkommunikation angesprochen fühlt. Richten Unternehmen ihre strategische Ausrichtung im Marketing allein nach der Perspektive der ersten beiden „Rs" aus, stehen automatisch sämtliche Massen-Kommunikationselemente (zum Beispiel Katalogversand, Massen-E-Mails) auf dem Prüfstand und müssen ihre künftige Berechtigung im Marketing-Mix nachweisen. Dabei sollten jahrelang betriebene Marketingkonzepte tatsächlich kritisch – und immer aus der Sicht des Konsumenten – hinterfragt werden. Die Frage, die sich Werbetreibende dabei stellen müssen, ist relativ simpel: *„Sind wir uns sicher, dass alle Adressaten unserer Massen-Kommunikation in der gleichen Phase sind und das gleiche Informationsbedürfnis haben?"*

6.4 Die richtige Qualität im richtigen Kanal

Werbetreibende müssen fortlaufend die Qualitätsstandards ihrer Informationen überprüfen und den Erwartungen der Konsumenten anpassen. Das dritte „R" definiert daher die richtige Qualität der Informationen. Auch hier gilt, dass „richtig" stets aus der Perspektive der Konsumenten beurteilt werden muss. Folgende generische Parameter können zur Beurteilung der Qualität herangezogen werden (nach Wang 1996, erweitert um eigene Parameter):

- **Vollständigkeit:** Sind alle relevanten Aspekte des Produktes oder der Dienstleistung vollständig abgedeckt?
- **Exaktheit:** Sind alle Informationen präzise, korrekt und enthalten somit keine Falschaussagen?
- **Aktualität:** Sind alle Informationen aktuell (und damit auch aktuell in allen Kanälen)?
- **Verständlichkeit:** Sind alle Informationen verständlich für die Konsumenten, das heißt, wird die „gleiche Sprache" gesprochen?
- **Konsistenz:** Sind alle Informationen über alle IT-Systeme, Abteilungen, Sprachen und Kanäle hinweg konsistent? Stehen allen Beteiligten die gleichen Informationen zur Verfügung?
- **Granularität:** Liegen alle Informationen granular und strukturiert vor, sodass sie letztlich auf eine ebenso granulare Kommunikation an Konsumenten angewendet werden können?
- **Relevanz:** Sind alle Informationen über Produkte und Dienstleistungen auch tatsächlich relevant für die Konsumenten?

Das vierte „R" definiert zuletzt den richtigen Kanal, der für die Produktkommunikation genutzt wird. Da sich hier grundsätzlich jeder Off- und Online-Kanal anbietet, über den der Konsument mit dem Unternehmen in Kontakt tritt, wird auf eine vollständige Auflistung an dieser Stelle verzichtet. Hinzu kommt, dass in den bereits genannten Phasen je nach Branche und Produkt bzw. Dienstleistung unterschiedliche Kanäle vom Konsumenten aufgesucht werden. Jedes Unternehmen muss sich hier individuell mit dem Verhalten der eigenen Konsumenten in den Kauf- und Nutzungsphasen auseinandersetzen. Nur so kann es herausfinden, welche Kanäle vom Konsumenten aufgesucht werden und damit unabdingbar für die eigene Produktkommunikation herangezogen werden müssen.

Die Herleitung der „4 Rs“ zeigt abschließend: Die Kampagne rückt aus dem Fokus, stattdessen der Konsument hinein. Der Konsument wird jetzt nicht mehr in einem vom Werbetreibenden vorgegebenen Kanal mit einer Universalbotschaft zu einer zufälligen Kauf- oder Nutzungsphase adressiert. Stattdessen erhält der Konsument im Idealfall seine individuelle One-to-one-Kommunikation über seine persönliche Kombination aus dem richtigen Zeitpunkt, der richtigen Information, in der richtigen Qualität, im richtigen Kanal. Zusammenfassend können folgende Leitfragen für Marketingverantwortliche im Sinne der „4 Rs“ formuliert werden:

- In welcher Phase befindet sich der Konsument?
- Welche Information erwartet er in dieser Phase?
- Welcher Qualität muss die Information genügen?
- In welchem Kanal erwartet der Konsument die Information?

6.5 Leitfaden für das Definieren der „4 Rs"

Die von den „4 Rs“ ausgehenden Anforderungen erfordern folglich ein Umdenken in den bisherigen Abläufen und den Zuständigkeiten im Marketing. Ein neues Prozess- und Organisationsmodell muss die „4 Rs“ in Einklang bringen. Der folgende Leitfaden dient zur Erarbeitung der „4 Rs“ im eigenen Unternehmen und zeigt am Praxisbeispiel der WILO SE auf, wie ein Unternehmen die „4 Rs“ bereits erfolgreich in einem Organisationsentwicklungsprojekt in die Praxis umsetzte (Abb. 6.3).

Beispiel: WILO – Teil 1

Die WILO SE ist einer der weltweit führenden Premiumanbieter von Pumpen und Pumpensystemen für die Gebäudetechnik, die Wasserwirtschaft und die Industrie. Bereits 2016 entschied sich das Unternehmen zur Neuausrichtung der eigenen Marketingstrategie und legte damit das Fundament für eine kundenfokussierte Sichtweise im Rahmen der Digitalisierungsinitiative:

1. Das Marketing stellt die maximale Zufriedenheit aller Kunden, Partner und Mitarbeiter sicher.

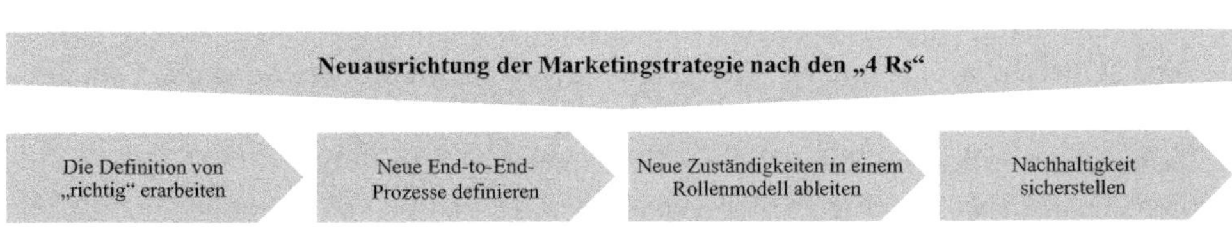

Abb. 6.3 Phasenmodell für die Umsetzung der „4 Rs“

2. Das Marketing fördert die Eins-zu-Eins-Kommunikation mit den Kunden an allen Touchpoints. Dabei bieten alle Touchpoints ein nahtloses und konsistentes Markenerlebnis für den Kunden. Globale Qualitätsstandards bieten weiterhin Raum für lokale Adaptionen.
3. Das Marketing erfasst frühzeitig relevante Trends und Möglichkeiten der Digitalisierung für eine gesteigerte, interaktive Beziehung mit den Kunden. „State-of-the-Art-Technology" stellt dafür ein holistisches Gesamtsystem für die interne und externe Kommunikation mit Kunden sicher („one voice policy"). Wir sind dort anzutreffen, wo der Kunde uns erwartet (Wilo 2016).

6.5.1 Die Definition von „richtig" erarbeiten

Die Herausforderung bei der Umsetzung des strategischen Leitbilds der „4 Rs" liegt dabei in den einzelnen Definitionen von „richtig". In der Praxis haben die Beteiligten im Marketingprozess oftmals unterschiedliche Vorstellungen von „richtig" und interpretieren das Zielbild entsprechend vielseitig. Eine geeignete Methode zur gemeinsamen Herleitung und Bestimmung ist die sogenannte „Voice of the Customer"-Methode („VoC-Methode"). Sie hat ihren Ursprung im Bereich des Prozessmanagements und wird dort zur Herleitung von Zielbildern für Prozessverbesserungen verwendet. Auch bei der Neudefinition der Marketingprozesse im Rahmen der „4 Rs" kann diese Methode gute Dienste leisten. Mit ihr lassen sich verschiedene Vorstellungen, Ideen und Ansichten von allen relevanten Beteiligten einholen, um daraus eine gemeinsame Definition von „richtig" abzuleiten.

Dabei werden im ersten Schritt alle Erwartungen der verschiedenen Beteiligten eingeholt. Dies kann zum Beispiel mithilfe eines standardisierten Fragebogens oder Interviews durchgeführt werden. Aus den Antworten der Befragten (zum Beispiel Vertriebsmitarbeiter, Kunden) werden dann im zweiten Schritt qualitative und quantitative Faktoren herausgezogen, die eine Definition von „richtig" zulassen. Diese Annahmen werden als sogenannte „Critical to Quality"-Indikatoren („CtQ") festgehalten. Im dritten Schritt empfiehlt es sich, die identifizierten CtQ nochmal mit den befragten Beteiligten abzugleichen, um so die formulierten Definitionen von „richtig" zu erproben und Fehlinterpretationen zu vermeiden.

Beispiel: WILO – Teil 2

Im Rahmen des Organisationsentwicklungsprojekts wurde unter anderem der Teilprozess „Übersetzung" betrachtet. Der Teilprozess ist für die Koordination und Durchführung sämtlicher gruppenweiter Übersetzungen im Rahmen der Marketingkommunikation verantwortlich. Im Rahmen eines Workshops wurde mithilfe der VoC-Methode mit den eingeladenen Beteiligten eine gemeinsame Definition von „richtige Qualität" für Übersetzungen erarbeitet. So konnten aus dem übergeordneten Hauptziel, „eine Übersetzung muss richtig sein", folgende CtQ konkretisiert werden:

1. Eine Übersetzung muss in der jeweiligen Zielsprache grammatikalisch fehlerfrei sein.
2. Eine Übersetzung muss in der Zielsprache den gleichen Sinn ergeben wie in der Quellsprache.
3. Eine Übersetzung berücksichtigt kulturelle und sprachliche Besonderheiten der Zielsprache (keine wortwörtlichen Übersetzungen).
4. Eine Übersetzung berücksichtigt formale Anforderungen der Zielsprache (zum Beispiel metrisches versus anglo-amerikanisches Maßsystem).
5. Eine Übersetzung berücksichtigt die Konzern-Terminologie.

6.5.2 Neue End-to-End-Prozesse definieren

Hat man die CtQ als Definitionen von „richtig" bestimmt, geht es im nächsten Schritt darum, die Ist-Prozesse in Soll-Prozesse zu überführen. Dabei muss vermieden werden, gleich zu Beginn kleinteilig nach Prozessverbesserungsmöglichkeiten zu suchen. Stattdessen sollte mit allen Beteiligten abteilungsübergreifend eine ganzheitliche Sichtweise eingenommen werden, um die Produktkommunikation im Sinne einer Wertschöpfung hin zum Kunden zu beschreiben. Um auf dieser „Helikopterebene" strukturiert vorgehen zu können, bietet sich die sogenannte SIPOC-Methode an. SIPOC steht für „Supplier, Input, Process, Output, Customer" (also Lieferant, Eingangsgröße, Ablauf, Ausgangsgröße, Kunde).

Dabei wird zunächst der Soll-Prozess in maximal sieben Teilschritten zum Beispiel auf einem Whiteboard notiert (siehe Tab. 6.2). Die Begrenzung auf maximal sieben Schritte sorgt für den nötigen Abstraktionsgrad. Danach werden pro Teilschritt jeweils die Informationslieferanten (Supplier), die Eingangsinformation (Input), die im Teilschritt transformierte Ausgangsinformation (Output) und schließlich der Informationsabnehmer (Customer) notiert. Als Orientierung für die Erarbeitung dieser Soll-Darstellung dienen die zuvor definierten CtQ. Sämtliche Teilschritte im SIPOC müssen letztlich darauf abzielen, die bestmögliche Erfüllung der CtQ zu erreichen.

Beispiel: WILO – Teil 3

Eva Kerstholt, Leiterin des Organisationsentwicklungsprojekts bei Wilo, blickt positiv auf die SIPOC-Workshops zurück: „Wir konnten mit allen Beteiligten konstruktiv und ganzheitlich über unsere internen Abläufe sprechen und sie im Sinne des Kunden neu ausrichten. Hinzu kommt, dass wir durch aktive Beteiligung aller relevanten Abteilungen das Risiko für Widerstände im Change-Prozess reduzieren konnten."

Tab. 6.2 Workshop-Ergebnis für den Teilprozess „Übersetzung“ bei Wilo. (Wilo 2017)

Supplier	Input	Process	Output	Customer
Auftraggeber (zum Beispiel Tochtergesellschaften)	Ausgangsdaten in Quellsprache	1. Ausgangsdaten prüfen	Geprüfte Ausgangsdaten in Quellsprache	Wilo Language Services
Wilo Language Services	1. Geprüfte Ausgangsdaten Mastersprache Briefing	2. Agentur briefen	Übersetzungsauftrag (IT-System-Export)	Übersetzungsagentur
Übersetzungsagentur	Übersetzungsauftrag „Translation Memory“ (IT-System) Terminologien	3. Übersetzung erstellen	Übersetzte Ausgangsdaten in Zielsprache	„Translation Memory“ (IT-System)
Übersetzungsagentur	Übersetzte Ausgangsdaten in Zielsprache	4. Übersetzungsdaten empfangen	Übersetzte Ausgangsdaten in Ziel-Sprache (IT-System-Import)	Wilo Language Services
Wilo Language Services	Übersetzte Ausgangsdaten in Zielsprache (IT-System-Import)	5. Übersetzung prüfen	Geprüfte, übersetzte Ausgangsdaten in Zielsprache	Wilo Language Services
Wilo Language Services	Geprüfte, übersetzte Ausgangsdaten in Zielsprache	6. Übersetzung liefern	Geprüfte, übersetzte Ausgangsdaten in Zielsprache	Auftraggeber (zum Beispiel Tochtergesellschaften)

6.5.3 Neue Zuständigkeiten in einem Rollenmodell ableiten

Nach der Definition von neuen Soll-Prozessen bedarf es oftmals Anpassungen am bestehenden Organisationsmodell. Ein Denken in benötigten „Rollen“ für die neuen Prozesse kann dabei eine zähe Diskussion über die bestehende Aufbauorganisation vermeiden. Statt anhand Letzterer mühsam neue Verantwortliche zu finden (zum Beispiel „Was macht Mitarbeiter Max Mustermann im neuen Prozess?“), kann ein zunächst personenunabhängiges Rollenmodell erst einmal die Anforderungen an den künftigen Rolleninhaber definieren (zum Beispiel „Welche Anforderungen leiten sich aus dem Teilprozess ‚Übersetzung‘ für die ausübende Rolle ab?“). Kommend vom Soll-Prozess können so die Aufgaben und Verantwortlichkeiten abgeleitet werden, die für die Leistungserstellung wirklich notwendig sind. Erst wenn ein solches Rollenmodell etabliert ist, empfiehlt es sich, konkrete Zuständigkeiten zu diskutieren (zum Beispiel Mitarbeiter Max Mustermann hat künftig die Rolle „Übersetzungsmanager“).

Die sogenannte „RACI-Methode“ bietet Hilfestellung bei der strukturierten Aufnahme und Dokumentation der neuen Aufgaben und Verantwortlichkeiten. RACI steht für „Responsible“, „Accountable“, „Consulted“ und „Informed“ und beschreibt vier Verantwortlichkeitsdimensionen im Rahmen von Aufgaben im Prozess:

- **Responsible:** Die Person ist für die Durchführung einer Aufgabe verantwortlich, kann aber meistens bei Bedarf weitere Personen dafür hinzuziehen.
- **Accountable:** Die Person ist ultimativ verantwortlich für die Durchführung und Prüfung der Aufgabe, delegiert die Durchführung aber meist an die unter „Responsible“ genannte Person.
- **Consulted:** Die Person darf oder muss hinzugezogen werden bei der Durchführung der Aufgabe, zum Beispiel, um eine Expertenmeinung zu liefern.
- **Informed:** Die Person darf oder muss über das Ergebnis der Durchführung der Aufgabe informiert werden.

Beispiel: WILO – Teil 4

Für den Teilprozess „Übersetzung“ wurden im Rahmen des Organisationsentwicklungsprojekts die in Tab. 6.3 genannten Rollen und Verantwortlichkeiten mithilfe der RACI-Methode definiert.

► **Praxistipp** Im Rahmen der Definition von „richtiger Qualität" in der Marketingkommunikation, wie zum Beispiel bei Produktnamen, Beschreibungen, Bildern usw., bietet es sich an, die formulierten Standards in einem Marketing-Leitfaden festzuhalten. Ein solcher Leitfaden geht damit deutlich über die meist bereits etablierten „Corporate Identity"-Richtlinien wie zum Beispiel Farbwelten hinaus, da Standards für nahezu jedes Kommunikationselement formuliert werden. Da die benötigten Informationen für die Produktkommunikation zunehmend granularer erfasst werden müssen, ist eine solche Standardisierung nahezu unumgänglich, um unternehmensweit über alle Märkte und Kanäle hinweg gleichbleibende Qualität liefern zu können. Den verantwortlichen Rollen im Prozess für zum Beispiel Texterstellung, Fotografie und Datenpflege bietet ein solcher Marketing-Leitfaden zudem wertvolle Orientierung.

Tab. 6.3 Auszug aus der RACI-Matrix von Wilos Übersetzungsprozess. (Wilo 2017)

Teilschritt	Responsible	Accountable	Consulted	Informed
Gesamtprozess Lokalisierung und Übersetzung	Prozesseigner Lokalisierung und Übersetzung	Prozesseigner Lokalisierung und Übersetzung		
Produktinformationen übersetzen	Übersetzungsagentur	Übersetzungsmanager		
Übersetzungen abnehmen	Übersetzungsmanager	Übersetzungsmanager	Auftraggeber, Mitarbeiter aus lokalen Tochtergesellschaften	Auftraggeber

6.5.4 Nachhaltigkeit sicherstellen

Um die neu definierten Abläufe, Rollen und Standards für die Produktkommunikation zum Leben zu erwecken, empfiehlt es sich, ein Prozess-Controlling einzuführen. Prozessverantwortliche steuern dabei die einzelnen Prozessschritte und prüfen gegen die unter Abschn. 6.5.1 definierten CtQs die Einhaltung der „richtigen Qualität". Dabei kann die Rolle auf eine standardisierte Prozesscontrolling-Vorlage zurückgreifen, die die zu überprüfenden CtQs beinhaltet. Abweichungen von der geforderten Qualität werden so schneller identifiziert, und Gegenmaßnahmen können eingeleitet werden. Sagt man dem Marketing sonst eher chaotisch-kreative Zustände und mangelnde Überprüfbarkeit nach, so schafft das Prozesscontrolling im Rahmen der „4 Rs" transparente, aufeinander abgestimmte Abläufe, zugeordnete Verantwortlichkeiten und gemeinsame, messbare Zielvorgaben.

Beispiel: WILO – Teil 5

Bei Wilo führte man einen Prozesseigner für das übergreifende Thema „Lokalisierung und Übersetzung von Produktinformationen" ein. Der Prozesseigner steuert dabei die Teilschritte von der Lokalisierung von Produkten über die lokale Preisfestlegung bis hin zur fertigen Übersetzung von sämtlichen Marketingmaterialen. Anhand von definierten CtQs für die Übersetzung (Beispiele siehe zuvor) kann diese Rolle regelmäßig entlang einer Vorlage die Prozessstabilität überprüfen und sicherstellen.

Wie wichtig ein Prozesscontrolling ist, ließ sich in diesem Bereich schnell veranschaulichen: Ist zum Beispiel im Text der Quellsprache bereits ein inhaltlicher Fehler vorhanden (zum Beispiel falscher Fachterminus), so würde dieser Fehler in den folgenden Übersetzungen weitergetragen und letztlich in zig Zielsprachen ebenfalls fehlerhaft übernommen werden. Weltweit würde somit in allen Kommunikationskanälen eine falsche Werbeaussage erzeugt werden, die schlussendlich die Kundenerwartungen enttäuschen würde. Diesen Fehler nachträglich zu beheben, ist kosten- und zeitaufwendig – und zwar nicht nur in der Übersetzung, sondern wie eben beschrieben gegebenenfalls auch im Vertrieb und After Sales, um den enttäuschten Kunden wieder zu besänftigen.

Eva Kerstholt, Leiterin des Organisationsentwicklungsprojekts bei Wilo, fasst zusammen: „In unserer Pumpenproduktion wird jeder Arbeitsschritt kritisch anhand von definierten Qualitätskriterien überprüft. Warum sollten wir also bei unserer ‚Marketingproduktion' nicht dasselbe kritische Qualitätsbewusstsein an den Tag legen?"

6.6 Fazit und Ausblick

Das sich ändernde Konsumentenverhalten im Rahmen der Digitalisierung stellt Unternehmen vor eine große Herausforderung im Bereich der Konsumentenbeziehung im Marketing. Unternehmen müssen dort mit ihrer Marketingkommunikation präsent sein, wo der

Konsument sie erwartet. Es gilt, den Wandel aktiv anzunehmen und zu gestalten, um weiterhin vom Konsumenten wahrgenommen zu werden und über kurz oder lang den Kontakt zur eigenen Zielgruppe nicht zu verlieren.

Diese Transformation in der Marketingstrategie erfordert Zeit – eine Umstellung von Strategie, Abläufen und Verantwortlichkeiten kann nur in einem ganzheitlichen Organisationsentwicklungsprojekt geschehen, wie das Beispiel von WILO SE veranschaulicht. Unternehmen, die sich auf diese Reise begeben, erwarten strategische Wettbewerbsvorteile: Wer aus organisatorischer und technologischer Sicht in der Lage ist, das Konsumentenverhalten granular zu erheben, auszuwerten und in spezifische Kommunikationsaktivitäten zu übersetzen, wird von deutlich geringeren Streuverlusten in der Ansprache, höheren Verkaufschancen und mehr Loyalität der Kunden profitieren. In Zukunft könnten so sogar dem Marketing vorgelagerte Wertschöpfungsstufen im Unternehmen (zum Beispiel Produktmanagement, Einkauf, Forschung & Entwicklung) von den „4 Rs" profitieren und ihr Handeln danach ausrichten. So würde letztlich nicht nur die Marketingkommunikation individuell auf den Konsumenten abgestimmt werden, sondern bereits bei der Entwicklung und Produktion der Produkte und Dienstleistungen der Konsumentenfokus mit einfließen. Unter diesen Aussichten ist die Digitalisierung kein Selbstzweck, sondern schafft letztlich echte Mehrwerte für den Konsumenten.

Literatur

Etventure & GfK Nürnberg (2016). Digitale Transformation und Zusammenarbeit mit Startups in Großunternehmen. http://www.etventure.de/deutschlandstudie/. Zugegriffen: 15. Okt. 2017.

McCarthy, E. J. (1960). *Basic marketing: a managerial approach*. Homewood: Irwin.

Meyer, J.-U. (2017). Was Politiker von innovativen Firmen lernen können. http://www.manager-magazin.de/politik/deutschland/wahlkampf-was-politiker-von-firmen-lernen-koennen-a-1167401.html. Zugegriffen: 25. Nov. 2017.

Müller, F. (2017). Nivea-Konzern wächst dank starker Marken und Digital-Marketing. http://www.horizont.net/marketing/nachrichten/Beiersdorf-Nivea-Konzern-waechst-dank-starker-Marken-und-Digital-Marketing-156432. Zugegriffen: 15. Okt. 2017.

Riedel, D. (2017). Deutschland muss bei der Digitalisierung aufholen. http://www.handelsblatt.com/politik/international/industrielaender-vergleich-der-oecd-deutschland-muss-bei-der-digitalisierung-aufholen/20440576.html. Zugegriffen: 25. Nov. 2017.

Saal, M. (2017). Internet schubst TV vom Umsatz-Thron, Social Media zieht 2019 an Print vorbei. http://www.horizont.net/medien/nachrichten/Zenith-Forecast-Internet-loest-TV-als-umsatzstaerkster-Werbekanal-ab-156867. Zugegriffen: 15. Okt. 2016.

Wang, R. Y. (1996). What data quality means to data consumers. *Journal of Management Information Systems*, *12*(4), 5–34.

Wilo, S. E. (2016). *Marketingstrategie (internes Dokument)*

Wilo, S. E. (2017). *Dokumentation Prozess-Workshops (internes Dokument)*

Heiko Süthoff, MBA, ist als Senior Consultant mit den Schwerpunkten Prozessmanagement, Organisationsentwicklung und Change-Management bei der Xtentio GmbH tätig. Zuvor war er Projektleiter und Produktmanager im B2B- und B2C-Versandhandel. Berufsbegleitend forscht er im Themenbereich „Excellence in Information Management". In seiner Master-Thesis untersuchte er im Rahmen einer empirischen Studie den Einfluss der Unternehmenskultur auf die Nachhaltigkeit von Operational-Excellence-Implementierungen. Heiko Süthoff ist Gastreferent für die Themen Prozess- und Change-Management an der FOM Hochschule für Oekonomie & Management in Hamburg.

Teil II

Kultur und Leadership in der Transformation

Strategisches Mindset in der VUCA-Welt am Beispiel der Polizei Niedersachsen

7

Stefan Thode und Lars Wistuba

7.1 Ausgangssituation bei der Polizei Niedersachsen

Seit den 1990er-Jahren hat der öffentliche Sektor versucht, privatwirtschaftliche Managementansätze zu adaptieren. Grundlage war das *New Public Management* (NPM), in Deutschland auch als *Neues Steuerungsmodell* (NSM) bekannt (KGSt 1993; Ritsert 2005; Promberger et al. 2013). Hatten Unternehmen ihr funktionales Managementverständnis seit Mitte der 2000er und im Zuge von aufkommenden Konzepten wie beispielsweise des agilen Managements schon schrittweise an die Erfordernisse der VUCA-Welt angepasst, so folgte die Polizei Niedersachsen noch bis ins Jahr 2012 dem Steuerungsmodell des NPM und führte ein *Wirkungsorientiertes Polizeimanagement* (WPM) ein (Wistuba et al. 2017). Ziel war es, die Aufgabenerfüllung effizienter zu gestalten, wodurch in erster Linie Ressourcen- und Organisations-, jedoch kaum Strategiefragen gestellt wurden. Die damit einhergehende „Konzentration auf das Messbare" (Schedler und Siegel 2004, S. 25) hatte zur Folge, dass im Zuge einer angepassten Controlling-Funktion Kosten-, Leistungs- und Wirkungskennzahlen erhoben wurden. Man folgte dem Credo von Kaplan und Norton (1996, S. 21): „If you can't measure it, you can't manage it."

Dieser resultierende *Ökonomisierungsdruck* wurde vor allem von außen ausgeübt – in Niedersachsen insbesondere durch das Finanzministerium mit seinem Konzept *Leistungsorientierte Haushaltswirtschaft Niedersachsen* (LoHN). Als Voraussetzung für eine Budgetierung wurde und wird die Einführung „privatwirtschaftlich erprobte(r) Steuerungsinstrumente" (Niedersächsisches Finanzministerium 2016) gefordert, unter anderem Ziel-

S. Thode (✉)
FOM Hochschule f. Oekonomie & Management
Hamburg, Deutschland
E-Mail: stefan.thode@fom.de

L. Wistuba
30457 Hannover, Deutschland
E-Mail: larswistuba@aol.com

M. H. Dahm und S. Thode (Hrsg.), *Strategie und Transformation im digitalen Zeitalter*, FOM-Edition, https://doi.org/10.1007/978-3-658-22032-7_7

vereinbarungen sowie eine Kosten-Leistungs-Rechnung (KLR). Doch auch innerhalb der Polizei entstand dieser Ökonomisierungsdruck. Dies zeigte sich zum Beispiel darin, dass Entscheidungsträger weitere privatwirtschaftlich etablierte Instrumente, insbesondere die Balanced Scorecard und andere Scoreboards, betrieben – getrieben von dem Wunsch, eindeutige, nachvollziehbare und kontrollierbare Steuerungsprozesse zu etablieren. Der Einsatz dieser „privatwirtschaftlich erprobten" Steuerungsinstrumente führte innerhalb der deutlich anderen Logik der Polizei allerdings zu Dysfunktionalitäten wie Steuerungsillusionen, Multitasking-Problemen (Holmström und Milgrom 1991; Frost und Brockmann 2014), „perversen Lerneffekten" (Kapeller 2010; Frost und Brockmann 2014), also zum Erlernen und Anwenden von Strategien zur Befriedigung des Controllings zu Ungunsten des eigentlichen Auftrages, zur Ritualisierung von wenig zielführenden Controlling- und Reporting-Prozessen (Wistuba et al. 2017, S. 838), also zur zunehmenden Aushöhlung von Inhalten bis zur bloßen Aufrechterhaltung der äußeren Form, sowie zur kontraproduktiven Konkurrenz um die besten Kennzahlen, die einer Kultur der Zusammenarbeit diametral entgegensteht (siehe Curtis 2013 für eine solche Dysfunktionalität im polizeilichen Kontext). Diese Dysfunktionalitäten wurden über die Zeit immer deutlicher spürbar.

Aus Sicht des Strategischen Managements am schwersten wiegt jedoch der Umstand, dass die Polizei ihre strategischen Herausforderungen mit ihrem daraus resultierenden Mindset dauerhaft nicht bewältigen konnte. Die auf eine gegenwartsbezogene Innensicht ausgerichteten Steuerungsinstrumente sollten helfen, effizienter zu werden; die in strategischer Hinsicht bedeutende Notwendigkeit, bestehende Aufgaben grundsätzlich zu hinterfragen und die zukünftigen Auswirkungen politischer, gesellschaftlicher, ökonomischer, technologischer und ökologischer Entwicklungen zu analysieren, kam deutlich zu kurz. *Strategieentwicklung* ist jedoch auch in *Public-Services-Organisationen* im Laufe der letzten Jahre bedeutender geworden, vor allem in einer VUCA-Welt. Allgemeine Megatrends – wie unter anderem demografischer Wandel, Wertewandel und Digitalisierung – ebenso wie polizeispezifische Einflussfaktoren – zum Beispiel moderne Kriminalitätsformen wie Cybercrime – zeigen dies nur zu deutlich. Zudem werden im öffentlichen Sektor sogenannte Kernaufgaben vom Gesetzgeber vorgegeben, gleichzeitig sind die Finanzmittel, verstärkt durch die seit 2009 geltende Schuldenbremse, jedoch per se begrenzt. Auch die Polizei Niedersachsen muss sich in diesem Spannungsfeld bewegen.

7.2 Anforderungen an Strategien in der VUCA-Welt

Öffentliche ebenso wie privatwirtschaftliche Organisationen – sprich: Unternehmen – müssen Strategien entwickeln, um ihre Überlebenswahrscheinlichkeit zu erhöhen. Zielen Strategien in Unternehmen in letzter Konsequenz auf eine gestärkte Wettbewerbsfähigkeit ab, so müssen Strategien in öffentlichen Organisationen sicherstellen, dass ein aus dem Gesetz abgeleiteter öffentlicher Auftrag erfüllt wird. Dabei stehen sie vor der Herausforderung, dass ihre Umwelt zunehmend dynamischer und komplexer wird. Praxis wie Wissenschaft diskutieren diese Entwicklung schon seit Längerem unter dem Akronym

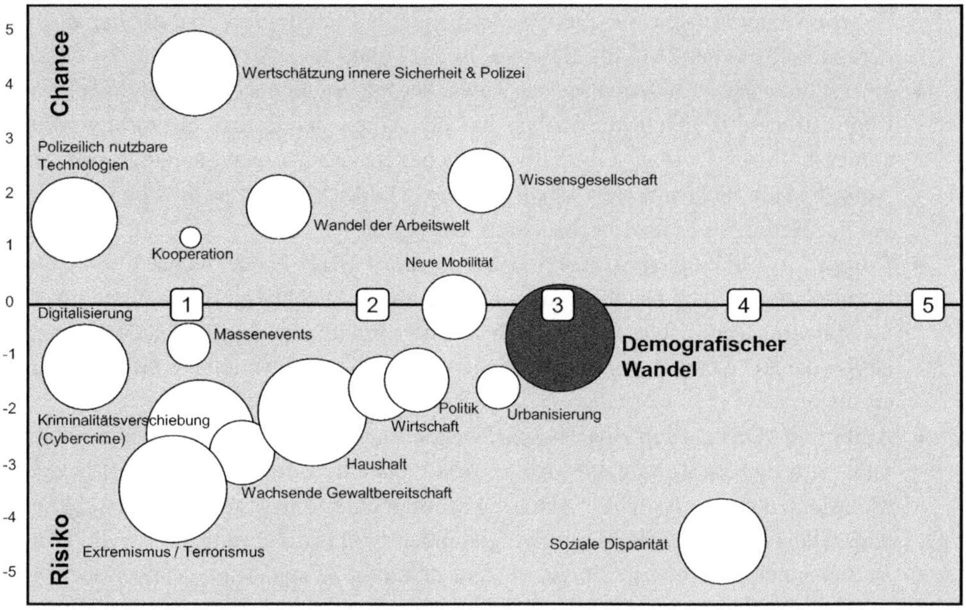

Abb. 7.1 Strategische Analyse genereller und polizeispezifischer Megatrends der Polizei Niedersachsen

VUCA (Volatility, Uncertainty, Complexity, Ambiguity). Organisationen haben ihre Strategieentwicklungsprozesse an diese erschwerten Rahmenbedingungen anzupassen.

Die Polizei Niedersachsen begann im Jahre 2012 einen Strategieentwicklungsprozess. Ergebnis war die Strategie 2020, die seitdem fortlaufend überarbeitet und an die veränderten Rahmenbedingungen, die aus einer VUCA-Welt resultieren, angepasst wurde und wird. Die VUCA-Welt der Polizei Niedersachsen wird von zahlreichen polizeiexternen wie -internen Faktoren geprägt. Den analytischen Zugang während des Strategieentwicklungsprozesses bildeten generelle und polizeispezifische Megatrends (zum methodischen Vorgehen siehe ausführlicher den Beitrag von Thode und Wistuba zur SWOT[3] in diesem Buch in Kap. 2). Abb. 7.1 gibt das Ergebnis der strategischen Analyse der Polizei Niedersachsen wieder.

Anhand des Subtrends „Zuwanderung" als Teil des Megatrends „Demografischer Wandel" (siehe Abb. 7.1) lässt sich beispielhaft ein kleiner Ausschnitt der VUCA-Welt skizzieren:

Beispiel: VUCA-Welt der Polizei Niedersachsen am Beispiel des Subtrends „Zuwanderung"

- **V**olatility: Volatilität beschreibt die Intensität von Schwankungen über die Zeit. Oftmals werden diese Schwankungen durch überraschende Ereignisse (zum Beispiel Konjunktureinbrüche infolge von 9/11 und Lehman-Crash) ausgelöst. Im Falle der

Polizei Niedersachsen war die überraschende und deutliche Zunahme der Zuwanderung im Sommer 2015 ein Beispiel für die Volatilität ihrer Umwelt.

- Uncertainty: Aus der Zunahme der Zuwanderung ergaben sich sicherheitsrelevante Implikationen, die sich unmittelbar auf die Arbeit der Polizei auswirkten. Hinzu kamen politische wie gesellschaftliche Debatten, die bis heute anhalten und deren Ausgang sich nicht mit Gewissheit vorhersagen lässt. Damit steht auch die Polizei vor der Herausforderung, in Szenarien zu denken.
- Complexity: Planungsprozesse werden für die Polizei Niedersachsen zunehmend herausfordernd, weil es eine kaum überschaubare Anzahl von interagierenden Einflussfaktoren (politische und wirtschaftliche Situation in den Heimatländern, Reaktion der EU-Staaten, gesellschaftliche und politische Dynamiken in Deutschland etc.) gibt.
- Ambiguity: Die aus den zuvor beschriebenen Entwicklungen resultierende Komplexität wird erst im Zeitablauf, also ex post, verstehbar. In der Gegenwart bestehen Mehrdeutigkeiten, das heißt, Akteure bewerten eine Situation ganz unterschiedlich und gelangen entsprechend zu divergierenden Schlussfolgerungen. Für die Polizei ist dies unter anderem die Frage, ob Zuwanderung zu statistisch gesehen mehr und gegebenenfalls anderen Kriminalitätsformen führen wird.

Wichtig ist damit vor allem, dass (1) VUCA-kompatible *Methoden* angewandt werden, (2) der *Prozess agiler* wird, das heißt, die Implikationen sich überraschend und kurzfristig verändernder Umweltfaktoren schnell und flexibel berücksichtigt werden, und (3) gleichermaßen mehr organisationsinterne wie -externe *Expertise* einfließt, und zwar unabhängig von Hierarchie, das heißt in erster Linie: mehr dezentrale und operative Expertise (siehe hierzu und zu den methodischen Konsequenzen den Beitrag von Thode und Wistuba in Kap. 2 in diesem Buch). Es gilt also, einen möglichst hierarchiefreien Diskurs von Experten zu moderieren. Diese – so die neue Prämisse – entstammen nicht mehr nur dem Innenministerium, Referaten oder Dezernaten, sondern finden sich, je nach Thema, gegebenenfalls in der gesamten Organisation. Für den Inhalt von Strategien bedeutet dies, dass formulierte Pläne und Ziele mehr Freiheitsgrade aufweisen und weniger starr sind. Entsprechend wird weniger Wert darauf gelegt, mehrjährig geltende Kennzahlenzielwerte punktgenau zu erreichen. Stattdessen verständigen sich alle Beteiligten auf agil anpassbare Maßnahmen. Dies stellt hohe Anforderungen an alle Beteiligten und erfordert ein neues, nämlich strategisches Mindset.

7.3 Erfolgsfaktoren zur Entwicklung eines strategischen Mindsets

Um innerhalb der Polizei Niedersachsen ein strategisches Mindset zu entwickeln, das die Herausforderungen in der VUCA-Welt bewältigen hilft, waren viele Einzelmaßnahmen und Schritte notwendig. Drei waren dabei besonders bedeutend und stellten sich als Erfolgsfaktoren heraus.

7.3.1 Erfolgsfaktor 1: Bildung eines Kernteams

In den Jahren vor 2012 – also vor dem offiziellen Beginn der Entwicklung der Strategie 2020 – wurde sowohl vielen Führungskräften als auch zahlreichen operativ tätigen Mitarbeiterinnen und Mitarbeitern der Polizei Niedersachsen bewusst, dass die gesamte Organisation sich wandeln muss, um die ihr vom Gesetzgeber übertragenen Aufgaben weiterhin erfüllen und das hohe Ansehen und Vertrauen der Polizei, das ihr von weiten Teilen der Bevölkerung entgegengebracht wird (LKA NI 2013; GfK Verein 2015), erhalten zu können. Es entstand in der Führung der Polizei ein *Strategic Leadership*, das gleichermaßen eine „*innere Bereitschaft*" (Capgemini 2012, S. 19), den von Kotter (1996, S. 35 ff.) beschriebenen „*Sense of Urgency*" und das Bestreben, eine VUCA-kompatible Strategie zu entwickeln, widerspiegelt.

Neben diesem psychologischen Effekt nennt Kotter einen weiteren Erfolgsfaktor, der direkt zu Beginn eines Veränderungsprozesses (wie ihn die Strategie 2020 darstellt) erfüllt sein muss: die *Guiding Coalition* (vgl. zur Relevanz dieses Erfolgsfaktors auch Capgemini 2012 und IBM 2014). Zudem wird in der Literatur darauf hingewiesen, dass erfolgreiche Veränderungsvorhaben spezifische *Rollenträger* (Sponsor, Projekt Manager, Fachexperten etc.) erfordern (Niermeyer und Postall 2013, S. 95 ff.; IBM 2014, S. 4).

Bei der Polizei Niedersachsen schälte sich schnell ein Kernteam heraus, das sich aus den erforderlichen Rollenträgern zusammensetzte, und es kam unter den verantwortlichen Akteuren schon früh zu einer erfolgversprechenden Rollenverteilung und dem notwendigen kollektiven *Strategischen Mindset*: Der Landespolizeipräsident (LPP) als höchster politischer Beamter und der Landespolizeidirektor (LPD) als höchster Vollzugsbeamter waren die *Initiatoren* des Strategieentwicklungsprozesses. Sie überzeugten und gewannen weitere Funktionsträger des Landespolizeipräsidiums, die über Macht, Einfluss, Ansehen, Expertise und/oder Kreativität verfügten. So hatte das Vorhaben gleich zu Beginn starke und miteinander kooperierende *Sponsoren*. Die Autoren dieses Beitrages kamen in der Folgezeit hinzu: Zum *Projektmanager* wurde Lars Wistuba (Referent des Landespolizeipräsidiums). Ihm war die Innensicht der Polizei Niedersachsen vertraut, und er verfügte über das notwendige organisationswissenschaftliche Wissen sowie über Projekt- und Moderationserfahrung. Von Beginn an war Stefan Thode sein *Coach, Sparringspartner, Ideen- sowie Feedback-Geber* bei verschiedenen inhaltlichen und methodischen Fragestellungen (vor allem Methodenwahl, Konzeption des Change Managements, Entwicklung von Kommunikationsplänen, Co-Moderation in Workshops). Alle Beteiligte – interne wie externe – fanden sehr schnell einen von Offenheit, Vertrauen, Kooperation und Respekt geprägten Modus der Zusammenarbeit. So konnte jeder Wissen und Erfahrung bestmöglich einbringen; energiezehrende mikropolitische Handlungen fanden nicht statt.

7.3.2 Erfolgsfaktor 2: Klar definiertes Strategieverständnis

Zu Beginn des Strategieentwicklungsprozesses waren sich die Mitglieder des Kernteams darüber einig, dass sich die Polizei Niedersachsen strategisch wandeln musste. Allerdings gab es unter den Akteuren kein einheitliches Verständnis darüber, was eine Strategie inhaltlich ist und wie sie konkret entwickelt wird. Ursächlich hierfür war, dass strategische Veränderungen in der Vergangenheit durch das Innenministerium vorgegeben bzw. initiiert wurden und nur wenige polizeiliche Verantwortungsträger in Strategieentwicklungsprozesse eingebunden worden waren. Es galt also, zunächst ein gemeinsames Strategieverständnis zu entwickeln. Dabei galt es, einen Prozess zu schaffen, der vom in öffentlichen Organisationen aufgrund verwaltungsjuristischer Vorgaben und Denkhaltungen oftmals vertretenen Credo der Zweckrationalität Abstand und VUCA-induzierte Unsicherheiten bewusst in Kauf nehmen konnte. Auch sollten „Strategiepapiere", die gegenüber Politik und Öffentlichkeit lediglich als „Arbeitsnachweise" dienten und somit letztlich nur Ausdruck *symbolischen Managements* (Neuberger 1989) waren, der Vergangenheit angehören. Das Kernteam der Strategie 2020 wollte sich hiervon bewusst lösen und eine an der Realität ausgerichtete und zukunftsorientierte Organisationsentwicklung initiieren, die zu einem strategischen Mindset führen sollte.

Unterstützt durch anfängliche Impulsvorträge aus internationaler Polizei-Community, Wissenschaft und Unternehmenspraxis sowie externes Coaching schälte sich sukzessive ein in *inhaltlicher und prozessualer Sicht* klares Strategieverständnis heraus (Wistuba et al. 2017, S. 843–845).

Strategieverständnis der Polizei Niedersachsen im Rahmen der Strategie 2020

1. **Keine Strategie ohne Organisationsentwicklung und Change-Management:** Der Strategieentwicklungsprozess wurde von Beginn an als Einstieg in einen längerfristigen Organisationsentwicklungsprozess verstanden. Anders als in der Vergangenheit sollte die Strategie von verantwortlichen und betroffenen Akteuren entwickelt und somit der Kernansatz der Organisationsentwicklung – Betroffene zu Beteiligten zu machen – und ein Wesensmerkmal agiler Organisationen – ergebnisoffene Kollaboration im Netzwerk statt Vorgaben durch Hierarchie – erfüllt werden. Es ging darum, bei den beteiligten Akteuren eine „spezifische Denkhaltung" (Müller-Stewens und Lechner 2005, S. 21) zu entwickeln, die sich durch Partizipation, Offenheit, Vertrauen und Selbstreflexion auszeichnet und mikropolitische Prozesse transparenter gestaltet. Ferner war es das Ziel, die Polizei Niedersachsen schrittweise zu einer *lernenden Organisation* (Senge 1990) zu entwickeln – was auch im späteren Zielsystem zum Ausdruck kam. Die Strategieentwicklung war somit auch Mittel zum Zweck des kollektiven Lernens und Reflektierens über Hierarchieebenen und Organi-

sationsbereiche hinweg. Um die Erfolgswahrscheinlichkeit dieses tiefgreifenden Wandels zu erhöhen, wurde frühzeitig auf Instrumente und Erfolgsfaktoren des Change-Managements zurückgegriffen.

2. **Begrenzung durch normativen Rahmen:** Es wurde bewusst entschieden, im Strategieentwicklungsprozess einen normativen Rahmen, bestehend aus Vision und Werten, zu definieren. Auf die Formulierung einer Mission wurde verzichtet, da diese durch gesetzliche Vorgaben als hinreichend beschrieben erachtet wurde.
3. **Langfristigkeit und Zukunftsorientierung:** Ziel war es, Entscheidungen zu treffen, die einen Zeitraum von mehreren Jahren tangieren; im Laufe des Prozesses kristallisierte sich als zeitlicher Horizont das Jahr 2020 heraus. Im Gegensatz zum bisherigen Strategieverständnis wurden dabei nicht Effizienz, Qualität oder Erfolg bei der Erfüllung gegenwärtiger Aufgaben, sondern die vorausschauende Aufstellung für absehbare Herausforderungen der Zukunft fokussiert.
4. **Outside-in-Perspektive („Umweltorientierung"):** Die Strategie hat sich an externen Faktoren (unter anderem Megatrends) auszurichten und diese dahingehend zu analysieren und zu bewerten, ob es sich um polizeispezifische, das heißt für die zukünftige Erfüllung der Kernaufgaben relevante Chancen oder Risiken handelt.
5. **Analyse von Organisationseigenschaften („Ressourcenorientierung"):** Um Chancen nutzen, Risiken bewältigen und im weiteren Verlauf des Strategieentwicklungsprozesses konkrete Ziele und Maßnahmen formulieren zu können, müssen zunächst polizeispezifische Organisationseigenschaften (Finanzmittel, technologische Ausstattung, Infrastruktur, Kultur etc.) analysiert und bewertet werden, und zwar unter breiter Beteiligung aller Hierarchieebenen. Das Resultat ist eine differenzierte Bewertung von Stärken und Schwächen.
6. **Antizipation von zeitlich fernen Eventualitäten:** Die Analyse externer Faktoren und interner Organisationseigenschaften darf sich nicht auf die Gegenwart und nahe Zukunft beschränken. Sollen fundierte und langfristige strategische Entscheidungen gefällt werden, so bedarf es auch einer – zwangsläufig ungenauen und vagen – Einschätzung der ferneren Zukunft. Die hierbei immanente Unsicherheit gilt es durch regelmäßige und häufige Reflexions-, Evaluations- und Korrekturverfahren abzufedern (Schedler und Siegel 2004, S. 17).
7. **Fokussierung:** Die Strategie sollte dazu dienen, diejenigen Tätigkeitsbereiche innerhalb der Kernaufgaben zu identifizieren, die zukünftig besonders relevant würden. Dazu galt es, diejenigen Umweltfaktoren und Organisationseigenschaften herauszufiltern, die für die Polizei langfristig von wesentlicher Bedeutung sein würden. So zeigte sich im Strategieentwicklungsprozess, dass einerseits manche Risiken für die Polizei von nur geringer Bedeutung waren und es andererseits Stärken gab, die weder dazu dienten, strategisch relevante Chancen zu nutzen, noch strategische Risiken zu bewältigen.

8. **Zielorientierung:** Würde durch die Fokussierung bereits die Zahl der strategisch relevanten Umweltfaktoren und Organisationseigenschaften reduziert, so sollte die Strategieentwicklung im nächsten Schritt dazu dienen, eine überschaubare Zahl von Zielen (maximal zehn bis zwölf) zu formulieren. Dabei musste sichergestellt werden, dass die Ziele letztlich zur Erfüllung der Kernaufgaben dienen.
9. **Anerkennung der Grenzen von Controlling:** Dysfunktionale Paradigmen des New Public Managements sollten überwunden werden. Insbesondere Wirkungsannahmen im Feld der öffentlichen Sicherheit und deren Überprüfung sollten differenzierter betrachtet werden (Wistuba 2014). Wichtiger als die Messbarkeit strategischer Ziele ist deren Sinnhaftigkeit und Akzeptanz.
10. **Flexibilität trotz Formalität:** Der Strategieentwicklungsprozess war von Beginn an agil konzipiert, das heißt, dass er trotz formaler zeitlicher und inhaltlicher Planung offen war für prozessuale und methodische Änderungen. So konnten beispielsweise laufend zielführende Anregungen von verschiedenen Stakeholdern (unter anderem Behördenleitung, Mitarbeiter, Personalrat) einfließen. Agilität und Offenheit für neue Entwicklungen mit strategischer Bedeutung (zum Beispiel aktuelle terroristische Gefahren, Zuwanderung) sollten in Balance mit kontinuierlicher Zielverfolgung gehalten werden.
11. **Integration intendierter und emergenter Strategieentwicklung:** Emergente Strategien (Mintzberg 1978) sollten – soweit identifizierbar – beachtet und möglichst in den intendierten Prozess integriert werden. Widerstände durch unnötige Kehrtwenden sollten hierdurch vermieden und vorhandene strategische Bewegungen sinnvoll genutzt werden. Einfach ausgedrückt sollten die Macher und Macherinnen des Wandels den Betroffenen nicht die Botschaft senden: „Endlich kommen wir und machen alles besser!"

7.3.3 Erfolgsfaktor 3: Durchdachtes Change-Management

Ohne ein durchdachtes Change-Management wäre kein strategisches Mindset entstanden. Im Change-Management kann auf zahlreiche Methoden und Instrumente zurückgegriffen werden (vgl. für einen allgemeinen Überblick Vahs und Weiand 2010 sowie zur Praxisrelevanz einzelner Methoden und Instrumente Capgemini 2012, S. 22). Es galt, ein Set an Methoden und Instrumenten auszuwählen, das die Erfolgswahrscheinlichkeit des Strategieentwicklungsprozesses erhöhen und zur Organisationskultur der Polizei Niedersachsen passen würde.

Ziel von Change-Management ist es, die *Veränderungsfähigkeit und -bereitschaft* der von einem Wandel Betroffenen und Beteiligten zu stärken und rationale, emotionale und politische Widerstände zu überwinden. Dazu wurden auf Landes- und Behördenebene regelmäßig Stakeholder-Analysen durchgeführt. Neben der Definition und Umsetzung stakeholder-spezifischer Change-Management-Maßnahmen konnten Akteure und Gruppen identifiziert werden, die potenziell oder tatsächlich über ein strategisches Mindset verfügen und bereit sind, sich am Strategieentwicklungsprozess zu beteiligen und so als Multiplikatoren bzw. Change Agents zu wirken.

Durch umfangreiche *Partizipation* (Einbindung verschiedener Führungskräfte, Fachleute und Repräsentanten, vor allem Personalräte, Gleichstellungsbeauftragte und Schwerbehindertenbeauftragte) und Kommunikation (unter anderem landesweite Roadshow zur Präsentation der Ergebnisse, Unterstützung der Strategie 2020 durch Innenminister und Staatssekretär auf vielen Veranstaltungen und in Reden, Akzeptanzevaluation durch Führungskräfte, Feedback-Abfrage bei allen Mitarbeiterinnen und Mitarbeitern) wurde die Wichtigkeit des Strategieentwicklungsprozess verdeutlicht und im Gedächtnis und mentalen Modell (Senge 1990) der Organisation verankert.

Für die Entwicklung eines strategischen Mindsets war es zudem wichtig, dass die Strategie 2020 zeitlich nacheinander auf zwei Organisationsebenen entwickelt wurde: zunächst auf Ebene des Landespolizeipräsidiums (2012–2013) und anschließend auf Behördenebene (2014). Während der Strategieentwicklung auf Ebene des Landespolizeipräsidiums drangen kaum Informationen über Inhalt und Fortschritt der Strategie nach außen. Im Nachhinein war dieses Vorgehen in zweierlei Hinsicht richtig: Zum einen konnten sowohl die Strategiepaten als auch die verantwortlichen Moderatoren (Projektmanager, externer Coach) Methodensicherheit gewinnen, Inhalte frei von Zeitdruck entwickeln und das eigene strategische Mindset herausbilden; zum anderen entstand auf Ebene der Behörden eine neugierige und positive Erwartungshaltung, insbesondere bedingt durch das hohe Vertrauen in die handelnden Akteure. Auf Behördenebene nahmen dann ebenso Führungskräfte als Strategiepaten an Workshops teil; diese banden aber oftmals parallel zu diesen ihre jeweiligen Mitarbeiterinnen und Mitarbeiter in Arbeitsgruppen ein. Dabei wurde beispielsweise die SWOT[3] (vgl. hierzu den Beitrag von Thode und Wistuba in Kap. 2 in diesem Buch) gemeinsam durchgeführt bzw. die Ergebnisse der Strategie-Workshops reflektiert. Neben der Schärfung des organisationsweiten strategischen Mindsets wurde so auch Expertenwissen strukturiert verarbeitet und verteilt.

Gleichzeitig mit der Vorstellung des ersten Entwurfes der Landesstrategie in den Behörden der Polizei Niedersachsen wurden auch eine Hotline (0511 120 2020) und eine E-Mail-Adresse im Landespolizeipräsidium (strategie2020@mi.niedersachsen.de) eingerichtet und betrieben. So wurden zahlreiche weitere inhaltliche und prozessuale Anregungen zur Strategie 2020 – bewusst außerhalb des sonst üblichen Dienstweges – direkt und schnell an das Projektbüro der Strategie 2020 geleitet. Ein verändertes Mindset zeigte sich auch in der Art, wie mit den Anregungen verfahren wurde: Sie wurden nicht in ministerieller Formalität abgearbeitet und beschieden, sondern möglichst persönlich beantwortet. Und in vielen Fällen wurden die Anregungen auch verwertet. In Summe wurden somit auch wesentliche Prinzipien des agilen Managements verankert: Selbstorganisation operativer Einheiten, hierarchieübergreifende und cross-funktionale Entscheidungsfindung, regelmäßige Reflexion und Plananpassung sowie völlige Transparenz über sämtliche, in diesem Falle strategische Inhalte.

7.4 Fazit

Mit der Strategie 2020 wurde eine bereits im Neuen Steuerungsmodell angemahnte Steuerungslücke geschlossen, die trotz aller Kennzahlen unbemerkt weiter klaffte: die Strategielücke (vgl. KGSt 1993). Die Polizei Niedersachen entwickelte erstmalig ein organisationsweites und hierarchieübergreifendes strategisches Mindset und verfolgt erstmals eine analytisch basierte, ganzheitliche und agile Zukunftsstrategie. Der Inhalt der Strategie wird sich im Laufe der Zeit zwangsläufig an die Veränderungen in der VUCA-Welt anpassen müssen. Fest steht zudem: Auch die Organisationskultur wird sich zukünftig noch viel stärker dem Ideal agilen Managements angleichen müssen (vgl. hierzu auch den Beitrag von Thode und Wistuba in Kap. 2 in diesem Buch). Strategieentwicklung kann nicht als zwar regelmäßig wiederkehrender, aber in sich abgeschlossener Prozess verstanden werden. Für die Zukunft wird die Polizei Niedersachsen daher weiter am strategischen Mindset aller Organisationsmitglieder arbeiten müssen. Ein erster Schritt hierfür ist getan.

Literatur

Capgemini (2012). *Change Management Studie 2012: Digitale Revolution – Ist Change Management mutig genug für die Zukunft?* München: Capgemini.

Curtis, I. (2013). Policing is not a competition. http://www.policeoracle.com. Zugegriffen: 26. Apr. 2013.

Frost, J., & Brockmann, J. (2014). When qualitative productivity is equated with quantitative productivity: scholars caught in a performance paradox. *Zeitschrift für Erziehungswissenschaften, 17*, 25–45.

GfK (Gesellschaft für Konsumforschung) Verein (2015). Global trust report 2015. http://www.gfk-verein.org. Zugegriffen: 29. Jan. 2016.

Holmström, B., & Milgrom, P. (1991). Multitask principal-agent-analyses: incentive contracts, assert ownership and job design. *Journal of Law, Economics and Organization, 7*, 24–52.

IBM (2014). *Making change work … while the work keeps changing: How Change Architects lead and manage organizational change*. Executive Report. Somers: IBM Corporation.

Kapeller, J. (2010). Citation metrics: serious drawbacks, perverse incentives and strategic options for heterodox economics. *American Journal of Economics and Sociology, 69*, 1376–1408.

Kaplan, R. S., & Norton, D. P. (1996). *The balanced scorecard: translating strategy into action*. Boston: Harvard Business School Press.

KGSt (Kommunale Gemeinschaftsstelle für Verwaltungsvereinfachungen) (1993). *Das Neue Steuerungsmodell. Begründung, Konturen, Umsetzung*. Bericht 5/1993. Köln: KGSt.

Kotter, J. P. (1996). *Leading change*. Boston: Harvard Business School Press.

LKA NI (Landeskriminalamt Niedersachsen) (2013). *Befragung zu Sicherheit und Kriminalität in Niedersachsen*. Hannover: LKA NI.

Mintzberg, H. (1978). Patterns in strategy formation. *Management Science, 24*, 934–948.

Müller-Stewens, G., & Lechner, C. (2005). *Strategisches Management: Wie strategische Initiativen zum Wandel führen*. Stuttgart: Schäffer-Poeschel.

Neuberger, O. (1989). Symbolisches Management als Vermittlung zwischen Individualisierung und Organisierung. In H. J. Drumm (Hrsg.), *Individualisierung der Personalwirtschaft. Grundlagen Lösungsansätze und Grenzen* (S. 69–81). Bern: Haupt.

Niedersächsisches Finanzministerium (2016). Kosten- Leistungsrechnung. http://www.mf.niedersachsen.de. Zugegriffen: 21. Jan. 2016.

Niermeyer, R., & Postall, N. (2013). *Mitarbeitermotivation in Veränderungsprozessen: Psychologische Erfolgsfaktoren des Change Managements*. Freiburg: Haufe.

Promberger, K., Glaninger, W., Koschar, D., & Schlager-Weidinger, N. (Hrsg.). (2013). *Police-Performance-Management. Neue Management- und Steuerungsansätze für die Polizei*. Wien: Neuer Wissenschaftlicher Verlag.

Ritsert, R. (2005). Zum Beitrag der Öffentlichen Betriebswirtschaftslehre in der Polizei – Entwicklungslinien und Perspektiven. *Polizei & Wissenschaft, 4*, 40–51.

Schedler, K., & Siegel, J. P. (2004). *Strategisches Management in Kommunen – Ein integrativer Ansatz mit Bezug auf Governance und Personalmanagement*. Düsseldorf: Edition der Hans Böckler Stiftung.

Senge, P. (1990). *The fifth discipline: the art and science of the learning organization*. New York: Random House.

Vahs, D., & Weiand, A. (2010). *Workbook Change Management: Methoden und Techniken*. Stuttgart: Schäffer-Poeschel.

Wistuba, L. (2014). *Evaluation von Kriminalprävention. Wirkungsmessung am Beispiel des Osnabrücker Projektes „Gewalt bleibt draußen"*. Frankfurt a. M.: Verlag für Polizeiwissenschaft.

Wistuba, L., Thode, S., & Balzer, Y. (2017). Die Strategie 2020 der Polizei Niedersachen – Neue Wege aus der Ökonomisierungsklemme. In J. Stierle, D. Wehe & H. Siller (Hrsg.), *Handbuch Polizeimanagement* (S. 835–866). Wiesbaden: Springer Gabler.

Prof. Dr. Stefan Thode begleitet seit 20 Jahren internationale Konzerne, mittelständische Unternehmen und öffentliche Organisationen als Berater und Coach in komplexen Strategieentwicklungs- und Transformationsprozessen. Seine Grundüberzeugung: Eine umfassende Veränderung gelingt nur, wenn sie gleichermaßen strategisch, organisatorisch, technologisch und kulturell erfolgt. Bis 2008 war er für PricewaterhouseCoopers in verschiedenen Funktionen im In- und Ausland tätig, zuletzt als Global Strategy & Change Manager in London (UK) und Stamford (USA). Dort leitete er ein Team aus internationalen Change-Experten. Seit 2008 ist Stefan Thode ordentlicher Professor für Internationales Management an der FOM Hochschule in Hamburg. Er lehrt und forscht auf den Gebieten der Strategieentwicklung und -umsetzung, des Change Managements und der Organisationsgestaltung und -entwicklung. 2012 erhielt er den Lehrpreis der FOM Hamburg. Lehr- und Forschungsaufenthalte führten und führen ihn unter anderem an Universitäten in Istanbul, Kiew, Murcia, New York und Sydney. Stefan Thode wird als Speaker und Moderator zu Führungskräftekonferenzen und Podiumsdiskussionen eingeladen. Themen sind u. a. Agiles Management, Change Management, Geschäftsmodellinnovation, New Work, Strategie und Transformation. Er studierte Betriebswirtschaftslehre an der Christian-Albrechts-Universität zu Kiel und der McMaster University in Hamilton (Kanada); 2002 wurde er von der Universität Hamburg zum Dr. rer. pol. promoviert. Stefan Thode lebt mit seiner Frau und seinen beiden Töchtern in Hamburg.

Dr. phil. Lars Wistuba konnte Erfahrungen in verschiedenen Führungspositionen bei der Polizei Niedersachsen sammeln. Im Niedersächsischen Innenministerium hat er als Strategiereferent maßgeblich zur Entwicklung und Umsetzung der Strategie 2020 der Polizei Niedersachsen beigetragen. Als Kriminaloberrat leitet er aktuell die Kriminalfachinspektion 1 für Tötungs-, Brand- und Sexualdelikte in der Polizeidirektion Hannover. Er hat unter anderem Soziale Verhaltenswissenschaften, Soziologie und Rechtswissenschaft (M.A.) sowie Polizeimanagement (M.A.) studiert. Seine Promotion an der Universität Hildesheim erfolgte in den Disziplinen Psychologie und Soziologie. Er verfügt über Erfahrung als Seminarleiter, Trainer, Moderator und Berater. Seine Schwerpunkte sind Führung, Organisation und Strategie.

8 Digital Leadership

Thomas Lucas-Nülle

> Womit sich deutsche Unternehmen im Rahmen der Digitalisierung beschäftigen und womit sie sich eigentlich beschäftigen sollten!

Mittlerweile ist auch dem letzten Vorstand klar: Das Internet ist kein digitaler Sturm, der vorüberzieht, sondern Digitalisierung wird in wirklich alle Bereiche der Unternehmen Einzug halten. Auch der Staat hat dies erkannt und treibt vor allem das Thema der Infrastruktur – den Breitbandausbau – stark voran, also einen Bereich, in dem Deutschland im weltweiten Vergleich eher hinterherhinkt.

Mit welchen Themen beschäftigen sich die Unternehmen aber zum Thema Digitalisierung nun wirklich aktiv? Sind sie strategisch und mit Weitblick unterwegs oder fahren sie bei der Digitalisierung auf Sicht?

Immer wieder wird im weltweiten Vergleich von einem Nachholbedarf der deutschen Wirtschaft gesprochen. Bei einer Betrachtung zum Digital Leadership von Unternehmen sollten jedoch alle Aspekte eines Unternehmens berücksichtigt werden.

Vor allem das Rückgrat der deutschen Wirtschaft – der industrielle Mittelstand – hat die Digitalisierung in seiner Kernkompetenz – dem Entwickeln und Fertigen von Produkten – weit nach vorne getrieben. Automatisierung, vernetzte Fertigungsprozesse und Produktionsplanungen auf Basis von ERP-Lösungen wie SAP sind weltweit sicher führend. Der deutsche Roboterhersteller KUKA, auch wenn er jetzt zu einem chinesischen Konzern gehört, ist weltweit der führende Anbieter in diesem Bereich, und von Automobilindustrie bis hin zu Apple produzieren sie „digital" gesteuert überwiegend mit KUKA-Robotern. Hier hat Digitalisierung schon nahezu alle Bereiche der Fertigung vernetzt durchdrungen, und es ist selbstverständlich, dass über alle Bereiche hinweg durchgängig gedacht und gearbeitet wird.

T. Lucas-Nülle (✉)
Xtentio GmbH
37073 Göttingen, Deutschland
E-Mail: tln@xtentio.com

M. H. Dahm und S. Thode (Hrsg.), *Strategie und Transformation im digitalen Zeitalter*, FOM-Edition, https://doi.org/10.1007/978-3-658-22032-7_8

8.1 Viel Aktionismus, aber wenig strategisches Agieren

In allen anderen Bereichen beschäftigen sich die Unternehmen eher unkoordiniert mit sehr vielen digitalen Einzelthemen. Viel Betriebsamkeit ist zu spüren. Auf Vorstandsebene wird die digitale Transformation ausgerufen. Meist jedoch nur als Top-Level formuliertes strategisches Programm.

Mit der Folge, dass sich die zweite und dritte Unternehmensebene der Digitalisierung konkret annimmt und – wie sollte es anders sein – jeweils fokussiert auf die einzelnen Bereiche „Transformationsprojekte" auf den Weg bringt.

So ist selbst das Marketing, welches den höchsten digitalen Druck verspürt, weil die Kunden immer digitaler agieren, meistens in einzelnen Silos unterwegs. Die Webabteilung hat wenig mit dem normalen Marketing mit seinen Katalogen oder Broschüren zu tun. Geschweige denn, dass der Bereich E-Commerce zumindest mit dem Team der Corporate Website koordiniert arbeitet oder die PR-Abteilung wirklich etwas von den Funktionsweisen und technologischen Herausforderungen im Content-Marketing versteht.

Ähnlich sieht es aber auch in anderen Bereichen aus. Einkauf und Entwicklung haben zwar für sich genommen Fortschritte in der Digitalisierung gemacht. So gehören E-Procurement-Systeme und digitale Rechnungslegungsprozesse fast überall zum Standardrepertoire des Einkaufs. Auch die Entwicklungsabteilungen setzen Systeme für Product-Lifecycle-Management (PLM) ein, und CAD (Computer Aided Design) ist vielfach im Einsatz. Aber auch hier: Silos!

Das Produktmanagement ist vielfach in Industrieunternehmen noch der Bereich mit den wenigsten eigenen „Digitalisierungsansätzen". Excel und Word sowie E-Mail sind hier die „Systeme" der Wahl. Somit wieder: Silos! Und zwar meistens je Produktmanager ein einzelnes Datensilo.

► Im Gegensatz zu Fertigung und Logistik sind alle anderen Unternehmensbereiche noch nicht übergreifend orchestriert und digitalisiert!

Die genannten Beispiele zeigen auf, dass neben der Betrachtung von einzelnen Aufgaben vor allem eine alle Bereiche und Abteilungen involvierende Herangehensweise fehlt.

Vor mehr als 20 Jahren war es der japanische Kanban-Ansatz (Leopold 2016), der die deutsche Industrie aufschreckte. Als offensichtlich wurde, welche Beschleunigung, Fehlerreduktion und Kosteneinsparungen möglich sind, wenn man den Produktionsprozess ganzheitlich auch über die Unternehmensgrenzen hinweg betrachtet, blieb in Fertigung und Logistik kein Stein auf dem anderen. Der Wettbewerbsdruck aus Japan brachte Bewegung in die althergebrachten Denk- und Handlungsweisen. Dank deutscher Gründlichkeit führte dies zum heutigen Stand der Fertigung. Trotz Billigstlohnländern, wie Asien und die osteuropäischen Staaten, und den damit verbundenen vagabundierenden Kapazitäten kehrt sich dank der Automatisierung der Trend nun erneut um, und es wird wieder immer mehr in Deutschland produziert. So rast das Land von einem Export-Rekord zum nächsten. Deutschland ist dank Digitalisierung in der Fertigung ein Digitalisierungsgewinner. Bisher!

Vor einer ähnlichen Veränderung stehen die Unternehmen heute in allen anderen Bereichen. Diese ist jedoch deutlich schwieriger, da nun eine Vielzahl von Unternehmensbereichen gleichzeitig betroffen ist. Nicht nur der Vertrieb oder das Marketing sehen sich Angriffen von Wettbewerbern ausgesetzt, sondern ganze langjährige Geschäftsmodelle sind aufgrund der Digitalisierung disruptiv durch ganz neue Anbieter veränderbar.

Trotz dieses hochdynamischen und für Unternehmen mit erheblichen Gefahren verbundenen Umfeldes gehen Unternehmen den digitalen Wandel vielfach noch sehr behäbig an. Aber warum?

Drei mögliche Gründe, warum Unternehmen nach der industriellen digitalen Revolution jetzt so langsam agieren

1. **Grundsätzlich ist Digitalisierung schwer (be)greifbar**
   Digitale Informationen fließen meistens unsichtbar zwischen Systemen. Nach der Fertigung, wo immerhin anfassbare Produkte entstehen, werden jetzt immaterielle Bereiche digitalisiert. Dies ist deutlich schwerer zu begreifen.
2. **Die jetzt betroffenen Unternehmensbereiche sprechen unterschiedliche Sprachen**
   Produktmanagement und Entwicklung haben vollständig andere Denk- und Arbeitsweisen als Marketing und Vertrieb. Auch Ausbildung und Sprache sind sehr verschieden. Eine neue interdisziplinäre Agierungsweise muss erst vollkommen neu erlernt werden.
3. **Es fehlt der Kanban-Schockeffekt – noch!**
   Das Bewusstsein auf Managementebene, dass es „so nicht weitergeht", ist häufig noch nicht vorhanden.

Zu 1 Woran liegt es, dass Unternehmen sich mit der Digitalisierung so schwer tun? Zum einen ist es sicher die Unternehmenskultur. Mitarbeiter und Führungsebene der meisten deutschen Unternehmen verfolgen das Ziel der Erhaltung und Optimierung von Vorgehensweisen und Prozessen. Kreativität ist zumeist nur im Ingenieurbereich bei der Entwicklung von neuen Produkten vorhanden bzw. erwünscht oder ganz am Ende des Prozesses bei der Ideenfindung für eine neue Marketingkampagne. Hier sind die Unternehmen sehr kreativ, sonst wäre Deutschland nicht Exportweltmeister. Dazwischen aber herrscht eher der Gedanke der prozessualen Optimierung.

Diese althergebrachte Aufteilung und Arbeitsweise ist das Ergebnis einer Angewohnheit und nicht so leicht veränderbar.

Zum anderen ist der Nutzen der Digitalisierung in Unternehmen nicht unmittelbar berechenbar – im Gegenteil: Durch die komplexere Gesamtsituation tritt er deutlich zeitlich versetzt auf. Ganz anders als im privaten Bereich, wo kleinere Szenarien wie das Nutzen einer Messenger-App oder die Reservierung von Hotels über die entsprechenden Portale im Internet dem einzelnen User einen erheblichen Nutzen erbringen und dadurch diese digitalen Lösungen explosionsartig wachsen können.

Zu 2 Hinzu kommt: Es ist für Mitarbeiter in hierarchisch aufgebauten Unternehmen extrem ungewohnt und schwierig, übergreifend und prozessual komplett neu zu denken. Gerade dies aber erfordert Digitalisierung.

Die neue Generation der Silicon Valley Digital Natives denkt und agiert völlig anders. Ohne die klassische Prägung heißt es hier: Denke neu. Probiere aus. Zerstöre es, um es neu und anders auszuprobieren, und scheitere, um zu lernen – um nur einige der Paradigmen der neuen Unternehmensplayer zu nennen. Und so entstehen hier auch Unternehmen wie Tesla quasi aus dem Nichts und lehren Autokonzerne mit mehr als 100 Jahren Entwicklungsvorsprung das Fürchten.

Zu den Faktoren, die das Verhalten der Unternehmen prägen, kommt, dass Informationen bisher in einer Art „Abteilungshoheit" lagen und bei Bedarf von Bereich zu Bereich quasi per Übergabedokument (per E-Mail, Dokument, Papier ...) weitergereicht werden. Hierbei wurde nebenbei auch Verantwortung übergeben. Im Rahmen der Digitalisierung fehlt hier die Zeit; Informationen müssen quasi in Echtzeit fließen. Dies können sie bei entsprechenden Prozessen auch, da digitale Informationsflüsse anderen Regeln folgen. So können beispielsweise bei zentraler digitaler Ablage Zuständigkeiten und Verantwortungen über Statuszustände geregelt werden, und alle können in Echtzeit auf den aktuellen Stand von Informationen zugreifen. Nur, um auch hier einen der vielen Paradigmenwechsel zu nennen. Die ist zwar keine technologische Herausforderung, aber eine prozessuale.

Gerade diese Grundfragestellungen sind es, mit denen sich Mitarbeiter, Management und Führung zunächst auseinandersetzen müssen, bevor es ins Abenteuer Digitalisierung geht. Gleich mit neuen digitalen Geschäftsmodellen und ausgelagerten Start-up-Abteilungen zu beginnen, in der Annahme, dies wäre die Lösung, ist nicht der Weg. Dies zeigen auch die ernüchternden Interviews mit vielen Vorständen, die nach anfänglicher Euphorie nun nach Jahren wieder auf dem Boden der digitalen Realität angekommen sind. Das Beispiel des Stahlriesen Klöckner & Co. zeigt: Ein Start-up ausgelagert zu gründen, bringt zwar schnell erste marketingwirksame Erfolge, jedoch ist damit der Kern des Unternehmens noch nicht ins digitale Denken und Agieren gewandelt. Jetzt beginnt Klöckner & Co. mit einem zweiten Anlauf im Digital-Mekka Berlin, mit voller Aufmerksamkeit des Vorstands, aber immer noch ohne klares nachhaltiges Konzept, die Kultur des gesamten Unternehmens anzugehen.

Beispiel: Bezahlter Angriff auf die Wertschöpfungskette

„Gisbert Rühl, CEO des Traditionsunternehmens Klöckner & Co. aus Duisburg, treibt die digitale Transformation auf zwei Schienen voran: Zum einen investiert er in die Digitalisierung der existierenden Lieferkette, zum anderen fördert er Start-ups, die das eigene Geschäft durch disruptive Modelle angreifen sollen." (Quack 2015).

Anders der Heizungsbauer Viessmann, der ebenfalls ein Start-up in Berlin unterhält, jedoch mit direkter Verbindung zur „altehrwürdigen" Zentrale. So werden Mitarbeiter regelmäßig zu einem „Digital Sabbatical" für mehrere Monate nach Berlin entsendet, um die Paradigmenwechsel nicht nur theoretisch zu erlernen, sondern vor allem auch zu erleben und zu spüren. Ein gutes Beispiel für eine Maßnahme in einem traditionellen Unternehmen, das Thema „Digitalisierung" ganzheitlich anzugehen und den digitalen Wandel auf allen Ebenen zu starten.

> Es bringt nichts, den Mitarbeitern zu sagen, dass alles anders ist. Sie müssen Teil des Prozesses sein. [...] Darum gibt es unser *Digital Element Education Program,* kurz Deep-Learning. Wir konnten unsere Digitalstrategie in Workshops mit 600 Mitarbeitern erarbeiten. Das ist besser als mit externen Beratern. Nur wer sein Unternehmen mitnimmt, hat die Power und den Rückhalt, Veränderungen umzusetzen (Max Viessmann, Digitalchef von Viessmann, Viessmann 2017).

Zu 3 Die Erkenntnis, dass die digitale Transformation eines Unternehmens nicht so einfach ist, und dass es Zeit und vor allem erheblicher Investitionen bedarf, ist vielfach immer noch nicht auf der obersten Unternehmensebene angekommen. Es fehlt der Kanban-Schockeffekt. Dies liegt sicherlich auch daran, dass aktuell in vielen Unternehmen, vor allem im deutschen Mittelstand, die Nachfrage boomt. Die Inlandsnachfrage steigt stetig, aber vor allem der Export boomt. Hinzu kommt eine historisch niedrige Zinspolitik, was Investitionen in Produktionskapazitäten für die ständig steigende Nachfrage beflügelt. Somit ist die gesamte Unternehmensorganisation sowieso schon stark mit den Wachstumsschmerzen einer steigenden Nachfrage beschäftigt. Wo liegt dann aber die Bedrohung durch die Digitalisierung? Warum etwas ändern, wenn die Geschäfte laufen?

Ein weiterer Faktor ist: Selbst wenn Geschäftsführung und Vorstände die Notwendigkeit zur Digitalisierung strategisch erkannt haben, treffen sie häufig in ihren Aufsichtsgremien noch auf die erste oder zweite Gründergeneration mit häufig jetzt über 60 Jahren. Hier wird über die Programme wie die zur digitalen Neuausrichtung, zumindest aber über deren finanzielle Mittel, entschieden. So haben es selbst Vorstände, die begriffen haben, was im Rahmen der Digitalisierung auf sie zukommt, schwer, dem Aufsichtsrat zu erklären, warum ein „Digitalisierungsteam" gegründet werden soll, obwohl man nicht genau sagen kann, welche Aufgaben dieses Team zukünftig übernehmen wird. Geschweige denn, was der ganze „Spaß" zukünftig kosten wird.

Zusätzlich wirkt Digitalisierung von außen schleichend auf Unternehmen ein, da auch der Markt und die Wettbewerber digitalisieren, was Auswirkungen auf das Unternehmen hat. Wenn andere sie betreiben, bemerkt man zunächst erst einmal keine Veränderungen. Die Maßnahmen kommen aus Richtungen, an die die meisten Unternehmen selbst nicht gedacht haben. Wie auch, die eigenen Strategien in vielen Unternehmen sind ja im alten Denken verhaftet. Starten die Wettbewerber dann aber durch, kann dies sehr schnell zu disruptiven Marktverschiebungen führen. Und zwar nicht innerhalb von Jahrzehnten, sondern eher von Jahren. Bestes Beispiel ist der Fotomarkt. Zunächst wurde das Bild digitalisiert, und Filmhersteller wie Kodak wurden quasi überflüssig. Aktuell übernimmt das Smartphone den Fotoapparatemarkt. Zu Beginn von den Kameraherstellern als Spielerei belächelt, mit der man ein paar niedrigauflösende Fotos nebenbei schießen kann, fristen heute diese Hersteller ihr Dasein maximal noch im Markt der professionellen Fotografie, wo Spiegelreflex und Highend noch geschätzt werden. Mehr als 90 % der Fotos werden aber mit Smartphones gemacht und in den Cloud-Speichern der digitalen Anbieter wie Dropbox oder ICloud abgelegt. Hätte man als Fotohersteller frühzeitig erkannt, dass das Abspeichern und Verwalten von digitalen Bildern „der Markt" sein würde, so wäre man eventuell heute Inhaber eines solchen Speicherdienstes. Jetzt ist es zu spät. Keine zehn Jahre hat dieser Marktwechsel gedauert. Auch in der Logistikbranche sind mögliche weitere Disruptionen nicht ausgeschlossen. Jeder im Lebensmittelhandel spricht über den globalen Wettbewerber Amazon Fresh als Angreifer. Was aber, wenn die zukünftig immer weniger gebrauchten Tankstellen zu Auslieferungshubs für den täglichen Lebensmittelbedarf werden und Auslieferungsroboter oder Drohnen hier die Zustellung im Umkreis von zwei km übernehmen? Niemand, auch nicht Amazon, verfügt über ein derartiges Hubnetz mit einer Abdeckung von mehr als 80 % der Bevölkerung. Außer eben die Erdölkonzerne mit ihrem Tankstellennetz. Die Lebensmittelkonzerne sind bisher nicht auf Lieferung an Endkunden per Paket vorbereitet und verschlafen gerade diese Transformation.

Wehe also dem, der sich in Sicherheit wiegt, nur weil in seinem Markt der Kanban-Schockeffekt noch nicht eingetreten ist. Meistens ist es dann zu spät!

Nach den Erkenntnissen, was in deutschen Unternehmen nun alles im Rahmen der Digitalisierung funktioniert oder auch noch nicht, widmen wir uns im nächsten Abschnitt systematisch dem Wandel der Unternehmen, wenn sie das Ziel verfolgen, in ihrem jeweiligen Marktfeld systematisch eine Digital Leadership zu erreichen.

8.2 Systematische Neuausrichtung – aber wie?

8.2.1 Aufbau von digitalem Wissen

Mit der Digitalisierung werden nicht nur Systeme und Prozesse des Unternehmens auf den Kopf gestellt, sondern auch die Organisation. Digitales Wissen ist auf allen Ebenen des Unternehmens von immenser Bedeutung. Nur auf diese Weise lassen sich neue Ansätze bis hin zu neuen „digitalen" Geschäftsmodellen finden. Diesen neuen blauen Ozean muss man selbst besegeln, da er in vielen Teilen noch unerforscht ist und sich zusätzlich ständig erweitert.

Und so sollten auch die Vorstände regelmäßig ein paar Tage in den unternehmenseigenen Start-ups und Labs verbringen und echten Kontakt mit „Digitalisierung" aufnehmen. Oder sie besuchen Weiterbildungen und werden in Workshops in die Digitalisierung eingeführt. Hier gibt es eine Reihe an Unternehmen, die sich genau auf diese Themen spezialisiert haben, beispielsweise Etventure[1], hy[2] oder die Good School in Hamburg[3]. Solche Workshops beginnen mit eigentlich banalen Fragestellungen: Wie funktionieren die neuen Medien Facebook, Twitter, Snapchat und WhatsApp nun wirklich? Dumme Fragestellungen sollte es hier nicht geben, denn nur so wird eine fundierte Wissensbasis geschaffen. Im nächsten Schritt können unternehmenstypische digitalaffine Prozesse betrachtet werden. Beispielsweise: Wie spielen neue Unternehmenstools zur Kundengewinnung, wie zum Beispiel Salesforce, mit diesen Kanälen zusammen und präsentieren erstmals eine nahezu vollkommen transparente Sicht auf die Zielgruppen, ihre echten Bedarfe und Verhaltensweisen in Echtzeit? Was ist aber auch zu beachten, wenn man seine Kundendaten und Prozesse in die Hände einer US-amerikanischen Plattform wie Salesforce gibt? Daraus ergeben sich viele weitere Fragen, aber erst, wenn man die Basis wirklich verstanden hat.

Im Bereich der Hardware werden Wearables, Smartwatch, VR oder AR-Brillen für noch weitere Möglichkeiten in der Digitalisierung sorgen. Auch diese müssen begriffen werden, und zwar wortwörtlich. Das neue Dogma heißt: Ausprobieren, also selbst spielen und nicht nur auf Folien erklären lassen. Auch der Manager sollte Hand anlegen, nicht nur, um zu „begreifen", was da eigentlich passiert, sondern auch, um auf dieser Wissensbasis neue Unternehmensansätze überhaupt in der digitalen Welt erkennen zu können. Nur auf diese Weise ist es überhaupt möglich, endlich wieder die strategische Führungsposition, die ein Vorstand in einem Unternehmen innehaben sollte, zu erlangen. Nur so ist „Digital Leadership" überhaupt erst möglich.

8.2.2 Mit diesem Wissen stellen sich plötzlich ganz neue Fragen

Wie funktionieren die Denkweisen potenzieller digitaler Wettbewerber, sogenannter Pure Player, die in Start-ups – und mit dem richtigen Konzept versorgt mit erheblichem Venture Capital –, darauf lauern, bestehende Geschäftsmodelle anzugreifen? Wie ticken diese Teams? Wie arbeiten sie? Welcher Fehler- und Arbeitskultur folgen sie? Welche Ansprüche an Work-Life-Balance haben sie?

Denn neben allen technologischen Fragestellungen entsteht in der digitalen Transformation ein weiterer ganz entscheidender Wandel. Arbeitsplätze werden unabhängiger von Raum und Zeit. Die neue Generation der Digital Natives hat auch andere Ziele als nur die Karriere.

Aber die Gattung dieser High Potentials ist rar. Die Nachfrage ist deutlich höher als das Angebot.

So ist es neben dem Erforschen der digitalen Technologieströme auch eine Aufgabe für die Unternehmensführung, das Arbeitsumfeld und die bestehende Unternehmenskul-

[1] Etvenure baute die erste Digital-Einheit für das Digitalgeschäft von Klöckner auf. www.etventure.de.

[2] hy ist eine auf Innovation für Industrie und Government spezialisierte Einheit der Axel Springer Gruppe. www.hy.co.

[3] www.good-school.de.

tur dieser neuen Generation anzupassen. Damit diese „Neuen" auch mit dem Bestand an Mitarbeitern zusammenpassen und man sie überhaupt motivieren kann, in das eigene Unternehmen einzutreten. Es ist ziemlich klar, dass sich vor allem das Alte an das Neue anpassen muss. Denn hier liegt die Zukunft – damit ist aber auch ein Wandel verbunden, und zwar der Wandel der gesamten Unternehmenskultur.

Außer Acht lassen darf man dabei natürlich nicht den Unternehmensbestand. Man kann als Unternehmen nicht 90 % seiner Mitarbeiter einfach austauschen. Das ist auch nicht sinnvoll, da hier ja vor allem auch das „nicht digitale" Unternehmenskapital liegt.

In dieser Zusammenführung von Neuem und Bestehendem betritt die Unternehmensführung nun wirklich Neuland. Denn niemals zuvor waren Unternehmen einem derart schnellen Wandel ausgesetzt.

Auch hier gilt es, einen klaren Kopf zu bewahren. Zunächst einmal sollte Wissen aufgebaut werden und dann ausprobiert werden, was funktioniert und was nicht. Und wenn es funktioniert, in welcher Geschwindigkeit? Und dies sollte offen mit den Mitarbeitern und Teams kommuniziert werden.

8.2.3 Von der Innenperspektive nach außen – neue Sichtweise auf die Kunden

Noch nie war es so einfach, mit Kunden direkt im Dialog zu sein bzw. deren individuelles Verhalten zu beobachten und zu analysieren. Jeder digital gemachte Schritt auf Webseiten, im E-Mail-Verkehr oder per Telefon (auch das gesprochene Wort!) ist verfolgbar (trackbar). Aus diesen Big-Data-Kundenströmen lassen sich ganz neue Erkenntnisse gewinnen. So sind die Zauberworte der ersten Digitalisierungswelle im Marketing auch „Recommendation Engines" und „Marketing Automation". Die einfachste Form kennt nahezu jeder: Kunden, die dies gekauft haben, haben auch jenes gekauft. Wer hat's erfunden? Amazon. Wer sich einmal im Netz über einen neuen Fernseher informiert, wird wochenlang Anzeigen auf allen weiteren Seiten zu sehen bekommen. Auch, wenn er den Fernseher schon längst gekauft hat.

Diese Ansätze können sehr erfolgreich sein und den Umsatz steigern. Je nachdem, von welchem Level der Digitalisierung man als Unternehmen kommt. Sie lassen aber eine Frage fast immer außer Acht:

Was will der Kunde? Welchen Bedarf hat er in welcher Kontaktphase mit dem Unternehmen? Wie kann man als Unternehmen in jeder dieser Phasen dem Kunden Nutzen stiften?

Dies erfordert ein völlig neues Denken: Wo ist der Nutzen für den Kunden am größten? Alleine diese Umkehr des Denkens ist in den meisten der Unternehmen ein vollständiger Paradigmenwechsel. Die neuen Weltplayer wie Google und allen voran Amazon sind so erfolgreich, weil sie in aller Konsequenz bei jedem neuen Geschäftsmodell zuerst an den Kundennutzen denken.

So beginnt ein Entwicklungsprojekt für ein neues Produkt bei Amazon nicht mit einer Beschreibung der Idee, den Kosten und wie es umgesetzt werden soll bzw. welche Investitionen notwendig werden, sondern konsequenterweise mit der Pressemeldung, die den Kunden das neue Produkt vorstellt. Erst wenn hier klar ist, dass ein neuer Kundennutzen entsteht, geht es weiter.

Auch Tesla kehrte diesen Prozess um. So ist das Modell S sicher nicht das beste E-Auto der Welt. Aber in vielen Aspekten stellt Tesla den Kundennutzen konsequent wie kein anderes Autounternehmen in den Mittelpunkt. Am Beispiel des im Tesla verbauten Luftfiltersystems, welches – wie in vielen anderen Premiumfahrzeugen auch – Pollen herausfiltert, wird deutlich, wie konsequent dies geschieht. Dabei wird vor allem der Nutzen in den Mittelpunkt gestellt: „Das Model S verfügt nun über das aus der Medizinaltechnik bekannte HEPA Luftfiltersystem, [...] Der ‚Bioweapon Defense Mode' schafft einen leichten Überdruck in der Kabine, um Passagiere zu schützen." (Tesla 2018) Als Konsument ist man in Zeiten von ständigem Feinstaubalarm ja schon fast fahrlässig, wenn man ein Auto ohne einen solchen Defense Mode wählt. So scheint es zumindest.

Eine vollständige Umkehr der Denkweise.

8.2.4 Digitalisierungsteams ohne Hierarchie und Abteilungsgrenzen bilden

Das übergreifende „Digitalisierungsteam" muss miteinander reden können (regelmäßig und mit viel Zeit), sich austauschen, Ideen ausprobieren, verwerfen. Es muss neue Kreativtechniken erlernen wie „Markt der Möglichkeiten", „Ideentürme bauen" oder „Kill your Company" und Tools für Effektivität erproben wie beispielsweise Meeting im Time-Boxing-Modus oder die Einführung von „Thank god it's Monday"-Meetings. Nur durch die Kombination aus einem gutem Informationsfluss und dem Zusammenspiel der unterschiedlichen Teammitglieder entsteht wirklich digital Neues.

Und das Wichtigste: Denk-Tabus darf es nicht geben. „Das können wir nicht tun, sonst bricht unser Bestandsgeschäft im Unternehmensbereich A weg", ist eine der gefährlichsten Denkblockaden in der Digitalisierung. Denn wenn man es nicht selbst tut, es aber machbar ist und einen höheren Kundennutzen ermöglicht und damit einen Markt darstellt, wird es ein anderer, gegebenenfalls schnellerer digitaler Pure Player tun, der sich um das Bestandsgeschäft nicht kümmern muss.

Alles, was digitalisiert werden kann und Kundennutzen verspricht, wird digitalisiert werden![4]

Wenn die Unternehmensführung also den Wandel zur Digital Leadership wirklich schaffen möchte, ist es entscheidend, den Zugang quer durch alle Ebenen bis nach ganz

[4] 01.02.2016. Aussage von Ministerpräsident a. D. Günther Oettinger, EU-Kommissar für Digitale Wirtschaft und Gesellschaft auf dem Jahresauftakt der KAS Baden-Württemberg zu Wirtschaft 4.0.

oben zu schaffen. Manchmal hat auch der Azubi im Unternehmen die zündende Idee, die richtig aufgegriffen Millionen einspart oder neue Märkte erschließt.

Vergessen Sie in diesem Zusammenhang alle althergebrachten Ansätze des Vorschlagswesens. Die neuen Generationen wollen nicht nur gehört werden. Sie wollen diskutieren und dabei sein.

8.2.5 Neue Ansätze richtig durchdenken

Neue Ideen und Digitalisierungsprojekte sollten sicherlich schnellstmöglich angegangen und getestet werden. Der Gedanke des MVP, des Minimum Viable Products, aus den Start-ups in den USA, ist hier sicher ein Beschleuniger. Jedoch befinden sich die meisten Unternehmen nicht auf der grünen Wiese, wo alles einfach neu erdacht und gebaut werden kann, sondern in einem bestehenden Umfeld.

Neben dem Testen und Ausprobieren ist es entscheidend, parallel auch zu durchdenken, was passiert und notwendig ist, wenn die Idee oder das Konzept tatsächlich zündet und dann plötzlich an Dynamik gewinnt. Die Kunst hier ist es, nicht zu viel am Anfang zu „bedenken", aber auch nicht vollständig in den Start-up-Modus zu verfallen. Schon eine Idee in der Ausprobierphase, in der man feststellen kann, ob sich das Potenzial positiv entwickelt, kann ganzheitlicher durchdacht werden.

Was ist notwendig, wenn wir den Test-Case, den wir für eine einzelne Produktgruppe erstellt haben, in dem wir alles mehr oder weniger von Hand bewegt haben, auf alle Produkte ausweiten wollen? Geht es weiter so wie im Piloten oder müssen wir andere Vorbereitungen treffen? Nur eine von vielen wesentlichen Fragen, damit eine gute Idee auch zu einem guten, skalierbaren digitalen Geschäftsmodell wird.

8.2.6 Digitalisierung ins Unternehmen tragen

Das Digitalisierungsteam kann nur der Anfang in der digitalen Transformation des Unternehmens sein – die Speerspitze, die den Weg für Neues bereitet.

So ist neben dem Entdecken und Ausprobieren von Neuem eine Aufgabe dieser Teams vor allem das Storytelling. Was machen wir bei der Digitalisierung da eigentlich? Wie funktioniert Augmented Reality und was hat das mit uns zu tun? Bis hin zu weiteren Fragen der digitalen Gesellschaft: Fahren die Autos in zehn Jahren alle autonom? Selbst wenn man kein Unternehmen in der Automobilbranche ist, ist das eine Fragestellung, die zum digitalen Know-how gehört.

Das Besondere an der Digitalisierung ist, dass sie jeden etwas angeht und alles durchdringt. Und je mehr Mitarbeiter eines Unternehmens Lust und Spaß an der Digitalisierung haben, desto mehr Dynamik wird die digitale Transformation im Unternehmen aufnehmen und ganz neue Aspekte und neues Business mit sich bringen.

Digitale Transformation ist *kein* IT-Projekt, welches nach Konzeption, Entwicklung und Test im Unternehmen ausgerollt wird. Es ist eine grundsätzliche Veränderung des Unternehmens an sich.

So ist neben aller technischen Spielerei und zu Beginn der Aufbau von Wissen und digitalen Visionen im Management und der Führungsriege vor allem das Change Mind aller Personen im Unternehmen der eigentliche Weg zum Digital Leadership. Vom Chef bis zum Mitarbeiter in der Fertigung oder im Lager. Ein nachhaltiger Change to digital wird nur gelingen, wenn man alle mitnimmt. Dies bedeutet vor allem Kommunikation über alle Bereiche hinweg. Miteinander reden, sich austauschen und Möglichkeiten schaffen, um neue Technologien auch im Unternehmen auszuprobieren. Die regelmäßige kleine Roadshow des Digitalisierungsteams durchs ganze Unternehmen oder das Streaming des „Thank god it's Monday"-Meetings des Digitalisierungskernteams für alle Mitarbeiter im Unternehmen sind nur erste Schritte, Betroffene zu begeisterten Mitstreitern zu machen. Die am Anfang beschriebene Methodik des Digital Sabbaticals im Digitalisierungsteam ist einer von vielen möglichen Ansätzen, die den Digitalisierungsgedanken ins Unternehmen tragen können.

8.2.7 So viele Ansatzpunkte – wo beginnen?

Alle Herausforderungen anzugehen, ist sicherlich eine riesige Aufgabe. Daher ist es zu Beginn der Reise zum „Digital Leadership" absolut sinnvoll, zunächst eine Positionsbestimmung vorzunehmen.

Hierzu gibt es verschiedene Ansätze. Von einer tiefgreifenden externen Analyse durch eine strategische „digitale" Unternehmensberatung – quasi als Blick von außen mit einem anschließenden Fahrplan zur Umsetzung – bis hin zu eher marketinggetriebenen Ansätzen für einen neuen „digitalen" Außenauftritt. Ein neuer Ansatz (Five Digital Forces) jedoch geht hier einen anderen, „vollständigeren" Weg. Zum einen ist der Faktor Zeit für eine Positionsbestimmung entscheidend. Digitalisierung schreitet nicht voran. Sie rennt! So sollte eine Positionsbestimmung nicht länger als drei Monate dauern, da sie sonst viel zu tief geht und nach Fertigstellung schon wieder veraltet ist. Ebenso sollte sie lediglich als Anfangspunkt für die ersten Ansätze dienen – quasi als MVP-Blaupause, auf deren Basis gestartet wird. Der Rest ist die digitale Reise, die das Unternehmen im Anschluss beginnen muss. Hinein in den blauen „digitalen" Ozean.

Der Ansatz der Five Digital Forces bietet hier einen Positionierungskompass auf der Karte des digitalen Blue Ocean®. In Anlehnung an die Five-Forces-Analysemethodik nach Porter bestimmen die Five Digital Forces die in Abb. 8.1 dargestellten fünf Dimensionen.

1. Kunden

Betrachtet man seine Kunden unter einem ganzheitlichen digitalen Aspekt und nicht nur fokussiert auf die mediale Nutzung der vertrieblichen Touchpoints unter der Fra-

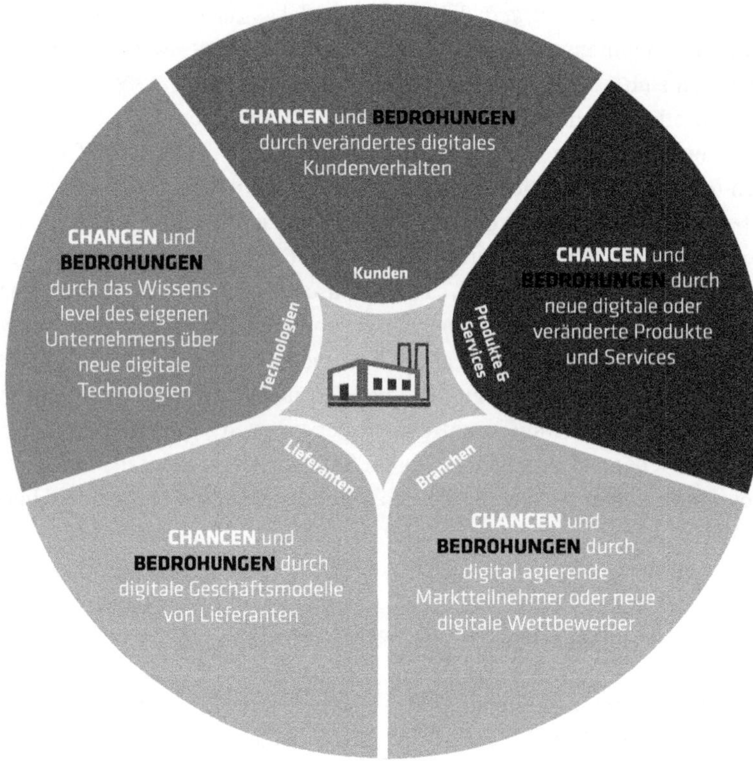

Abb. 8.1 The Five Digital Forces – Die Analysefelder

gestellung, welche Medienkanäle die Kunden nutzen, so eröffnen sich ganz neue Perspektiven.

Wenn es um B2B-Märkte geht, drängen sich unmittelbar folgende Fragestellungen auf:

- Wie digital agieren die eigenen Kunden mit ihren Kunden?
- Wie durchgängig digital sind die Kunden beginnend beim Einkauf bis hin zum Marketing und Vertrieb? Welche digitalen Produkte bieten die Kunden ihren Kunden an?

Auf der Endkundenseite (B2C) ist das Spektrum nicht größer, aber breiter. Je nach Zielgruppe, insbesondere, wenn es um die jüngere Generation geht, sogar noch differenzierter. Wie werden soziale Medien wie Facebook, WhatsApp und Snapchat wirklich in der Zielgruppe genutzt? Wie verbreitet ist Facebook noch, oder ist es in der jüngeren Zielgruppe schon wieder out? Bis hin zur Fragestellung der mobilen Nutzung von digitalen Services.

Nur wer auch die Technologien begreift und über entsprechendes Know-how verfügt, kann nicht nur die aktuellen Kunden verstehen, sondern auch Neues erfinden. iBeacon, Geotracking, Bots und weitere Technologien sollten keine Fremdwörter sein, wenn man sich mit seinen „digitalen" Kunden beschäftigt.

Die Analyse dieser Achse bietet einen konkreten Überblick über die heutigen und zukünftigen Kunden und darüber, wie sie wirklich agieren oder agieren möchten. Eine solche Analyse erreicht man am besten und schnellsten, wenn man auf einer fundierten technologischen digitalen Wissensbasis mit den Kunden spricht. Zu Beginn als noch lernendes Unternehmen ist das sicher schwierig. Daher ist die Analyse der Five Digital Forces häufig mit externer Expertise im Einsatz.

2. **Produkte und Services**

Auch die eigenen Produkte haben digitale Potenziale. Aber insbesondere werden sie durch digitale Produkte von Wettbewerbern bedroht. Das berühmteste Beispiel ist sicher die CD, die mittlerweile als Träger von Daten und Musik weitestgehend verdrängt wurde. Aber selbst so klassische Artikel wie Rasenmäher werden mittlerweile durch die immer mehr verbreiteten autonom mähenden Roboter angegangen. Im professionellen Markt der Hotelgärtner hat dies schon bedrohliche Ausmaße angenommen, da die Vorteile für den Kunden – der Kundennutzen – überwiegen: Leise, damit 24 Stunden im Einsatz möglich, dauerhaft perfekt gepflegter Rasen!

Hier ist es sinnvoll, offen und mit neuen Blickwinkeln auch einmal kreativ die eigenen Produkte und dazu passend die Dienstleistungswelt anzugehen. Gerade der Bereich digitale Dienstleistungen und Services schafft häufig vollkommen neue Möglichkeiten, ein einfaches Produkt zu einem System auszubauen. Hier gilt es, ohne Denktabus auszuloten, wo Ansätze schlummern, und diese zunächst einmal grob hinsichtlich ihres Potenzials zu bewerten.

3. **Branchen**

Der Blick auf die Branchen ist sicher intern am schwierigsten zu leisten, da sich Unternehmen häufig nicht nur einer, sondern mehreren Branchen zugehörig fühlen. Somit verengt sich natürlich auch der Blick auf Marktteilnehmer: nämlich die aktuellen Wettbewerber in einer Branche. Aber digitale Gefahren lauern insbesondere in ganz anderen Branchen. Hätten Unternehmen wie die Großhandelsgruppe E/D/E[5] nicht frühzeitig den Blick erweitert, wäre ihnen Amazon als Wettbewerber für ihren eigenen B2B-Markt sicherlich anfangs entgangen. Nur durch diesen frühzeitigen breiten Blick konnte E/D/E erkennen, dass in Amazon Business eine der größten Gefahren für ihr eigenes Geschäftsmodell lauert. Hätten Canon & Co. früher den Blick erweitert, so wäre ihnen der Markt für digitale Bilderplattformen sicher nicht entgangen, und sie wären heute immer noch einer der Großen im Bildergeschäft. Ein ganz weiter Blick ist sicher der in die Ideen und Konzepte der digitalen Start-ups. Für Großunternehmen lohnt sich hier ein Digital Scout, der ständig die Szene sondiert. Für mittelständische Unternehmen ist dies häufig zu Beginn der digitalen Transformation nicht darstellbar. Somit lohnt es sich, hier auch den Blick von außen schärfen zu lassen und neue Blickwinkel durch externe Experten zu ermöglichen.

[5] E/D/E ist Europas größter Einkaufs- und Marketingverbund mit 972 mittelständischen Mitgliedsunternehmen im Bereich des Produktionsverbindungshandels und 263 weiteren Einzelhändlern.

4. **Lieferanten**
   Der Markt der Lieferanten bietet ebenfalls Chancen und Risiken. Denn auch diese Unternehmen beschäftigen sich mit ihrer eigenen Digitalisierung. So ist nicht selten ein Lieferant auf einmal der Angreifer des eigenen Geschäftsmodells, indem er zum Beispiel die Handelskette digital verkürzt und die eigenen Kunden direkt angeht. Oder er bietet plötzlich digitale Services, die man eigentlich selbst offeriert. Hier lohnt sich ebenfalls die Analyse, ähnlich wie bei den Kunden, durch persönliche Gespräche und strukturierte Interviews. Einerseits auf operativer Ebene beispielsweise über den Einkauf, auf der anderen Seite auf Managementebene. Diese Potenziale gilt es, in der Five-Digital-Forces-Analyse durch qualitative Portfolios und entsprechend strukturierte Interviews zunächst einmal auszuloten und zu bewerten.
5. **Technologien**
   Das Level digitaler Technologien im eigenen Unternehmen zu bewerten, ist sicherlich der schwierigste Part, da ein Benchmarking von außen fehlt. So ist es zum einen die Frage, wie weit das Unternehmen schon „digitalisiert" ist. Zum anderen aber vor allem auch die Frage, wie weit im Unternehmen auf allen Ebenen das Wissen zur Digitalisierung aufgebaut ist. Quasi als Wissensgrundlage für die nächsten Schritte. Zusammenfassend kann man dies in einer Art „digitalem Reifegrad" des Unternehmens ausdrücken.

Abschließend kann man somit sagen, dass die Five-Digital-Forces-Analysemethodik einen vielversprechenden Ansatz als Startpunkt eines Unternehmens zur nachhaltigen Digitalisierung darstellt. Es ist jedoch ein Ansatz, der kaum alleine durch interne Teams anzuwenden ist, da er für seine Ergebnisqualität einen Blick von „außen" und entsprechendes Wissen über Technologien, andere Branchen und Unternehmen voraussetzt. Wissen, über das ein Unternehmen zu Beginn zunächst einmal nicht verfügt.

Abb. 8.2 zeigt ein Beispiel für eine Positionierung eines Unternehmens nach dem digitalen „Unternehmens-Rundumblick" nach der Five-Digital-Forces-Methodik. Die Detailergebnisse sind in entsprechender textlicher Form und weiteren Grafiken wie SWOT- und Risikoanalysen aufbereitet.

Die Five-Digital-Forces-Analyse nach zwei bis drei Jahren erneut als Fortschrittsindikator der eigenen Entwicklung einzusetzen, ist dagegen durchaus intern möglich. Auch wenn ein „neutraler" Blick von außen hier wiederum für die „Neutralität" nicht schaden kann.

In jedem Fall liefert ein solcher „digitaler Rundumblick" einem Unternehmen, welches gerade anfängt, sich intensiv mit der Digitalisierung zu beschäftigen, einen systematischen Blick auf alle Aspekte der Digitalisierung. Er liefert verlässlich bewertete Ansatzpunkte, welche mit Priorität anzugehen sind. Er ist jedoch kein Fahrplan für die nächsten zwei bis fünf Jahre. Dies kann keine Analyse im Rahmen der digitalen Transformation leisten, da diese viel zu agil ist. Somit gilt es, hier auch einen Paradigmenwechsel zu akzeptieren, ebenso wie bei der Programmierung von Softwaresystemen, wo mittlerweile vom

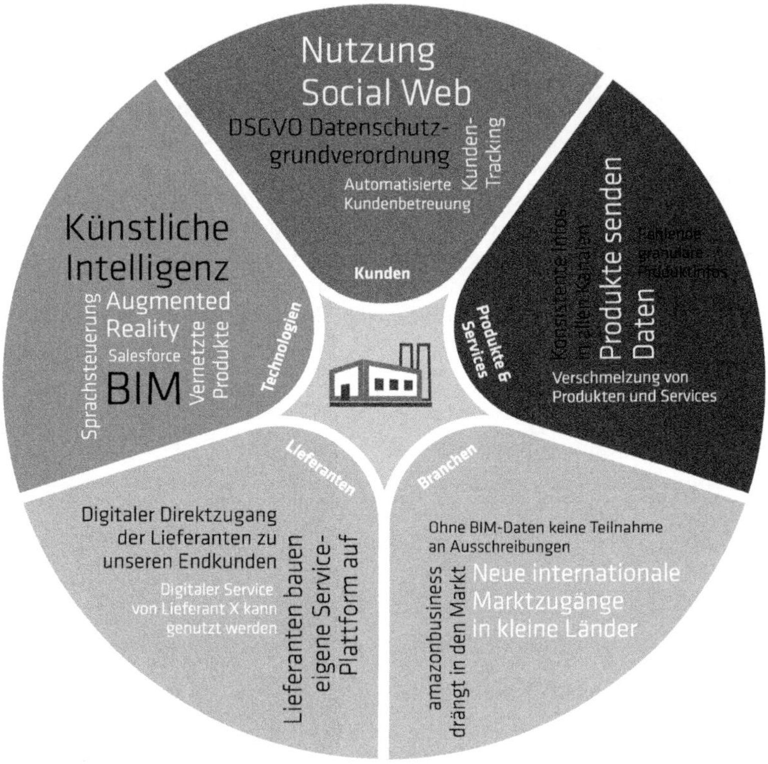

Abb. 8.2 Beispiel eines Ergebnislevels

Wasserfallmodell mit Pflichtenheften und Werkverträgen immer mehr in die agile Softwareentwicklung gewechselt wird.

Wir haben uns verirrt – kommen aber gut voran. Willkommen in der neuen, „digitalen" Welt.

Literatur

Leopold, K. (2016). *Kanban in der Praxis: Vom Teamfokus zur Wertschöpfung*. München: Hanser.

Quack, K. (2015). Bezahlter Angriff auf die Wertschöpfungskette. *Computerwoche* vom 3. August 2015. https://www.computerwoche.de/a/bezahlter-angriff-auf-die-wertschoepfungskette,3098027. Zugegriffen: 14. Mai 2018.

Tesla (2018). Homepage. https://www.tesla.com/de_DE/models. Zugegriffen: 14. Mai 2018.

Viessmann, M. (2017). Wie Max Viessmann seine Heizungsbau-Firma digitalisieren will. *WIRED Magazin*, Ausgabe 1/2017. https://www.wired.de/collection/business/max-viessmann-interview-heizungsbau-tradition-digitalisierung. Zugegriffen: 14. Mai 2018.

Thomas Lucas-Nülle ist CEO der Xtentio GmbH und gehört zu den führenden Experten auf dem Gebiet der digitalen Transformation von Unternehmen für ihr Informationsmanagement. Auf Basis fundierten Systemwissens zu Technologien wie E-Commerce, Product Information und Media Asset Management sowie Content-Management beschäftigt die Xtentio sich vor allem mit den strategischen Anforderungen der Unternehmen, auf die Herausforderungen einer digital vernetzten Zukunft vorbereitet zu sein, und auf dieser Basis neue, auch digitale Geschäftsmodelle zu ermöglichen. Thomas Lucas-Nülle ist Herausgeber verschiedener Studien und Autor von Fachartikeln zum Thema Digitalisierung von Unternehmen.

Familienunternehmen am Scheideweg

9

Aaron Brückner

Wer in Erfahrung bringen möchte, wie Familienunternehmen ihre Führung praktizieren und Zukunft gestalten, erkundigt sich am besten bei 金剛組 – Kongō Gumi gilt mit seiner 1428-jährigen Firmengeschichte als ältestes Familienunternehmen der Welt. Seit 578 n. Chr. baut das Unternehmen Tempel der mittlerweile viertgrößten Religion der Erde – des Buddhismus. Über viele Jahre gelang dem Familienunternehmen der Spagat zwischen traditioneller Verankerung und zeitgemäßem Anspruch: Um die Jahrtausendwende war das Unternehmen bekannt für seine modernen Elemente hinsichtlich Führungsstil, Architektur und Portfoliostrategie – aber auch für seine wirtschaftlich prekäre Lage (vgl. O'Hara 2004, S. 2 f.). Das Aus kam in der 40. Generation: Kongō Gumi litt seit den 1990er-Jahren unter der geplatzten Immobilienblase, den Folgen der damit einhergehenden Deflationsspirale und dem sinkenden Stellenwert von Tempelabgaben in der japanischen Gesellschaft. Im Jahr 2006 konnten die Kredite nicht mehr bedient werden, und Kongō Gumi wurde von einer japanischen Bauunternehmung akquiriert (vgl. Hutcheson 2007).

Masakazu Kongō war der 40. und letzte Kongō, der das Unternehmen leitete und über das Erfolgsgeheimnis reflektiert: Ein Familienunternehmen sollte sich eine stabile Branche suchen, aber flexible Nachfolgeregelungen ermöglichen.[1] Das Unternehmen ist so weiterzuentwickeln, wie es die Rahmenbedingungen erfordern, ohne seine finanzielle Stabilität für kurzfristige Opportunitäten zu opfern. Das klingt vernünftig, aber

[1] Zur Sicherung der Dynastie setzte das Familienunternehmen früher auf das Erstgeburtsrecht des ältesten Sohnes. Verhältnismäßig früh wurde aber die Adoption von Schwiegersöhnen, die den Namen Kongō annahmen, verstärkt.

A. Brückner (✉)
Aaron Brückner GmbH
40476 Düsseldorf, Deutschland
E-Mail: info@aaronbrueckner.de

M. H. Dahm und S. Thode (Hrsg.), *Strategie und Transformation im digitalen Zeitalter*, FOM-Edition, https://doi.org/10.1007/978-3-658-22032-7_9

wenn es einfach wäre, gäbe es nicht nur 46 Familienunternehmen[2] in Europa und Japan, die älter als 200 Jahre sind. Der letzte Familienmanager des japanischen Tempelbauers ergänzt deshalb, dass auch Glück dazu gehört (vgl. O'Hara 2004, S. 8): Kurz vor dem Zweiten Weltkrieg investierte Japan eher in Rüstung als in Tempel, sodass Kongō Gumi mit Existenzproblemen konfrontiert war. Als ein Taifun am 21. September 1934 den ältesten buddhistischen Tempel Japans zerstörte, rettete der anschließende Auftrag das Familienunternehmen. Masakazu Kongō fasst schließlich das Erfolgsgeheimnis von 14 Jahrhunderten Familienunternehmertum zusammen: „Keeping a balance between technique and heart is the cornerstone for our longevity."

9.1 Familienunternehmen sind anders

Dieses Erfolgsgeheimnis gilt es auch heutzutage, unter der Berücksichtigung aktueller Vorzeichen, zu betrachten.[3] Tatsache ist erstens, dass Familienunternehmen in der Regel nicht 1428 Jahre alt werden, sondern nur 33 % überhaupt den ersten Generationenwechsel überleben – das liegt nicht nur am potenziellen Dauerzwist innerhalb der Familie, sondern auch daran, dass immer weniger potenzielle Nachfolger geboren werden (vgl. Irle 2016). Zweitens ist es in Zeiten von turbulenten Wirtschaftskrisen und radikalen Globalisierungsprozessen unwahrscheinlich, eine stabile Branche zu finden: 80 % der Entscheidungsträger rechnen damit, dass die Welt noch komplexer wird und die globale Integration dazu führt, dass das Wettbewerbsumfeld dynamischer, ungewisser und strukturell anders wird (vgl. Dahm und Brückner 2014, S. 2). Drittens hat spätestens die globale Finanzkrise gezeigt, dass die etablierten Denktraditionen mit ihren operativen Steuerungsinstrumenten und Planungshorizonten versagt haben – die Führung von Organisationen ist damit konfrontiert, eine neue Qualität an Volatilität zu bearbeiten (vgl. Wimmer et al. 2014, S. 8).

Inmitten dieser gesellschaftlichen und wirtschaftlichen Umbrüche stehen Familienunternehmen, die gemäß aktuellen Zahlen der Stiftung Familienunternehmen ihre unternehmerischen Hausaufgaben gemacht haben: 50 % der Arbeitsplätze werden von Eigentümer geführten Unternehmen gestellt, und zwischen 2006 und 2014 ist die Anzahl der Beschäftigten in den 500 größten Familienunternehmen Deutschlands um 19 % gestiegen – die 27 nicht-familienkontrollierten DAX-Unternehmen steigerten ihre Mitarbeiteranzahl dagegen um zwei Prozent. Des Weiteren weisen große Familienunternehmen eine höhere Steuer- und Eigenkapitalquote auf als DAX-Konzerne. Es ist offensichtlich, dass

[2] Anzahl der Mitglieder von „The Henokiens", einer Organisation für traditionsreiche Familienunternehmen. Nur das Unternehmen, das seit über 200 Jahren durchgängig in Mehrheitsbesitz der Familie und von einem Eigentümervertreter geführt wird, darf die Mitgliedschaft beantragen.

[3] Der Autor hat im Rahmen seiner Doktorarbeit ein umfangreiches qualitatives Forschungsprojekt durchgeführt. Im Rahmen einer Mehrfallstudie untersuchte er 16 Familienunternehmen und interviewte 57 Gesprächspartner. Das Untersuchungssample ist hinsichtlich der Branche (Industrie-, Konsumgüter- und Handelsunternehmen), der Generation (1. bis 5. Generation) und der Größe (ca. 200 Mio. € bis neun Mrd. Euro Umsatz) heterogen.

familiengeführte Unternehmen das Rückgrat der deutschen Wirtschaft bilden – gesellschaftspolitisch wird häufig von einer Vorbildfunktion gesprochen. Im Vergleich zu Nicht-Familienunternehmen agieren sie nachhaltiger, haben ein anderes Verhältnis zu „ihrem Lebenswerk“ und gelten als leistungsfähiger, da sie weniger abhängig von konjunkturellen Schwankungen sind (vgl. Boyd 2007, S. 1; Mendel 2005, S. 101; Wimmer 1996, S. 5 f.).

Entscheidend ist, dass sich die „Rezeptur“ des familienunternehmerischen Erfolgs aus zwei zentralen „Zutaten“ zusammensetzt: Der Zusammenhalt der Familie und die Wirtschaftlichkeit des Unternehmens – jedoch folgt jede dieser zwei Zutaten einer eigenen „Geschmacksrichtung“.

9.1.1 Die Familie – alles dreht sich um die Person

Die Spielregeln einer Familie sind orientiert an Personen und an den körperlichen, psychischen und sozialen Bedürfnissen ihrer Mitglieder. Die Familie ist ein intimes Beziehungssystem, und ihre Kommunikation folgt einer Bindungslogik, wodurch sich auch die Kommunikationsmuster spezifisch entwickeln. Der Soziologe Niklas Luhmann hat dafür, dass im System *Familie* theoretisch alle menschlichen Themen angesprochen werden können, den Begriff *enthemmte Kommunikation* geprägt (vgl. Luhmann 1984). Im Folgenden werden die spezifischen Eigenheiten des Familiensystems umrissen (vgl. Bauer 2013, S. 23; Simon 2012, S. 32 ff.; von Schlippe 2014, S. 29 ff.):

- **Mitglieder:** Sie sind unverwechselbar und nicht austauschbar, da man qua Geburt oder durch ein juristisches Ritual wie eine Heirat oder Adoption dazugehört. Diese schicksalhafte Mitgliedschaft kann nicht verdient werden, sondern ist gegeben.
- **Lebensdauer:** Die Existenz der Mitglieder determiniert die Existenz einer Familie. Da eine „Blutsbande“ unkündbar ist, gehören die Mitglieder ihr ganzes Leben lang zur Familie.
- **Zielorientierung:** Das Ziel ist mehr oder weniger bewusst die Existenzsicherung, indem das Wohlergehen der Familie und ihrer Mitglieder gesichert wird.
- **Kommunikation:** Die Kommunikation findet mündlich und wenig formalisiert oder bürokratisch statt. Die Interaktion läuft in erster Linie unter Anwesenden ab. Die Spielregeln der Interaktion sind nicht formal festgeschrieben, weil das meiste seinen eingespielten Lauf nimmt.
- **Medium:** Eine Familie ist eher eine „ökonomiefreie Zone“ und Geld nicht die maßgebliche Währung, denn diese ist eher emotionaler oder ideeller Natur. Liebe, Bindung und Anerkennung prägen das Miteinander.
- **Leistung:** In einer Familie steht die einzelne Person mit ihren Stärken und Schwächen im Mittelpunkt. Die Kompetenzen der Mitglieder werden von den individuellen Talenten bestimmt und sind deswegen personenorientiert und unterschiedlich.
- **Rolle:** Die Rolle und Funktion eines Familienmitgliedes sind nicht formal festgehalten und es wird erwartet, dass diese sich im Laufe der Zeit von selbst verändern.

9.1.2 Das Unternehmen – alles dreht sich um die Sache

Wo in Familien die Probleme von und mit Personen im Fokus stehen, werden im System *Unternehmen* Sachprobleme gelöst, denn ein Unternehmen ist wie andere Organisationsformen sachorientiert. Die Spielregeln werden dadurch dominiert, dass Funktionsträger wirtschaftliche Ziele verfolgen, damit das Unternehmen seiner betriebswirtschaftlichen Rationalität gerecht werden kann: Produkte verkaufen, Zahlungen erhalten, Investitionen und Forschung finanzieren und eine Rendite erwirtschaften. Das Unternehmen folgt nicht der Bindungslogik einer Familie, sondern der Entscheidungslogik einer Organisation, da das Kommunikationssystem aus Entscheidungen besteht. Im Folgenden werden die spezifischen Charakteristika eines Unternehmenssystems umrissen (vgl. Bauer 2013, S. 23; Simon 2012, S. 32 ff.; von Schlippe 2014, S. 29 ff.):

- **Mitglieder:** Sie sind Funktionsträger und müssen austauschbar sein, damit Aufgaben erledigt und Rollen erfüllt werden können. Die Mitgliedschaft ist kein Schicksal, sondern eine bewusste und beidseitige Entscheidung für das vertragliche Erfüllen eines Anforderungsprofils.
- **Lebensdauer:** Die Beziehung zwischen dem Unternehmen und seinen Mitarbeitern ist kündbar und zeitlich terminierbar, ohne dass dies die Existenz des Unternehmens riskiert. Gemäß der betriebswirtschaftlichen Rationalität überlebt das Unternehmen, solange es zahlungsfähig ist.
- **Zielorientierung:** Neben der Sicherung der Zahlungsfähigkeit steht vor allem das Erwirtschaften von Gewinnen im Mittelpunkt des Unternehmens. Der Gewinn ist also eher materieller Natur und unterscheidet sich damit von der ideellen Orientierung einer Familie.
- **Kommunikation:** Die Kommunikation ist eher formalisiert und durch sachliche Notwendigkeiten geprägt. Beispielsweise wird ein Vertrag eher schriftlich fixiert als nur per Handschlag festgehalten. Das Wissen der Mitglieder liegt nicht in den einzelnen Mitgliedern, sondern wird in Form von Akten, Protokollen und Vermerken objektiviert. Da die Interaktion auch über Hierarchieebenen hinweg stattfindet, spielen Instrumente der Fernkommunikation eine größere Rolle als bei der familiären Interaktion unter Anwesenden.
- **Medium:** Wo die einzelne Person nicht im Fokus steht, ist Geld die zentrale Währung. Unternehmen und Mitglied vereinbaren die jeweils voneinander zu erwartende Leistung. Gehalt und Karriereziele prägen das Miteinander.
- **Leistung:** In einem Unternehmen stehen das Erfüllen einer Funktion und deren Qualität im Mittelpunkt, damit die Überlebensfähigkeit gesichert ist. Der Wert der Person ergibt sich nicht aus der Ganzheit seiner Person, sondern aus der zu erfüllenden Aufgabe. Es überwiegt das Prinzip: „Die Leistung zählt!"
- **Rolle:** Die Mitglieder stehen in hierarchischen Beziehungen zueinander, die formal festgehalten werden. Es wird erwartet, dass sich die Mitglieder an ihre Rollen halten.

Tab. 9.1 Vergleich der sozialen Systeme Familie und Unternehmen. (Quelle: Mühlebach 2004, S. 18)

	Familie	Unternehmen
Verhaltensweise	Emotional	Rational
Orientierung	Innenorientierung	Außenorientierung
Risikoeinstellung	Risikoavers	Risikofreudig
Einstellung zu Veränderung	Veränderung als Gefahr	Veränderung als Chance
Beurteilung von Mitgliedern	Leistungsabhängig	Leistungsbezogen
Wert des Systems	Wert an sich	Wert durch Ertrag
Beziehungsprinzip	Verwandtschaft	Vertrag
Zugehörigkeit zum System	Dauerhaft	Kündbar

Es gilt festzuhalten, dass Familienunternehmen ihre spezifische Eigenart nicht aus der Mitarbeiteranzahl oder der Umsatzgröße gewinnen, sondern aus der spannungsgeladenen Konstitution zweier Systeme, die in vielen Aspekten ambivalent sind. Gleichwohl kann ein Familienunternehmen dadurch auf eine einzigartige Ressourcenkombination zurückgreifen, die in der Literatur unter dem Schlagwort *Familyness* bekannt ist. Nur mithilfe einer ressourcenorientierten Sichtweise lässt sich das Phänomen Familienunternehmen verstehen, und nur so lassen sich die zahlreichen spezifischen Vor- und Nachteile, wie ein langfristiges Wertegerüst oder eine auf persönlichen Beziehungen beruhende Unternehmenskultur, erklären. Denn aus einer Familienbande kann auch eine Familienfehde oder aus einem konsistentem Geschäftsprinzip strategischer Starrsinn werden. Die Art und Weise, wie diese spezifischen Ressourcen genutzt werden, entscheidet darüber, ob ein Familienunternehmen dadurch einen Wettbewerbsvorteil erlangt oder unter einem Wettbewerbsnachteil leidet (vgl. Felden und Hack 2014, S. 72 f.). Tab. 9.1 fasst diesen Abschnitt zusammen.

9.2 Das Führungsmuster in Familienunternehmen

Die nicht widerspruchsfreie Charakterlogik eines Familienunternehmens mündet in einem typischen Führungsmuster, das vor allem durch die Erfahrungen der Pionierzeit geprägt ist. Der Ursprung sind ein Gründer und das um ihn herum entstehende Team an Mitstreitern: „Die Aufgabenschwerpunkte der einzelnen Akteure kristallisieren sich in dieser Anfangszeit Schritt für Schritt um die persönlichen Präferenzen und Begabungen der Beteiligten herum heraus. Jeder steht mit jedem in Kontakt, wechselseitige Abstimmungen erfolgen auf kurzem Wege, Face-to-Face-Kommunikation ist das Normale.“ (Wimmer 2014, S. 34) Um vertraute Leistungsträger herum, die den Führungscharakter des Gründers reproduzieren, entstehen per Zellteilung neue Einheiten. Alle packen dabei bis zur Erreichung der persönlichen Kapazitätsgrenze an, unabhängig davon, welche Art von Herausforderung zu bewältigen ist. Geschäftliche Opportunitäten werden ergriffen, Kundenlösungen improvisiert, unüberschaubare Risiken vermieden, und das Unternehmen ist in seiner Entscheidungsweise auf die eine Person an der Spitze, den Patriarchen, ausgerichtet – so wächst das Unternehmen organisch, und die unternehmensinterne Verfasstheit verinnerlicht familienähnliche Kooperationsformen und Kommunikationsroutinen (vgl. Wimmer 2014, S. 35, 1996, S. 26 ff.): „Solche Bewältigungsmuster aus der Gründerzeit wirken in der Folge wie Trampelpfade, die weiter genutzt werden, auch wenn sich die Unternehmensherausforderungen längst von den Problemen der Anfangsjahre entfernt haben. Diese verhaltenskoordinierenden Pfade haben sich schließlich zu stabilen Entscheidungsprämissen verdichtet, die den Kern der Unternehmensidentität prägen und das alltägliche Geschehen in fast allen seinen Verzweigungen anleiten und steuern." (Wimmer 2014, S. 35) Das personenorientierte Führungsmuster prägt die Beschaffenheit eines Familienunternehmens und dessen Resilienz nachhaltig. Selbst wenn die Anzahl an Führungskräften zunimmt, bleibt eine intuitiv und aus persönlicher Stärke heraus agierende Führung oft über Generationen das Ideal. Obwohl für Außenstehende das Geschehen wie ein schlecht organisiertes Miteinander aussieht, fußt der Erfolg vieler Familienunternehmen auf diesen um Personen herum gebauten und auf Vertrauen basierenden Führungsverhältnissen, die in Abb. 9.1 dargestellt sind.[4]

1. Die Entwicklung von Führungsstrukturen folgt der informellen Logik von persönlichen Beziehungen, und nicht der formellen Logik von Organisationen.
2. Typisch für die auf einer Beziehungslogik aufgebauten Organisation sind das *Entscheidungsvakuum* bei Führungswechseln und die nicht imitierbare *Aufgabenfülle*: Die einzelne Person ist in einer solchen Organisation in der Regel unersetzbar.
   Entscheidungsvakuum: Der das Unternehmen dominierende Eigentümer neigt dazu, die Organisation an „Pariser Verhältnisse" zu gewöhnen, wo, wie im Falle des Triumphbogens, alle Straßen auf einen Punkt hinauslaufen. Problematisch ist in diesem Zusammenhang das potenzielle Entscheidungsvakuum, sobald sich der Eigentümer aus der operativen Verantwortung zurückzieht. Trotz gefestigter Rollenbilder sollen die Führungskräfte, die bisher „nur" ausgeführt haben, entscheiden und der, der bisher alles entschieden hat, „nur" aus der Ferne zuschauen. Ein Interviewpartner (Geschäftsführer) dazu: „Das ist der klassische Fall, der in der Regel schiefgeht, weil diese Leute Geschäftsführer und Verantwortungsträger in einem patriarchalischen Unternehmen sind."
   Aufgabenfülle: Ebenfalls problematisch ist die Beobachtung, dass beim Rückzug eines solchen patriarchalisch geprägten Familienunternehmens die eine Person, auf die sämtliche „Straßen des Unternehmens zulaufen", auch ihr verantwortetes Aufgabenportfolio übergeben muss. Die Verteilung von Aufgaben im Führungsgremium orientiert sich häufig an individuellen Fähigkeiten und Belastungsgrenzen. Wenn die Betroffenen die Verteilung der Aufgaben erklären, werden die verteilten Zuständigen als „wie vom

[4] Die diesem Beitrag zugrunde gelegte Doktorarbeit thematisiert das personenorientierte Wachstumsmuster ausführlich und identifiziert in der Empirie das strukturelle Führungsdilemma, welches in Abb. 9.1 dargestellt ist.

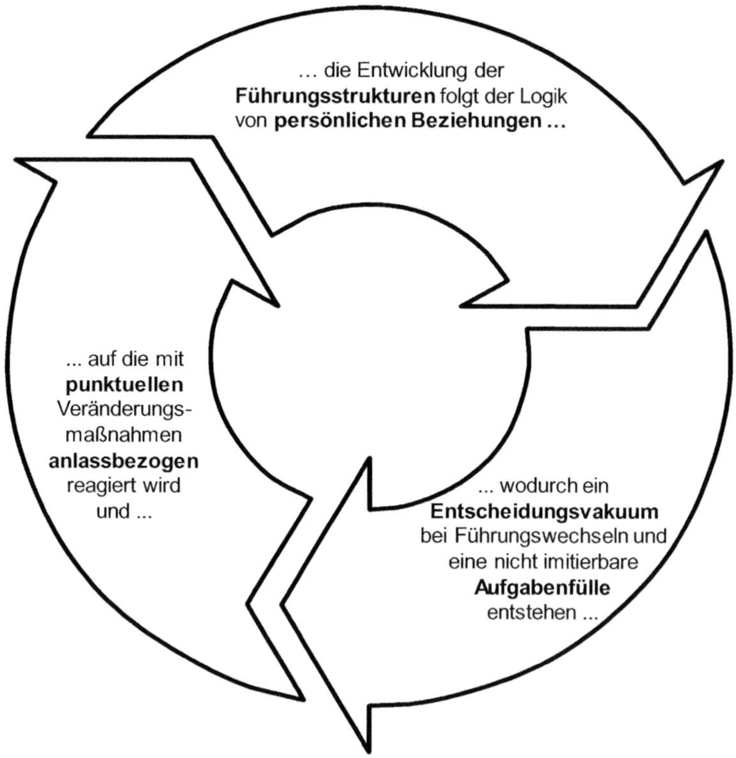

Abb. 9.1 Das strukturelle Führungsdilemma von Familienunternehmen

Himmel gefallen" bezeichnet. In Summe bleibt eine personenspezifische Aufgabenvielfalt, die kaum gehandhabt werden kann.

3. Mit Veränderungsmaßnahmen wird erst dann reagiert, wenn die individuelle Belastungskapazität der einzelnen Person über einen längeren Zeitraum überschritten wird. Die initiierten anlassbezogenen Maßnahmen sind wachstumsbedingte Zellteilungen, die in ihrer Logik wiederum dem ersten Schritt folgen. In der Folge wiederholt sich der Kreislauf und verankert das Führungsgeschehen noch tiefer im unternehmerischen Miteinander.

9.3 Die Herausforderung für Familienunternehmen

Dieser personenorientierte Entwicklungsrhythmus lebt von einer persönlichen, informellen und intimen Abstimmung und Absicherung und funktioniert besonders dann, wenn die Komplexität der zu bewältigenden Herausforderungen überschaubar ist. Doch die Zeiten haben sich geändert:

- Die Verwerfungen der Markbedingungen können nicht weiter ignoriert werden, denn die Kunden sind anspruchsvoller, das Geschehen internationaler und die Bedingungen härter: „Das heißt, so wie es mal vor 50 oder 60 Jahren war: Billig einkaufen, teuer verkaufen, kein Service, das ist heute nicht mehr zu schaffen. Da können Sie keinen Gewinn machen. Da müssen Sie heute mehr bieten." (Senior Eigentümer)
- In immer stärker gesättigten Märkten werden die früheren Erfolgsprodukte zur Commodity, und aus einem Verkäufermarkt, in dem die Preise diktiert werden konnten, ist schon lange ein Käufermarkt geworden. Mittlerweile geht es stärker um den Preis, Kunden werden zu Wettbewerbern, und die Veränderungen am Markt finden schneller und vor allem global statt: „Wenn wir jetzt weitermachen wie bisher, würden wir weiterhin viele Umsätze machen, aber da der Wettbewerb ja auch immer stärker wird, wird da unter dem Strich bei uns nichts mehr hängen bleiben." (Eigentümer)
- Die Tatsache, dass ein familiengeführtes Unternehmen im Markt positiv wahrgenommen wird, verliert an Gewicht. Wenn die Kunden und Lieferanten immer stärker wie US-amerikanische Konzerne ticken und auf kurzfristigen Erfolg angewiesen sind, fehlt das Verständnis für ein Familienunternehmen, das traditionell langfristig denkt: „Wenn ich mich daran erinnere, wie das bei meinem Großvater war, da gab es früher Kunden, die haben zu ihm gesagt: ‚Mach du das Geschäft', dann hat er für 30 Jahre das Geschäft gemacht. Ich habe bei meinen wichtigsten Lieferanten alle drei Jahre neue Ansprechpartner." (Eigentümer)

Die Konsolidierungsdynamik am Markt wirkt sich auf die Machtverhältnisse aus. Wo ein Familienunternehmen früher „der Größte unter den Kleinen" war, ist es nun häufig „der Kleinste unter den Großen". Damit steigt der Druck, die Daseinsberichtigung im Konzert der um ein Vielfaches größeren Wettbewerber zu beweisen. Zusätzlich gewinnen die Kunden an Macht: „Wir haben weniger und größere Kunden als vor 30 Jahren, weil unsere Kunden immer wieder andere aufkaufen und damit mehr Druck ausüben können." (Eigentümer)

Gleichzeitig zeigt die Forschung, dass das Wachstum für Familienunternehmen auch in Zukunft ein essenzieller Bestandteil einer wettbewerbsfähigen Positionierung sein wird. Wer sich nicht „breiter aufstellen" kann, wird in eine Nische gedrängt, und Nischenanbietern werden im globalen Wettbewerb keine realistischen Überlebenschancen zugesprochen. Nur so erklären sich die ehrgeizigen Wachstumspläne vieler Verantwortlicher, die eine Verdoppelung des Umsatzes in den nächsten fünf bis zehn Jahren vorsehen. Dieser drastische Wachstumssprung scheint überlebensnotwendig zu sein, und doch fällt auf, dass die Familienunternehmen nicht über die geeigneten Voraussetzungen und Fähigkeiten verfügen, um dieses Wachstum zu realisieren. So kann aufgrund fehlender finanzieller Ressourcen ein Markt nicht einfach gekauft werden, wie es bei einem börsennotierten Unternehmen Usus ist, und es fehlen die spezialisierten personellen Ressourcen, die man zur Due Diligence schicken kann. Das Familienunternehmen steckt in der Klemme: Die anorganischen Wachstumsstrategien sind ein ungewohntes Spielfeld, und gleichzeitig stoßen die organischen Wachstumsmöglichkeiten an ihre natürlichen Grenzen.

Damit offenbart der empirisch belastbare Bick in die Praxis, dass die Kluft zwischen dem Möglichen und dem Notwendigen größer wird, da das gewohnte Wachstums- und Erfolgsmuster von Familienunternehmen ausgedient hat. Das beziehungsgetriebene Entwicklungsmuster kann den Anforderungszuwachs der veränderten Umweltbedingungen des Marktes unternehmensintern nicht mehr angemessen verarbeiten. Um die Überlebensfähigkeit des Familienunternehmens auch in Zukunft zu sichern, ist ein Musterwechsel notwendig, und die Aufgabenstellung heißt, so sachorientiert und organisationsförmig wie möglich zu werden, ohne die personenorientierte, auf der Familie basierende Geschichte, Kultur und Erfahrung zu verlieren. Anders formuliert: Familienunternehmen stehen vor der paradoxen Herausforderung, zum Konzern werden zu müssen, ohne dabei zum Konzern zu werden.

9.4 Die Handlungsmöglichkeiten eines Familienunternehmens

Bei der Bewältigung des Musterwechsels entscheidet der Umgang mit dem strukturellen Führungsdilemma über Erfolg und Misserfolg. Es zeigt sich, dass das strukturelle Führungsdilemma erst dann gelöst werden kann, wenn sich zusätzlich zu strukturellen Anpassungen die handelnden Personen ändern – alles andere erscheint wie eine überfordernde Lernzumutung für den häufig über Jahrzehnte erfolgreich gewesenen Entscheidungsträger und verändert die Situation nur sukzessive.

9.4.1 Die familieninterne Nachfolge wird immer unwahrscheinlicher

Die Denk- und Handlungsmuster des familiären Besetzungsprozesses verändern sich. Wo die Nachfolge früher eher verpflichtend und alternativlos und der Auswahlprozess impliziter und pragmatischer Natur war, ist der Einstieg für die jüngere Generation heute eine Option unter vielen. Hinzu kommt, dass viele Familienunternehmen in der zweiten Hälfte des 20. Jahrhunderts innerhalb einer Generation vom lokalen Nischenanbieter zum globalen Konzernpartner gereift sind. Entscheidend ist, dass dabei das Anforderungsprofil der jüngeren Generation anspruchsvoller geworden ist: Früher wurde man Nachfolger, weil man Familienmitglied war. Heute wird man Nachfolger, weil man zusätzlich eine entsprechende Ausbildung aufweisen kann. Dann wird man Nachfolger, weil man zusätzlich zur Ausbildung auch den nötigen Erfahrungsschatz mitbringt und über die nötige Bereitschaft verfügt – Letzteres gewinnt vor allem unter Berücksichtigung der allgemeinen Zunahme von Individualisierung und Autonomie in der Gesellschaft an Bedeutung. Unabhängig davon, ob potenzielle Nachfolger vorhanden sind oder nicht, verbreitet sich die Einschätzung, dass es statistisch gesehen wahrscheinlicher ist, den geeigneten Nachfolger in der Gesamtbevölkerung zu finden, als im überschaubaren Reservoir der Familie.

9.4.2 Die Anforderungen an externe Manager sind hoch

Es ist nichts Neues, dass die gezielte Integration von externem Management von hoher Relevanz ist. Genauso wenig neu ist die Beobachtung, dass die Fähigkeit loszulassen einen signifikanten Einfluss auf die Bewältigung einer Nachfolgesituation hat. Die Delegation von Verantwortung und die Abgabe des Lebenswerkes stellen für viele Eigentümer einen Lern- und Überwindungsprozess dar – Ausnahmen bestimmen die Regel. In diesem Zuge fällt auf, dass familienfremde Manager, die über viele Jahre in der Führungsverantwortung stehen und zum engen Dunstkreis der Unternehmerfamilie gehören, die Eigenschaften der Eigentümer verinnerlichen und das damit einhergehende Verhalten imitieren. Mit Blick auf Abb. 9.2 ist eine begriffliche Abgrenzung des „externen Managements" essenziell: Der *familiäre* Manager sieht sich als „Quasi-Eigentümer", wohingegen der *familienfremde* Manager noch ausreichend Distanz zu den familiär geprägten Gegebenheiten hält.

Mit Blick auf das strukturelle Führungsdilemma gewinnt also nicht die Führungsverantwortung eines altgedienten familiären Managers, sondern die eines tatsächlich familienfremden Managers an Bedeutung. Das Anforderungsprofil des familienfremden Managers ist anspruchsvoll, denn als „unternehmerischer Manager" kombiniert er das Bauchgefühl eines Patriarchen mit dem analytischen Scharfsinn eines Managers. Es zeigt sich, dass gewisse Arbeitsweisen für familienfremde Manager aufgrund ihrer häufig vorzufindenden Konzernerfahrung selbstverständlich sind, die für das Familienunternehmen zur Bewältigung des Musterwechsels von familienähnlichen zu organisationsförmigen Führungsverhältnissen wichtig sind:

- Führungsverantwortung delegieren,
- Führungsstrukturen um Prozesse bauen und
- Führungspositionen nach Kompetenz besetzen.

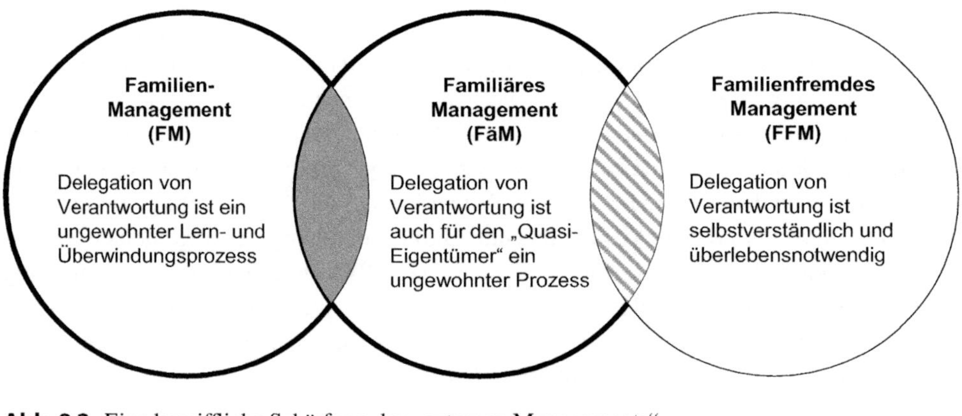

Abb. 9.2 Eine begriffliche Schärfung des „externen Managements"

9.4.3 Das Recruiting steckt im Dilemma

Personenorientierte Besetzungsprozesse sind dadurch geprägt, dass Schlüsselpositionen aus dem Dunstkreis der Familie besetzt werden und dabei nicht strukturiert nach Stellenprofilen, sondern mit viel Bauchgefühl vorgegangen wird. Dies führt dazu, dass wenig Mitarbeiter „von außen" rekrutiert werden. Getreu dem Motto „Aufstieg vor Einstieg" ist es nur eine Frage der Zeit, bis der beste Sachbearbeiter auch Personalverantwortung trägt. Jedoch sind analog zur gestiegenen Komplexität der unternehmerischen Rahmenbedingungen auch die managerialen Anforderungen an die Mitarbeiter gestiegen: Die strategische Kompetenz (analytische Arbeit, Stellenwert der Finanzperspektive), die Internationalität (Englischkenntnisse) und die Fähigkeit, am Familienunternehmen und nicht nur im Familienunternehmen zu arbeiten (Abstraktionsfähigkeit von Problemen), sind mittlerweile essenziell: „Wir haben an den wichtigsten Stellen erfahrene Mitarbeiter, die sich über ganz viele Jahre konditioniert haben. Jetzt verlangen wir von denen auch noch, Manager zu sein. Jetzt reicht es nicht mehr, der erfahrene Mitarbeiter zu sein." (Bereichsleiter)

Die Ergebnisse zeigen, dass diese Rekrutierungslücke sich als „angezogene Handbremse" bei der Bewältigung des Musterwechsels entlarvt. Das Unternehmen benötigt plötzlich andere Mitarbeiterkompetenzen, obwohl das Personalmanagement historisch bedingt nicht in der Lage ist, kompetenzorientierte Besetzungsprozesse zu koordinieren. Die eingespielten Abläufe haben sich eher um die persönlichen Vorlieben von Schlüsselspielern entwickelt, und die funktionale Zuordnung war eher als Personalabwicklung denn Personalentwicklung organsiert. Hinderlich ist zudem, dass neue Mitarbeiter nur langsam

Abb. 9.3 Das Recruiting Dilemma von Familienunternehmen

in die intimen Beziehungsstrukturen eines Familienunternehmens aufgenommen werden: „Das ist wie mit der deutschen Sprache, wenn Sie die können, ist es nicht schwierig. Die Grammatik zu lernen, ist aber schon schwierig. Jeder, der hier anfängt, muss erstmal unsere Grammatik lernen." (Bereichsleiter) Wer die Grammatik nicht beherrscht, verursacht Irritationen, und in der Regel bleiben nur die Mitarbeiter, die sich dem hohen kulturellen Konformitätsdruck beugen und sich assimilieren – das Familienunternehmen steckt unabhängig von der hierarchischen Stufe im in Abb. 9.3 dargestellten *Recruiting-Dilemma*: Um den Musterwechsel zu bewältigen, muss man die Fähigkeiten voraussetzen, die man durch einen gelungenen Veränderungsprozess hervorbringen möchte.

9.5 Erfolgversprechende Führungsverhältnisse in Familienunternehmen

Die zuvor erläuterten Ausführungen könnten den Eindruck erwecken, dass „einfach" mehr in die Mobilisierung von familienfremden Ressourcen investiert werden müsse, um das Familienunternehmen zu „professionalisieren" und für den Musterwechsel „zeitgerecht" zu rüsten. Jedoch greift diese Entweder-oder-Logik bei Familienunternehmen zu kurz, denn *Familie* und *Unternehmen* sind eine Schicksalsgemeinschaft: „Beide sitzen in einem Boot. Daher macht es wenig Sinn, sich zu freuen oder zu trösten, dass das Loch auf der anderen Seite des Bootes ist. Die beiden Seefahrer werden miteinander den Hafen erreichen oder gemeinsam untergehen." (Simon 2012, S. 40) Die unverwechselbare Führungsherausforderung in einem Familienunternehmen ist es, die unterschiedlichen Rationalitäten von *Familie* und *Unternehmen* zu respektieren: Es geht nicht nur um die Weitsicht, externe Managementkapazitäten in die Führung des Familienunternehmens zu integrieren, sondern die familiäre Kontinuität gezielt aufrechtzuerhalten. Diese Forschung hat zwei besonders charakteristische Führungsverhältnisse identifiziert, die der anspruchsvollen Ambivalenz von Familienunternehmen gerecht werden.

9.5.1 Der dirigierende Chairman

Das Erfolgsrezept eines patriarchalischen Eigentümers beruht auf der intimen Kenntnis des Unternehmens und des Marktes. Ein großer Teil der unternehmensinternen Prozesse ist ihm bekannt, weil er beispielsweise als Kleinkind im Bobby-Car um die Hebebühnen geschoben wurde und jede Tür und jedes Schloss kennt. Das Ergebnis: Der Eigentümer hat eine solche Liebe zum Detail, dass er jeden Job im Familienunternehmen ausüben könnte. Das unternehmerische Einfühlungsvermögen basiert auch auf dem dichten Beziehungsnetzwerk, das dann an Grenzen stößt, wenn er nicht mehr jeden mit Namen und Handschlag begrüßen kann. So kommt der Zeitpunkt, an dem ein Eigentümer nicht mehr bis ins letzte operative Detail involviert sein kann.

Der *dirigierende Chairman* ist ein Eigentümer, der erkennt, dass die Komplexität des Unternehmens zu groß geworden ist, um das Erfolgsmuster des impliziten Führungsgeschehens zu wiederholen. Gleichzeitig spürt er, dass das Unternehmen ein Gesicht braucht: Er hält sich jeden Tag im Unternehmen auf, die Mitarbeiter sehen sein Auto, bemerken seine offene Tür, schätzen sein Interesse für das Unternehmen und unterhalten sich mit ihm in der Kantine. Ferner realisiert der *dirigierende Chairman*, dass er zwar an Distanz zum operativen Geschäft gewinnt, sein Einfluss auf das Unternehmensgeschehen darunter aber nicht leiden muss, da er sich auf strategischer Ebene als Schnittstelle zwischen Gesellschaftern, Management und externen Stakeholdern positioniert. Der *dirigierende Chairman* stellt sicher, dass die operative Verantwortung des Familienunternehmens in familienfremden Händen liegt, und er hält sich an die vereinbarten Spielregeln – er kommuniziert Empfehlungen und Einschätzungen, ohne dabei ins Tagesgeschäft zu intervenieren. So ergänzt sich der professionelle Blick auf den Markt eines familienfremden Managers mit der unternehmerischen Intuition des Eigentümers. Unabhängig von einer formalen Funktionslogik definiert er sich über die geschilderten Aufgabenbereiche – so ist der *dirigierende Chairman* als Beiratsvorsitzender, Aufsichtsrats- oder Vorstandsmitglied anzutreffen.

9.5.2 Der professionelle Nachfolger

Der *professionelle Nachfolger* ist die Antwort auf das stetig anspruchsvoller werdende Anforderungsprofil von Nachfolgern und die gesellschaftlich bedingte veränderte Handhabung des Traditionsgedankens. Heute wägen Junioren den Einstieg ins Familienunternehmen kritischer und selbstständiger ab – aus einer alternativlosen Selbstverständlichkeit ist eine berufliche Opportunität geworden. Der *professionelle Nachfolger* ist neben einer guten akademischen Ausbildung insbesondere durch einen beratungs- oder konzernerprobten Kompetenzhintergrund gekennzeichnet: Dort verinnerlicht er das Arbeiten in ehrgeizigen Teams, eine analytische Arbeitsweise und die Fähigkeit, Personen und Prozesse zu hinterfragen. Beim Einstieg ins Familienunternehmen fallen ihm so etwaige fehlende Strukturen oder unprofessionelle Steuerungssysteme direkt auf.

Der *professionelle Nachfolger* ist aufgrund seines Erfahrungsschatzes in der Lage, ein gesamthaftes Transformationskonzept zu entwickeln und umzusetzen – wo ein solcher Nachfolger am Werk ist, werden Veränderungsinitiativen mit Projektnamen versehen, und es besteht ein Bewusstsein über den aktuellen Reifegrad der Organisation. Zusätzlich verändert er die Grammatik des Familienunternehmens, denn „Cash-Pooling", „unternehmensweite Synergien" und ausgetragene Konflikte mit den lokalen Fürstentümern gehörten zuvor nicht zum familiären Vokabel- und Verhaltensrepertoire des Unternehmens. Schließlich fällt es dem professionellen Nachfolger auch leichter, „Gleichgesinnte" für die Transformation des Familienunternehmens zu gewinnen: „Mit den beiden neuen Kollegen war das völlig anders, weil beide von Großkonzernen kamen, und da haben wir noch mal einen richtigen Schwung in Richtung Divisionalisierung, in Richtung Kennzahlen- und Prozessorientierung gemacht." (Eigentümer)

Mit dem *dirigierenden Chairman* und dem *professionellen Nachfolger* konnten zwei Szenarien zur Gestaltungsmöglichkeit der Führungsverhältnisse beobachtet werden, die dem Anspruch der widersprüchlichen Rationalitäten von Familie und Unternehmen gerecht zu werden scheinen. Charakteristisch für die beiden Szenarien ist, dass Familie und Unternehmen als koevolutionäre Einheiten nebeneinander existieren können, ohne dass der systemimmanente Widerspruch aufgehoben wird. Nur so ist die Grundlage geschaffen, dass ein Familienunternehmen seine charakterlogischen Stärken aufrechterhalten kann – das Nebeneinander ermöglicht das Füreinander. Des Weiteren gelingt beiden Führungsverhältnissen, dass sie mithilfe von familienfremden Führungsressourcen sukzessive aus dem strukturellen Führungsdilemma ausbrechen: Wenn die Entwicklung von Führungsstrukturen nicht mehr nur der Logik von Beziehungen folgt, reduzieren sich die Risiken des Entscheidungsvakuums und der Aufgabenfülle, und die Entscheidungsträger können den Musterwechsel von patriarchalen zu postpatriarchalen Führungsverhältnissen proaktiv initiieren und gezielt steuern.

9.6 Familie und Unternehmen bleiben ein Balanceakt

Familienunternehmen, die zum Konzern werden wollen, ohne dabei zum Konzern zu werden, sind sowohl auf die Integration von familienfremden Managementressourcen als auch auf die Sicherstellung von unternehmerischen Familienressourcen angewiesen. Das klingt trivial – ist es aber nicht.

Familienfremde Ressourcen bieten Chancen: Diese können aus dem strukturellen Führungsdilemma ausbrechen, konsequentere Veränderungsmaßnahmen initiieren und postpatriarchalische Denk- und Handlungsmuster leichter verinnerlichen. Damit sich die sachorientierten Erfahrungswelten eines familienfremden Managers in einem Familienunternehmen entfalten können, müssen aber auch gewisse Voraussetzungen erfüllt sein: Der „unternehmerische Manager" wird durch seine managerialen Fähigkeiten und professionelle Distanz dem *Unternehmen* im Familienunternehmen gerecht, ohne die *Familie* zu vernachlässigen. Dazu gehört, sich den widersprüchlichen Rationalitäten eines Familienunternehmens bewusst zu sein und aufbauend auf einem gemeinsamen Wertegerüst die passende Einstellung zu haben: „Das ist kein Fünf-Jahres-Job. Wenn ich den Job mache, dann habe ich den. Den kann ich nicht nach fünf Jahren hinwerfen. Dazu muss man auch innerlich bereit sein." (Eigentümer)

Wenn das nicht imitierbare Wissen, die Fähigkeiten und die Beziehungen der Unternehmerpersönlichkeiten die zentralen Ursachen für jahrzehntelange Überlebensfähigkeit gewesen sind, gilt es, diese auf die sich veränderten Umweltbedingungen neu zuzuschneiden. Die Familie kann dann als sinnstiftende Bezugsgröße mit Langfristcharakter, als Quelle einer von festen Werten getragenen Unternehmenskultur, als mögliches Reservoir begabter Unternehmer für das Top-Management und als Reputationsquelle für die Pflege einer starken Marke eingebettet werden.

„Keeping a balance between technique and heart is the cornerstone for our longevity.“ (O'Hara 2004, S. 6) Das 14 Jahrhunderte alte Erfolgsgeheimnis von Kongō Gumi ist aktueller denn je – die Handhabung der widersprüchlichen Rationalitäten von Familie und Unternehmen gleicht einer Gratwanderung. Dass aber auch der Pfad eines schmalen Grates begehbar sein kann, zeigen die zwei diskutierten Führungsverhältnisse, die Familie und Unternehmen als koevolutionäre Einheiten akzeptieren. Ohne Anspruch auf Vollständigkeit offenbaren der *dirigierende Chairman* und der *professionelle Nachfolger*, dass das Kooperationsumfeld zur Bewältigung des Musterwechsels von familienähnlichen zu organisationsförmigen Führungsverhältnissen gleichzeitig sowohl von familienfremden Managementressourcen als auch unternehmerischen Familienressourcen profitieren kann. Im Fokus steht dabei nicht das punktuelle Auflösen, sondern auch das systematische und anspruchsvolle Management der widersprüchlichen Rationalitäten von Familie und Unternehmen.

Literatur

Bauer, T. (2013). *Innovationen in Familienunternehmen – Eine empirische Untersuchung*. Wiesbaden: Springer Gabler.

Boyd, B. (2007). *Nachhaltige Unternehmensführung in langlebigen Familienunternehmen – Eine ressourcenorientierte Analyse des norddeutschen Baustoff-Fachhandels*. Dissertation. Flensburg: Universität Flensburg.

Dahm, M., & Brückner, A. (2014). *Operational Excellence mittels Transformation Management – Nachhaltige Veränderungen im Unternehmen sicherstellen – Ein Praxisratgeber*. Wiesbaden: Springer Gabler.

Felden, B., & Hack, A. (2014). *Management von Familienunternehmen*. Wiesbaden: Springer Gabler.

Hutcheson, J. O. (2007). The end of a 1,400-year-old Business. Bloomberg. https://www.bloomberg.com/news/articles/2007-04-16/the-end-of-a-1-400-year-old-businessbusinessweek-business-news-stock-market-and-financial-advice. Zugegriffen: 4. Mai 2017.

Irle, M. (2016). Familienbande – Ist es eine gute Idee, sich als Nachfolger ins gemachte Nest zu setzen? Antworten von Dominique Otten-Pappas vom Institut für Familienunternehmen und selbst Unternehmerin. *Brandeins, 2*. https://www.brandeins.de/archiv/2016/karriere/familienbande/. Zugegriffen: 4. Mai 2017.

Luhmann, N. (1984). *Soziale Systeme – Grundriß einer allgemeinen Theorie*. Frankfurt a. M.: Suhrkamp.

Mendel, M. (Hrsg.). (2005). *Profit und Prinzip – Werte mittelständischer Unternehmen zwischen Familie und Kapitalmarkt*. Frankfurt a. M.: Redline.

Mühlebach, C. (2004). *Familyness als Wettbewerbsvorteil – Ein integrierter Strategieansatz für Familienunternehmen*. Bern: Haupt.

O'Hara, W. T. (2004). *Centuries of success – lessons from the world's most enduring family businesses*. Avon: Adams Media.

von Schlippe, A. (2014). *Das kommt in den besten Familien vor*. Stuttgart: Concadora.

Simon, F. B. (2012). *Einführung in die Theorie des Familienunternehmens*. Heidelberg: Carl-Auer-Systeme.

Wimmer, R. (1996). Die Zukunft von Führung – Brauchen wir noch Vorgesetzte im herkömmlichen Sinn? *Zeitschrift für Organisationsentwicklung*, *4*, 46–57.

Wimmer, R. (2014). Wie familiär sind Familienunternehmen? In O. Geramanis & K. Hermann (Hrsg.), *Organisation und Intimität* (S. 25–38). Heidelberg: Carl-Auer-Systeme.

Wimmer, R., Glatzel, K., & Lieckweg, T. (2014). *Beratung im Dritten Modus – Die Kunst Komplexität zu nutzen*. Heidelberg: Carl-Auer-Systeme.

Dr. Aaron Brückner ist Wirtschaftswissenschaftler, Model und Berater. Er verbrachte seine akademische Laufbahn an der Universität Witten/Herdecke und veröffentlichte im Masterstudium sein erstes Fachbuch im Verlag Springer Gabler. Als Model darf er seit über zwölf Jahren für Marken wie Fielmann oder Olymp und mit Menschen wie Mario Testino, Toni Garrn oder Johannes Huebl arbeiten. In seinem Herzen ist Aaron Brückner Berater: In Workshops, Online-Kursen und durch seinen Podcast hilft er Menschen und Unternehmen dabei, ihrer Inspiration zu folgen und bessere Entscheidungen zu treffen.

10 Eine (Führungs-)Kultur für Veränderungsprozesse

Clemens Jäger und Nicolai Müller

Unternehmen werden in Zukunft noch intensiver an ihren kulturellen Rahmenbedingungen arbeiten müssen, um Veränderungen erfolgreich bewältigen zu können. Dies begründet sich nach Schulze und Sejkora (2017. S. 93 f.) unter anderem durch:

1. zunehmende disruptive Innovationen,
2. eine steigende Komplexität,
3. die höhere Geschwindigkeit innerhalb der Kommunikation (intern wie extern),
4. die weiter fortschreitende Globalisierung,
5. immer größere Organisationen, die jedoch immer kürzere Entscheidungswege einfordern,
6. die Tatsache, dass die Unternehmensführung nicht mehr über die alleinige Wissensmacht und Deutungshoheit verfügt – vielmehr haben heute oft Mitarbeiter ein erhöhtes und detaillierteres Wissen, dies führt punktuell zu einer Umkehrung von Abhängigkeiten,
7. eine abnehmende Zeit, die Führungskräfte in Mitarbeitergespräche investieren können,
8. eine sinkende emotionale Bindung der Mitarbeiter zu ihrem Arbeitsplatz.

Nichts ist so beständig wie der Wandel. Ein Sprichwort, das die meisten in ihrem Leben wohl schon einmal gehört haben. All diese Punkte führen dazu, dass Menschen vermehrt in Überforderungssituationen geraten und die Unsicherheit über die Haltbarkeit des eigenen Geschäftsmodells rapide ansteigt. Erfolg war noch nie so unsicher wie heute. Und

C. Jäger (✉)
FOM Hochschule für Oekonomie & Management
45141 Essen, Deutschland
E-Mail: clemens.jaeger@fom.de

N. Müller
Dr. Müller, Hufschmidt Steuerberatungsgesellschaft mbH
47638 Straelen, Deutschland

M. H. Dahm und S. Thode (Hrsg.), *Strategie und Transformation im digitalen Zeitalter*, FOM-Edition, https://doi.org/10.1007/978-3-658-22032-7_10

eines wird bei näherer Betrachtung des Wettbewerbs deutlich: Die Spielregeln haben sich verändert und werden es weiter tun. Was heute sicher erscheint, kann ein Unternehmen nächste Woche schon die Existenz kosten. Es wird Zeit, dass Unternehmer zu der Erkenntnis kommen, dass es auf die Fähigkeiten eines Unternehmens ankommt, schnell auf veränderte Anforderungen zu reagieren und sich anzupassen. Wandelbarkeit wird zu einer der wichtigsten Kernkompetenzen für Unternehmen. Sie ist in die Unternehmensprozesse zu integrieren. Der Fokus liegt nicht auf der Optimierung, sondern auf dem stetigen Hinterfragen und Erneuern eines auf die Zukunft ausgerichteten Geschäftsmodells. Es muss ein Modus der kontinuierlichen Selbsterneuerung entstehen.

Beispiel: Nokia

Nehmen wir das Beispiel von Nokia: Hier wird deutlich, dass das Schaffen von Innovationen im so schnelllebigen Technologiemarkt von essenzieller Bedeutung ist. Wer keine Innovationen schafft, stirbt. Der einstige Handy-Marktführer und Smartphone-Pionier Nokia hat den Trend zum Touchscreen verschlafen, und das in der Not produzierte Produkt floppte. Nokia musste seine Marktposition an Apple abgeben und verschwand mit der Microsoft-Übernahme gänzlich aus den Augen der Handynutzer. All das passierte, weil der damalige Nokia-CEO Olli-Pekka Kallasvuo Apple und sein iPhone belächelte und ihm keine rosige Zukunft voraussagte. Das iPhone sei eben ein Nischenprodukt, meinte er gegenüber Analysten (STRÖER Media Brands AG o.J.).

Das Scheitern des Nokia-Geschäftsmodells sah erst nach dem Ergebnis einer vereinzelten Fehlentscheidung des Managements aus. Auch wenn die Folgen verheerend waren. Damals betrachtete man die Geschehnisse aus weiter Ferne. Aber die Einschläge kommen näher. Und damit die Ungewissheit, welche Branche als nächstes disruptiv bereinigt wird. So hat beispielsweise die Digitalfotografie die Fotografie auf 35-mm-Film komplett ersetzt. Hersteller wie Konica und Agfa produzieren keine analogen Filme mehr. Die Firma Kodak hat den Wandel des Fotografie-Marktes nicht überlebt. Und downloadbare Musik macht physische Tonträger wie CDs und Kassetten überflüssig (Horton o.J.).

Vor diesem Hintergrund ist es notwendig, dass die Unternehmensführung eine Kultur vorlebt, die positiv in die durch Veränderungen geprägte Zukunft schaut und Veränderungen bejaht. Hierbei kann Change Communication helfen. In der Vergangenheit wurde Change Communication als reaktiver Prozess aus einer notwendigen Situation der Optimierung verstanden – sei es aus der Krise oder dem Willen, sich verbessern zu wollen.

► Denn: „Solange die Kuh noch auf allen vier Beinen steht, wird sie gemolken, egal wie klapprig sie ist" (Taubald 2016, S. 15).

Um als Unternehmen künftig Bestand zu haben, muss Change Communication zu einem aktiven, radikal auf die Zukunft gerichteten Prozess werden, um nicht der aufkommenden Dynamik von Märkten hinterherzulaufen und ihr letztendlich zu unterliegen.

Change Communication ist nicht als Reaktion zu verstehen, sondern zunehmend als aktive Maßnahme.

Aus Unternehmer- und Führungskräftesicht stellt sich daher zwangsläufig die Frage, wie man sowohl sich selbst als auch das Unternehmen auf die zukünftige Marktveränderung vorbereiten kann. Wir waren es gewohnt, Veränderungsprozesse zwar ernsthaft, aber in einem für Mensch und Unternehmen verkraftbaren Tempo begehen zu können, doch das wird sich in Zukunft ändern.

Es gilt, eine Unternehmenskultur zu entwickeln oder zu fördern, die es möglich macht, die Chancen in Veränderungen zu erkennen und zu nutzen und nicht einseitig die Bedrohung zu sehen. Hierbei ist der Informationsfluss durch den Einsatz von unternehmensinternen Medien sicherzustellen.

Nach von Au ist eine dafür geeignete Führungskultur durch die folgenden Merkmale geprägt: „[...] eine wahrhaftig wertschätzende, kreative und reflexive Dialog- und Lernkultur, in der die Verschiedenheit aller Menschen erkannt und individuell berücksichtigt wird, sodass alle Organisationsmitglieder mit großer Freude erfolgreich an sinnhaften Leistungen arbeiten und sich stets weiter entwickeln können" (von Au 2017, S. X).

► Keller ergänzt dies sinnhaft wie folgt: „vertrauensvolles Handeln und eine hohe Lernbereitschaft, um sich immer wieder auf neue Herausforderungen einzustellen und damit den Erfolg des Unternehmens zu sichern" (von Au 2017, S. X).

Nur durch eine solche Kultur können Unternehmen dem stetigen Wandel begegnen und diesen proaktiv gestalten. Eine solche Kultur findet sich jedoch in vielen deutschen Unternehmen nicht. Speziell in kleineren und mittelständischen Unternehmen fehlt eine wertschätzende Führungskultur, die Veränderungen begrüßt oder zumindest nicht aktiv unterwandert. Viele Mitarbeiter treffen bis heute eine Kultur an, die durch Aussagen wie „Das war schon immer so", „Warum müssen wir das ändern", „Wenn die Idee funktionieren würde, dann hätten das schon andere umgesetzt" geprägt wird. Diese Kultur ähnelt einem Autopiloten, der die Steuerung des Unternehmens und der Mitarbeiter übernommen hat und der sich nicht durch Dritte stören lassen möchte.

Durch eine solche Kultur werden Veränderungen grundsätzlich negativ besetzt und nicht als grundlegende Notwendigkeit begrüßt (Schulze und Sejkora 2017, S. 94). Dabei verkennen solche Organisationen und die damit verbundenen Führungs- und Unternehmenskulturen, dass Menschen (Mitarbeiter!) Beziehungen benötigen. Diesbezüglich haben sich die Mitarbeiter, im Gegensatz zu ihrem Arbeitsumfeld, nicht verändert (Schulze und Sejkora 2017, S. 94). Die Grundlage für solche Beziehungen ist regelmäßig die Wertschätzung füreinander (Schulze und Sejkora 2017, S. 94).

10.1 Change Communication – eine Frage der Haltung

Was bedeutet dies aber konkret aus Unternehmersicht? Die Hauptaufgabe der Unternehmensführung wird künftig die Flexibilisierung des Unternehmens sein. Der offene Umgang mit Veränderungen wird unumgänglich. Bestenfalls sind stetige Veränderungsprozesse in den Unternehmensalltag zu integrieren, sodass Veränderung zur Normalität wird. Die typische Antwort auf die ansteigenden Anforderungen des Marktes ist ein zunehmendes Klagen, gleichermaßen von Führung und Belegschaft, dass die Welt schnelllebiger und schwierig geworden ist. Einzig und allein, wie wir mit diesen neuen Anforderungen umgehen, bestimmt unseren Zustand.

Die Wandlungsfähigkeit eines Unternehmens ist eng mit der Wandlungsfähigkeit seiner Führungskräfte verbunden. Diese müssen sich mit den Veränderungen identifizieren können und den Veränderungsprozess aktiv mitgestalten dürfen, um einen nachhaltigen Erfolg sicherzustellen.

► Wichtig ist das Bewusstsein dafür, wie wir mit einer neuen Anforderung umgehen. Die Art bestimmt unseren Zustand. Die stetige Predigt, dass alles schwierig und kompliziert ist, bringt uns nur so weit, dass wir selbst glauben, vor unlösbaren Aufgaben zu stehen. Positives Denken, Spaß an der Arbeit und der Wille, etwas zu bewegen, sind der beste Weg, dem Wandel zu begegnen – die eigenen Glaubenssätze zu hinterfragen, aus Problemen Chancen zu machen und nicht im Selbstmitleid der vermeintlichen Handlungsunfähigkeit zu versinken. Denn am Ende des Tages liegt die Wahl des freien Handelns bei jedem selbst, auch wenn jeder die Konsequenzen tragen muss. Diese Impulse sollten Bestandteil unseres Führungsstils sein. Um Verantwortung voranzutreiben, gilt es, Blockaden zu lösen und alte Gedankenstrukturen aufzubrechen.

Unsere gesellschaftlichen Strukturen sind in unseren Köpfen stark verankert. Wenn jemand in Deutschland kundtut, dass er Spaß an der Arbeit hat und zudem dabei noch Geld verdient, kommt das den Mitmenschen schnell komisch und anrüchig vor. Harte Arbeit wird gerne mit Leid und Aufopferung verbunden, weniger mit Spaß und Glück. Und hier fängt das Problem an. Denn der Fisch stinkt vom Kopf her. Führungskräfte, die es nicht schaffen, ihre eigenen Glaubenssätze zu verändern, werden auch im nächsten Schritt die eigenen Mitarbeiter nicht überzeugen können, dass Veränderung und Zukunft auch Spaß machen können.

> Die Welt besteht aus Optimisten und aus Pessimisten. Am Ende liegen beide falsch. Der Optimist lebt jedoch glücklicher (von Kofi Annan – Friedensnobelpreisträger und ehemaliger Uno-Generalsekretär).

10.2 Reaktionen der Mitarbeiter

Wie reagieren Mitarbeiter auf kulturelle Bedingungen, die sie in einem Unternehmen antreffen? Laut Hirschmann haben individuelle Akteure in Unternehmen drei Handlungsoptionen. Dies sind: exit (= Ausscheiden aus dem Unternehmen), voice (= Auflehnung gegen die wahrgenommenen Missstände) oder loyality (= Akzeptanz der Gegebenheiten) (Bowles 2014, S. 482; Hirschmann 1970, zitiert nach Neuhäuser 2011, S. 72). Dabei kommt es bei den Mitarbeiten zu einem aktiven Abwägungsprozess. Sollten die persönlichen Kosten der einen oder anderen Option (zum Beispiel Verlust des Arbeitsplatzes, ständige Diskussionen mit dem Chef), im Verhältnis zu den Gewinnen (Ruhe, regelmäßiges Einkommen, soziale Sicherheit) für den individuellen Akteur zu hoch sein, kann kaum erwartet werden, dass sich der Mitarbeiter für einen negativen Nutzen entscheidet (Neuhäuser 2011, S. 72 f.). Mithin entscheiden sich viele Mitarbeiter für die Loyalität („Mund halten und weiterarbeiten") und passen sich auch einer Unternehmens- und Führungskultur an, die Veränderungen aktiv ablehnt bzw. nicht fördert.

Durch die vorherrschende Kultur des Unternehmens und den damit verbundenen Konformitätszwang wird der individuelle Akteur durch die Organisation in seiner Entscheidungs- und Handlungsfreiheit limitiert (Neuhäuser 2011, S. 73, 133; Wieland 2005, S. 154). Die individuellen Akteure lassen sich bereitwillig auf diese Limitierung ein, da sie sich durch den Beitritt in Unternehmen eine Erhöhung ihrer eigenen Erträge (unter anderem Arbeitseinkommen) erwarten (Homann 1995, S. 5; Wieland 2005, S. 154; 2007, S. 57).

Die Mitarbeiter versuchen, eine Kohärenz, Harmonie, Konsistenz, Kongruenz zwischen ihren eigenen Überzeugungen und denen des Unternehmens herzustellen, um zu einer inneren Harmonie zu finden (Festinger 1957, S. 260 zitiert nach Neuhäuser 2011, S. 81). Die Anpassung der „falschen" an die „wahren" Überzeugungen ist für die Mitarbeiter aber aufgrund von Zwängen, kulturellen Rahmenbedingungen bzw. allgemeinen Überzeugungen nicht einfach und resultiert nicht selten darin, dass eigene Überzeugungen ex post angepasst werden bzw. für falsch gehalten werden (Festinger 1957, S. 4–9, 21–24 zitiert nach Neuhäuser 2011, S. 81). Dieser Anpassungsprozess basiert auf Rationalisierungen und unbewussten Manipulationen der eigenen Überzeugungen, die nur in Ausnahmefällen unwiderruflich feststehen (Festinger 1957, S. 265 zitiert nach Neuhäuser 2011, S. 81; Williams 1986, S. 16). Gerade neue Mitarbeiter orientieren sich in ihrem Verhalten regelmäßig an Mitarbeitern, die der Organisation lange angehören, und übernehmen pragmatisch Überzeugungen von Menschen, die sie in der neuen Organisation umgeben (Neuhäuser 2011, S. 82, 159).

► Innerhalb von Organisationen sind individuelle Akteure somit nur dann zu 100 % loyal, auch in Bezug auf ihre eigenen Überzeugungen, wenn sie von der nach Hirschmann beschriebenen „Exit-Option" (= Kündigung) frei von größeren Schwierigkeiten Gebrauch machen können und die Organisation verlassen oder die „Voice-Option" frei von nachteiligen Folgen nutzen können, um ihre Meinung zu äußern (Neuhäuser 2011, S. 168).

Es ist in unserem Wirtschaftssystem unwahrscheinlich, dass die Exit-Option ohne negative Konsequenzen genutzt werden kann. Dies ist nur anzunehmen, wenn der Mitarbeiter bereits eine neue Arbeitsstelle gefunden hat und somit dem Chef „die ungefilterte Meinung" sagen kann. Im Ergebnis sollten sich die Unternehmer auf die „Voice-Option" konzentrieren und eine Unternehmens- und Führungskultur schaffen, die sich an Merkmalen von Au und Keller orientiert.

10.3 Was müssen Unternehmer und Führungskräfte tun?

10.3.1 Mut zur Veränderung

Die eigene Denkweise zu verändern, erfordert vor allem eins: Mut. Den eigenen Weg zu verlassen, ruft schnell Kritiker und Zweifler hervor. Rasch werden Gründe gefunden, warum etwas nicht funktionieren wird, anstatt den Fokus auf die Chancen zu richten. Um dennoch Veränderungsbereitschaft etablieren zu können, kommt dem Wert Vertrauen eine zentrale Bedeutung zu. Und das im doppelten Sinne. Sich selbst zu vertrauen, aber auch das Vertrauen in die Mitarbeiter, dass diese den Weg „mitgehen".

Ein weiterer wichtiger Aspekt ist das Vertrauen der Mitarbeiter in die Führungskräfte und Unternehmensleitung, dass die Veränderung gut für das Unternehmen ist und die Umsetzung gut abgewickelt wird. Vertrauen ist ein wichtiger Baustein in der werteorientierten Unternehmensführung. Zugegeben: Vertrauen muss wachsen. Es muss genährt und gegossen werden, um Früchte zu tragen. Aber bestehendes Vertrauen kann Berge versetzen.

Gerade junge Mitarbeiter sind oft überrascht, wie sie mit Vertrauen und Zuspruch über sich hinauswachsen, wenn sie die Chance haben, bereits früh Verantwortung zu übernehmen und sich in Bereiche einzuarbeiten, die den Mitarbeitern und ihren Talenten liegen. Und sollte einmal ein Fehler passieren, so ist dieser als Chance zu sehen, etwas zu lernen und diesen Fehler kein zweites Mal zu machen.

► Dieser Begriff wird nach Kabat-Zinn (2006, S. 18) wie folgt definiert: „Achtsamkeit beinhaltet, auf eine bestimmte Art und Weise aufmerksam zu sein: bewusst im gegenwärtigen Augenblick und ohne zu urteilen." „Sind wir achtsam, ist unsere Aufmerksamkeit nicht in Vergangenheit oder Zukunft verstrickt, und wir urteilen oder weisen nicht zurück, was im Moment geschieht. Wir sind präsent." (Germer 2009, S. 17)

Glomb hat durch seine empirischen Untersuchungen belegt, dass die Prozesse der Achtsamkeit diverse positive Auswirkungen innerhalb von Unternehmen generieren (Glomb et al. 2011, S. 128, zitiert nach von Au und Seidel 2017, S. 12). Dazu gehören unter anderem:

1. Verbesserte Entscheidungsfindung und Kommunikation
2. Bessere Problemlösungen und verbesserte Konzentration
3. Effektivere Nutzung sozialer Systeme
4. Verringertes antisoziales Verhalten
5. Positives Führungsverhalten
6. Zielorientiertes Handeln
7. Verbesserte Aufgabenerfüllung
8. Verbesserte Lernerfolge
9. Erhöhte Jobzufriedenheit
10. Gesteigertes Commitment in der Organisation
11. Weniger voreingenommene Entscheidungsfindungen
12. Weniger Frustration und weniger negative Emotionen

Vor dem Hintergrund der genannten Auswirkungen nach Glomb sind die Vorteile der Achtsamkeit im Rahmen der Change Communication schon fast offensichtlich.

10.3.2 „Man muss Menschen mögen" – Auswirkungen der Achtsamkeit im Rahmen der Change Communication

Erfolgreiche Change-Kommunikatoren benötigen neben der Achtsamkeit auch Authentizität und eine grundlegende Begeisterung für Menschen und die damit verbundenen unter anderem emotionalen Abläufe sowie die Bereitschaft, die damit einhergehenden Unsicherheiten zu ertragen. Ferner ist ein hoher Grad an Rationalität notwendig, um die Komplexität von Veränderungen inhaltlich bewältigen zu können (Deutinger 2017, S. 12).

Diese Ausführungen zeigen, dass die Kommunikation von Veränderungen dazu dient, die Mitarbeiter zu aktivieren und zu motivieren. Dies passt auch zu den Erkenntnissen einer Studie von Capgemini. „Die meist doch anfänglich wegschauenden Betroffenen überhaupt einmal zu bewegen und dann auch auf das Neuartige einzuschwören, ist eine Mammutaufgabe. Mit der Veränderung so richtig in Schwung zu kommen und außerdem die vielfältigen Einverständnisse abzuholen, ist ein Riesending. Das ganze Vorhaben auf viele Beine zu stellen und überdies die bekannte träge Masse in die gewünschte Richtung zu bewegen, ist ein Monsterberg." (Bosch o.J., S. 12)

Diese Aussage und die Ausgangssituation der „wegschauenden Betroffenen" zeigt nochmals eindrucksvoll, wie festgefahren und gehemmt viele Mitarbeiter agieren, wenn die Organisation sich im Autopilot befindet und keine Achtsamkeitskultur vorliegt. Dies deckt sich auch mit den Aussagen von Fleig aus dem Bereich der Neuropsychologie: „Wenn Mitarbeiter gegen Veränderungen in ihrem Arbeitsbereich sind, hat das gute Gründe. Sie haben die bestehenden Strukturen und Routinen fest in ihrem Unterbewusstsein verankert; dort wo Ängste und Instinkte ebenfalls zuhause sind. Wenn sie das ändern sollen, ist es mit Pein verbunden." (b-wise GmbH o.J.) Deshalb müssen durch eine Kultur der

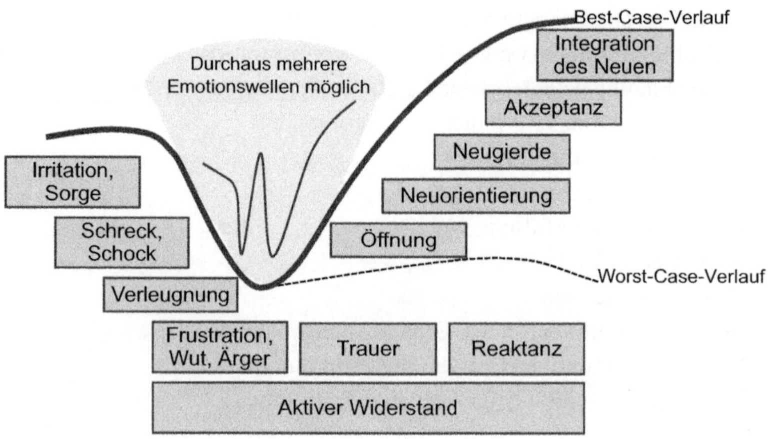

Abb. 10.1 Modell der Sterbebegleitung nach Kübler-Ross. (Quelle: Deutinger 2017, S. 50)

Achtsamkeit die Strukturen und Routinen der Mitarbeiter im Idealfall von Anfang an auf Weiterentwicklung, Offenheit, Flexibilität und Wertschätzung „programmiert" werden.

Die Hirnforschung verdeutlicht in diesem Zusammenhang den aktiven Abwägungsprozess der Mitarbeiter bei Veränderungen: „Der Gewinn aus der Veränderung, [muss] doppelt so groß sein, wie der bisherige, bevor sich überhaupt etwas Richtung ‚neue Ufer' bewegt." (Aichinger 2014) Nur zehn Prozent der Mitarbeiter innerhalb einer Organisation sehen dies anders (Aichinger 2014). Auch hier gilt analog, das „Bisherige" ist die Unternehmens- und Führungskultur im Unternehmen und hier muss jeder Unternehmer ansetzen, damit das „Bisherige" aktivitätsfördernd und nicht destruktiv erhaltend ist. Die Reaktion auf Veränderungen lässt sich häufig anhand des folgenden Modells nach Kübler-Ross nachvollziehen (Abb. 10.1).

Dieses Modell muss nicht zwingend immer in dieser Form zutreffen, trotzdem verdeutlicht es anschaulich, dass der Aufwand bei der Umsetzung von Veränderungen erheblich ist und dass dieser nur reduziert werden kann, wenn die Ausgangssituation (Unternehmens- und Führungskultur) die initiale Irritation/Sorge vermeidet bzw. auf ein Minimum reduziert.

10.3.3 Scheitern ist erlaubt

Das Erproben neuer Geschäftsmodelle und Wege bringt zwangsweise mit sich, dass Produkte und Dienstleistungen auch scheitern werden. Hier ist es Aufgabe der Unternehmer und Führungskräfte, die Mitarbeiter darin zu stärken, sich davon nicht abschrecken zu lassen. Nur so kann Fortschritt entstehen. Wichtig ist dabei, Verantwortung für das eigene Handeln zu übernehmen. Dies ist ein Schritt, der viel Vertrauen braucht – bewusst zu den eigenen Entscheidungen zu stehen, Rückgrat zu beweisen und sich nicht wie das gerne benannte „Fähnchen im Wind" immer in die Richtung des Windes zu drehen.

Um den Mut zu haben, im Unternehmen die Verantwortung für das eigene Handeln zu tragen, egal ob als Unternehmer, Führungskraft oder Mitarbeiter, ist eine funktionierende Fehlerkultur nötig. Und diese lässt sich nur mit Vertrauen, Offenheit, Wertschätzung und Transparenz etablieren.

Der Wettbewerb wird in Zukunft nicht primär über Produkte und Dienstleistungen ausgetragen, sondern durch den Kampf um gute Mitarbeiter. Wie wäre der Effekt, wenn der Arbeitgeber seinen Mitarbeiter wie einen Kunden betrachten und ebenso behandeln würde? Würde die Identifikation des Arbeitnehmers mit dem Unternehmen steigen? Jeder Mitarbeiter hat Erwartungen und Bedürfnisse, aber auch die Möglichkeit zu wählen, bei welchem Unternehmen er angestellt sein möchte und wer ihn führen soll. Die Arbeitsleistung eines jeden Mitarbeiters macht den Unternehmenserfolg aus. Denn wo wäre ein Unternehmen ohne seine Mitarbeiter? Unerlässlich ist der Dialog zwischen Unternehmen bzw. Führungskraft und Mitarbeiter. Der ehrliche Austausch über Erwartungen und Wünsche, gegenseitiger Respekt und Wertschätzung sind die Grundpfeiler für eine langfristige, loyale und authentische Zusammenarbeit.

10.4 Bei der Veränderung passieren Fehler

Bei allen Bemühungen, seinen Job gut auszuführen – sowohl auf Mitarbeiterseite, als auch auf der Seite der Führungskräfte und Unternehmer – passieren Fehler. Denn wo Menschen arbeiten, passieren Fehler einfach. Niemand ist perfekt. Und auch, wenn nicht sogar gerade in Situationen, in denen wir uns besonders bemühen, keine Fehler zu machen, kommt es immer wieder zu Missgeschicken. Das lässt sich nicht vermeiden. Selbstverständlich ist es möglich, durch entsprechende Maßnahmen die Fehlerrate zu minimieren. Sei es durch Fortbildungen, durch Qualitätsmanagementprozesse oder dadurch, dass Stress am Arbeitsplatz reduziert oder ganz eliminiert wird. Denn die häufigsten Ursachen für menschliches Versagen sind Stress und Müdigkeit.

Sind Fehler erst einmal passiert, gibt es zwei Möglichkeiten, mit ihnen umzugehen: Man akzeptiert oder tabuisiert sie. Letzteres ist nicht der zielführendste Weg. Zum einen passieren Fehler auch dort, wo Sanktionen drohen, und zum anderen haben die, denen dann doch ein Missgeschick passiert, Angst, dies zuzugeben. Fehler dürfen kein Tabuthema sein, und sie dürfen auch keine Ängste auslösen. Ein kleines Versehen, das einfach zu korrigieren wäre, kann durch Vertuschung und Ignoranz fatale Folgen haben. Somit ist es ein Schritt in die richtige Richtung, wenn die Arbeitnehmer ihre Fehler „beichten" können, ohne Angst vor Konsequenzen oder gar vor dem Verlust des Jobs haben zu müssen. Dies führt im besten Fall zu einer konstruktiven Fehlerkultur. Versetzen Sie sich in Ihre Mitarbeiter hinein und versuchen Sie, die Ängste zu verstehen. Jeder hat Angst seinen Job zu verlieren, und jeder kennt Schicksale aus dem privaten Umfeld, die diese Ängste schüren.

Wie sollten Sie als Führungskraft oder Unternehmer mit Ihren eigenen Fehlern umgehen? Natürlich gilt die Redewendung „nur diejenigen, die nichts machen, machen nichts falsch" auch für Sie. Es ist Ihre Aufgabe, mit gutem Beispiel voranzugehen und Fehler offen zu kommunizieren. Nichts vergiftet das Klima eines Unternehmens mehr, als ein Vorgesetzter, der stets seine eigenen Mitarbeiter beschuldigt, Fehler gemacht zu haben, und selbst angeblich immer alles richtig macht.

Auf der anderen Seite kann sich das klare und bewusste Eingestehen von Fehlern anhaltend positiv auf die Moral und die Motivation auswirken. Geben Sie klar und unmissverständlich Ihre eigenen Fehler, Irrtümer und Fehleinschätzungen zu und erläutern Sie diese, wenn es notwendig ist. Beobachten Sie danach einmal genau die Reaktionen Ihrer Mitarbeiter. In den meisten Fällen führt ein solches Handeln zu einer höheren Souveränität und Glaubwürdigkeit bei den Mitmenschen.

Die ehrliche Äußerung der eigenen Meinung ist in einer offenen Konflikt- und Unternehmenskultur gewünscht und gewollt. Dabei dürfen Sie eines nicht vergessen: Wahrheit kann auch wehtun. Dabei sind Führungskräfte und Unternehmer auf ein ehrliches Feedback ihrer Mitarbeiter angewiesen. Ein ehrliches, ungefiltertes und geradeheraus geäußertes Feedback kann für beide Seiten schwierig sein. Aber vergessen Sie nicht: Nehmen Sie die Aussage nicht persönlich.

Sie werden nicht als Privatperson angesprochen, sondern in Ihrer Rolle als Unternehmer oder Führungskraft. Und dabei gilt: Das Ego hat im Unternehmen nichts zu suchen.

10.5 Umsetzung innerhalb einer Organisation

Die Kommunikation der achtsamen Unternehmens- und Führungskultur muss grundsätzlich durch das Top-Management adaptiert und authentisch vorgelebt werden. Im gegenteiligen Fall bleiben die beschriebenen Ansätze ambitioniert, aber wirkungslos.

Hierbei liefert ein Blick auf die US-Politik durchaus interessante Erkenntnisse. So wurden Barack Obama im Rahmen seiner ersten Wahlkampagne hervorragende Führungsqualitäten bescheinigt. Die Führungsqualitäten wurden nach Tabrizi (o.J.) mit den folgenden Attributen verknüpft:

1. Authentizität,
2. Ehrlichkeit,
3. Erziehung,
4. Fähigkeit, andere zu mobilisieren,
5. Erfahrung,
6. effektive Kommunikation,
7. Fähigkeit zuzuhören und
8. Außenseiterstatus.

Mit Ausnahme des Punktes 8 ist diese Auflistung sicherlich ein Paradebeispiel und eine Orientierungshilfe für aktuelle Unternehmensführungen, nach diesen Attributen zu streben, um die Akzeptanz von Werten innerhalb der eigenen Mitarbeiterschaft zu erhöhen.

Nach von Imhoff ist im Anschluss an die Festlegung der Werte innerhalb der Unternehmensführung die Kommunikation an die Führungskräfte erforderlich (von Imhoff 2011, S. 126). Daraufhin erfolgt die Kommunikation mit sämtlichen Mitarbeitern. Die Kommunikation an alle Mitarbeiter sollte direkt durch die Unternehmensführung erfolgen. Nur so kann die notwendige Glaubwürdigkeit erzeugt und breite Akzeptanz geschaffen werden (von Imhoff 2011, S. 126). Als Schlüsselbotschaft werden die beschriebenen Werte selbst verwendet (von Imhoff 2011, S. 126). Dabei ist darauf zu achten, dass die Mitarbeiter diese Werte als Unternehmens-DNA verstehen. Unterstützend können darauf aufbauend Leitfäden zur weiteren Akzeptanz erstellt werden (von Imhoff 2011, S. 126). Bei der Formulierung der Werte ist auf eine adjektivische Form zu achten, damit die Mitarbeiter diese Werte als Selbstverständlichkeit empfinden und die Umsetzung der Werte in ihrem eigenen Verantwortungsbereich verorten. Konkret bedeutet dies:

1. „Der Wert ist allein in Verbindung mit einer Person denkbar (Subjekt: ‚Ich', ‚Du', ‚Wir').
2. Der Wert wirkt spezifisch in jeder Situation (Präsenzformen des Verbs sein: ‚Ich bin [achtsam]', ‚Wir [gehen wertschätzend miteinander um]').
3. Alle Mitarbeiter sind den Werten gleichermaßen verpflichtet (Adjektiv ändert sich nicht durch Deklination)" (von Imhoff 2011, S. 126).

► Es ist wichtig, dass die Werte kontinuierlich geprägt werden. In Abhängigkeit von der Unternehmensgröße sollte gerade bei größeren Unternehmen eine Evaluierung (zum Beispiel durch Fragebögen, Workshops etc.) erfolgen. Denn in größeren Unternehmen ist der persönliche Kontakt der Unternehmensführung regelmäßig nicht ausreichend, um zu beurteilen, ob die Werte auch wirklich in der gelebten Realität angekommen sind. In kleinen und mittelständischen Unternehmen ist dies im täglichen Umgang deutlich einfacher zu beurteilen.

10.5.1 Den Wandel kleinteilig gestalten

Für die erfolgreiche Umsetzung der Change Communication sind einige Elemente außerordentlich wichtig: Machen Sie die Betroffenen zu Beteiligten und beziehen Sie Ihre Mitarbeiter aktiv in die Gestaltung des Veränderungsprozesses ein. Dadurch werden Ihre Mitarbeiter zu Gestaltern des Unternehmenswandels. Hierfür müssen Sie die Mitarbeiter vom Nutzen der Veränderung überzeugt haben, denn die Veränderungsbereitschaft der Mitarbeiter ist die Ausgangsbasis für einen erfolgreichen Change-Prozess. Von Anfang an müssen Sie mit Ihren Mitarbeitern kommunizieren und ihnen erklären, worum es in dem Veränderungsprozess geht, und es muss ein Maßnahmenplan vorgestellt werden. Setzen

Sie keine unrealistischen Ziele, denn wenn man denkt, Change in großen Schritten umsetzen zu können, läuft man Gefahr, alle zu überfordern und damit das genaue Gegenteil zu erreichen. Ein Beispiel aus einem bekannten Kinderbuch verdeutlicht eine perfekte Vorgehensweise.

Beispiel

Viele werden sich an den Straßenkehrer Beppo aus dem Buch „Momo“ von Michael Ende erinnern. Er erzählt die Geschichte, dass man manchmal eine sehr lange Straße vor sich hat. Man denkt, die ist so schrecklich lang; das kann man niemals schaffen. Man darf nie an die ganze Straße auf einmal denken. Man muss nur an den nächsten Schritt denken, an den nächsten Atemzug, an den nächsten Besenstrich. Und immer wieder nur an den nächsten. Dann macht es Freude; das ist wichtig, dann macht man seine Sache gut. Und so soll es sein. Und auf einmal merkt man, dass man Schritt für Schritt die ganze Straße gekehrt hat. Man hat gar nicht gemerkt, wie, und man ist nicht außer Puste.

10.5.2 Praxisbeispiele

Abschließend wird anhand verschiedener konkreter Handlungsbeispiele einer Steuerberatungskanzlei gezeigt, wie Wandel abseits des beruflichen Alltags und der Routinen stimuliert werden kann:

Grundkurs Philosophie

Hier wird keineswegs über Kant und Hegel philosophiert. Vielmehr wird hier ganz Grundsätzliches besprochen. Zum Beispiel die Frage, warum man als Steuerkanzlei eigentlich Abschlüsse macht. Die Frage mag einem im ersten Moment suspekt vorkommen. Aber im operativen Alltag nehmen wir viel zu oft hin, dass wir das machen, was wir immer machen. Weil es so ist, immer so war und wahrscheinlich immer so sein wird. Und genauso lauteten auch die Antworten der Mitarbeiter. Von „Weil wir es müssen“, „Weil das Gesetz es vorgibt“ bis hin zu „Weil der Mandant es verlangt“ waren die Antworten auf meine gestellte Frage. Diese Schleife des bedingungslosen Abarbeitens gilt es aufzubrechen, die Perspektive zu wechseln und anders zu denken. Erstaunlich und erschreckend zugleich, dass keiner der Mitarbeiter geantwortet hat, „Weil es Spaß macht“. Sollten wir nicht Freude an dem haben, was wir Tag für Tag tun und womit wir unser Geld verdienen? Ist Spaß an der Arbeit zu haben, so abwegig?

Business Cake

Selten geschrieben, aber jedem bekannt. Das Essen nimmt bei Veranstaltungen und Terminen eine wichtige Rolle ein. Somit wurde die Idee geborgen, ein Format zu entwickeln, welches auf kreative und spielerische Art Aufgaben löst, die explizit nichts mit dem Steuerrecht zu tun haben. Diese Aufgaben beschäftigen sich eher mit Konzentrationsfähigkeit, den verschiedenen Möglichkeiten des Miteinander-Arbeitens und dem Thema der Kommunikation. Im Anschluss an die – im besten Fall bewältigte – Aufgabe werden beim gemeinsamen Kaffee und Kuchen das eigene Handeln und die Zusammenarbeit reflektiert. Dies hat den großen Vorteil, dass das Erlernen von Veränderung als ein positiver Prozess wahrgenommen wird.

Business Lunch
Viele Unternehmer und Führungskräfte bewerten Einzelgespräche mit Mitarbeitern gemeinhin höher als Informationen, die an eine ganze Gruppe weitergegeben werden. Allerdings sind die Themen, die in solchen Einzelgesprächen besprochen werden, sehr unterschiedlich. Viele Mitarbeiter empfinden die Informationen über große und kleine Themen in großer Runde als sehr wichtig, um allen einen komplett gleichen Wissensstand zu vermitteln. Daher könnte man dazu übergehen, bis zu vier Mal im Jahr über strategische Veränderungen im Unternehmen zu berichten. Konkret gesprochen: ein 20-minütiger Vortrag über aktuelle Themen und Neuerungen und ein anschließendes gemeinsames Mittagessen.

Literatur

Aichinger, H. (2014). Wider liebe Gewohnheiten. http://derstandard.at/2000006333657/Wider-liebe-Gewohnheiten. Zugegriffen: 8. Sept. 2017.

von Au, C. (2017). Leadership Statements der Beitragsautoren. In C. von Au (Hrsg.), *Eigenschaften und Kompetenzen von Führungspersönlichkeiten – Achtsamkeit, Selbstreflexion, Soft Skills und Kompetenzsysteme* (S. IX–XI). Heidelberg: Springer.

von Au, C., & Seidel, A. (2017). Achtsamkeit als grundlegende Führungskompetenz. In C: von Au (Hrsg.), *Eigenschaften und Kompetenzen von Führungspersönlichkeiten – Achtsamkeit, Selbstreflexion, Soft Skills und Kompetenzsysteme* (S. 2–25). Heidelberg: Springer.

b-wise GmbH (o. J.). *Change-Management – Mit Neurowissenschaft Mitarbeiterverhalten ändern*. http://www.business-wissen.de/organisation/change-management-mitneurowissenschaft-mitarbeiterverhalten-aendern/die-aufmerksamkeit-auf-neue-verhaltensweisen-lenken/. Zugegriffen: 12. Sept. 2017

Bosch, T. (o. J.). *Change Management Studie 2010*. http://wirkt.de/wp-content/uploads/Change_Management_Studie_2010.pdf. Zugegriffen: 12. Sept. 2017, S. 12

Bowles, S. (2014). Welche Güter sollen in Märkten gehandelt werden? – Was Märkte können – und was nicht. In L. Herzog & A. Honneth (Hrsg.), *Der Wert des Marktes – Ein ökonomisch-philosophischer Diskurs vom 18. Jahrhundert bis zur Gegenwart* (S. 470–484). Berlin: Suhrkamp.

Deutinger, G. (2017). *Kommunikation im Change – Erfolgreich kommunizieren in Veränderungsprozessen* (2. Aufl.). Berlin: Springer.

Festinger, L. (1957). *A theory of cognitive dissonance*. Stanford: Stanford University Press.

Germer, C. K. (2009). Achtsamkeit. In C. K. Germer, D. Siegel & P. R. Fulton (Hrsg.), *Achtsamkeit in der Psychotherapie* (S. 15–49). Freiamt im Schwarzwald: Arbor.

Glomb, T. M., Duffy, M. K., Bono, J. E., & Yang, T. (2011). Mindfulness at work. *Research in Personnel and Human Resources Management*, *30*, 115–157.

Hirschmann, A. O. (1970). *Exit, voice, and Loyality. Responses to decline in firms, organizations, and states*. Cambridge: Harvard University Press.

Homann, K. (1995). *Gewinnmaximierung und Kooperation – Eine ordnungsethische Reflexion*. Kieler Arbeitspapiere Nr. 691. Kiel: Institut für Weltwirtschaft an der Universität Kiel.

Horton, G. (o. J.). *Beispiele für disruptive Innovation*. http://www.zephram.de/blog/innovation/disruptive-innovation-beispiele/. Zugegriffen: 24. Sept. 2017

von Imhoff, V. (2011). Werte – dafür stehen wir. In C. Harringer & H. Maier (Hrsg.), *Change Communications Jahrbuch 2010* (S. 123–133). Heidelberg: Springer.

Kabat-Zinn, J. (2006). *Zur Besinnung kommen. Die Weisheit der Sinne und der Sinn der Achtsamkeit in einer aus den Fugen geratenen Welt*. Freiburg: Arbor.

Neuhäuser, C. (2011). *Unternehmen als moralische Akteure*. Berlin: Suhrkamp.

Schulze, H., & Sejkora, K. (2017). Wertschätzende Führung durch Beziehungsgestaltung mit „Landkarten" aus der Transaktionsanalyse. In C. von Au (Hrsg.), *Eigenschaften und Kompetenzen von Führungspersönlichkeiten – Achtsamkeit, Selbstreflexion, Soft Skills und Kompetenzsysteme* (S. 91–116). Heidelberg: Springer.

STRÖER Media Brands AG (o. J.). *iPhone für Nokia ein Nischenprodukt*. http://www.giga.de/extra/iphone-fur-nokia-ein-nischendrodukt/. Zugegriffen: 24. Sept. 2017

Tabrizi, B. (o. J.). *„Why Obama is the Best Qualified Change Leader for Our Country"*. http://asianamericansforobama.typepad.com/home/files/tabrizi_korea_times_2.22.08%20-%20English.pdf. Zugegriffen: 14. Sept. 2017

Taubald, H. (2016). *Der Chef ist nicht allein für den Wandel verantwortlich*. Harvard Business Manager, Sonderheft 2016..

Wieland, J. (2005). *Normativität und Governance – Gesellschaftstheoretische und philosophische Reflexionen der Governancethik*. Marburg: Metropolis.

Wieland, J. (2007). *Die Ethik der Governance* (5. Aufl.). Marburg: Metropolis.

Williams, B. (1986). *Der Begriff der Moral – Eine Einführung in die Ethik*. Stuttgart: Reclam.

Prof. Dr. Dr. habil. Clemens Jäger ist Professor und Dekan an der FOM Hochschule für Oekonomie und Management in Essen. Ferner doziert er langjährig an Hochschulen und Universitäten in Australien, Bosnien, den Niederlanden, Spanien und Ungarn. In seinen Funktionen verantwortet er diverse nationale und internationale Kooperationen zwischen Unternehmen und Hochschulen. Speziell die Pflege und kontinuierliche Weiterentwicklung dieser Kooperationen ist eines seiner primären Betätigungsfelder. Im Rahmen seiner forschenden Tätigkeit beschäftigt sich der studierte Wirtschaftswissenschaftler und Informatiker unter anderem mit Frühwarnindikatoren im Rahmen der Restrukturierung und Sanierung von Unternehmen.

Nicolai Müller ist Steuerberater, zertifizierter Mediator und geschäftsführender Gesellschafter bei der Dr. Müller, Hufschmidt Steuerberatungsgesellschaft mbH und der Clever Führen GmbH. Mit der Plattform „Jobsuche Niederrhein" etabliert er derzeit ein regionales Arbeitgeberportal. Zudem ist er Mitherausgeber des Buches „WERTEorientierte Führung von Familienunternehmen". Sein Credo: Man muss Menschen mögen.

11 Feelgood-Manager – Pausenclown oder Wertschöpfungsfaktor?

Jessica Lange

11.1 Relevanz des Feelgood-Managements

Hinter Kündigungen und hohen Krankenständen stecken oft emotionale Gründe, die im Unternehmen selbst liegen und auch nur von innen heraus behoben werden können. Dazu zählen ein *Nichtzurechtkommen mit dem direkten Vorgesetzten oder dem generellen Führungsstil im Unternehmen, keine Empfindung der persönlichen Wertschätzung der Person, das Gefühl, nicht ins Team oder sogar ins Unternehmen zu passen (fehlender persönlicher Fit mit Unternehmenskultur) oder das Fehlen von Entwicklungsmöglichkeiten (keine Selbstverwirklichung möglich)*. Laut der Studie „Fast Forward 2030“[1] werden im Jahr 2030 die wesentlichen Faktoren eines Jobs nicht mehr das Gehalt oder die Sicherheit des Arbeitsplatzes sein, sondern der Sinn der eigenen Arbeit, das Arbeitsumfeld, das Betriebsklima, die Unternehmenskultur, die Unternehmenswerte sowie das Wohlfühlen im und die Freude am Job (vgl. Andrew et al. 2016, S. 1–3).

Viele Anreizsysteme im Personalbereich sind aber noch auf die „alten“ Motivationsfaktoren Gehalt und Sicherheit ausgerichtet und müssen jetzt angepasst werden. Einhergehend mit diesen zukünftigen Anforderungen an die Ausgestaltung des Arbeitens ändern sich die grundsätzlichen Strukturen auf dem Arbeitsmarkt. Neben dem medial bereits häufig „angedrohten“ und inzwischen für viele Branchen spürbaren *Fachkräftemangel* sehen sich Unternehmen mit einem Wandel vom *Arbeitgeber- zum Arbeitnehmermarkt* konfrontiert. Die begehrten Fachkräfte (High Potentials) können sich ihren Arbeitgeber zunehmend aussuchen und hohe Anforderungen an die Arbeitsbedingungen stellen. Un-

[1] Für diese Studie wurden im Jahr 2016 in Asien, Europa und Nordamerika insgesamt 220 Führungskräfte, internationale Experten und junge Personen befragt.

J. Lange (✉)
WERTEmanagement Dr. Jessica Lange
Hamburg, Deutschland
E-Mail: info@wertemanagement-lange.de

M. H. Dahm und S. Thode (Hrsg.), *Strategie und Transformation im digitalen Zeitalter*, FOM-Edition, https://doi.org/10.1007/978-3-658-22032-7_11

ternehmen suchen nun nach Alleinstellungs- und Attraktivitätsmerkmalen nicht nur auf dem Absatzmarkt, sondern auch auf dem Arbeitsmarkt (vgl. Dederichs 2016, S. 26–27). Die *Arbeitgebermarke (Employer Branding)* wird zum Verkaufsargument bei Bewerbern, um sich im War for Talents eine gute Wettbewerbsposition zu sichern. Gerade ein Feelgood-Management bzw. eine gute Unternehmenskultur eignen sich als Unique Selling Proposition der Arbeitswelt. Denn während auch der Wettbewerber hohe Gehälter zahlen kann, ist eine gute Kultur nicht einfach imitierbar und nur langfristig zu erschaffen (vgl. Gesing und Weber 2017, S. 13–19).

Sowohl aufgrund der externen Forderungen von High Potentials als auch durch die Selbstreflexion der Unternehmen entstehen in der Wirtschaft neue, zukunftsfähige Arbeits- und Führungskonzepte (vgl. Gesing und Weber 2017, S. 3–4). Lean Management, Social Leadership, Empowerment oder New Work sind nur einige der neuen Begriffe, die diese Veränderungen zu beschreiben versuchen. Starre Hierarchien verschwinden zugunsten *neuer Organisationsformen mit stärkerer Gleichstellung, Mitbestimmung und Flexibilität.* Arbeitsräume sind nicht mehr durch standardisierte Büros und Großräume dominiert, sondern werden zu offen gestalteten „Lebensräumen" mit Lichtkonzepten, klugen Belüftungssystemen und Ruhemöglichkeiten. Das Bewusstsein für *Gesundheit,* das als grundsätzlicher gesellschaftlicher Trend ohnehin nicht mehr zu leugnen ist, endet nicht am Arbeitsplatz, sondern wird durch Fitnessräume und Möglichkeiten der gesunden Ernährung ausgedrückt. Auch Arbeitsinhalte und die Ausgestaltung von Stellen werden offen und neu gedacht. Der gesellschaftlich etablierte *„Sharing-Gedanke"* kommt auch in der Arbeitswelt an: Job-Sharing oder Co-Working Spaces werden zunehmend gefordert und genutzt. Dies schafft neue Möglichkeiten für Austausch und Work-Life-Balance.

Die *Digitalisierung* führt zu einer fortschreitenden Veränderung der Arbeitsstrukturen. Durch technologische Innovationen werden virtuelle Konferenzen, virtuelle Projektarbeit oder auch das Arbeiten von zu Hause aus möglich (vgl. Rump und Eilers 2013, S. 13–30). Auch die Nutzung von Freelancern in Kombination mit den eigenen Mitarbeitern wird durch die neue Vernetzung vereinfacht. Bildlich gesprochen werden Unternehmen räumlich damit vermehrt zu *„Oasen für digitale Nomaden"*. Um für diese Nomaden, die High Potentials sind und sowohl aus den eigenen Fachkräften als auch aus Freelancern bestehen, attraktiv zu sein, müssen Unternehmen etwas bieten. Gleichzeitig bleibt es für alle Mitarbeiter durch die zunehmend digitalen Kollegenbeziehungen ebenso wichtig, ihre sozialen Bedürfnisse zu befriedigen (vgl. Deutsche Gesellschaft für Personalführung 2015, S. 3–5). Wenn Mitarbeiter nicht jeden Tag gemeinsam im Büro verbringen, sind andere Maßnahmen notwendig, um ein *Wir-Gefühl und einen „Unternehmenszusammenhalt"* zu entwickeln. Hier sollte das Feelgood-Management ansetzen, um die Stimmung trotz räumlicher Distanz zu erhalten oder zu verbessern (vgl. Gesing und Weber 2017, S. 2–3).

In vielen Unternehmen ist außerdem *Kreativität* als Leistung zunehmend wichtiger für den Erfolg. Im Zuge der Globalisierung und der dynamischen Wachstums- und Wandelbewegungen werden stetige und schnelle Innovationen zwingend notwendig, um im Wettbewerb dauerhaft bestehen zu können. Dies wird mit dem Trend zur *Wissensgesellschaft* umso bedeutender. Die Wissensgesellschaft erhöht den „Wert" der Mitarbeiter. Ein

Unternehmen ist vermehrt nicht mehr auf die körperliche Kraft der Personen, sondern auf das Know-how, das sie besitzen, angewiesen: Das Wissen der Mitarbeiter wird zum Produktionsfaktor. Kreative Lösungen begeistern die Kunden und sichern das Renommee als lebendiges, lernendes Unternehmen. Um Kreativität zu fördern, sind extrinsische Motivatoren wie Gehalt oder Position jedoch oft ungeeignet. Kreative Prozesse werden durch intrinsische Faktoren wie Zufriedenheit, Vertrauen und Freiheit begünstigt. Für Kreativität ist es wichtig, dass die Mitarbeiter gerne zur Arbeit kommen und sich wohlfühlen. Freude an der Arbeit schafft Raum für freies Denken und Ideenreichtum. Ein Unternehmen, das Freiräume bietet und gleichzeitig ein Zugehörigkeitsgefühl entstehen lässt, bringt Mitarbeiter dazu, ihre volle Leistung fürs Team einzubringen und damit die Unternehmensentwicklung aktiv mitzugestalten. Während Mitarbeiter bei körperlichen Tätigkeiten oder einfachen Bürotätigkeiten noch mit begrenztem Aufwand ersetzt werden können, so ist dies bei ausgeprägten kognitiven Aufgaben nur mit hohem Aufwand oder bei Spezialwissen eventuell gar nicht in absehbarer Zeit machbar. Somit wird es zum strategischen Erfolgsfaktor eines Unternehmens, *Mitarbeiter mit notwendigem Wissen an das Unternehmen zu binden* (vgl. Gesing und Weber 2017, S. 19–20).

Die Bedeutung des Feelgood-Managements nimmt also aufgrund unterschiedlicher Entwicklungen zu. Dieser Bedeutungszuwachs lässt sich auch an der Umsetzung des Feelgood-Managements selbst in den Unternehmen ablesen. So wurde beispielsweise im Jahr 2013 vom *Fraunhofer Institut für Arbeitswirtschaft und Organisation* ein umfassendes Jobprofil entwickelt (vgl. Fraunhofer-Institut für Arbeitswirtschaft und Organisation 2013, S. 1–4), das Kompetenzen und Aufgaben eines Feelgood-Managers beschreibt. Im Jahr 2015 wurde der erste Berufsverband „Feel Good Management e. V." gegründet. Trotz dieser Entwicklungen ist Feelgood-Manager noch keine geschützte Berufsbezeichnung, und es existiert aktuell keine geregelte Aus- und Weiterbildung. Es gibt zwar einige private Anbieter, die inzwischen Ausbildungskonzepte zum Feelgood-Manager anbieten, jedoch unterscheiden sich diese hinsichtlich Umfang, Dauer und Qualität. So bieten manche Anbieter mehrtägige Crash-Kurse und andere umfassende, einjährige Ausbildungen an. Da die Ausgestaltung der Aufgabenstellungen des Feelgood-Managers ohnehin stark betrieblich bestimmt ist und daher variiert, ist zumeist eine Ausbildung on-the-job bzw. Learning by Doing zielführend und praxisorientierter. Dazu sollten sich Unternehmen aber die Unterstützung von externen Experten sichern (vgl. Gesing und Weber 2017, S. 23–29).

11.2 Was ist Feelgood-Management?

► **Feelgood-Management** bezeichnet sämtliche Maßnahmen im Unternehmen, die das Wohlergehen aller Mitarbeitenden bei gleichzeitiger Verbesserung und Steigerung der Arbeitsleistung unterstützen und fördern.

Das Feelgood-Management ist ein *neuer Ansatz* im Bereich des Personalmanagements. Als vorwiegend *interne Funktion* zielt es darauf ab, die *Bedürfnisse der Mitarbeiter* als wichtigste Ressource eines Unternehmens im heutigen Zeitalter von Dienstleistungen und Wissensmanagement zu berücksichtigen. Mit der Einführung eines Feelgood-Managements kann ein Unternehmen zeigen, dass es seine Mitarbeiter auf besondere Art und Weise wertschätzt und ihre Interessen respektiert. Feelgood-Management bedeutet eine *aktive Verantwortungsübernahme* für das Wohlbefinden eines jeden Mitarbeiters und zeigt ein verändertes Werteverständnis des Unternehmens an (vgl. Gesing und Weber 2017, S. 9–11). Das Wohlbefinden wird dabei inhaltlich weit ausgelegt und umfasst neben dem körperlichen auch das geistige und seelische Wohl der Belegschaft. Zentraler Zweck des Feelgood-Managements ist die *Anerkennung* der Mitarbeiter. Im Unternehmen sollen eine *gute Arbeitsatmosphäre und optimale Arbeitsbedingungen* geschaffen werden. Dazu wird vor allem eine *positive Unternehmenskultur* gefördert sowie eine Verbesserung der *internen Unternehmenskommunikation* und -prozesse angestrebt (vgl. Haas 2015, S. 133–139). Durch die Position eines Feelgood-Managers als *Ansprechpartner für alle Mitarbeiter* bei allen Anliegen im Unternehmen können Linienmanager von Kommunikationsaufgaben entlastet und auch Probleme mit dem direkten Vorgesetzten bei einer neutralen Stelle angesprochen werden. Die Problemkommunikation im Unternehmen wird koordiniert und an einer zentralen Stelle gebündelt. So können Missverständnisse und Gerüchte über den „Flurfunk" vermindert werden. Zum anderen dient der Feelgood-Manager als Sammelstelle für Anregungen, Ideen und Innovationen, die dann gemeinsam mit der Geschäftsleitung in strategische Maßnahmen übersetzt werden (vgl. Fraunhofer-Institut für Arbeitswirtschaft und Organisation 2013, S. 1–4). Mitarbeiter haben in ihren täglichen Arbeitsprozessen oft umfassende Informationen bzw. eine gute Grundlage für die Entwicklung konkreter Verbesserungsvorschläge. So kann beispielsweise ein Mitarbeiter erkennen, dass in der Kundenkommunikation eine gemeinsame Nutzung einer technischen Plattform aller am Prozess Beteiligten die Abstimmung verbessern und die Bearbeitung eines Auftrags verkürzen würde. Diese Ideen bzw. seine Verärgerung über die bisherigen Abstimmungsprobleme bespricht der Mitarbeiter mit dem Feelgood-Manager. Dieser nimmt den Vorschlag auf, bespricht sich darüber mit der Abteilungs- bzw. Geschäftsleitung, und anschließend wird eine Entwicklung einer solchen internen Kommunikationsplattform gemeinsam mit der IT-Abteilung, einem externen IT-Dienstleister und den betroffenen Mitarbeitern der Abteilung angestoßen.

11.3 Zielsetzungen und Erfolgswirkungen des Feelgood-Managements

Aus den Inhalten von Abschn. 11.1 lassen sich in Bezug auf das Feelgood-Management Zielsetzungen und Erfolgswirkungen ableiten (siehe Tab. 11.1).

Das Feelgood-Management soll ein Umfeld schaffen, in dem sich Mitarbeiter wohlfühlen und gerne ihre tägliche Arbeit ausführen. Das Arbeiten soll dazu in allen Bereichen nachhaltig verbessert werden: Unternehmenskommunikation, Unternehmenskultur, Mitarbeitergesundheit und einiges mehr. Es geht um eine *mensch-zentrierte Arbeitskultur,*

Tab. 11.1 Zielsetzungen und Erfolgswirkungen des Feelgood-Managements

Ansatzpunkt	Formen/Beispiele	Beitrag FGM
Arbeitnehmermarkt/ Fachkräftemangel	Arbeitgeberattraktivität wird Wettbewerbsfaktor, Schaffung Arbeitgebermarke, neue Forderungen der Bewerber	Ausdruck von Wertschätzung der Mitarbeiter, Förderung von attraktiver Unternehmenskultur
Neue Arbeits- und Führungskonzepte	Lean Management, Social Leadership, Empowerment, New Work, flache Hierarchien, Flexibilität/Agilität, Arbeitsraum = Lebensraum, Arbeitszeit = Lebenszeit, Job-Sharing, Co-Working	Stärkung Zusammenhalt und Wir-Gefühl (MA-Bindung), Berücksichtigung Mitarbeiterinteressen, Optimierung interne Kommunikation, Bearbeitung und Vermeidung von Konflikten
Digitalisierung	Homeoffice, virtuelle Konferenzen, virtuelle Netzwerke/Projekte mit Freelancern und anderen Unternehmen, Digital Leadership	Sicherstellung der Beachtung sozialer Bedürfnisse trotz räumlicher Trennung, Vermittlung zwischen Führung und Mitarbeitern bei Missverständnissen und Konflikten, Anpassung der internen Kommunikation an neue Erfordernisse
Wissensgesellschaft	Kreatives Denken als Wertschöpfungsfaktor, Mitarbeiter als Wissensträger wird wesentliche Ressource	Schaffung der passenden Arbeitsumgebung und Unternehmenskultur zur Förderung kreativer Prozesse

die die Mitarbeiter nicht nur als Produktionsfaktor versteht, sondern auch als Menschen wahrnimmt und deren Bedürfnisse ernstnimmt und erfüllt. Ein *gutes Betriebsklima* sorgt dafür, dass sich die Mitarbeiter bei ihrem Arbeitgeber wohlfühlen und ihre Tätigkeit gerne ausführen. Psychische Belastungen beispielsweise durch Depressionen, Burn-out oder Mobbing können präventiv verhindert werden. Die Folge sind geringere Krankenstände und eine größere Produktivität durch hohe Motivation (vgl. Haas 2015, S. 133–147). Eine optimierte *interne Kommunikation* vermeidet Missverständnisse, die das Betriebsklima und den Arbeitserfolg belasten. Zudem können unnötige Doppelarbeit oder Kompetenzunklarheiten verhindert werden. Eine *Optimierung der Prozesse* im Unternehmen führt dazu, dass die Potenziale der Mitarbeiter genutzt werden können und sich die Wettbewerbsposition des Unternehmens dauerhaft verbessert. Projekte und Produkte werden schneller oder besser erarbeitet und das trotz teilweise hohem Arbeitsvolumen mit positiver Stimmung (vgl. Gesing und Weber 2017, S. 24).

Ein *starkes Gemeinschaftsgefühl* und damit einhergehend eine *hohe Identifikation der Mitarbeiter* mit ihrem Arbeitgeber sorgen für eine hohe Mitarbeiterbindung und Loyalität. So können Fachkräfte im Unternehmen gehalten werden, und die Mitarbeiter werden zu kostenlosen und wirksam glaubwürdigen Botschaftern für das Unternehmen. Durch positive Mund-zu-Mund-Propaganda kann eine Sogwirkung für neue Fachkräfte und eine hohe Attraktivität für Kunden entstehen. Ein gutes Betriebsklima mit einem Wir-Gefühl der Belegschaft ist auch für die Kunden spürbar und macht ein Unternehmen als Geschäftspartner sympathisch. Zudem wird ein Mitarbeiter, der sich bei seinem Arbeitgeber wohlfühlt, dort angekommen ist und spürt, dass er als Person anerkannt wird, seinem Arbeitgeber etwas zurückgeben wollen. Er wird doppelt und intrinsisch bemüht sein, seine Aufgaben im Unternehmen zu erfüllen. Er möchte, dass es dem Unternehmen dauerhaft gut geht, und wird seinen Beitrag dazu von selbst aus Eigenmotivation leisten.

Die Erfolgswirkung eines Feelgood-Managements aus diesen Zielsetzungen lässt sich zwar nicht exakt messen, jedoch gibt es einige wahrscheinliche Indikatoren:

- Rückgang von Kündigungen
- Rückgang von Krankheitstagen
- Zunahme von Bewerbungen
- Zunahme von Initiativbewerbungen
- Zunehmendes Interesse von Freelancern
- Verbesserung des Arbeitgeberimages (zum Beispiel auf Bewertungsportalen wie kununu)
- Verbesserte Bewertung der Unternehmenskultur und der Mitarbeiterzufriedenheit in internen Mitarbeiterbefragungen

11.4 Aufgaben des Feelgood-Managers

Grundsätzlich hat ein Feelgood-Manager im Unternehmen ein vielseitiges Aufgabenprofil, das sich zumeist auch flexibel und dynamisch ändert. Ein Feelgood-Manager braucht daher immer einen hohen Grad an Flexibilität und Offenheit für Neues sowie den Mut, unbekannte Herausforderungen anzugehen. Da ein Feelgood-Manager dafür zuständig ist, die Unternehmenskultur zu verändern, muss er selbst veränderungsfähig (Können) und -bereit (Wollen) sein. Unternehmenskulturen sind fluide und unterliegen dauerhaften gesellschaftlichen Wandlungsbewegungen, auf die auch ein Feelgood-Manager stetig reagieren muss (vgl. Gesing und Weber 2017, S. 23–27).

► Oberstes Ziel der Aktivitäten eines Feelgood-Managers ist die körperliche, geistige und seelische Fitness der Mitarbeiter.

Der Feelgood-Manager gestaltet gemeinsam mit seinen Kollegen eine Arbeitsumgebung, in der sich alle wohlfühlen. Dies wird durch die Berücksichtigung von Mitarbeiterinteressen, einen intensiven Austausch zwischen Führungskräften und Mitarbeitern sowie die Verbesserung der Unternehmenskultur, internen Kommunikation und von Prozessen erreicht. Er löst Konflikte durch passende Methoden und versucht, diese zukünftig durch Optimierung der auslösenden Ursachen zu vermeiden. So verbessert er langfristig die interne Resilienz und Funktionsfähigkeit des Unternehmens (vgl. Haas 2015, S. 177–179). Der Feelgood-Manager ist Ansprechpartner für jeden Mitarbeiter bei jedem betrieblichen Anliegen. Er agiert dabei vertraulich, diskret und empathisch und nimmt die Rolle eines

Vertrauensmanagers ein. Mit Blick auf die Geschäftsführung ist der Feelgood-Manager die zentrale Schnittstelle zwischen Belegschaft und Führung. Er vertritt quasi als *interner Advokat* die Interessen der Mitarbeiter gegenüber der Geschäftsleitung und initiiert die Implementierung geeigneter Maßnahmen. Um den Zusammenhalt im Unternehmen zu stärken und eine Identifikation der Mitarbeiter mit ihrem Arbeitgeber zu bewirken, organisiert der Feelgood-Manager regelmäßig Gemeinschaftsevents. Diese fördern den Austausch und das Wir-Gefühl. Ziel ist eine Art familiäres Umfeld im Rahmen des Unternehmens. Der Mitarbeiter soll sich wohl, respektiert und angenommen fühlen (vgl. Bertram 2015, S. 16–21 sowie Fraunhofer-Institut für Arbeitswirtschaft und Organisation 2013, S. 1–4).

► Fachlich braucht ein Feelgood-Manager vor allem betriebswirtschaftliches und psychologisches Wissen.

Ein Feelgood-Manager braucht betriebswirtschaftliches Basiswissen, um die Anforderungen der Mitarbeiter mit geeigneten Maßnahmen zu verbinden und diese der Geschäftsführung zur Umsetzung vorzuschlagen. Es sind Grundlagenkenntnisse zu folgenden Themen nötig: Ablauf und Prozesse der betrieblichen Wertschöpfungskette, Aufbauorganisation und Ablauforganisation, Produktionsfaktoren, Buchführung und Bilanzierung, Grundlagen des Managements, Kostenrechnung, Controlling, Finanzierung und Investition, Marketing und Vertrieb, Beschaffung und Einkauf, Produktion sowie Personalmanagement. Im Bereich Personalmanagement, Kommunikation, betriebliches Gesundheitsmanagement, Change-Management sowie Führung sind besondere und vertiefte Kenntnisse für den Feelgood-Manager zur Erfüllung seiner umfassenden Aufgaben nötig.

Weil ein Feelgood-Manager größtenteils mit Menschen und menschlichen Problemen zu tun hat, sind für ihn auch Grundkenntnisse im Bereich Psychologie zielführend: kognitive Prozesse und Emotionen, Lernen, soziales Verhalten, Persönlichkeitsentwicklung, Meinungs- und Entscheidungsbildung sowie Gruppenbildung.

► Ein Feelgood-Manager muss sowohl vertrauenswürdig und feinfühlig sein als auch sachlich rational analysieren und argumentieren können. Er sollte authentisch und souverän auftreten. Trotz des kooperativen Stils braucht ein Feelgood-Manager eine natürliche Autorität, um Veränderungen und neue Strukturen zu schaffen. Trotz oftmals hoher Emotionalität der Betroffenen sollte seine Arbeitsweise ergebnis- und lösungsorientiert bleiben. Insgesamt ist die Tätigkeit als Feelgood-Manager sehr herausfordernd, sie vermittelt jedoch auch ein hohes Gefühl der Sinnstiftung.

Flexibilität und Offenheit sind für den Feelgood-Manager wichtig, da seine Aufgaben und Anforderungen sich häufig wandeln. Die Anliegen von Mitarbeitern können sehr unterschiedlich sein und den Feelgood-Manager täglich neu herausfordern. Die Aufgabe des Gesundheitsmanagements ist beispielsweise ganz unterschiedlich zur Organisation eines Firmenevents, und diese ist wieder anders als die Integration eines neuen Mitarbeiters.

Zudem ändern sich das Unternehmen, seine Kultur und seine Mitarbeiter durch gesellschaftlichen Wandel stetig, und auch der Feelgood-Manager muss für die Zukunftsfähigkeit seiner Aufgabenerfüllung bereit sein, stetig dazuzulernen. Es muss die Motivation bestehen, sich in neue Fachgebiete einzuarbeiten und sich dazu benötigte Wissensquellen selbstständig zu erschließen. Offenheit ist für einen Feelgood-Manager sehr wichtig, um unterschiedliche Wahrnehmungen und Meinungen von Mitarbeitern anzunehmen und sich auch für Themen einzusetzen, die bisher nicht bekannt waren oder nicht als wesentlich erachtet wurden. Ein Feelgood-Manager sollte tolerant gegenüber Meinungen und Sichtweisen sowohl von Mitarbeitern als auch von Führungskräften und Unternehmensleitung sein, und er sollte konstruktiv über diese sprechen, ohne zu werten. Offenheit hilft bei Veränderungen, innovativ in verschiedene Richtungen zu denken, um optimale Lösungen zu entwickeln (vgl. Hooking 2013).

Organisationstalent ist notwendig, sowohl um sich selbst im Arbeitsalltag zu organisieren als auch um Events und andere Maßnahmen im Unternehmen zu gestalten. Der Feelgood-Manager unterliegt in der Regel keinen direkten konkreten Arbeitsanweisungen bei der Ausführung seiner Aufgabe, deshalb ist für ihn ein hohes Maß an Eigenorganisation notwendig. Er kann (und muss) seinen Arbeitstag selbst gestalten und mit zielführenden Tätigkeiten füllen. Seine Arbeitsziele setzt er sich zum großen Teil selbst und kontrolliert im Rahmen eines Self-Controllings deren Einhaltung auch eigenständig.

Kommunikationsfähigkeit und Überzeugungskraft sind das A und O für einen Feelgood-Manager. Neben der Organisation und Entwicklung von Maßnahmen wird der Feelgood-Manager den Hauptteil seiner Arbeit mit Gesprächen mit Mitarbeitern, Führungskräften oder Geschäftsführung verbringen. Ein Feelgood-Manager muss in der Lage sein, sich verständlich auszudrücken und seine eigene Meinung zu vertreten, aber ebenso in der Lage sein zuzuhören und die Äußerungen anderer zu verstehen und zu reflektieren. Er sollte präzise argumentieren können und bei noch zu klärenden Sachverhalten die Lösung durch gezielte passende Nachfragen beschleunigen (vgl. Bertram 2015, S. 18–20). Überzeugungskraft ist für den Feelgood-Manager sowohl gegenüber der Geschäftsleitung als auch bei den Mitarbeitern wichtig. In den Gesprächen mit der Leitung soll der Feelgood-Manager als Anwalt der Mitarbeiterinteressen auftreten und sich für diese einsetzen. Er soll die Leitung für die Notwendigkeit von Veränderungen gewinnen und seine möglichen Maßnahmen zur Bearbeitung dieser Veränderung überzeugend vorbringen. Gegenüber den Mitarbeitern hingegen muss sich der Feelgood-Manager für die Akzeptanz der mit der Leitung gemeinsam beschlossenen Maßnahmen einsetzen und deren Sinnhaftigkeit überzeugend darstellen (vgl. Gesing und Weber 2017, S. 27 f.).

Geduld ist eine Tugend, und für den Feelgood-Manager gilt das im Besonderen. Gerade Maßnahmen, die zur Verbesserung der Unternehmenskultur beitragen sollen, können nur langfristig ihre Wirkung entfalten. Es ist normal, dass ein Feelgood-Manager die Erfolge seiner Bemühungen erst nach Monaten oder sogar Jahren deutlich sehen kann. Dies darf seine eigene Arbeitsmotivation nicht beeinträchtigen. Zudem sollte ein Feelgood-Manager natürlich auch in den Gesprächen mit den Mitarbeitern geduldig sein und sich deren Ausführungen in Ruhe anhören.

Empathie und soziale Intelligenz sind für einen Feelgood-Manager ebenfalls wichtig. Sich in die Perspektive eines anderen hineinzuversetzen, ist die Voraussetzung, um dessen Wünsche und Sorgen zu verstehen. Erst aus diesem Verständnis heraus kann der Feelgood-Manager sich bei der Leitung für die Problemlösungen im Sinne der Mitarbeiter einsetzen. Soziale Intelligenz ist für einen Feelgood-Manager vor allem im Hinblick auf die Dynamik in Gruppenprozessen und Teams wichtig. Er soll eine effektive Teamarbeit sicherstellen. Dazu ist ein soziales Verständnis nötig, wie sich Teams bilden und beispielsweise unterschiedliche Rollen in Teams wirken. Er soll Konflikte zwischen den Mitarbeitern vermeiden oder zielführend bewältigen. Auch dazu ist ein soziales Verständnis darüber notwendig, wie Konflikte zwischen Personen entstehen (vgl. Nerdinger et al. 2014, S. 1–16).

Beispiel: Tagebucheintrag eines Feelgood-Managers

Dienstag der 13.02.2018

Der Tag heute war wie immer von vielen Aufgaben und Ereignissen geprägt. Es begann alles ruhig, und ich konnte die ersten zwei Stunden des Tages in meinem Büro an der Organisation des großen Jubiläumsfestes im Mai und der Einführung eines Lunchlottos für ein besseres Kennenlernen von Mitarbeitern aus unterschiedlichen Abteilungen arbeiten.

Da kam plötzlich Herr W. ganz aufgeregt in mein Büro und bat mich um ein vertrauliches Gespräch. Er fühlte sich von seinem Vorgesetzten Herrn B. ungerecht behandelt. Dieser hatte ihn aufgrund seiner geringen Motivation zur Teamarbeit kritisiert. „Dabei ist daran nur Kollege H. Schuld! Nie beantwortet er meine Mails. Dann muss ich doch alles selbst machen." Ich hörte mir die Ausführungen von Herrn W. in Ruhe an und versprach ihm mit seinem Einverständnis hier eine Klärung mit dem Kollegen H. und seinem Vorgesetzten B. anzustreben. Dabei bat er mich jedoch, seinen Namen nicht zu nennen. Später in der Mittagspause sah ich zufällig den Kollegen H. auf dem Flur und fragte ihn nach einem Gespräch. Er wirkte erfreut über meine Ansprache und kam 30 Minuten später zu mir ins Büro. Man konnte Herrn H. schon ansehen, dass er gestresst und anscheinend froh war, mal mit jemandem sprechen zu können. „Ich wollte ohnehin zu dir kommen. Bei mir geht alles drunter und drüber. Permanent Anrufe und Mails, ich komme nicht dazu, meine Aufgaben zu machen und alles abzuarbeiten. An manchen Tagen bin ich komplett fertig. Es muss sich was ändern." Im weiteren Gespräch stellte sich heraus, dass Herr H. oftmals bei Mails in CC gesetzt wurde, ohne dass er wirklich mit dem Bereich oder der Aufgabe direkt etwas zu tun hatte. Sein Kompetenzbereich war so unklar, dass viele Kollegen ihn lieber in CC nahmen, um ihn nicht zu übergehen. Dies führte aber zu einer regelrechten „E-Mail-Flut", die Herrn H. mehr und mehr überforderte.

Nach dem Gespräch rekonstruierte ich die beiden Gespräche heute mit Herrn W. am Morgen und das Gespräch eben mit Herrn H. Ein unklares Kompetenzprofil und eine zu kleinliche Informationspolitik hatten zu einer Überforderung von Herrn H. und zu

Abstimmungsproblemen mit Herrn W. und einer falschen Beurteilung von Herrn W. geführt. Hier mussten strukturelle Lösungen und eine Klärung zwischen den Beteiligten her. Ich rief den Vorgesetzten der Abteilung Herrn B. an und vereinbarte mit ihm ein Gespräch für den nächsten Morgen. Ich werde ihn bitten, das Kompetenzprofil von Herrn H. zu schärfen und dies auch intern zu kommunizieren. Zudem sollte die Informationspolitik hinsichtlich des CCs überdacht werden. Zudem schrieb ich noch eine Mail an Herrn W. und Herrn B., ob ich ihre konkreten Probleme hinsichtlich der falschen Beurteilung und der Überforderungen auch gegenüber ihrem Vorgesetzten B. ansprechen darf. Dann wäre in dem morgigen Gespräch eine umfassende Klärung bereits möglich.

11.5 Implementierung eines Feelgood-Managements

Der entscheidende Impuls zur Einführung eines Feelgood-Managements kann sowohl bottom-up durch die Mitarbeiter als Wunsch hinsichtlich mehr Berücksichtigung ihrer Interessen erfolgen als auch top-down durch die Erkenntnis der Leitung in den Zielbereichen des Feelgood-Managements, Verbesserungen erreichen zu wollen. Oftmals liegt in der Praxis aber auch ein gleichzeitiger Impuls aus beiden Richtungen vor. Wesentliche Voraussetzung für eine erfolgreiche Implementierung des Feelgood-Managements ist aber stets das klare *Bekenntnis der Geschäftsleitung*. Sie sollte eindeutig und glaubwürdig zum Ausdruck bringen, dass sie die Bedürfnisse ihrer Mitarbeiter ernst nimmt. Mitarbeiter werden damit als „höchstes Gut" priorisiert (vgl. Gesing und Weber 2017, S. 21–22).

Organisatorisch sollte das Feelgood-Management in die bestehende Aufbau- und Ablauforganisation als *Querschnittsfunktion* eingefügt werden. Der Feelgood-Manager ist Ansprechpartner aller Mitarbeiter unabhängig von Hierarchieebenen und Positionen. Deshalb muss er zu allen Bereichen einen gleichwertigen Zugang besitzen, um seiner Aufgabe nachkommen zu können. Zudem muss der Feelgood-Manager mit einer ausreichenden *Unabhängigkeit* ausgestaltet sein, um seinen Aufgaben frei von Weisungen oder Sanktionen nachkommen zu können. Er sollte als neutrale Stelle verstanden werden und darf daher weder jemandem gefallen müssen noch Repressalien zu befürchten haben (vgl. Bertram 2015, S. 16–18). Nur aus dieser Unabhängigkeit und Weisungsfreiheit kann die notwendige Vertrauensbasis für die Arbeit des Feelgood-Managers entstehen. In der Praxis hat es sich bewährt (dies haben Gesing und Weber anhand von Experteninterviews ermittelt), das Feelgood-Management als Stabstelle der Geschäftsführung zu institutionalisieren. Unabhängigkeit, eine umfassende Verbindung zu allen Bereichen und die Wertschätzung der Leitung kann so am besten ausgedrückt und umgesetzt werden (vgl. Gesing und Weber 2017, S. 29).

Für die Besetzung der Position empfiehlt es sich, einen Mitarbeiter mit einer längeren Betriebszugehörigkeit auszuwählen. Wichtig ist, dass der Mitarbeiter intern weitreichend vernetzt ist und ein gutes, vertrauensvolles Verhältnis zu möglichst vielen Kollegen und Führungskräften hat. Diese Vertrauensbasis verbessert die Akzeptanz des Feelgood-Managers als Ansprechpartner und Experte (vgl. Gesing und Weber 2017, S. 28). Die Position des Feelgood-Managers muss nicht zwingend als Vollzeitstelle ausgeführt werden, obwohl sich dies ab einer gewissen Größe und Ausgestaltung (zum Beispiel Anzahl Standorte) eines Unternehmens empfiehlt. Teilzeitstellen können meist der Komplexität der Aufgabenstellung nicht gerecht werden, zumal einige Aufgabenstellungen auch eine gewisse Flexibilität hinsichtlich Zeiten (zum Beispiel Sprechzeiten nach Feierabend) erfordern.

11.6 Schlussbemerkungen

Aufgrund der aufgezeigten Veränderungen in Unternehmensumwelt und Unternehmen wird Feelgood-Management in der Zukunft als sinnvolle sowie sinnstiftende Unternehmensfunktion wichtiger werden. Dennoch gibt es noch eine Reihe von Vorurteilen – drei typische werden im Folgenden genannt und widerlegt.

- *„Feelgood-Management dient doch nur dazu, Angestellte länger im Büro zu halten.“*
  Das soll das Feelgood-Management gerade nicht tun. Zentrale Aufgabe des Feelgood-Managements ist die betriebliche Gesundheitsförderung, zu der auch die Einhaltung von Pausen- und Ruhezeiten gehört. Der Feelgood-Manager soll darauf achten, dass Mitarbeiter sowohl physisch als auch psychisch gesund sind.
- *„Warum geht man nicht gleich direkt zum Vorgesetzen?“*
  Nicht jeder möchte mit seinen Anliegen zum direkten Vorgesetzten gehen. Der eine hat keinen guten Draht zu seinem Chef, der andere möchte seine gute Beziehung nicht durch vermeintliches „Meckern“ gefährden. Wenn Probleme jedoch nicht angesprochen werden, behindert dies das gesamte Team und die Entwicklung des Unternehmens. Der Feelgood-Manager ist als Vertrauensperson oft näher an den Mitarbeitern und den Alltagsproblemen als der Chef, und bei vielen Themen fällt es auch leichter, offen und ehrlich mit einer neutralen Person zu sprechen, die kein Weisungsrecht über einen selbst hat.
- *„Firmenevents gab es doch vorher schon. Warum braucht man nun eine eigene Stelle, um diese zu organisieren?“*
  Der Feelgood-Manager hat neben der Organisation von Gemeinschaftsevents noch viele weitere wichtige Aufgabenbereiche. Zudem rückt durch die Schaffung eines Feelgood-Managers das Thema Wohlbefinden der Mitarbeiter mehr in den Mittelpunkt, und die Berücksichtigung der Mitarbeiterinteressen wird stärker betont, als wenn nur zeitweise verschiedene Personen (die originär andere operative Aufgaben haben) mit diesen Aufgaben betraut werden. Die Besetzung eines Feelgood-Managers zeigt, dass ein neues Bewusstsein im Unternehmen vorhanden ist und den Interessen der Mitarbeiter mehr Ernsthaftigkeit entgegengebracht

wird. Seine Existenz signalisiert: „Ihr seid uns wichtig." Zudem wird die Planung und Durchführung solcher Events oft stringenter verfolgt, wenn jemand Spezielles dafür zuständig ist und dies nicht von verschiedenen Mitarbeitern nebenbei oder nach dem offiziellen Feierabend zu erledigen ist.

Literatur

Andrew, P., Ip, J., Brooke, C., & Worthingtin, J. (2016). Fast forward 2030 –the future of work and the Workplace. Studie CBRE. https://www.cbre.com/research-and-reports/future-of-work. Zugegriffen: 13. Febr. 2018.

Bertram, C. (2015). Feelgood-Manager. Ein Jobtitel als Statement. *Personalwirtschaft*, *12*, 16–21.

Dederichs, S. (2016). Mitarbeiterorientierung ist die neue Kundenorientierung. *Wissensmanagement – das Magazin für Führungskräfte*, *18*(1), 26–27.

Deutsche Gesellschaft für Personalführung (2015). *Megatrends 2015*. DGFP-Studie. DGFP-Praxispapiere 04/2015.

Fraunhofer-Institut für Arbeitswirtschaft und Organisation (2013). KAI jobprofil feel-good-manager/in. https://goodplace.org/wp-content/uploads/2016/01/KAI-Jobprofile_Feelgood-Manager.pdf. Zugegriffen: 14. Febr. 2018.

Gesing, S., & Weber, U. (2017). *Konzept und Berufsbild des Feel Good Managers*. Wiesbaden: Springer Gabler.

Haas, O. (2015). *Corporate Happiness als Führungssystem* (2. Aufl.). Berlin: Erich Schmidt.

Hooking, S. (2013). Serie Chefsache: Was soll das mit dem Feel Good Management. Zeit Online vom 01.11.2013. http://www.zeit.de/karriere/beruf/2013-11/chefsache-feel-good-management. Zugegriffen: 14. Febr. 2018.

Nerdinger, F. W., Blickle, G., & Schaper, N. (2014). *Arbeits- und Organisationspsychologie* (3. Aufl.). Berlin: Springer.

Rump, J., & Eilers, S. (2013). Weitere Megatrends. In J. Rump & N. Walter (Hrsg.), *Arbeitswelt 2030. Trends, Prognosen, Gestaltungsmöglichkeiten* (S. 13–30). Stuttgart: Schäffer-Poeschel.

Dr. Jessica Lange ist promovierte Wirtschaftswissenschaftlerin und seit Jahren als freiberufliche Unternehmensberaterin selbstständig tätig. Zudem arbeitet sie seit 2018 hauptamtlich für die FOM in Hamburg im Fachbereich ABWL. Zuvor hat Dr. Jessica Lange über mehrere Jahre freiberuflich als Dozentin in den Fachbereichen Rechnungswesen, Controlling sowie Management, Führung und Unternehmensethik an verschiedenen Instituten in Hamburg und im Umland unterrichtet. Beratend ist sie vor allem im Bereich Unternehmensethik (Wertemanagement, Leitbilder, Feel Good Management, Unternehmenskultur) tätig.

Teil III

Technologien und Daten in der Transformation

Digitale Plattformen 12

Andreas Hein, Markus Böhm und Helmut Krcmar

12.1 Digitale Plattformen

12.1.1 Einführung

> Ein wichtiger Trend ist die Entwicklung von technologiegestützten Plattformen, die sowohl Angebot als auch Nachfrage koordinieren und dadurch bestehende Branchenstrukturen und Marktführer ablösen. Beispiele hierfür sehen wir in der „sharing“ oder „on demand“ economy (Schwab 2015).

Dieses Zitat stammt von Klaus Schwab, dem Gründer des Weltwirtschaftsforums. Er verdeutlicht damit die steigende Relevanz von Plattformen und deren umwälzenden Charakter. Der Trend wird von dem beispiellosen Erfolg der vor Kurzem aufgekommenen digitalen Plattformen untermauert. Uber, eine Plattform für Mobilitätsdienstleistungen, steht hierbei exemplarisch für plattformbasierte Start-ups. Die Plattform gehört zu den sogenannten „Unicorns“, womit neu gegründete Unternehmen mit einer Bewertung von einer Milliarde US-Dollar zählen. Derzeit wird Uber mit 68 Mrd. US-Dollar und somit als erfolgreichstes Start-up aller Zeiten bewertet (CB Insights 2017). Ein weiterer Vertreter ist die Verkaufsplattform Alibaba, welche den Rekord für den erfolgreichsten Börsengang (IPO) hält. Für Plattformen in etablierten Unternehmen kann Apple genannt werden. Mit

A. Hein (✉)
Technische Universität München
85748 Garching, Deutschland
E-Mail: andreas.hein@in.tum.de

M. Böhm · H. Krcmar
85748 Garching, Deutschland
E-Mail: markus.boehm@in.tum.de

H. Krcmar
E-Mail: krcmar@in.tum.de

M. H. Dahm und S. Thode (Hrsg.), *Strategie und Transformation im digitalen Zeitalter*, FOM-Edition, https://doi.org/10.1007/978-3-658-22032-7_12

digitalen Plattformen wie iTunes oder dem App Store tragen beide Bereiche und Apple mit seiner Position als eines der wertvollsten Unternehmen der Fortune 500 Liste wesentlich zur Unternehmensbewertung bei (Stand: 20.09.2017).

Doch was sind Plattformunternehmen, und was macht diese so erfolgreich? Digitale Plattformen sind der Dreh- und Angelpunkt eines Ökosystems von Partnern, Entwicklern, Kunden und anderen Interessensgruppen. Dieses Ökosystem ist üblicherweise als zweiseitiger Markt organisiert, indem die Plattform Angebot und Nachfrage koordiniert. Die digitale Plattform selbst ist dabei modular aufgebaut, um zum einen möglichst rasch auf Anforderungen im Markt reagieren zu können und zum anderen die Entwicklung neuer Produkte und Services voranzutreiben. Denn anstelle selbst neue Produkte und Services zu entwickeln, nutzt eine Plattform das Potenzial des Ökosystems, um auf sich ständig ändernde Marktanforderungen zu reagieren. Der Fall von Apple zeigt den Paradigmenwechsel von einer produktzentrierten hin zu einer plattformzentrierten Strategie. Das Unternehmen nutzt dabei technische Geräte wie das Macbook oder das iPhone, um Kunden und Partner Teil eines Ökosystems wie iTunes oder dem App Store werden zu lassen. Auf diesen digitalen Marktplätzen können dann Musikproduzenten ihre neuesten Songs oder Entwickler neue Applikationen vermarkten. Anstelle der klassischen Wertschöpfung können Kunden und Partner selbsterstellte Applikationen und Services anbieten, wobei Apple die Rolle des Intermediärs übernimmt, der Angebot und Nachfrage koordiniert. Die ausgelagerte Wertschöpfung forciert Netzwerkeffekte zwischen Anbietern und Kunden, bei denen auf der einen Seite Nutzer von zusätzlichen Applikationen und Songs und auf der anderen Seite Drittanbieter wie Künstler und Entwickler von weiteren Nutzern durch eine Vergrößerung des Ökosystems profitieren. Während sich im Endverbrauchermarkt (B2C) bereits Marktführer wie Uber, Airbnb, der App Store oder Play Store etabliert haben, steht die Entwicklung im Geschäftskundenbereich (B2B) erst am Anfang. Eine neu aufkommende Gruppe, die sich das Konzept von Plattformen zunutze macht, wird unter dem Begriff Industrie 4.0 zusammengefasst. Unter dem Begriff wird die intelligente Vernetzung von Produkten und Prozessen innerhalb der industriellen Wertschöpfung verstanden (Bitkom 2014). Neben Themen wie Cloud Computing, Robotics und Big Data wird auch die Vernetzung im sogenannten Internet der Dinge (IoT) immer wichtiger. Die zukünftige Relevanz dieser Technologien kann am Beispiel von IoT mit einem prognostizieren Jahresumsatz von 470 Mrd. US-Dollar für das Jahr 2020 verdeutlicht werden (Bain & Company 2016). Im Internet der Dinge werden Endgeräte wie Sensoren benutzt, um Daten über Produkte oder Produktionsprozesse zu sammeln und neue Erkenntnisse zu gewinnen. Für die Analyse der Daten oder Steuerung anhand definierter Sensorwerte können Unternehmen anschließend auf verschiedene Produkte und Services innerhalb des IoT-Plattform-Ökosystems zurückgreifen. Durch die Veränderung hin zu einer gemeinsamen Wertschöpfung mit dem Ökosystem entstehen immer mehr Märkte, die von einigen wenigen Plattformen dominiert werden.

12.1.2 Plattform-Typen

Plattform ist jedoch nicht gleich Plattform. Um das Phänomen von digitalen Plattformen besser zu verstehen, ist es sinnvoll, diese in vier spezifische Gruppen einzuteilen (Evans und Gawer 2016). Man unterscheidet zwischen Transaktionsplattformen, Innovationsplattformen, Integrationsplattformen und Investmentplattformen (vgl. Abb. 12.1).

Vertreter von Transaktionsplattformen sind beispielsweise Airbnb, Netflix, eBay oder PayPal. Hierbei übernimmt die Plattform die Rolle eines Vermittlers, welcher Angebot und Nachfrage aufeinander abstimmt. Leistungen können Produkte von Verkäufern, Mobilitätsdienstleistungen, Apartments, Zahlungen oder Videos sein.

Innovationsplattformen stellen eine Technologie in Form von Produkten oder Dienstleistungen zur Verfügung, welche als Basis für zukünftige Innovation dient. Unternehmen, die eine Innovationsplattform betreiben, sind beispielsweise Microsoft mit dem Betriebssystem Windows, SAP mit dem Enterprise Ressource Planning (ERP) System oder Salesforce als Customer-Relationship-Management(CRM)-Plattform. Dritte Parteien nutzen die Plattform, um darauf aufbauend neue Services und Produkte zu entwickeln. So können bestehende Prozesse in einem ERP-System an die individuellen Bedürfnisse in Unternehmen angepasst werden. Wichtig ist, dass die so entstandenen Individuallösungen nicht für alle anderen Kunden des ERP-Systems zur Verfügung stehen, sondern speziell auf den Kontext eines Unternehmens maßgeschneidert sind.

Die Integrationsplattform kombiniert die Eigenschaften einer Transaktions- und einer Innovationsplattform. Vertreter dieser Kategorie umfassen Unternehmen wie Apple oder Google, die passende Plattformen wie App Stores und ein großes Ökosystem an Entwicklern mitbringen. Neu entwickelte Applikationen werden direkt im Ökosystem für eine Vielzahl an Nutzern zur Verfügung gestellt. Die Integrationsplattform verbindet also Aspekte der Transaktions- und Innovationsplattform.

Die letzte Kategorie wird durch Investmentplattformen repräsentiert. Diese Unternehmen bauen auf einer Plattform-Portfolio-Strategie auf und agieren als Holding, Investor oder beides. Beispiele sind Softbank, Priceline oder Rocket Internet. Diese Unternehmen sind zwar keine Plattform per se, agieren aber als Anteilseigner wie im Falle von Priceline, welche Booking.com oder OpenTable im Portfolio haben.

Zusammenfassend zeigen die vier Plattform-Kategorien unterschiedliche Facetten. Laut einer Studie aus dem Jahr 2015 (Evans und Gawer 2016) gibt es 176 Plattformunter-

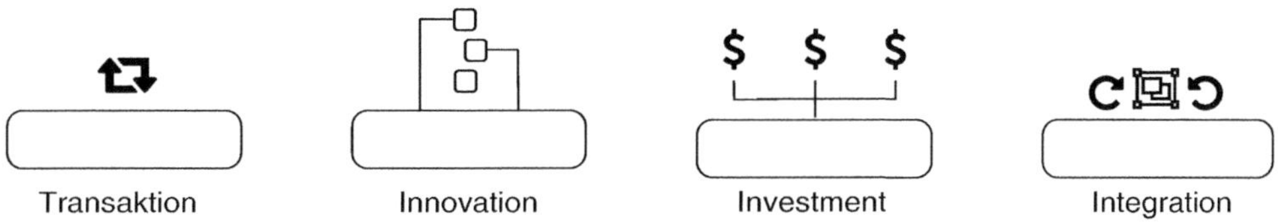

Abb. 12.1 Vier Plattformtypen. (Quelle: Nach Evans und Gawer 2016)

nehmen, welche insgesamt mit 4,3 Billionen US-Dollar bewertet sind. Den größten Anteil haben mit knapp 50 % sogenannte Integrationsplattformen wie Apple, Google, Amazon, Facebook oder Alibaba. Da diese Form von Plattform sowohl die Transaktions- als auch die Innovationsperspektive kombiniert, stellt sie einen idealen Fall dar, um das Konzept und den Erfolg von Plattformen näher zu beschreiben.

12.1.3 Entwicklung

Der Erfolg von Plattformen fußt im Wesentlichen auf vier Säulen. So spielen organisatorische und technische Entwicklungen, neue Wertschöpfungsmechanismen und daraus resultierende ökonomische Effekte eine besondere Rolle. Der folgende Abschnitt beschreibt für jede dieser Säulen die historische Entwicklung und deren Einfluss auf gegenwärtige digitale Plattformen.

12.1.3.1 Organisatorische Entwicklung

Die organisatorische Entwicklung von Unternehmen hat sich durch die Jahre hinweg ständig den Marktgegebenheiten angepasst. Insgesamt lassen sich vier gängige Ausprägungen unterscheiden (vgl. Abb. 12.2).

Die funktionale Organisation ermöglicht es, Unternehmen eine limitierte Anzahl an Produkten oder Dienstleistungen in großen Stückzahlen zu geringen Kosten anzubieten. Dabei liegt die Prämisse auf einer zentral koordinierten Spezialisierung mit klar definierten Leistungen. Der Vorteil der starken Spezialisierung geht mit dem Kompromiss einer verringerten Flexibilität an sich ständig ändernde Marktbedingungen einher.

Darauf aufbauend verbindet die divisionale Organisation verschiedene hochgradig spezialisierte Abteilungen, welche jeweils einen bestimmten Markt adressieren. Jede dieser Abteilungen kann unabhängig voneinander erweitert, verkleinert oder neu ausgerichtet werden. Die Organisationslogik folgt dem Grundsatz der Kombination von autonomen Abteilungen, welche zentral koordiniert werden. Neues Wissen oder gemeinsame Prozesse werden so von zentralen Stabsstellen in die einzelnen Abteilungen getragen. Auch diese Organisationsform stößt bei sich schnell ändernden Marktbedingungen an ihre Grenzen. Beispielsweise haben bei General Motors bereichsübergreifende Planungsprozesse bei neuen Produkten die Autonomie in den Bereichen gestört. In Verbindung mit den sich rasant entwickelnden und ändernden Marktanforderungen entstanden Flaschenhälse, welche die Entwicklung neuer Produkte verzögerten (Miles und Snow 1992).

Als Resultat auf diese Probleme hat sich die Matrixorganisation etabliert. Sie kombiniert die Effizienzsteigerungen einer funktionalen mit der Flexibilität der divisionalen Struktur. Ein Beispiel hierfür ist, dass sowohl Aufgaben in der Linie, wie etwa die langfristige Produktion von Gütern im Rahmen eines Vertrages, als auch Projekte abgewickelt werden, die aus sich ändernden Marktanforderungen resultieren. So ermöglicht die spezialisierte Funktion eine effiziente Abwicklung von Aufträgen, wohingegen Projektteams Flexibilität garantieren. Wie die divisionale Organisation, so ist auch die Matrixorganisation in ihrer Struktur gefangen. Jedes neue Projekt erhöht die Auslastung von Ressourcen und den zentralen Koordinationsaufwand.

Die vierte Organisation wird als Netzwerk beschrieben, welches die organisatorische Basis für Plattformen darstellt. Die Organisationsform folgt dem Konzept von dynamischer Stabilität. Güter, Ressourcen und Wissen werden gemeinschaftlich in einem Ökosystem mit Partnern geteilt. Die Schnittstellen und Prozesse zwischen modularen Einheiten oder auch Abteilungen sind klar definiert und standardisiert. So können neue Technologien oder Partner schnell und mit wenig Aufwand integriert werden. Durch klar standardisierte Prozesse und Leistungen wird die Stabilität innerhalb des Unternehmens gewährleistet. Die Notwendigkeit für klar definierte Prozesse kann am Beispiel des IT-Outsourcings illustriert werden. Nur wenn alle geforderten Leistungen und deren Einhaltung (beispielsweise durch sogenannte Service Level Agreements) klar definiert sind, können diese von dritten Parteien übernommen werden. Man muss sich also zuerst selbst im Klaren sein, was man möchte, bevor es ein anderer übernehmen kann. Ist diese Transparenz geschaffen, könnte theoretisch jede andere Organisation die zuvor definierten Leistungen erbringen. Die gesteigerte Transparenz und die Nutzung von Industriestandards erlaubt es der Netzwerkorganisation, dynamisch auf sich ändernde Marktanforderungen zu reagieren. Vergleicht man die organisatorische Entwicklung der vier beschriebenen Formen,

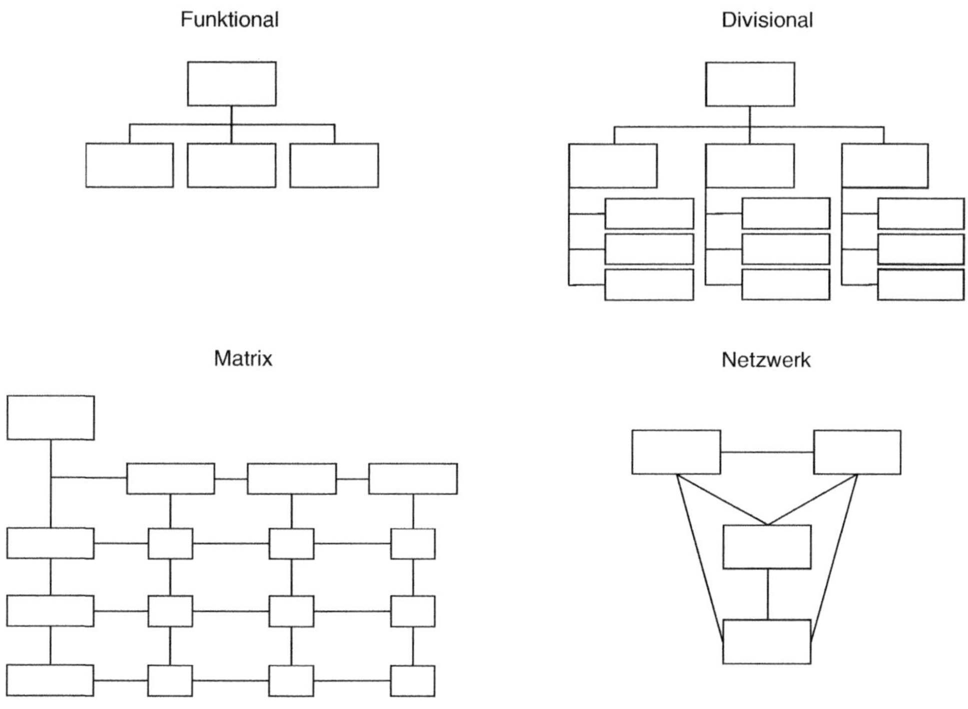

Abb. 12.2 Organisationsformen

wird deutlich, wie wichtig Flexibilität in Bezug auf sich ständig entwickelnde Marktanforderungen ist (Miles und Snow 1992).

12.1.3.2 Technische Entwicklung

Neben der organisatorischen Entwicklung hat auch der technische Fortschritt einen Anteil am Siegeszug von Plattformen. Während früher vornehmlich monolithische, hochgradig spezialisierte Individuallösungen in und für Unternehmen entwickelt wurden, spielen heutzutage insbesondere die Standardisierung und Modularisierung der IT-Infrastruktur und die daraus resultierende Homogenität der Systemlandschaft eine wichtige Rolle. Grund hierfür sind Netzwerkeffekte, welche die Kommunikationskosten zwischen Systemen auf ein Minimum reduzieren. Spricht jedes System die gleiche Sprache, entfallen Kosten für Übersetzung und etwaige Missverständnisse. Ein Beispiel für die Entwicklung von Standards und deren Einfluss auf Erfolg und Misserfolg stellt die Einführung von USB-Schnittstellen durch Microsoft dar. Die Einführung einer einheitlichen Schnittstelle wurde letztlich von Drittanbietern aufgegriffen, welche rasch ein komplettes Ökosystem an modularen Komplementärprodukten wie Mäusen, Tastaturen oder anderen Endgeräten zur Verfügung stellten (Gawer und Cusumano 2002). Bei gleichbleibendem Standard konnten sich die modularen Endgeräte beliebig verändern, ohne die Kompatibilität mit dem PC zu verlieren. Das gleiche Prinzip machen sich Plattformen wie beispielsweise der App Store zunutze. Durch die standardisierte IT-Infrastruktur können einzelne Module schnell an sich ändernde Marktbedingungen angepasst oder adaptiert werden. Ein aktuelles Beispiel ist das Augmented Reality Toolkit (ARKit), welches im September 2017 von Apple vorgestellt wurde. Das Modul erlaubt es Entwicklern des Ökosystems, einfach benutzbare und vordefinierte Lösungen im Bereich der erweiterten Realität zu implementieren. Der Einsatz einer modularisierten Infrastruktur hat einen weiteren Vorteil. Im Gegensatz zu monolithischen Lösungen, welche bei neueren, innovativeren Lösungen komplett ersetzt werden müssen, können modulare Einheiten flexibler ausgetauscht werden. Man sieht also, dass sich sowohl die organisatorische als auch die technische Infrastruktur im Laufe der Zeit durch eine Standardisierung und Modularisierung an sich ständig ändernde Marktanforderungen angepasst haben.

12.1.3.3 Entwicklung von Wertschöpfungsmechanismen

Auf den organisatorischen und technischen Entwicklungen aufbauend, hat sich auch die Art der Wertschöpfung verändert. Während früher Unternehmen allein an der Wertschöpfung von Gütern beteiligt waren, werden heutzutage mehr und mehr externe Parteien integriert. In den ersten Schritten der gemeinsamen Wertschöpfung wurden Produktneuentwicklungen mithilfe sogenannter Lead User erreicht, indem das Produktions-Knowhow und die speziellen Anforderungen von Kunden kombiniert wurden. Ein bekanntes Beispiel ist 3 M, welche mithilfe von Lead Usern ihr Portfolio von chirurgischen Produkten weiterentwickelten. In Kombination mit der Netzwerkorganisation können Unternehmen durch klar definierte Schnittstellen zum Markt ein Ökosystem aufbauen, indem verschiedenste Partner bei der Wertschöpfung eingebunden werden. Dieses Konzept wurde von der Automobilindustrie perfektioniert, in der verschiedenste Partner des Ökosystems an der kompletten Wertschöpfungskette bei der Herstellung eines Automobils beteiligt sind. Am Ende steht der Automobilkonzern, welcher das fertige Endprodukt resultierend aus einer gemeinsamen Wertschöpfung an seine Endkunden verkauft. Plattformen gehen jedoch noch einen Schritt weiter. Im Vergleich zum klassisch produzierenden Gewerbe stellen Plattformen keine Produkte im eigentlichen Sinne her, sondern bieten ihren Kunden eine Plattform, auf der diese selbst aktiv werden können. So machen sie sich das Konzept der gemeinsamen Wertschöpfung zunutze, indem sie externe Partner dazu befähigen, eigene Produkte oder Services auf Basis der Plattform zu entwickeln. Diese sogenannten Innovationsplattformen stellen externen Parteien einen standardisierten Baukasten zur Verfügung, aufgrund dessen diese dazu befähigt werden, eigene Lösungen zu entwickeln. Ein Beispiel sind ERP-Systeme, in denen Endkunden dazu befähigt werden, eigene, maßgeschneiderte Lösungen zu entwickeln. Hierbei bieten ERP-Systeme zum Teil eigene Programmiersprachen und Schnittstellen, um vom Standard abweichende Prozesse individuell für das eigene ERP-System anzupassen. Als Beispiel können zusätzliche Reports oder Eingabemasken hinzugefügt werden. Kunden können die Plattform also an ihre Bedürfnisse anpassen. Als letzter Schritt der gemeinsamen Wertschöpfung steht die Integrationsplattform. Diese führt die von Kunden entwickelten Produkte und Leistungen über eine klar definierte Schnittstelle zurück in das Ökosystem. Ein Beispiel ist Apples App Store, indem die von Partner entwickelten Produkte nicht nur für deren eigenen Bedarf (also im eigenen System), sondern für das gesamte Ökosystem (für alle zugänglich) entwickelt werden. Die Plattform produziert somit keine eigenen Produkte oder Leistungen, sondern stellt eine Plattform und das damit verbundene Ökosystem für eine gemeinsame Wertschöpfung zur Verfügung.

12.1.3.4 Ökonomische Effekte

Die ökonomische Basis für digitale Plattformen sind zweiseitige Märkte. Im Gegensatz zu traditionell produzierenden Unternehmen in einseitigen Märkten stehen sich bei zweiseitigen Märkten mindestens zwei Parteien gegenüber. Diese sind meist durch die Angebots- und Nachfrageseite repräsentiert. Hierbei übernimmt die Plattform die Rolle eines Intermediärs, der beide Seiten koordiniert. Ein gängiges Beispiel, um die Mechanismen in zweiseitigen Märkten zu demonstrieren, ist eine Single-Bar, in der sich Männer und Frauen finden sollen. Schnell fällt auf, dass für eine erfolgreiche Bar eine Ausgewogenheit an Männern und Frauen notwendig ist. Gibt es zu wenige Frauen, werden sich Männer nach alternativen Bars umsehen und vice versa. Im Umkehrschluss gilt: Je größer das Angebot auf beiden Seiten, desto erfolgreicher die Bar. Hintergrund für diese Folgerung sind sogenannte Netzwerkeffekte. Sie beschreiben, dass für jeden Mann in der Bar eine zusätzliche Frau die Chance auf ein „Matching" erhöht. Das Konzept lässt sich auf alle anderen Plattformen übertragen. So profitieren Nutzer des App Stores vom Angebot zusätzlicher Applikationen, wohingegen Entwickler von der Anwesenheit zusätzlicher Konsumenten profitieren. Treten diese Netzwerkeffekte zwischen zwei Seiten auf, spricht man von übergreifenden Netzwerkeffekten. Treten sie auf der gleichen Seite auf, sind es gleichseitige Effekte. Wichtig ist anzumerken, dass Netzwerkeffekte sowohl positiv als auch negativ sein können. Im App Store bedeutet jeder zusätzliche Entwickler auch gleichzeitig Konkurrenz für alle anderen Entwickler des Ökosystems. Bei Facebook hingegen ist jeder neue Nutzer ein potenzieller neuer Kontaktpunkt. Mit den Netzwerkeffekten gehen auch einige ökonomische Besonderheiten einher. So ist das Henne-Ei-Problem eine direkte Konsequenz aus übergreifenden Netzwerkeffekten. Wie das Beispiel der Bar gezeigt hat, ist es notwendig, beide Seiten an Bord zu haben. Der Effekt wird noch stärker sichtbar, wenn man sich Kreditkartenunternehmen in der Funktion von Zahlungsanbietern als zweiseitige Märkte vor Augen führt. Selbst wenn jeder Mensch eine Kreditkarte hätte, würde diese keinen Mehrwert generieren, solange damit nirgends bezahlt werden kann. Das Henne-Ei-Problem beschreibt also die Notwendigkeit, keine der Seiten bei einem schnellen Wachstum zu vernachlässigen. Märkte mit starken übergreifenden Netzwerkeffekten und einer großen Zahl an Nutzern werden oft von einigen wenigen Plattformen dominiert. Diese sogenannten Winner-Take-All(WTA)-Märkte sind gerade im Umfeld digitaler Plattformen omnipräsent. Durch die starken Netzwerkeffekte und die schiere Größe des Ökosystems wird es Nutzern erschwert, sich mit alternativen Plattformen auseinanderzusetzen. Beispiele finden sich unter anderem in sozialen Netzwerken wie Facebook. Hinzu kommt der Effekt der Bündelung. Hierbei nutzen Plattformen ihre Größe, um durch neue Produkte oder Services eine bestimmte Zielgruppe zu erreichen. Ein gängiges Beispiel ist Apple, welches E-Reading-, Zahlungs-, und Gaming-Funktionen auf dem iPhone adaptiert hat. Als Konsequenz hat das komplette Ökosystem von Apple-Konsumenten Zugriff auf die beschriebenen Funktionen, und Apple gräbt somit Anbietern wie PayPal, Büchereien oder klassischen Handheld-Spielekonsolen das Wasser ab.

Zusammenfassend lässt sich sagen, dass die Entwicklung von digitalen Plattformen eine direkte Konsequenz der sich stetig ändernden Marktbedingungen ist. Sowohl die organisatorische als auch die technische Entwicklung machen deutlich, dass mithilfe von Standardisierung und Modularisierung einheitliche Schnittstellen zum Markt geschaffen werden können. Durch die gesteigerte Adaptionsfähigkeit können gemeinsame Wertschöpfungsprinzipien mit einem Ökosystem an externen Partner etabliert werden. Anstelle einer alleinigen Wertschöpfung des Unternehmens werden Produkte und Dienstleistungen von externen Partnern entwickelt und auf einem zweiseitigen Markt auf der Plattform angeboten. Aus den hieraus resultierenden Netzwerkeffekten entstehen schließlich sogenannte WTA-Märkte, welche von einigen wenigen, sehr erfolgreichen Plattformen dominiert werden. Während die Entwicklung von Plattformen im B2C-Bereich bereits fortgeschritten ist, steht sie im B2B erst am Anfang. Das Rennen um die ersten Plätze im B2B-Sektor ist also eröffnet.

12.2 Vergleich von Plattformen

Um Firmenlenker bei der Transformation hin zu einer Plattform zu unterstützen, wird in den folgenden Abschnitten die Entwicklung der B2C-Plattform von Apples App Store (B2C) und die der B2B IBM IoT Platform (B2B) beschrieben.

12.2.1 B2C-Plattformen

Wie bereits erwähnt, übernehmen Plattformen im Endkundenbereich eine Vorreiterrolle. Dies gilt insbesondere für Märkte mit Integrationsplattformen, welche von Firmen wie Apple, Google oder Facebook dominiert werden. Ein Musterbeispiel für die Entwicklung und Strategien bietet Apple mit der Einführung des iPhones und des daraus hervorgegangenen Ökosystems.

12.2.1.1 Entwicklung

Im Jahr 2007 hat Apple unter der Führung von Steve Jobs das iPhone vorgestellt. Die aus damaliger Sicht revolutionäre Technologie bot neben den Standardfunktionalitäten wie dem Telefonieren auch die Möglichkeit, verschiedenste Applikationen auf dem Bildschirm abzubilden. Da es, anders als damals üblich, keine Nummerntasten gab, konnte man eine größere Fläche als Display nutzen. Applikationen wie ein vormals physischer Taschenrechner auf Grundlage der Tastatur konnten gänzlich digital und somit in verschiedensten Variationen abgebildet werden. Als weiteren Schritt integrierte Apple den Musikdienst iTunes. Durch die Bündelung der verschiedenen Funktionalitäten konnte eine breitere Zielgruppe erreicht werden. Hatte man ein iPhone, war der Besitz eines iPods oder anderer MP3-Player obsolet geworden. Apple hat zudem schnell erkannt, dass durch das neue Konzept verschiedenste Inhalte auf dem iPhone dargestellt werden können. Darauf aufbauend hat das Unternehmen im Jahr 2008 ein sogenanntes Software Development Kit (SDK) öffentlich verfügbar gemacht. Mit dessen Hilfe können externe Entwickler eigene Applikationen entwickeln. Die Vermarktung dieser Applikationen findet auf einem sogenannten App Store, welcher im gleichen Jahr eingeführt wurde, statt. Durch eine Beteiligung von 30 % am Umsatz der Applikation bot Apple einen monetären Anreiz für Entwickler. Die Anzahl der Applikationen stieg von 500 im Jahr 2008 auf über zwei Millionen im Jahr 2017. Durch strikte Governance-Mechanismen wie beispielsweise ein mehrstufiges Kontrollverfahren von entwickelten Applikationen ist es Apple gelungen, die Qualität der Applikationen im Vergleich zu Wettbewerbern wie dem Play Store von Google stets hochzuhalten. Anstelle selbst jede der zwei Millionen Applikationen zu evaluieren, wird ein weiteres Qualitätsmerkmal durch die Nutzer direkt in Form von Bewertungen zur Verfügung gestellt. Das enge Verhältnis zur Entwicklergemeinde wird durch jährliche Veranstaltungen wie die World-Wide-Developer-Conference (WWDC) untermauert. Hier werden neue (modulare) Toolkits wie beispielsweise das HealthKit, HomeKit oder SiriKit vorgestellt, welche eine einfache Integration von Heimnetzwerken, Gesundheitsdaten oder Sprachfunktionalitäten ermöglichen. Der so entstandene Baukasten bietet Entwicklern die Möglichkeit, schnell und einfach neue, innovative Applikationen zu entwickeln. Neben der Innovation aus dem Ökosystem ergänzte Apple im Laufe der Zeit wichtige Kernfunktionalitäten wie Apple Books & Newspapers oder Apple Music als Antwort auf E-Reader und Musik-Streaming-Plattformen.

12.2.1.2 Strategien

An der eben beschriebenen Entwicklung von Apple lassen sich Strategien für den Aufbau einer Plattform ableiten. Diese umfassen Aspekte wie Markteintritt, Governance und Wertschöpfungsmechanismen.

Markteintritt

Eine erste Herausforderung für Apple war der Umgang mit WTA-Märkten. Vor der Einführung des Smartphones wurde der Mobilfunkgerätemarkt von Unternehmen wie Nokia dominiert. Apple erkannte den Trend hin zur Nutzung des mobilen Internets und adaptierte eine flexible und leicht anpassbare Benutzeroberfläche, wie sie damals bei PCs üblich war. Durch die Strategie eines signifikant besseren Produktes und die Bündelung von Features wie Fotografie, mobiles Internet und MP3-Player ist es Apple gelungen, in den hart umkämpften Markt von Mobilfunkendgeräten einzudringen und am Ende als Gewinner zu triumphieren. Eine andere Strategie kann am Beispiel von Facebook und Snapchat illustriert werden. Snapchat konnte sich trotz der Dominanz von Facebook aufgrund einer hohen Spezialisierung in einer Nische in der Altersgruppe der 16- bis 24-Jährigen etablieren. Für diese spezielle Nutzergruppe bietet Snapchat im Vergleich zu Facebook speziell auf die Zielgruppe zugeschnittene Zusatzfunktionen. So können Jugendliche Bilder und Videos anhand einer Vielzahl von Filtern bearbeiten, sogenannte Storys von Stars abonnieren oder Nachrichten und Fotos nach einer zuvor definierten Zeit automatisch löschen lassen. Im Beispiel von Apple hat das Unternehmen nach der Etablierung seine Position durch eine schnelle Adaption von neuen Trends behauptet. Dies ist zum einen durch die Einführung neuer, von Apple bereitgestellter Grundfunktionalitäten wie Apple Musik als Reaktion auf Spotify oder die Integration diverser Toolkits in das Ökosystem zu beobachten. Die modulare Infrastruktur erlaubt es der Plattform, neue Trends wie beispielsweise Augmented Reality schnell und ohne größere Anpassung der Gesamtstruktur zu integrieren.

Wertschöpfungsmechanismen

Einer der größten Erfolgsfaktoren für Apple als Marktführer war der Aufbau eines Ökosystems. Hierfür musste das Unternehmen sicherstellen, dass neben selbstentwickelten Applikationen auch externe Entwickler befähigt werden, eigene Applikationen zu erstellen und diese dann im Ökosystem anzubieten. Im ersten Schritt stellte Apple sogenannte SDKs in Form einer Programmierumgebung öffentlich zur Verfügung. Mit deren Hilfe können Entwickler eigene Applikationen entwickeln und diese dann im App Store anbieten. Zudem werden Richtlinien wie Human Interface Guidelines bereitgestellt, an denen sich Entwickler zur einheitlichen Gestaltung von Applikationen orientieren können. Zusammen mit detaillierten Dokumentationen und Programmbeispielen hat es Apple geschafft, dass mittlerweile bereits Zehnjährige eigene Produkte im App Store vermarkten. Die Plattform stellt also Ressourcen bereit, welche es externen Parteien ermöglichen, eigene Ideen umzusetzen. Anstelle selbstständig auf den Markt zu reagieren, hat Apple das Spiel verändert und selbst einen Teil des Marktes an der Möglichkeit zur Wertschöpfung beteiligt.

Governance
Die Notwendigkeit von Plattform-Governance-Mechanismen wie Kundenbewertungen, Qualitätskontrollen und Richtlinien lässt sich historisch ableiten. So ist das Scheitern des Atari Videospielmarktes von 1983 auf eine mangelnde Steuerung der Plattform zurückzuführen. Der Videospielmarkt von 1983 kann als Plattform gesehen werden, welche keine Qualitätskontrollen durchführte und dadurch eine Überschwemmung von Spielen schlechter Qualität ermöglichte. Der Nutzer hatte keine Möglichkeit, qualitativ hochwertige Spiele von minderwertigen zu unterscheiden, was zum Zusammenbruch des Marktes führte. Als Lösung kopierte Apple das bis heute noch übliche Prinzip von Kundenbewertungen. Um nicht in einen internen Konflikt mit Entwicklern zu geraten, lässt Apple seine Endkunden über die Qualität der Applikationen abstimmen. Weiterer Mechanismen sind das restriktive Überprüfungsverfahren für neue Applikationen und die zugrunde liegenden Bestimmungen und Richtlinien. Kriterien bei der Überprüfung sind neben Jugendschutz und gesetzlichen Bestimmungen (keine Hetze und Ausgrenzung) auch die Performance, Sicherheit, Datenschutz und Einhaltung der Designrichtlinien. Applikationen, die eine oder mehrere dieser Kriterien nicht erfüllen, werden abgelehnt und müssen erneut durch den Prozess. Hierdurch stellt die Plattform sicher, dass nur qualitativ hochwertige, den Guidelines entsprechende Applikationen im App Store zur Verfügung gestellt werden (Schreieck et al. 2018). Als Gegenbeispiel hatte Google für seinen Play Store weniger harte Restriktionen, was eine erhöhte Anfälligkeit für Malware und eine geringere Qualität von Applikationen zur Folge hatte. Plattform-Governance-Mechanismen sind also ein wichtiges Instrument, um ein koordiniertes Wachstum des Ökosystems voranzutreiben.

12.2.2 B2B-Plattformen – IBM Watson IoT Platform

Während sich Innovationsplattformen im Geschäftskundenbereich wie SAP oder Salesforce bereits etabliert haben, stehen Integrationsplattformen mit Fokus auf Geschäftskunden erst am Anfang. Durch eine Orientierung an bestehenden Konzepten, wie zum Beispiel App Stores, übernehmen IoT-Plattformen bei dieser Entwicklung eine Vorreiterrolle. Neu entwickelte Applikationen oder Sensoren sollen nicht nur dem eigenen Unternehmen, sondern dem kompletten Ökosystem zur Verfügung gestellt werden (Hein et al. 2018a). Am Beispiel der IBM Watson IoT Platform sollen der gegenwärtige Status, aktuelle Herausforderungen und daraus resultierende Strategien abgeleitet werden.

12.2.2.1 Gegenwärtiger Status

Die technologische Basis der IBM Watson IoT Platform ist die Platform-as-a-Service (PaaS) Open Source Software „Cloud Foundry". Die PaaS-Lösung bietet eine klar vordefinierte und standardisierte Infrastruktur inklusive Datenschnittstellen (APIs) und einer integrierten Datenbanklösung. Nutzer können folglich auf eine „Out-of-the-box"-Lösung zurückgreifen, welche alle essenziellen Funktionen einer Plattform bereits beinhaltet. Darauf aufbauend können Applikationen als modulare Software-as-a-Service(SaaS)-Einheiten entwickelt werden. Dies geschieht im Baukastenprinzip durch die von IBM bereitgestellte Lösung Bluemix. Kunden und Entwickler können dort eigene Lösungen auf Basis der Cloud-PaaS-Infrastruktur und bereits existierender Applikationen entwickeln und diese in einem Marketplace anbieten. Beispielsweise können Kunden im Cargo-Bereich die SaaS-Lösung oder Applikation von Geo-Fences nutzen, bei denen ermittelt werden kann, wann ein Frachter einen Hafen erreicht oder wann er ausläuft. Den auf Geodaten basierenden Bereich, ab wann das Schiff einen Hafen erreicht, kann das Unternehmen per Drag-&-Drop-Lösung auf einer Karte markieren. Das Unternehmen erhält anschließend eine Nachricht, sobald die markierte Grenze von einem seiner Transportschiffe überschritten wird. Zudem werden auf Bluemix sogenannte Industry Solutions angeboten. Je nach Branche können Kunden vorgefertigte Lösungen nutzen, um zum Beispiel im Automobilbereich Sensordaten zum Fahrverhalten des Kunden auszulesen. Diese Daten können dann auf der Plattform ausgewertet werden und in den kommenden Produktionsprozessen neuer Fahrzeuge berücksichtigt werden. War man in der Vergangenheit auf das subjektive und oft ungenaue Feedback von Kunden angewiesen, kann heute eine Vielzahl von Sensoren ein genaueres Bild über den Zustand des Autos liefern. Werden beispielsweise bestimmte Verschleißteile stärker als angenommen beansprucht, können die Daten direkt an die zuständigen Ingenieure zurückgespiegelt werden und dadurch zukünftige Modelle verbessern. Um den unterschiedlichen Sicherheits- und Datenschutzanforderungen gerecht zu werden, hat sich IBM dazu entschieden, die Lösungen in den Varianten Public, Dedicated und On-Premises anzubieten. Hierbei entscheidet der Kunde, wo seine Daten verarbeitet oder gespeichert werden. Das PaaS-System kann also entweder auf einer öffentlichen Cloud-Lösung von IBM, auf einem dedizierten Server in einem Land nach Wahl oder auf der eigenen Hardware betrieben werden. Zudem sind auf der Plattform verschiedenste Interessengruppen vertreten. Beispielsweise greifen Sensorhersteller auf Industriestandards zurück und stellen so eine Kompatibilität mit dem Ökosystem her. Weitere Partner sind Applikationsentwickler wie Kone oder Semienes, welche spezifische Applikationen programmieren, oder Beratungshäuser wie Capgemini oder Accenture, die Unternehmen bei der Umsetzung unterstützen. In jedem Fall haben die Kunden Zugriff auf ein Ökosystem an Partnern, welches sich aus Vertretern verschiedenster Industrien, Geräteherstellern und Beratungshäusern zusammensetzt.

12.2.2.2 Herausforderungen

Aus der Beschreibung des gegenwärtigen Status wird deutlich, dass sich die IBM Watson IoT Platform rund um den Bluemix Marketplace von einer Innovationsplattform zu einer

Integrationsplattform entwickeln möchte. Für eine erfolgreiche Transformation müssen jedoch zuerst B2B-spezifische Herausforderungen gemeistert werden.

Spezifische Anforderungen
Ein entscheidender Unterschied im Vergleich zu B2C-Plattformen sind die speziellen Kundenanforderungen. Wie man am Beispiel von Facebook sehen kann, sind Endkunden im Bereich Datenschutz weniger restriktiv als Unternehmen. Um dem Problem entgegenzuwirken, hat sich IBM entschlossen, dem Kunden freizustellen, wo und auf welcher Hardware die Daten verarbeitet werden sollen. So können insbesondere länderspezifische oder gesetzlich vorgegebene Datenschutzanforderungen gewährleistet werden. Besonders für Applikationen, die im Fertigungsbereich eingesetzt werden, sind zudem eine hohe Ausfallsicherheit und Zuverlässigkeit notwendig, da dort bereits kurze Ausfallzeiten erhebliche Kosten verursachen können. Wie Apple nutzt auch IBM Governance-Mechanismen, um Applikationen vor der Bereitstellung im Ökosystem auf Robustheit zu überprüfen. Die Erfüllung der kundenspezifischen Anforderungen ist eine notwendige Bedingung für die Schaffung eines Plattform-Ökosystems.

Inhomogene Systemlandschaft
Im Gegensatz zu Plattformen für Endkunden wird schnell ein gravierender Unterschied deutlich. Anstelle eine Lösung oder Applikation für ein klar definiertes Endgerät, wie zum Beispiel ein iPhone oder Android Smartphone, einer besonders breite Nutzermenge zur Verfügung zu stellen, sind Entwickler für Geschäftskunden von deren (IT-)Systemlandschaft abhängig. Gerade bei Geschäftskunden aus dem Mittelstand herrschen für jedes Unternehmen unterschiedliche Prozesse, Maschinen und Systeme vor, welche Personen mit völlig verschiedenen Fähigkeiten involvieren. Es ist also deutlich schwieriger, eine Kompatibilität von Applikationen und Services für eine inhomogene Systemlandschaft bereitzustellen, als dies für das hochstandardisierte iPhone möglich ist. Um eine Partizipation auf einer IoT-Plattform zu ermöglichen, gibt es zwei naheliegende Ansätze. Zum einen kann die Plattform die unterstützten Standards erweitern. Ein Beispiel wäre die Implementierung gängiger Industriestandards wie OAuth 2.0 oder Open ID 2.0, welche es Nutzern erlaubt, sich nicht erst umständlich registrieren zu müssen, sondern direkt auf einer Plattform mit bestehenden Nutzerzugängen (wie Facebook, Google oder LinkedIn) zu authentifizieren. Durch eine solche Kompatibilität können zusätzliche Kunden von der Plattform profitieren. Zum anderen kann die Systemlandschaft des Kunden mithilfe von Beratungshäusern an die unterstützten Standards angepasst werden. Beispielsweise kann die Systemlandschaft eines mittelständischen Unternehmens an den Kommunikationsstandard MQTT angepasst werden, welcher von der IoT-Plattform unterstützt wird. Beide Ansätze werden von der IBM Watson IoT Platform genutzt, um eine Vielzahl an Kunden für die Plattform zu befähigen. Wie die spezifischen Kundenanforderungen, so ist auch eine standardisierte Systemlandschaft eine Grundvoraussetzung für eine erfolgreiche IoT-Plattform.

Geistiges Eigentum und Wettbewerbsvorteil
Die letzte Herausforderung behandelt entwickelte Applikationen als geistiges Eigentum und den daraus entstandenen Wettbewerbsvorteil. Eine Konsequenz aus den spezifischen Anforderungen und der inhomogenen Systemlandschaft des Kunden ist, dass eine enorme Bandbreite an internem Wissen notwendig ist, um Lösungen für Geschäftskunden zu entwickeln. Entwickler benötigen zum Beispiel detaillierte Kenntnisse über Produktionsprozesse, Maschinen und Systeme, um Applikationen zu entwickeln, die dem Unternehmen einen Mehrwert liefern. Dies hat zur Folge, dass im Gegensatz zu Applikationen für Endkunden diese nicht von externen, unabhängigen Parteien entwickelt werden können. Daher entwickeln in den meisten Fällen kundeninterne Programmierer in Verbindung mit der jeweiligen Fachabteilung eine spezifische Applikation. Die Rückführung der Applikation in das Ökosystem ist folglich aus zweierlei Gründen problematisch: Zum einen ist die Applikation hochgradig an die kundeninternen Rahmenbedingungen angepasst und dadurch zu wenig generalistisch für andere Unternehmen. Zum anderen stellt die Applikation oft einen Wettbewerbsvorteil dar und kann daher aus strategischen Gründen nicht geteilt werden. Beide Faktoren untergraben wechselseitige Netzwerkeffekte. Um dem entgegenzuwirken, kooperiert IBM mit Marktführern aus verschiedenen Bereichen und entwickelt standardisierte Branchenlösungen. Als Beispiel wäre die Forschungskooperation zwischen IBM und BMW für den Bereich Automotive zu nennen. Diese können dann von Unternehmen in beliebiger Kombination in einer Art Baukasten zusammengesetzt werden.

12.3 Handlungsempfehlungen

Zusammenfassend lassen sich aus der historischen Entwicklung von digitalen Plattformen und am Beispiel von B2C- und B2B-Vertretern konkrete Handlungsempfehlungen ableiten. Die Empfehlungen und Best Practices sind in drei aufeinander aufbauende Phasen untergliedert und reichen vom Aufbau eines technischen und organisatorischen Fundaments zur Aktivierung externer Interessensgruppen bis hin zur aktiven Steuerung des Ökosystems (vgl. Abb. 12.3).

12.3.1 Fundament legen

Im ersten Schritt sollte das technische und organisatorische Fundament gelegt werden. Zuerst müssen Anforderungen und Leistungen innerhalb von Abteilungen klar definiert und standardisiert werden. Im Idealfall agieren einzelne Abteilungen als modulare und unabhängige Einheiten. Durch eine klar definierte Schnittstelle zum Markt können Trends und Innovationen frühzeitig adaptiert werden. Gleiches gilt für die technische Infrastruktur und Systemlandschaft. Mithilfe eines ganzheitlich genutzten Kommunikationsstandards und klar definierter und standardisierter Schnittstellen können Netzwerkeffekte sowohl

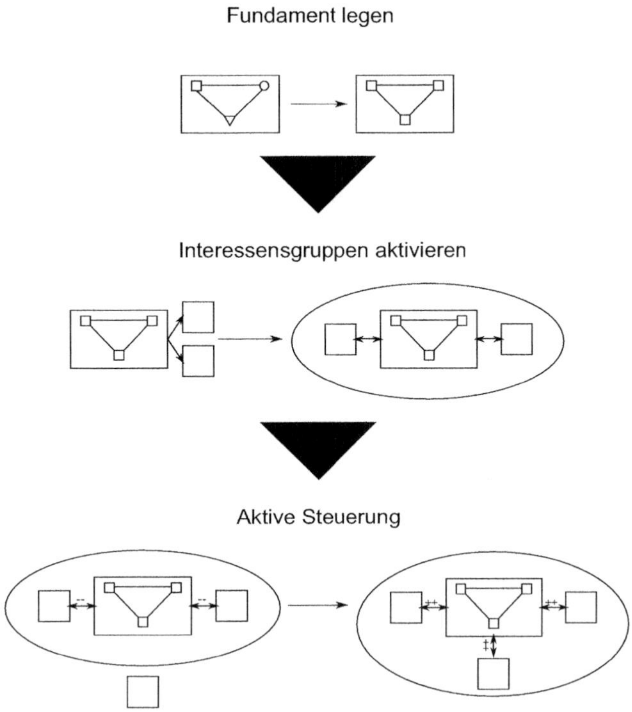

Abb. 12.3 Handlungsempfehlungen zum Aufbau/Umgang mit digitalen Plattformen

innerhalb als auch außerhalb des Unternehmens genutzt werden. Spricht jeder im Unternehmen „die gleiche Sprache", werden Kosten für die Übersetzung oder Missverständnisse eingespart. Weiter können Daten oder Services externer Parteien zur Anreicherung eigener Dienstleistungen genutzt werden. Ein Beispiel ist das frühzeitige Erkennen von neuen Trends durch Daten aus sozialen Medien oder die Integration von Zahlungsverfahren über PayPal oder Bitcoin. Das Beispiel von B2B-Plattformen hat gezeigt, dass es auch für Kunden wichtig ist, kompatibel mit Industriestandards zu sein. Setzt ein Unternehmen ausschließlich auf Individuallösungen und selbstentwickelte Kommunikationsprotokolle, isoliert es sich von zukünftigen Ökosystemen wie der IBM Watson IoT Platform. Insgesamt sorgt die organisatorische und technische Standardisierung für Stabilität und verringert die Komplexität innerhalb des Unternehmens. Weiterhin ist sie eine Voraussetzung, um dynamisch mit am Markt verfügbaren Ressourcen wie Daten oder Services zu interagieren.

12.3.2 Interessengruppen aktivieren

Auf dem Fundament der Standardisierung aufbauend müssen externe Interessengruppen aktiviert werden, um somit ein lebendiges Ökosystem aufzubauen. Für die Aktivierung der

Interessengruppen sind klar definierte Schnittstellen zum Markt notwendig. Diese können wie bei Apples App Store oder IBMs Bluemix sogenannte SDKs, also Entwicklungsumgebungen sein, welche externen Entwicklern die Möglichkeit geben, eigene Applikationen zu entwickeln. Alternativ ist der Einsatz von Eingabemasken, Applikationen oder Schnittstellen möglich, welche von Plattformen wie Airbnb, Uber oder Alibaba verwendet werden. Neben der Schnittstelle stellen Unternehmen Dokumentationen, Guidelines oder spezielle Schulungen zur Verfügung, um möglichst vielen Parteien für die Wertschöpfung zu aktivieren. Wichtig ist, dass die Wertschöpfung nicht mehr alleine vom Unternehmen, sondern gemeinschaftlich mit externen Interessensgruppen stattfindet. Der Vorteil ist, dass die Plattform nicht mehr auf die eigenen Ressourcen limitiert wird, sondern auf ein Ökosystem an Interessengruppen wie beispielsweise externe Entwickler von Applikationen zurückgreifen kann. In Bezug auf das Henne-Ei-Problem können strategische Überlegungen durch eine monetäre Begünstigung bestimmter Partner (Apple) oder die Wahl bestimmter Marktnischen (Snapchat) beitragen. Im Idealfall sollten die Partner im Ökosystem so gewählt werden, dass sie untereinander von positiven Netzwerkeffekten profitieren können. Sind diese ausreichend groß wie beispielsweise bei Facebook, so ist die Gefahr, Marktanteile durch Wettbewerber zu verlieren, geringer.

12.3.3 Aktive Steuerung des Ökosystems

Der letzte Schritt beschreibt die Verstetigung der Plattform durch eine aktive Steuerung. Beispiele wie der Videospielmarkt von 1983 haben gezeigt, dass ein unkontrolliertes Wachstum von neuen Spielen zum kompletten Zusammenbruch führen kann. Um dem vorzubeugen, sollte eine Governance für das Plattform-Ökosystem etabliert werden. Hierbei ist es wichtig, die Anforderungen der Interessengruppen in den Fokus zu stellen. So unterscheiden sich Anforderungen über Anwendungen für Geschäftskunden wie bei der IBM Watson IoT Platform drastisch von B2C-Plattformen wie dem App Store. Jede der neu entwickelten Applikationen muss durch vordefinierte Prozesse auf Robustheit, Skalierbarkeit und Datenschutzrichtlinien überprüft werden. Nur so können gemeinschaftlich entwickelte Lösungen vom gesamten Ökosystem genutzt werden. Auch die Entscheidung über den Grad der Offenheit kann von Relevanz sein. Apple limitiert beispielsweise die Nutzung des Ökosystems (App Store) auf Nutzer von iPhones, wohingegen Googles Android Play Store eine Vielzahl von Endgeräten unterstützt. Dem gegenüber steht der Tradeoff von Kontrolle über das Ökosystem und deren Qualität gegen eine erhöhte Offenheit mit einem potenziell breiteren Marktzugang (Hein et al. 2016; Schreieck et al. 2016). In jedem Fall muss die Plattform-Governance flexibel genug sein, um die sich ständig ändernden Anforderungen im Ökosystem zu berücksichtigen und dadurch neue Trends zu unterstützen.

12.4 Zusammenfassung

Wie an verschiedenen Beispielen gezeigt wurde, verändern digitale Plattformen die bisherige Wertschöpfung durch die Integration eines Ökosystems (Hein et al. 2018b). Gerade im Endverbraucherbereich zeigt sich das Potenzial als Wegbereiter der Digitalisierung in Form von Integrationsplattformen. Hier werden digitale Applikationen und Services gemeinsam in Kollaboration mit Interessengruppen erzeugt und einem Ökosystem zur Verfügung gestellt, wo sie positive Netzwerkeffekte hervorrufen. Während der Großteil der Wertschöpfung in traditionellen Unternehmen in der internen Produktion stattfindet, nutzen Plattformen klar definierte Schnittstellen zum Markt, um von Ideen, Daten und Innovationen externer Interessengruppen zu profitieren. Im Endkundenbereich ist es selbstverständlich, dass man auf Plattformen nicht nur Produkte kaufen oder Services in Anspruch nehmen kann, sondern auch eigene Produkte entwickeln oder Services anbieten kann. Beispiele reichen von Airbnb, Uber und Facebook über App Stores von Apple und Google (Hein et al. 2018c). Der Wert dieser Unternehmen wird zunehmend von deren Netzwerk oder Ökosystem anstelle der Produktionsgüter festgemacht (Parker und Alstyne 2016). Das Konzept von digitalen Plattformen hält ebenso Einzug im Geschäftskundensektor. Erste Unternehmen wie die IBM Watson IoT Platform versuchen, an den Erfolg von B2C-Plattformen anzuknüpfen. So können Kunden auf ein Ökosystem an verschiedensten Interessensgruppen wie Sensorhersteller, Beratungs- oder Softwarehäuser zurückzugreifen und dadurch die Digitalisierung gemeinsam vorantreiben. Die Frage, ob ein Unternehmen eine eigene Plattform entwickeln sollte oder aber an einem bestehenden Ökosystem partizipiert, muss hinsichtlich der strategischen Ausrichtung individuell getroffen und kann daher nicht pauschal beantwortet werden. Im Fokus steht die Überlegung, ob man es schafft, um ein bestehendes Produkt oder Service ein Ökosystem an Interessensgruppen aufzubauen. Ein Produkt kann beispielsweise das iPhone mit der Plattform des App Stores sein. Hierbei wird ein Ökosystem bestehend aus Konsumenten und Entwicklern involviert, um Komplementärinnovationen in Form von Apps rund um den Kern der Plattform zu erstellen. In jedem Fall können bestehende Unternehmen vom Erfolg von Plattformen hinsichtlich der Digitalisierung lernen. Als erster Schritt muss das notwendige Fundament durch eine Standardisierung der Infrastruktur, Organisation und deren Prozesse gelegt werden. Hierdurch können die notwendige Transparenz innerhalb des Unternehmens, Netzwerkeffekte durch eine einheitliche Sprache und eine Schnittstelle zu anderen Marktteilnehmern geschaffen werden. Auf dieser Grundlage können externe Interessengruppen in den Wertschöpfungsprozess eingebunden werden, um bestehende Produkte und Services durch zusätzliche Daten zu verbessern oder das Innovationspotenzial externer Parteien zu nutzen. Dies kann zum Beispiel geschehen, indem man ein eigenes Ökosystem aufbaut oder Teil eines bestehenden Ökosystems wird. In jedem Fall müssen für ein nachhaltiges Wachstum die bestehenden Governance-Mechanismen angepasst werden. Beispielsweise müssen zusätzliche Anforderungen von Interessengruppen im Ökosystem berücksichtigt werden, um positive Netzwerkeffekte zu forcieren. Sinkt die Qualität von Apps, hat das einen direkten Einfluss auf die Gruppe der Nutzer. Die Konsequenz wäre, dass jede zusätzliche „schlechte App“ einen negativen Effekt in Form von Frustration bei den Nutzern auslösen würde. Daher ist es wichtig, den Prozess der Integration von Applikationen auf eine Plattform durch Governance-Mechanismen zu steuern. Eine andere Frage ist der Grad der Offenheit, die damit einhergehende Qualität von Produkten und Services, sowie die Transparenz über die Qualität der Leistungen. All diese Faktoren müssen von einer Plattform-Governance auf die Zielgruppen im Ökosystem ausgerichtet werden. Letztendlich kommt jeder von uns auf die eine oder andere Art täglich mit digitalen Plattformen in Berührung. Durch die direkte Einbindung von Angebot und Nachfrage in ein lebendiges Ökosystem sind digitale Plattformen einerseits eine dynamische und somit flexible Organisationsform, die aber andererseits durch klare Strukturen und Standards eine Kompatibilität mit anderen Unternehmen und Interessengruppen bewahrt.

Literatur

Bain & Company (2016). How providers can succeed in the Internet of things. http://www.bain.com/Images/BAIN_BRIEF_How_Providers_Can_Succeed_In_the_IoT.pdf. Zugegriffen: 2. Apr. 2018.

Bitkom (2014). Industrie 4.0 – Volkswirtschaftliches Potenzial für Deutschland. https://www.bmwi.de/BMWi/Redaktion/PDF/F/industrie-4-0-volks-und_20betriebswirtschaftliche-faktoren-deutschland,property=pdf,bereich=bmwi2012,sprache=de,rwb=true.pdf. Zugegriffen: 11. Jan. 2017.

Evans, P. C., & Gawer, A. (2016). The rise of the platform enterprise: a global survey. New York, USA. http://epubs.surrey.ac.uk/id/eprint/811201. Zugegriffen: 2. Apr. 2018.

Gawer, A., & Cusumano, M. A. (2002). *Platform leadership: how intel, microsoft, and cisco drive industry innovation*. Boston: Harvard Business School Press.

Hein, A., Schreieck, M., Wiesche, M., & Krcmar, H. (2016). *Multiple-case analysis on governance mechanisms of multi-sided platforms*. Paper presented at the Multikonferenz für Wirtschaftsinformatik. Ilmenau.

Hein, A., Böhm, M., & Krcmar, H. (2018a). *Platform configurations within information systems research: a literature review on the example of IoT platforms*. Paper presented at the Multikonferenz Wirtschaftsinformatik, Lüneburg.

Hein A., Böhm M., & Krcmar H. (2018b) Tight and loose coupling in evolving platform ecosystems: the cases of Airbnb and Uber. In W. Abramowicz & A. Paschke (Hrsg.), *Business Information Systems. BIS 2018. Lecture Notes in Business Information Processing*, Vol. 320. Springer, Cham.

Hein, A., Scheiber, M., Böhm, M., Weking, J., Rocgniz, D., & Krcmar, H. (2018c). *Towards a design framework for service platform ecosystems*. Paper presented at the 26th European Conference on Information Systems. Portsmouth, United Kingdom.

Insights, C. B. (2017). The global uniorn club. https://www.cbinsights.com/research-unicorn-companies. Zugegriffen: 2. Apr. 2018.

Miles, R. E., & Snow, C. C. (1992). Causes of failure in network organizations. *California management review*, *34*(4), 53–72.

Parker, G. G., & Alstyne, V. M. W. (2016). *Platform revolution: how networked markets are transforming the economy – and how to make them work for you*. Bd. 1. New York: Norton & Company.

Schreieck, M., Wiesche, M., Hein, A., & Krcmar, H. (2016). *Governance of nonprofit platforms—onboarding mechanisms for a refugee information platform*. Paper presented at the SIG GlobDev Ninth Annual Workshop.
Schreieck, M., Hein, A., Wiesche, M., & Krcmar, H. (2018). The challenge of governing digital platform ecosystems. In C. Linnhoff-Popien, R. Schneider & M. Zaddach (Hrsg.), *Digital marketplaces unleashed* (S. 527–538). Heidelberg: Springer.
Schwab, K. (2015). The fourth industrial revolution – what it means and how to respond. https://www.foreignaffairs.com/articles/2015-12-12/fourth-industrial-revolution. Zugegriffen: 12. Jan. 2017.

Andras Hein ist ehemaliger Senior Consultant im Inhouse Consulting bei IBM Global Business Services und promoviert gegenwärtig an der Technischen Universität München im Bereich Digitale Plattformen/Digitale Geschäftsmodelle.

Dr. Markus Böhm ist Forschungsgruppenleiter am Lehrstuhl für Wirtschaftsinformatik der Technischen Universität München. Seine Forschung befasst sich mit der Rolle der IT in Mergers & Acquisitions (M&A) und Carve-outs, Geschäftsmodellinnovation und digitalen Geschäftsmodellen.

Univ.-Prof. Dr. Helmut Krcmar ist Inhaber des Lehrstuhls für Wirtschaftsinformatik und Pro-Dekan der Fakultät für Informatik an der TU München. Seine Forschungsinteressen umfassen vor allem die Bereiche Informations- und Wissensmanagement sowie Engineering und Management IT-basierter Dienstleistungen.

Wegbereiter kognitiver Transformationen 13

Die Einführung kognitiver Systeme als Unternehmenstransformation mit Kulturänderung

Ute Twisselmann und Maria Hilgenberg

13.1 Kognitive Technologien prägen den Alltag

In den letzten Jahren wurde eine Vielzahl kognitiver Systeme entwickelt. Bereits zu Beginn der IT-Industrie begann die Entwicklung linearer Optimierungsverfahren und einfacher Prognoseverfahren auf Basis von Zeitreihenanalysen. Mit der steigenden Leistungsfähigkeit der Rechner konnten auch komplexere Algorithmen mit vertretbaren Antwortzeiten eingesetzt werden. Dies führte vor ca. 20 Jahren zum vermehrten Einsatz von nichtlinearen, heuristischen Optimierungsverfahren und Data Mining. Parallel begann die Entwicklung von Sprach- und Texterkennung sowie der künstlichen Intelligenz. In der Folge wurden Algorithmen in Standardprodukte integriert und deren Anwendbarkeit dadurch stark erleichtert. Die großen Lösungsbereiche sind heute Big Data, Analytics, Statistik, maschinelles Lernen und Textanalyse. Diese Bereiche vermischen sich immer stärker und werden daher in diesem Beitrag unter dem Begriff kognitive Lösungen zusammengefasst. Der Einsatz von kognitiven Technologien steht trotz der langen Vorgeschichte erst am Anfang. Es wird bereits jetzt eine jährlichere Wirtschaftswachstumsrate von drei Prozent bis 2035 durch den Einsatz von künstlicher Intelligenz prognostiziert (vgl. Wittek 2016). Kognitive Technologien werden von vielen Unternehmen eingesetzt, um differenzierende Dienstleistungen für den Kunden anzubieten, die Arbeitsabläufe produktiver zu gestalten und/oder zu beschleunigen. Bestehende Geschäftsmodelle und Märkte werden durch den Einsatz von kognitiven Technologien entwickelt oder grundlegend verändert

U. Twisselmann (✉)
22395 Hamburg, Deutschland
E-Mail: ute.twisselmann@t-online.de

M. Hilgenberg
65936 Frankfurt, Deutschland
E-Mail: maria.hilgenberg@de.ibm.com

M. H. Dahm und S. Thode (Hrsg.), *Strategie und Transformation im digitalen Zeitalter*, FOM-Edition, https://doi.org/10.1007/978-3-658-22032-7_13

(vgl. Abercrombie et al. 2017, S. 1). Die Basis für diese Transformation sind diverse Faktoren wie:

- Verarbeitung strukturierter und unstrukturierter Daten wie Texte, Bilder und Sprache,
- vermehrte komplexe, zeitnahe Auswertungen, die Entscheidungs- und Planungszyklen verkürzen,
- verstärkte Interaktion mit der Außenwelt durch Sammeln und Übertragung diverser Daten von Geräten aller Art und Verfügbarkeit der Ergebnisse auf mobilen Geräten.

Heute werden Daten lebendig; sie prägen unseren Alltag. Die Einsatzmöglichkeiten von kognitiven Systemen scheinen grenzenlos. Unsere alltäglichen Entscheidungen können von analytischen und kognitiven Technologien unterstützt werden. Im nachfolgenden Beispiel werden Anwendungsgebiete von kognitiven Technologien beschrieben, die in unserem Alltag vorkommen können.

Beispiel: Kognitive Technologien im Alltag

Die *Automobilhersteller* erweitern ihr Geschäftsmodell, indem sie die Fahrzeuge mit der Umwelt kommunizieren lassen und so vielfältige Services für ein verbessertes und sichereres Fahrerlebnis, zum Beispiel durch den Spurhalteassistenten oder die Verkehrszeichenerkennung, anbieten. Selbstfahrende Autos sind keine Utopie mehr. Carsharing-Dienste werden direkt von Automobilproduzenten angeboten. Der Fokus der Autobauer richtet sich zunehmend weg von der ausschließlichen Herstellung eines Automobils, hin zum Dienstleister für Mobilität. Sensoren im Auto und auf der Straße sind miteinander synchronisiert und tragen damit zur effizienten, schnellen Fortbewegung bei. Automobilproduzenten bauen Expertise in den Bereichen Fahrzeuganbindung, Mobilität und Big Data aus. Für den Aufbau dieser Expertise kooperieren die Großen der Automobilindustrie mit Start-ups und Erfindern aus der ganzen Welt (vgl. Brünglinghaus 2015).

Das *Gesundheitswesen* strebt an, Menschen möglichst individuell zu behandeln. Damit Ärzte mehr Zeit mit dem Patienten und weniger mit dem Suchen nach neuen medizinischen Erkenntnissen verbringen, analysieren kognitive Systeme die medizinische Geschichte eines Patienten, statistische Daten und medizinische Literatur. Aus der Masse an Daten werden Zusammenhänge abgeleitet und Behandlungsmethoden vorgeschlagen. Die Entscheidungsfindung von Ärzten wird so unterstützt (vgl. IBM Watson Health o.J.). Immer mehr Menschen verlassen sich beim Sport und der Essensauswahl auf eine „Fitness-App", die viele persönliche Daten wie Blutdruck und Herzfrequenz laufend misst und speichert (vgl. Brandt 2015).

Die Industrie profitiert von den Möglichkeiten des *Predictive Maintenance*. Über Sensoren an allen beteiligten Komponenten wird der Zustand einer Maschine oder eines Produktes, wie zum Beispiel Drucker oder Werksmaschinen, gemessen und analysiert. Werden auffällige Werte gemessen, wird die Wahrscheinlichkeit einer bald eintretenden Störung berechnet und bei Bedarf ein Technikereinsatz geplant. Ziel ist es, die Maschine vorsorglich zu warten, bevor es zum Stillstand oder einer Fehlfunktion der Maschine kommt. Damit werden Ausfallzeiten minimiert. Zusätzlich können Qualitätsmängel frühzeitig erkannt und priorisiert werden (vgl. Kiradjiev und Holtmann o.J.).

Nach der von Oxford Economics und dem IBM Institute for Business Value (IBV) 2016 (Ezry et al. 2016) durchgeführten Studie stimmen sieben von zehn Geschäftsführern der Aussage zu, dass kognitive Technologien eine wichtige Rolle in ihrem Unternehmen einnehmen. Jeder zweite Geschäftsführer plant, kognitive Technologien bis 2018 zu etablieren (vgl. IBM 2017). Niemand möchte die sich neu bietenden Chancen verpassen und die Risiken, wie zum Beispiel Haftungs- oder Datenschutzfragen, übersehen. Die Innovationsfähigkeit und -bereitschaft eines Unternehmens bestimmt damit über dessen Fortbestand (vgl. Barrientos et al. 2017, S. 2).

Die Einführung kognitiver Systeme löst aber auch Ängste und Zweifel aus: Soll der Mensch durch Roboter ersetzt werden? Ist es nicht auf Dauer gefährlich, sich auf die Einschätzung einer Maschine zu verlassen? Wo liegt überhaupt die Grenze zu dem, was ein kognitives System und was ein Mensch leisten kann? Diese Fragen sind auch von gesellschaftlicher und politischer Relevanz und lösen wichtige Diskussionen wie zum Beispiel um das Thema Haftung bei selbstfahrenden Fahrzeugen aus. Wenn auch dieser Beitrag die gesellschaftliche Ebene nicht behandeln wird, so sind diese Fragen auch für jedes Unternehmen, das kognitive Lösungen einführt, relevant. Jedes Unternehmen muss im Rahmen der örtlichen Gesetze, seiner Strategie und ethischen Unternehmensleitlinien diese Fragen für seine kognitiven Programme beantworten.

13.2 Definition von kognitiven Technologien

Kognitive IT-Systeme ermöglichen es, Probleme anzugehen, deren Analyse nicht auf Basis eines vollständig vorgegebenen Regelwerks oder auf strukturierten Daten erfolgen kann. Das gilt zum Beispiel für Textanalysen, aus denen sinnvolle Aktionsvorschläge abgeleitet werden sollen. Eine solche Anwendung ist Watson Oncology (https://www.mskcc.org/about/innovative-collaborations/watson-oncology). Hier analysiert IBM Watson®[1] Patientenakten und medizinische Veröffentlichungen, um den Arzt bei der Findung der optimalen Krebstherapie für einen Patienten zu unterstützen. Kognitive Systeme wie IBM Watson® können unstrukturierte Daten verarbeiten und bis zu einem gewissen Grad Sprache im Kontext verstehen (vgl. Cognitive Computing Consortium 2016; IBM 2017). Sie können Fragestellungen und Daten verstehen und Zusammenhänge in verschiedenen Informationsquellen aufdecken (vgl. Cognitive Computing Consortium 2016; IBM 2017). Kognitive Systeme prozessieren schnell ein hohes Volumen an strukturierten und unstrukturierten Daten aus verschiedenen Quellen (vgl. Ezry et al. 2016, S. 3).

[1] IBM Watson® is a trademark of International Business Machines Corporation.

Traditionelle Datenbanken sind eine Informationsquelle, aus der sich Daten über Programme abrufen lassen. Kognitive Computersysteme heben sich von den bisherigen Datenverarbeitungssystemen vor allem durch folgende Merkmale ab:

- **Verarbeitung unstrukturierter Daten:** Kognitive Technologien können strukturierte (zum Beispiel Datenbanktabellen oder Sensorinformationen) und unstrukturierte Datenformate (zum Beispiel Internetinhalte, Social Media Postings, Berichte, wissenschaftliche Veröffentlichungen, Briefe) aus Unternehmensinternen und -externen Quellen auswerten. Diese unstrukturierten Daten können nur in ihrem Kontext begriffen werden. Kognitive Systeme verarbeiten unstrukturierte Daten und erschließen damit Datenquellen, die bisher für die automatische Auswertung kaum zugänglich waren.
- **Advanced Analytics:** Analytics-Algorithmen können die identifizierten Informationen zusammenführen, auswerten und mathematische Berechnungen ausführen. Damit können sie Zusammenhänge aufzeigen, Planungslösungen erstellen oder gesuchte Informationen herausfiltern.
- **Lernfähigkeit:** Kognitive Systeme können von Experten trainiert werden, indem Ergebnisse des Systems von den Experten evaluiert werden und diese Rückmeldungen von dem System genutzt werden, seine Regeln so anzupassen, dass sich die Übereinstimmung mit den Einschätzungen der Experten erhöht. Die Algorithmen und damit die Ergebnisse der Computersysteme werden durch das Training nachhaltig präziser (vgl. Cognitive Computing Consortium 2016).
- Je nach Anwendungsgebiet sind zusätzlich noch Visualisierung der Lösung oder Sprachein- und -ausgabe von Bedeutung.

Der Begriff „Analytics" umfasst die Menge aller Analysemethoden und -technologien. Es gibt die Analytics-Varianten:

- Descriptive Analytics: Was ist geschehen?
- Diagnostic Analytics: Warum ist es geschehen?
- Real-time Analytics: Was geschieht gerade?
- Predictive Analytics: Was könnte geschehen?
- Prescriptive Analytics: Was soll geschehen?

Aus bestehenden Daten werden durch entsprechende Aufbereitung und fortgeschrittene Analysemethoden neue Erkenntnisse gewonnen, die als Entscheidungshilfen dienen (vgl. Lanquillon und Mallow 2015, S. 55). Kognitive Unternehmen setzen je nach Fragestellung unterschiedliche Analytics-Varianten ein.

In der Studie „Cognitive and Analytics Survey" zeigt sich, dass 89 % aller Early Adopters von kognitiven Lösungen profitabler und innovativer sind als ihre Industriewettbewerber (vgl. Ezry et al. 2016, S. 2). Für das Senior-Management ergeben sich damit die Herausforderungen:

- Welche kognitiven Investitionen sollen priorisiert werden?
- Wie sollen die kognitiven Projekte umgesetzt werden?

13.3 Priorisierung von kognitiven Investitionen

Kognitive Technologien können von den Funktionen her in unterschiedlichsten Einsatzgebieten verwendet werden. Führungskräfte erachten die kognitiven Systeme als integralen Bestandteil ihres Unternehmens. Das IBV hat in Kooperation mit Oxford Economics 6050 Führungskräfte aus verschiedenen Regionen und Industrien zu ihren Prioritäten befragt. Sieben von zehn Führungskräften erachten die kognitiven Computersysteme als wichtig für ihr Unternehmen. Jede zweite Führungskraft plant, kognitive Systeme in den nächsten drei Jahren zu etablieren (vgl. Abercrombie et al. 2017, S. 2). Zudem wird auf kognitive Projekte ein Return on Investment von 15 % antizipiert (vgl. Abercrombie et al. 2017, S. 2–13). Die Verbreitung der neuen Technologien liegt dementsprechend nahe.

Durch den Einsatz von kognitiven Technologien können die Front-Office-Funktionen einen schnellen und übersichtlichen Zugang zu Kundendaten und ein verbessertes Profil ihrer Kunden erhalten. Somit wird die Voraussetzung geschaffen, dem Kunden individualisierte Produkte und/oder Dienstleistungen anzubieten. Eine klassische Anwendung von Analytics im Middle Office sind die diversen Ebenen der Supply-Chain-Planung und Optimierung, wie zum Beispiel Lageroptimierung. Die Back-Office-Funktionen werden produktiver und bekommen die Möglichkeit schneller zu reagieren, indem mühsame, repetitive Aufgaben automatisiert werden (vgl. Abercrombie et al. 2017, S. 8–13). Ein Beispiel sind Reporting-Systeme, die in Echtzeit aus einem Data Warehouse ein Dashboard erstellen und dieses mit zusätzlichen relevanten Informationen beispielsweise aus den Nachrichten anreichern. In der Studie von Abercrombie haben die Führungskräfte die Unternehmensfunktionen, die Haupttreiber für kognitive Projekte sein können, genannt. Als Haupttreiber

Tab. 13.1 Einschätzung der Priorität des Einsatzes kognitiver Lösungen nach Unternehmensfunktionen durch Geschäftsführer. (Quelle: Abercrombie et al. 2017, S. 7)

	Unternehmensfunktion	Priorität des Einsatzes kognitiver Lösungen
Front-Office	Vertrieb	2
	Kundendienstleistungen	7
	Marketing	12
Middle-Office	Innovation	4
	Supply-Chain-Management	5
	Produktion	8
	Risiko	10
	Produktentwicklung	13
Back-Office	Informationstechnologie	1
	Informationssicherheit	3
	Personalabteilung	6
	Finanzbuchhaltung	9
	Einkauf	11

sind dabei Bereiche gemeint, die Startpunkte für die Realisierung von Werten und Vorteilen aus dem Einsatz kognitiver Lösungen sein können und somit Priorität geniessen.

In der Tab. 13.1 sind die Ergebnisse aus der Studie von Abercrombie zusammengefasst.

13.4 Herausforderungen bei Analytics-Projekten

Neben der technischen Komplexität ist die Einführung kognitiver Systeme auch auf der geschäftlichen und organisatorischen Ebene sehr vielschichtig. Kognitive Transformationen resultieren in hochkomplexen Projekten, die die Arbeitsweisen radikal und nachhaltig verändern.

Beispiel: Veränderte Arbeitsweisen durch Predictive Maintenance

In dem Beispiel von „Predictive Maintenance" könnte es, muss aber nicht zwingend, zu folgendem Szenario kommen: Traditionell haben Maschinen feste Wartungszyklen. Techniker werden gerufen, wenn eine Maschine ausfällt oder Auffälligkeiten zeigt. Die Kunden haben gegebenenfalls sogar „persönliche" Techniker, die sie direkt anrufen. Diese Techniker kennen die Wartungspläne und Besonderheiten „ihrer" Maschinen und planen ihren Tagesablauf und die Abarbeitung der Kundenanfragen selbstständig. Mit Einführung von „Predictive Maintenance" könnte sich die Arbeitsweise der Techniker grundlegend ändern. Durch Sensoren in den Maschinen werden Abweichungen und das Risiko einer Fehlfunktion oder eines Ausfalls früh erkannt. Die zugehörige Sonderwartung oder Reparatur kann frühzeitig zentral geplant werden. Der Techniker braucht kein Wissen und keine Erfahrung mehr über Wartungspläne und Auffälligkeiten seiner Maschinen. Er bekommt jeden Morgen einen Arbeitsplan zugesendet. Seine Selbstständigkeit und auch die Wertigkeit seines Jobs sinken. Gleichzeitig wird es für Neueinsteiger einfacher, die Tätigkeit auszuführen.

Beispiel: Finanzielles Reporting zur Flexibilisierung der Arbeitsweisen

Die Basis der Unternehmenssteuerung bilden Kennzahlen. Viele Firmen möchten Probleme im Geschäftsverlauf schnell erkennen, um rechtzeitig auf die Ereignisse reagieren zu können. Die traditionellen Monats- oder Quartalsberichte sind nicht mehr ausreichend. Ziel ist es daher, in Data Warehouses die Unternehmensdaten zu Nachfrage, Umsatz, Produktion, Logistik und anderen relevanten Bereichen zentral zusammenzufassen und in Echtzeit auswerten zu können. Dazu werden Business-Intelligence-Systeme aufgesetzt, die es zum Beispiel ermöglichen,

- Daten aus verschiedenen Unternehmensbereichen zusammenzuführen und zu analysieren,
- interaktive Analysemethoden anzubieten, um Zusammenhänge in den Daten zu erkennen,

- Kennzahlen auf diversen Aggregationsebenen mittels Drill-up (Herauszoomen aus der Datendetailtiefe) und Drill-down (Hineinzoomen in die Datendetailtiefe) zu vergleichen,
- neue Dashboards durch die Fachbereiche zu konfigurieren.

Zusätzlich könnte dieses System mit kognitiven Elementen erweitert werden, welche zum Beispiel passende Meldungen aus den Nachrichten in ein Dashboard einfügen. Die Einführung eines solchen Systems soll es dem Management ermöglichen, aktuell die Kennzahlen zu prüfen, Ursachen für kritische Entwicklungen zu erkennen und auf unerwartete Entwicklungen früh zu reagieren. Das beschleunigt die Entscheidungszyklen unweigerlich. Für die Mitarbeiter, die in der Vergangenheit dem Top-Management die Unternehmenszahlen aufbereitet haben, wird die Arbeit komplexer. Der Fokus liegt weniger darauf, Zahlen aus bekannten Standardpositionen zu vergleichen, um Standardfragen, wie beispielsweise die nach der monatlichen Umsatzentwicklung der Produktgruppen, zu beantworten. Sondern es wird wichtiger, die richtigen Fragen zur aktuellen Geschäftssituation, wie beispielsweise der Ursache für aktuelle Gewinneinbrüche in einer bestimmten Region, zu stellen und die passenden Analysen durchzuführen. Der Fokus verlagert sich von einem routinemäßigen Standardvorgehen zu einem durch aktuelle Entwicklungen gesteuerten Arbeiten und erfordert ein breites Geschäftsverständnis. Die Mitarbeiter müssen gegebenenfalls auf der einen Seite ungewohnte Fragestellungen in kürzeren Zeitzyklen bearbeiten. Auf der anderen Seite soll ein kognitives System sie auch unterstützen, Fragen beschleunigt zu beantworten und die Möglichkeiten, aussagekräftige Analysen vorzubereiten, erweitern. Diejenigen, die mit der neuen Vielfalt gut umzugehen lernen und ihr Geschäftsverständnis erweitern, können also sehr erfolgreich sein.

Beispiel: Reaktionsbeschleunigung einer Polizeibehörde

Einige Polizeibehörden im In- und Ausland nutzen die neuen Daten und Analysemethoden, um Verbrechen zu prognostizieren – Predicitive Crime (vgl. Seitz 2016). Diese Software analysiert die vorgefallenen Straftaten und sucht nach Korrelationen zwischen den Straftaten und anderen Gegebenheiten wie zum Beispiel GPS-Koordinaten, Wetter und Veranstaltungen. Die ermittelten Reports enthalten die Korrelationen sowie die Prognosen für zukünftige Verbrechen. Durch diese Einführung konnten die Behörden die Kennzahlen überprüfen und schnell Entscheidungen treffen; zum Beispiel die Anzahl der Patrouillen in identifizierten Bereichen erhöhen. Die Erwartungshaltung an die Mitarbeiter ist, dass sie die Auswertung des Systems in kurzer Zeit verstehen und entsprechend reagieren. Diejenigen Behörden und Unternehmen, die lernen, mithilfe kognitiver Systeme schneller richtige Entscheidungen zu treffen, können sich besser differenzieren.

Die zentralen Herausforderungen bei der Einführung kognitiver Systeme liegen neben der Komplexität der Lösungen und der Auswirkungen auf die Organisation in den

Unsicherheiten der kognitiven Vision, dem Aufbau von Vertrauen in die Lösung sowie Machtverschiebungen durch veränderte Entscheidungsprozesse:

- Die *Unsicherheiten der kognitiven Vision* ergeben sich aus dem hohen Innovationsgrad kognitiver Technologien. Wie in dem Beispiel „Finanzielles Berichtswesen" angedeutet, ist bei der Einführung kognitiver Systeme zu Beginn für die Fachbereiche nicht immer erkennbar und auch oft nicht vorstellbar, wie das System verwendet werden soll und wie sich die Arbeitsweisen verändern werden. Das kann zum Beispiel daran liegen, dass die Leistungsfähigkeit des Systems noch nicht im Detail von den Fachbereichen eingeschätzt werden kann. Oft sind herkömmliche Prozesse und Arbeitsweisen aber auch so stark „trainiert", das andere Herangehensweisen schwer vorstellbar sind. Dies gilt insbesondere dann, wenn die geplanten Lösungen noch nicht „State of the Art" sind. Dies schafft Unsicherheit. Sehr oft wird daher versucht, in kleinen Prototypschritten die Möglichkeiten zu erkunden und Lösungen zu erstellen, die zum einen den erwarteten Nutzen bringen und zum anderen für die Organisation verträglich sind (vgl. Abercrombie et al. 2017, S. 15). Dies ist ein oft langwieriger Lernprozess der gesamten Organisation.
- Wird die Einführung einer kognitiven Lösung angekündigt, so kommen in der Regel viele Zweifel auf, ob diese Lösung wirklich wünschenswert ist und ob sie die versprochenen Ergebnisse tatsächlich liefern kann. *Das Vertrauen in die Fähigkeiten der Lösung, die Art ihres Einsatzes und in die Datenqualität* muss bei jeder Transformation aufgebaut werden. Dieses Vertrauen ist das signifikanteste Hindernis, um den Nutzen von Analytics zu realisieren.
- Die Einführung von kognitiven Lösungen beeinflusst die Entscheidungswege. Da Entscheidungsräume auch *Machträume* sind, können hier maßgebliche Widerstände entstehen. Wie in den Beispielen zuvor beschrieben, verlieren Mitarbeiter bestehende Entscheidungsfreiheiten, oder sie erhalten neue, nicht vertraute Entscheidungsfelder. Das wirkt sich entsprechend auf Jobrollen, Berichtswege und die Gesamttransparenz der Arbeitsabläufe aus.

  Ein zentraler Machtraum, in den kognitive Transformationen eingreifen, ist das Wissen der einzelnen Mitarbeiter. Selbstlernende kognitive Lösungen brauchen eine Trainingsphase, in der Spezialisten ihr Wissen bereitstellen müssen. Eine Herausforderung bei der Etablierung des Systems stellt die Bereitschaft der Wissensträger dar, ihr Wissen zu teilen. Dies ist insbesondere dann der Fall, wenn die Wissensträger persönliche Nachteile durch die Einführung des Systems befürchten.
- Aufgrund ihrer Vielschichtigkeit können Analytics-Transformationen eine sehr hohe *Komplexität* erreichen. Zum einen sind sie technisch komplex: Infrastruktur und Schnittstellen sind bereitzustellen, und die Anpassung der Algorithmen oder Konfiguration der Applikationen erfordert den Einsatz von Mathematikern oder Linguisten. Hinzu kommt die organisatorische Komplexität: In der Regel sind mehrere Geschäftsbereiche betroffen. Daten müssen aufbereitet werden, und oft sind Datenschutzfreigaben notwendig. Es ist typischerweise eine Vielzahl unterschiedlicher Stakeholder

mit diversen Interessen beteiligt, die eine effektive Steuerung, konsistente Kommunikation und einvernehmliche Vereinbarungen, wie beispielsweise die Einigung auf gemeinsame Kennzahlendefinitionen oder Datenbereitstellungsaufgaben, zu einer Herausforderung machen.

13.5 Erfolgsfaktoren von kognitiven Projekten

Kognitive Transformationsprojekte werden häufig immer noch als vorrangig technologische Projekte angesehen. In unserem Beispiel der „Predictive Maintenance“ zuvor könnte eine solche Einschätzung dazu führen, dass die Techniker, die Maschinen warten und reparieren, anfangs gar nicht als direkt Betroffene der Transformation angesehen werden, da sie keine Anwender der „Predictive Maintenance“-Anwendung sind. Als Folge könnten die Auswirkungen auf ihre Arbeitsweise erst sehr spät Beachtung finden und zu entsprechendem Unmut bei den Technikern führen. Bei kognitiven Transformationen ist es also sehr wichtig, den Auswirkungen auf Kultur und Organisation frühzeitig Aufmerksamkeit zu schenken. Im Folgenden werden die wichtigsten Erfolgsfaktoren dieser organisatorischen Transformationsaspekte bei kognitiven Projekten beschrieben:

- Iterative Strategiefindung und Führung
- Kultur und Vertrauen
- Transformationsmethodik

13.5.1 Iterative Strategiefindung und Führung

Am Anfang jeder erfolgreichen Transformation steht ein gemeinsames Ziel, auf das alle Kräfte zusammen hinarbeiten. Für jedes Teilprojekt ist es wichtig, ein über Geschäftsbereichsgrenzen hinweg einheitliches Verständnis der Vorteile, die das kognitive Projekt bringen soll, zu schaffen. Dieses Ziel kann in besonders innovativen kognitiven Projekten anfangs oft nur sehr grob formuliert werden, da die Details des Machbaren und Wünschenswerten erst noch erarbeitet werden müssen. Dennoch ist es wichtig, gleich zu Beginn die Grundstrategie des Einsatzes kognitiver Lösungen und prinzipielle Erwartungen festzulegen:

- In welchen Bereichen liegen die Potenziale für den Einsatz kognitiver Lösungen?
- Welche Vorteile (Geschwindigkeit, Flexibilität oder Differenzierung) soll die Lösung anbieten? Wie schnell muss die Lösung eingeführt werden?
- Welche Auswirkungen auf die Kompetenzanforderungen und die Anzahl der Mitarbeiter möchte man zulassen oder erreichen?
- Welche Technologien möchte man einsetzen?

Die IBV-Studie (Ezry et al. 2016) rät, eine Analytics- und Big-Data-Strategie im Unternehmen zu erarbeiten, die auch kognitive Elemente einbezieht. Zusätzlich wird empfohlen, diese Strategie anhand der Erfahrungen und Fortschritte aus den kognitiven Projekten und gegebenenfalls Änderungen der Geschäftsprioritäten regelmäßig anzupassen. Jede Strategie basiert auf Annahmen der Leistungsfähigkeit von Technologie und Organisation. Der Vorteil der iterativen Strategieanpassung ist, dass die gewonnenen Erkenntnisse der Organisation aus Piloten und Lösungserweiterungen wieder in die Strategie oder deren Verfeinerungen einfließen. So kann ein Lernprozess der Organisation über alle Ebenen erfolgen (vgl. Abercrombie et al. 2017, S. 15 f.).

Wie jede große Transformation bedürfen kognitive Projekte aufgrund ihrer Tragweite starker Sponsoren aus der obersten Führungsebene. Diese Unterstützung der obersten Führung wird über den gesamten Zeitraum der Transformation benötigt. Ein regelmäßiger (zum Beispiel monatlicher oder quartalsweiser) Review des Programmstatus und der Abweichung von den ursprünglichen Erwartungen und Zielen, in Form eines Workshops zur Richtungsvalidierung, kann eine stetige Einbindung der Sponsoren erleichtern. Zusätzlich sollten die Sponsoren ihre Unterstützung durch eine breite Kommunikation sichtbar machen. Dies kann beispielsweise in Form von Videobotschaften oder Vorträgen bei Belegschaftsversammlungen geschehen. In der Kommunikation sollten die erwarteten Veränderungen, Bedingungen und Vorteile wie auch geplante Produktivsetzungen bekannt gemacht werden.

Ein weiterer Punkt, der immer wieder Managementunterstützung erfordert, ist der Umstand, dass eine erfolgreiche kognitive Transformation Ressourcen braucht und es hier immer wieder zu Konflikten mit dem operativen Betrieb kommen kann. Um die Lösungsgestaltung voranzutreiben und die zukünftigen Arbeitsweisen festzulegen, ist es wichtig, Teams zu bilden, in denen sich Experten der Fachbereiche über die Lösung austauschen und zusammenwirken können. Fachbereiche und IT-Abteilungen müssen für die Pilotierungen und Umstellungen Schlüsselpersonen bereitstellen und die notwendigen Aufwände einplanen (vgl. Abercrombie et al. 2017, S. 16).

13.5.2 Kultur und Vertrauen

Die Einführung von kognitiven Lösungen verändert in vielen Fällen Entscheidungswege und Arbeitsweisen, wie im Beispiel zu „Predictive Maintenance“ zuvor. Die Einführung kognitiver Systeme kann daher viele Arten von emotionalen Widerständen auslösen:

Beispiel: Kognitiver Helpdesk Assistent als Beispiel für die Expertise-Erweiterung

Kognitive Systeme werden heute auch für Chatbots eingesetzt, die mehr oder weniger einfache Fragen beantworten. Wenn ein Kunde nur Informationen zur Lage der nächsten Reparaturwerkstatt benötigt, ist das relativ einfach automatisch zu ermitteln, und der Chatbot kann selbstständig antworten. Kognitive Systeme unterstützen Helpdesk-Mitarbeiter auch dabei, komplexere Fragestellungen zu beantworten, indem sie im

Hintergrund Servicedatenbanken und Handbücher durchsuchen und Lösungsvorschläge herausfiltern und anzeigen. Hier ist die Überlappung der Tätigkeit des kognitiven Systems mit der ursprünglichen Tätigkeit des Helpdesk-Mitarbeiters nicht mehr geringfügig. Obwohl viele Kunden vermutlich die Kommunikation mit einem Menschen statt mit einer Maschine bevorzugen, werden Chatbots vereinzelt auch zur direkten Kommunikation mit dem Kunden eingesetzt und dienen nicht nur der Unterstützung der Helpdesk-Mitarbeiter. Sie können die Form persönlicher Assistenten annehmen, wie ein Beispiel eines Chatbots für Studenten an der australischen Universität Deakin zeigt (Deakin 2017). Die Ankündigung der Einführung eines kognitiven Helpdesk-Assistenten kann Ängste vor Jobverlust oder Abwertung der Tätigkeit bei den Helpdesk-Mitarbeitern hervorrufen. Das kognitive System kann aber auch für die Mitarbeiter Vorteile bringen: Neue Mitarbeiter können sich schneller einarbeiten, und selbst erfahrene Mitarbeiter können den einen oder anderen Lösungsvorschlag bekommen, den sie selbst nicht gefunden hätten.

Das Beispiel zeigt, dass eine kognitive Transformation nicht von jedem Mitarbeiter begrüßt wird. Sie kann für einige Betroffene handfeste Nachteile haben und selbst Mitarbeiter, die davon profitieren sollen, glauben nicht immer sofort an diese Vorteile. Befürchten Mitarbeiter persönliche Nachteile, so werden sie wenig Neigung zeigen, bei einem benötigten Wissenstransfer mitzuwirken oder das System einzusetzen. Das kann in Projekten viel Zeit kosten oder im Extremfall sogar ein Projekt scheitern lassen. Daher ist es wichtig, in Projekten diese Befürchtungen ernst zu nehmen und den kulturellen Aspekten einen angemessenen Raum zu geben. Das Hauptthema ist hier, Vertrauen zu schaffen. Die drei wichtigsten Bereiche sind:

- Vertrauen in Daten: Qualität, Integrität und Sicherheit
- Vertrauen in die Fähigkeiten und Zuverlässigkeit der Algorithmen
- Schnelle Entscheidungen und Aktionen auf Basis der kognitiven Lösung

Vertrauen in Datenqualität, -integration und -Sicherheit

In einigen Fällen ist die Datenqualität für traditionelle Geschäftsprozesse ausreichend. Mit der Einführung der neuen kognitiven Lösung erhöhen sich jedoch die Anforderungen hinsichtlich Datenqualität, -menge, -quellen und -arten. Dieses gilt insbesondere, wenn strukturierte und unstrukturierte Daten aus internen und externen Quellen miteinander verbunden und analysiert werden. In diesen Fällen müssen Datenqualität, -integrität und -schutz umfassend überprüft und jegliche Lücken geschlossen werden. Der Datenaufbereitung ist in kognitiven Projekten immer ein angemessener Raum zu geben.

In der IBV-Studie (Ezry et al. 2016) wird beschrieben, dass die Unternehmen, die sich am erfolgreichsten durch kognitive Lösungen differenzieren, stärker als andere Unternehmen Daten aus Kundenaktivitäten, mobilen Apps und dem Internet of Things (Sensoren und Aktuatoren aus Geräten) nutzen. Neben erheblichen Investitionen in Infrastruktur und Datenarchitektur erfordert dies einen Aufbau einer starken zentralen Daten-Governance auf Unternehmensebene unterhalb eines CDO (Chief Data Officers) (vgl. Abercrombie et al. 2017, S. 9). Datenschutz- bzw. Datensicherheitsverantwortliche sollen früh in die Lösungserstellung eingebunden werden. Genauso ist es wichtig, das Bewusstsein für eventuelle Grenzen der Datenqualität zu schaffen und bei der weiteren Lösungsgestaltung zu berücksichtigen.

Vertrauen in die Fähigkeit und Zuverlässigkeit der Algorithmen
Nicht immer sind Mitarbeiter überzeugt, dass ihnen eine kognitive Anwendung bei einer Tätigkeit helfen kann, die sie womöglich seit Jahrzehnten ausüben. Diese Skepsis ist oft berechtigt und sollte ernst genommen werden. Zu klären ist in solchen Fällen, ob die Lösung gegebenenfalls eher unerfahrene Mitarbeiter unterstützen oder die erfahrenen Mitarbeiter von Routinearbeiten entlasten soll. Eine große Herausforderung ist die Akzeptanz von Lösungen einer kognitiven Applikation, deren Lösungsweg nicht im Detail nachvollziehbar ist. Beispielsweise kann der Arzt, der Watson Oncology verwendet, um die optimale Krebstherapie für seinen Patienten zu finden, nicht genau nachvollziehen, wie die Anwendung die Therapieempfehlung ermittelt hat. Allerdings gibt Watson Oncology, zusammen mit seinen Therapievorschlägen, auch die relevanten Quellen seiner Analyse mit ihrer Relevanzgewichtung an. So kann sich der Arzt ein Bild der Zuverlässigkeit und Relevanz der verwendeten Quellen machen. Die Art der Informationen, die benötigt werden, um eine Lösung eines kognitiven Systems zu verifizieren, ist am Anfang des Lösungsdesigns nicht immer vollständig bekannt. Hier kann durch Pilotieren der Lösung und Sichtbarmachen der erreichten Verbesserungen nach und nach Vertrauen aufgebaut werden.

Zusätzlich ist es wichtig, die geeigneten Schritte und das geeignete Tempo der Implementierung gut auszubalancieren. Oft gibt es innerhalb eines Unternehmens Gruppen mit unterschiedlicher Affinität zu kognitiven Lösungen. So wird zum Beispiel eine Entwicklungsabteilung mit ihrem Fokus auf technische Neuerungen in der Regel weniger Probleme mit der Einführung kognitiver Systeme haben als zum Beispiel eine Marketingabteilung, deren Mitarbeiter wenige bis keine technischen oder mathematischen Fähigkeiten haben. Sind nun von einem System beide Gruppen betroffen, so braucht die Marketingabteilung gegebenenfalls mehrere Prototypvorstufen, bis die vollständige Lösung dort eingeführt werden kann.

Wenn die Lücke zwischen der bestehenden und konzipierten Lösung oder zwischen der bestehenden und erforderlichen Unternehmenskultur zu groß ist, sollten Übergangslösungen oder mehrere kleine Einführungsphasen genutzt werden. Etwa kann im Beispiel des Finanz-Reportings ein erster Pilotschritt für ein neues Reporting-System sein, erst einmal nur die Daten aus diversen Quellen zusammenzuführen und in einem relativ einfachen Dashboard sichtbar zu machen. Wenn die Fachbereiche die zusammengeführten Daten zunächst erkunden können, können sie die nächsten möglichen Schritte der Analysemöglichkeiten besser verstehen und ihre Prioritäten genauer formulieren.

Schnelle Entscheidungen und Aktionen auf Basis der kognitiven Lösung
Damit die erwarteten Vorteile einer kognitiven Lösung realisiert werden, müssen die aufgedeckten Zusammenhänge und Empfehlungen in die letztendlich resultierenden Handlungen einfließen. Die erfolgreichen Unternehmen heben sich von anderen unter anderem dadurch ab, dass sie die Zeitspanne zwischen der Gewinnung von Rohdaten und erkenntnisgetriebener Handlung minimieren (vgl. Finch 2014, S. 5). Diese Anforderung erfordert eine Einbettung der kognitiven Lösung in die Arbeitsprozesse und eine Überarbeitung bisheriger Rollen und Aufgabenverteilungen. In der IBV-Studie (McFarlane et al. 2017) wird auf die Erwartungen von Unternehmen an ihre Mitarbeiter hingewiesen. Es wird davon ausgegangen, dass Mitarbeiter für kognitive Transformationen mathematische Fähigkeiten brauchen. Allerdings ist die wichtigere Anforderung, aus den Ergebnissen des Systems die Auswirkungen für das Unternehmen zu erkennen. Das bedeutet eine massive Änderung der Arbeitsweise: weg von dem Auswerten von Standardreports nach festen Schemata hin zum Erarbeiten situationsabhängiger Auswertungsschemata. Es sind dementsprechend Fähigkeiten gefragt, die sich nicht einfach in Schulungen antrainieren lassen (vgl. McFarlane et al. 2017, S. 12 f.).

Daher ist es wichtig, während eines Proof of Concepts oder der Pilotierungsstufen nicht nur die technische Machbarkeit, sondern auch die Art und Weisen der Nutzung im Arbeitsprozess und die Zusammenarbeit zu prüfen. Da die Fachbereiche oft erst die Möglichkeiten und Grenzen einer kognitiven Lösung erkunden müssen, ist der spätere produktive Zielprozess ein Ergebnis einer Reihe von „Experimenten" mit der neuen Lösung (vgl. Abercrombie et al. 2017, S. 15 f.). Die Fachbereiche müssen also von Anfang an in die kognitiven Projekte einbezogen werden, um die Auswirkungen auf Prozesse und Rollen erkunden zu können.

Wichtig für die notwendigen Verhaltensanpassungen ist, dass diese messbar und sichtbar gemacht werden. Bei einer Lageroptimierungslösung kann zum Beispiel die Lösung so gestaltet werden, dass der Disponent für den Fall, das er den Parameter der Optimierungslösung überschreibt, einen Kommentar eingeben muss. So kann die Häufigkeit der Abweichungen ausgewertet werden. Aus den Kommentaren können gegebenenfalls noch Hinweise für die Verbesserung der Lösung erschlossen werden. Sind auf Basis solcher Messungen Erfolge in Pilotstufen sichtbar, so ist wichtig, diese Erfolge und Ergebnisse breit zu kommunizieren, um die Neugier der zurückhaltenden Mitarbeiter zu wecken und das Engagement in Bereichen, die noch nicht an Pilotierungen teilgenommen haben, zu fördern (vgl. Abercrombie et al. 2017, S. 10–13).

13.5.3 Transformationsmethodik

Wie die Beispiele zeigen, ist die Einführung von kognitiven Lösungen kein reines IT-Projekt. Es betrifft die IT, aber auch die Jobrollen der Fachbereiche, die Entscheidungswege der Organisation, die Arbeitskultur und die Verteilung von Wissen. Für eine maßgeschneiderte kognitive Transformation, die die Organisation auf diese Veränderung vorbereitet, werden unter anderem ein Managementsystem, eine formale Change-Management-Methode sowie die Beteiligung der Fachbereiche benötigt. Ein nachhaltiger methodischer und organisatorischer Rahmen sollte für die kognitiven Projekte erarbeitet und kontinuierlich angepasst werden. Das Change-Management unterstützt die Mitarbeiter beispielsweise bei der Erarbeitung von neuen Arbeitsabläufen, damit die erwarteten Vorteile einer kognitiven Lösung auch erzielt werden. Eine formale Change-Management-Methode, die in kognitiven Projekten Anwendung finden soll, muss auf die besonderen Herausforderungen und Implikationen von kognitiven Projekten zugeschnitten werden.

Ein besonders kritisches Thema während der Transformation sind die Skills der Mitarbeiter. Zum einen werden die Anforderungen an technische und mathematische Fähigkeiten sich in einzelnen Fällen erhöhen. Zum anderen sollen die kognitiven Lösungen quasi als Erweiterung der Expertise der Mitarbeiter fungieren, zum Beispiel indem das System, wie im Beispiel aus dem Gesundheitswesen in Abschn. 13.1, eine Masse an Dokumenten durchforstet, die ein Mitarbeiter in angemessener Zeit nicht einsehen könnte. Die Unternehmen erwarten, dass Mitarbeiter neue Einsichten generieren, ohne sich mit der Mathematik beschäftigen zu müssen.

Zu einem gewissen Grad kann eine kognitive Lösung damit zum Beispiel Neueinsteigern helfen, schnell mit hoher Expertise zu arbeiten. Es besteht aber auch die Gefahr, dass bei unkritischer Verwendung des Systems die Expertise wenig steigt. So wie es einem Autofahrer passieren kann, der kaum Ortskenntnis gewinnt, wenn er nur mit einem Navigationssystem fährt.

Ein Finance Dashboard, das auf einem kognitiven System basiert, wird mit relevanten Beiträgen aus den täglichen Nachrichten, wie beispielsweise der Umsatzentwicklungen der Konkurrenz, erweitert. Der Mitarbeiter, der die Berichte erstellt und analysiert, hat in der Vergangenheit Standardtabellen verglichen und bekommt nun eine vollständig neue Kombination von Informationen, die er womöglich noch unter Zeitdruck verarbeiten muss. In so einem Fall wird durch die erhöhte Menge und Varianz an Informationen auch eine erhöhte Flexibilität der Mitarbeiter in ihren Analysemethoden erwartet. Zusätzlich steigen die Anforderungen in puncto Geschäftsverständnis, Kenntnis der aktuellen Entwicklungen und Expertise, daraus die richtigen Schwerpunkte für die Analyse abzuleiten.

Welche Expertisen Voraussetzung für den Einsatz einer kognitiven Lösung sind und welche sich durch den Einsatz entwickeln sollen oder nicht mehr benötigt werden, hängt sehr stark von der Art der Lösung, der Organisation und letztlich auch von den Zielen der Transformation ab.

Um dieses Feld erkunden und auflösen zu können, brauchen Change-Manager spezifisches Wissen über die kognitiven Lösungen, um die Auswirkungen auf die Kultur, Jobrollen und Trainingsbedarf einschätzen zu können. Zum anderen führt dies auch zur Notwendigkeit, Analytics-Experten in Change-Management-Methoden zu schulen, um ein Verständnis für die Komplexität und die zuvor beschriebenen möglichen Auswirkungen des Projekts auf Jobrollen, Expertiseanforderungen und Prozesse zu schaffen.

In jedem Change-Projekt sind das Messen der Veränderungsbereitschaft und das frühe Erkennen von kulturellen Hindernissen und Stimmungen wichtig. Hier können Change-

Manager auch selbst zum Anwender kognitiver Lösungen werden. Solche Lösungen können sein:

- Stimmungsanalyse von Beiträgen in sozialen Netzwerken oder firmeninternen Kollaborationsplattformen (vgl. Barrientos et al. 2017, S. 6): Hier werden Aussagen über die Firma oder das Projekt in sozialen Netzwerken oder firmeninternen Diskussionsforen durch Textanalyse danach bewertet, ob die Autoren der Beiträge die Firma oder das Projekt positiv oder negativ beurteilen.
- Nutzung von mobilen Applikationen für die Verteilung von Informationen, Schnellumfragen oder als Feedbackplattform: Eine mobile Applikation kann mit einem firmeninternen Diskussionsforum verbunden werden, das zum einen Demovideos, Berichte und Präsentationen zum Transformationsprojekt enthält und zum anderen den Nutzer der App ermöglicht, Feedback zu den bereitgestellten Informationen zu geben oder gezielte Fragebögen zu beantworten.

Diese Werkzeuge und Methoden brauchen eine technische Infrastruktur und Unterstützung durch den IT-Bereich und können in der Regel nicht für jedes Projekt aufs Neue zusammenstellt werden. Für die Steuerung und Einführung kognitiver Transformationsprogramme ist daher das Einrichten eines zentralen „Cognitive Center of Excellence" hilfreich, dem auch Experten für Transformation und Kulturanpassung angehören. Dieses erfüllt über das Programm hinweg folgende Aufgaben:

- Es bündelt die Expertise zu kognitiven Lösungen im Unternehmen,
- bündelt Change-Management-Kompetenzen im Zusammenhang mit kognitiven Lösungen,
- unterstützt die Erstellung einer kognitiven Strategie im Unternehmen und informiert das Top-Management über Innovationen im kognitiven Bereich,
- stellt kognitive Werkzeuge für das Change-Management und Kollaborationsplattformen für die kognitiven Projekte bereit,
- treibt die kognitive Transformation intern voran,
- etabliert eine formale Change-Management-Methode für kognitive Projekte und
- sammelt „Best Practices" und Vorlagen aus den diversen Projekten.

13.5.4 Schnelle und flexible Einführung

In der Vergangenheit wurden für das Design und die Implementierung von großen Transformationen (zum Beispiel ERP-Einführungen, die eine Homogenisierung der Geschäftsprozesse erforderten) dedizierte Teams über den gesamten Projektlebenszyklus abgestellt. Dabei wurden die Projekte in mehrere Phasen unterteilt, die aufeinander aufbauten und in einer vorher festgelegten Reihenfolge durchgeführt wurden. Größter Vorteil dieses Vorgehens ist die hohe Planungssicherheit (vgl. Fair 2012). Es setzt jedoch voraus, dass Anforderungen über die Projektphasen hinweg weitgehend konstant bleiben.

Dieses Vorgehen ist bei kognitiven Projekten nicht mehr angemessen, da

- wie in Abschn. 13.4 erwähnt, die Einführung von kognitiven Systemen ein Lernprozess der Organisation ist. Der Lernprozess erfolgt über Pilotierungen, die zum Teil auch das Lösungsdesign erarbeiten. Damit ist kein stabiles Lösungsdesign zu Beginn des Projektes vorhanden.
- die Unternehmen sich schneller als die Konkurrenz an Veränderungen in den Märkten anpassen wollen, verkürzt sich die Zeit zwischen dem Lösungsdesign und dem produktiven Einsatz der Lösung im Unternehmen zunehmend (vgl. Barrientos et al. 2017, S. 4).

Dieses gilt auch für kognitive Projekte, die nicht als eine monolithische Transformation verstanden werden sollten. Eine kognitive Transformation ist häufiger eine Abfolge an kleinen Schritten und iterativen Pilotzyklen. Zudem sind die Projektteams meistens klein und variieren je nach Schwerpunkt des Pilotzyklus (vgl. Fair 2012).

Unternehmen müssen damit offen sein für laufende Veränderungen. Aus diesen Gründen heraus haben sich agile Entwicklungsmethoden entwickelt. Diese passen zu einem von Pilotzyklen gesteuertem Vorgehen in vielen kognitiven Projekten. Ergänzt wird das agile Vorgehen durch innovative Methoden wie zum Beispiel DevOps, Design Thinking und Digital Change.

DevOps verzahnt den Bereich der Softwareentwicklung (Dev) und den IT-Betrieb (Ops), indem es die Kultur, Tools und Prozesse abteilungsübergreifend harmonisiert (vgl. Peschlow 2012). Ziel ist es, eine schnelle und sichere Produktivsetzung von pilotierten Lösungen zu ermöglichen.

Die Design-Thinking-Methode fokussiert auf die systematische Entwicklung von Innovationen, die auf die Bedürfnisse der Nutzer eingehen (vgl. HPI 2018). In kognitiven Projekten können mit dieser Methode Prioritäten und Abhängigkeiten identifiziert werden, indem analysiert wird, wie ein Geschäftsprozess von einer betroffenen Gruppe (Kunden und Nutzer) erlebt wird.

Digital Change ist eine neue IBM-Change-Management-Methode, die die Wahrnehmung und Akzeptanz von Mitarbeitern in das Zentrum einer Transformation rückt (vgl. Marron-Partridge 2017).

Wenn die Einführung einer kognitiven Technologie, wie zum Beispiel eines Helpdesk-Assistenten auf der Basis einer künstlichen Intelligenz, im Unternehmen angekündigt wird, reagieren Mitarbeiter sehr unterschiedlich: Von Neugierde bis zu aggressiver Ablehnung aus Angst vor Jobverlust. Um Zweifel und Ängste abzumildern, kann mithilfe der neugierigen Mitarbeiter schnell ein Pilot gestartet werden, um die Machbarkeit zu prüfen. Der Ansatz, zunächst nur einen „Zeh ins kalte Wasser“ zu stecken, wird von führenden Unternehmen mit Erfahrung bei kognitiven Projekten praktiziert (vgl. Ezry et al. 2016, S. 4). Wie in Abschn. 13.5.1 beschrieben, sollten zu Beginn der Pilotierung prinzipielle

Erwartungen an die kognitive Technologie initial festgelegt werden, um die Zielerreichung zu einem späteren Zeitpunkt messen zu können.

Dieser erste Pilot gibt Mitarbeitern die Möglichkeit, erste eigene Erfahrungen mit dem neuen System zu machen. Diese Erfahrungen und das gewonnene Vertrauen geben diese Mitarbeiter an ihre Kollegen, die nun auch neugierig werden, weiter. Ebenso können kritische Mitarbeiter, auf wichtige Problempunkte aufmerksam machen, die im weiteren Verlauf zu berücksichtigen sind. Damit werden die Mitarbeiter zu „Change Agents". In weiteren Pilotschritten werden die Fähigkeiten und Grenzen des neuen Systems erkundet, und die Mitarbeiter werden dazu aufgerufen, weitere Anwendungsgebiete für kognitive Systeme zu identifizieren (vgl. Abercrombie et al. 2017, S. 15). Das Verständnis, wie das neue System die Arbeit unterstützt, wächst, und die Organisation bekommt die Möglichkeit, Varianten möglicher Zielprozesse durchzuspielen. Für diese Phasen werden in den Fachbereichen sogenannte Key User identifiziert, die eng mit den technischen Teams, die die kognitive Lösung implementieren, zusammenarbeiten, damit die Umsetzung auch dem Lernprozess der Fachbereiche Rechnung trägt. Dabei ist zu beachten, dass neben den direkt beteiligten Key Usern auch die anderen Mitarbeiter durch Kommunikation, Einbindung in Designworkshops, die ihre Expertise erfordern, Schulung und Ähnliches eingebunden werden müssen. Zusätzlich zu den klassischen Kommunikationskampagnen, die die Mitarbeiter über Status und Ergebnisse des Transformationsprojektes auf dem Laufenden halten, kann eine frühe und ggf. eingeschränkte Produktivsetzung eines erfolgreichen und stabilen Piloten helfen, da somit einer breiten Benutzergruppe die Gelegenheit gegeben wird, Erfahrungen mit dem System zu sammeln und eigene Ideen und Feedback einzubringen.

13.5.5 Fazit

Kognitive Systeme werden in der Zukunft vermehrt die Einführung neuer Geschäftsmodelle treiben und unsere Arbeitsweisen verändern. Die Einführung einer kognitiven Lösung ist kein reines Technologieprojekt, sondern in der Regel eine Unternehmenstransformation. Daher ist den kulturellen und organisatorischen Veränderungen bei einer kognitiven Transformation genügend Raum in Form von Zeit, Budget, Methodik und Ressourcen in der Projektplanung zu geben. Da zudem diese Transformation häufig ein zyklischer Lernprozess der Organisation ist, hat sie einen agilen Programmcharakter. Für eine erfolgreiche Steuerung eines solchen Programms ist die Entwicklung einer kognitiven Strategie, die die prinzipiellen Ziele, Erwartungen und Rahmenbedingungen des Einsatzes von kognitiven Lösungen festlegt, eine hilfreiche Basis. Dabei wird empfohlen, diese Strategie regelmäßig anhand der Projekterfahrungen, Änderungen der Geschäftsprioritäten und technologischen Neuentwicklungen zu überarbeiten. Dies bedarf einer langfristigen Unterstützung durch das Top-Managements.

Kernherausforderung ist es, das Vertrauen der Stakeholder zu gewinnen und zu halten. Dies erfolgt zum einen durch eine agile Entwicklungsmethodik, in der die Mitarbeiter die neue Technologie Schritt für Schritt erproben und kennenlernen sowie Schlüsselpersonen der betroffenen Mitarbeitergruppen in die Gestaltung der neuen oder veränderten Prozesse und Rollen eingebunden werden können, zum anderen sollte jede kognitive Transformation durch eine Change-Management-Methode begleitet werden, die eng mit der Entwicklungsmethodik verzahnt ist. Diese kann helfen, den Fokus auf Verhaltens- und Kulturänderungen nicht zu verlieren und die Transformationsschritte an die Änderungskapazität der Organisation anzupassen und den Lernprozess der Organisation zu steuern. Kognitive Werkzeuge wie zum Beispiel Stimmungsanalyse können helfen, schwindendes Vertrauen in den Projekterfolg früh zu erkennen. Mobile Apps können die Interaktion mit lokal verstreuten Stakeholdern verbessern.

Aus den diversen Pilotzyklen werden sich „Best Practices" ergeben, die man auf zukünftige Projekte und Pilotzyklen übertragen möchte. Zudem ist es hilfreich, Personen, die in vergangenen kognitiven Projekten Erfahrung gesammelt haben, in Folgeaktivitäten wieder einzubinden. Das kann den Aufbau einer Art „kognitiven Center of Excellence" sinnvoll werden lassen.

Dieses „Center of Excellence" kann sowohl technische und Change-Management-Expertise vereinen als auch die Kernressourcen bündeln, die die kognitive Transformation im Unternehmen unterstützen. Um die Auswirkungen der kognitiven Lösungen einschätzen und adressieren zu können, müssen Change-Management-Experten Einblick in die Möglichkeiten und Grenzen der Anwendung kognitiver Systeme haben. Ebenso sollten Technologiemitarbeiter, die kognitive Lösungen konzipieren und implementieren, für Change-Management-Aspekte sensibilisiert sein, da Projekte zumindest in den Anfangsphasen oft zu klein sind, um dedizierte Change-Manager einzusetzen. Diese Kerngruppe kann dann die Verantwortung für die Gesamtmethodik und Planung bei kognitiven Transformationen übernehmen und für ihre Aufgaben speziell geschult werden.

Die Unternehmen, die sich durch kognitive Lösungen differenzieren wollen, vergrößern ihre Chancen auf Erfolg, wenn sie die kulturellen und organisatorischen Aspekte einer kognitiven Transformation meistern und ebenso ernst nehmen wie die technischen Herausforderungen.

Literatur

Abercrombie, C., et al. (2017). *Accelerating enterprise reinvention*. Armonk: IBM Institute for Business Value.

Barrientos, M.-P., Meyding, G., & Whiteford, E. (2017). *Mastering the art of change in the digital domain*. Somers: IBM Corporation.

Brandt, M. (2015). Diese eHealth-Angebote nutzen die Deutschen. https://de.statista.com/infografik/3602/nutzung-apps-services-aus-dem-bereich-digitale-gesundheit-fitness/. Zugegriffen: 12. Nov. 2017.

Brünglinghaus, C. (2015). Vom Autobauer zum Mobilitätsanbieter. https://www.springerprofessional.de/fahrzeugtechnik/carsharing/vom-autobauer-zum-mobilitaetsanbieter/6561608. Zugegriffen: 12. Nov. 2017.

Cognitive Computing Consortium (2016). Cognitive computing definition. https://cognitivecomputingconsortium.com/definition-of-cognitive-computing/. Zugegriffen: 12. Nov. 2017.

Deakin (2017). Deakin Genie digital student assistant wins major global business award. http://www.deakin.edu.au/about-deakin/media-releases/articles/deakin-genie-digital-student-assistant-wins-major-global-business-award. Zugegriffen: 2. Apr. 2018.

Ezry, R., Hadock, M., Tyler, B., & Shockley, R. (2016). *Analytics: dawn of the cognitive era*. Somers: IBM Institute for Business Value.

Fair, J. (2012). *Agile versus Waterfall: approach is right for my ERP project?* Marsailles: PMI® Global Congress.

Finch, G., et al. (2014). *Analytics: the speed advantage*. Somer: IBM Institute for Business Value.

HPI (2018). Was ist Design Thinking? https://hpi-academy.de/design-thinking/was-ist-design-thinking.html. Zugegriffen: 10. Jan. 2018.

IBM (2017). IBM report: half of surveyed chief executive officers plan to adopt cognitive computing by 2019. http://www-03.ibm.com/press/us/en/pressrelease/52753.wss. Zugegriffen: 12. Nov. 2017.

IBM Watson Health (o. J.). Watson for Oncology. https://www.ibm.com/watson/health/oncology-and-genomics/oncology/. Zugegriffen: 11. November 2017.

Kiradjiev, P., & Holtmann, C. (o. J.). Predictive Maintenance. http://www-05.ibm.com/de/pmq/. Zugegriffen: 11. November 2017.

Lanquillon, C., & Mallow, H. (2015). Advanced Analytics mit Big Data. In J. Dorschel (Hrsg.), *Praxishandbuch Big Data: Wirtschaft – Recht – Technik* (S. 55–58). Wiesbaden: Springer.

Marron-Partridge, T. (2017). A new day requires new ways: designing „Digital Change" for effective transformation. https://www.ibm.com/blogs/insights-on-business/gbs-strategy/digital-change/. Zugegriffen: 10. Jan. 2018.

McFarlane, L., Waxenberg, A., & Baird, H. C. (2017). *From data deluge to intelligent insights*. Armonk: IBM Institute for Business Value.

Peschlow, P. (2012). Die DevOps-Bewegung. *Javamagazin*, *1*, 2–6.

Seitz, J. (2016). Dem Verbrechen auf der Datenspur. https://www.zukunftsinstitut.de/artikel/big-data/predictive-policing/. Zugegriffen: 20. Jan. 2018.

Wittek, D. T. (2016). Deutschland steht dank künstlicher Intelligenz vor Wachstumsschub. https://www.accenture.com/de-de/company-news-release-artificial-intelligence-economic-growth. Zugegriffen: 12. Nov. 2017.

Dr. Ute Twisselmann ist promovierte Mathematikerin und hat über 15 Jahre Erfahrung als Business & Strategieconsultant bei der IBM. Sie verfügt über eine breite Erfahrung aus mehreren Strategieprojekten in diversen Industrien. Der Schwerpunkt ihrer Arbeit in den letzten Jahren war die Begleitung von Projekten zur Einführung von Analytics- und Big-Data-Lösungen als Projektleiterin, Entwicklerin und Change-Managerin.

Maria Hilgenberg ist Business- & IT-Strategieberaterin bei IBM. Als Change-Managerin und Teamleiterin sammelte sie Expertise in Technologie induzierten Transformationen in der Fertigungs- und Finanzindustrie sowie im strategischen Outsourcing. Zurzeit leitet sie Kunden bei dem Einsatz von Analytics Software an, um entscheidungsrelevante Erkenntnisse für Unternehmen zu ermitteln.

Potenzial der Blockchain – Infrastruktureller Paradigmenwechsel 14

Sebastian Rieck

Erstmalig eingesetzt als technologische Grundlage der Kryptowährung „Bitcoin“ gilt die Blockchain heute als eine der größten Innovationen der letzten Jahre (Crosby et al. 2015, S. 3). Sie hat das Potenzial, die Verhaltensweise der Gesellschaft fundamental zu verändern (Wright und De Filippi 2015, S. 3).

> We should think about the blockchain as another class of thing like the Internet—a comprehensive information technology with tiered technical levels and multiple classes of applications for any form of asset registry, inventory, and exchange, including every area of finance, economics, and money; hard assets (physical property, homes, cars); and intangible assets (votes, ideas, reputation, intention, health data, information, etc.) (Swan 2015).

Mit der Blockchain lassen sich Prozesse optimieren, die Transparenz und Kommunikation verbessern sowie Kosten einsparen. Die Blockchain fungiert dabei als sicherheitsstiftende Plattform für den Nachweis von Transaktionen oder für den Austausch von diversen Werten. Intelligente Verträge und automatisierte Organisationen sind weitere Anwendungen auf Basis der Blockchain.

Die Blockchain ist im Wesentlichen eine dezentrale Datenbank, die innerhalb eines Peer-to-Peer-Netzwerkes eine Transaktionshistorie abbildet. Ohne eine zentrale Instanz ermöglicht ein Konzept aus verschiedenen Technologien den manipulationssicheren Nachweis aller erfolgten Transaktionstätigkeiten. Die verifizierten Transaktionen werden zu Blöcken zusammengefasst und chronologisch, linear gespeichert. Über eine kryptografische Signatur ist jeder Block mit dem Vorblock und der gesamten Blockkette verknüpft. Dadurch ist die nachträgliche Manipulation unmöglich. Jeder Teilnehmer des Blockchain-Netzwerks besitzt die vollständige Datenbank und kann diese auch jederzeit einsehen. In solch einem zugangsfreien und autarken Netzwerk werden die Transaktionen über den

S. Rieck (✉)
PRP HanseCorp GmbH
21465 Reinbek, Deutschland
E-Mail: s.rieck@hansecorp.de

M. H. Dahm und S. Thode (Hrsg.), *Strategie und Transformation im digitalen Zeitalter*, FOM-Edition, https://doi.org/10.1007/978-3-658-22032-7_14

mehrheitlichen Konsens der Teilnehmer verifiziert. Mittels Konsensprotokolle ist es möglich, fehlerhafte und betrügerische Transaktionen zu vermeiden, ohne dabei die Sicherheit einer zentralen Instanz zu benötigen.

Aufgrund der vielfältigen Anwendbarkeit wird die Technologie auch für Branchen fernab der Finanzwirtschaft zunehmend interessanter. Namhafte Unternehmen unterschiedlichster Branchen erproben bereits reale Anwendungsfälle. Darunter befinden sich Firmen wie TUI, IBM, SAP, Samsung, Lufthansa und viele mehr (Glaser und Bezzenberger 2015, S. 2).

Versteht man die Blockchain als innovative Infrastruktur für Prozesse und Geschäftsmodelle, kann die Anwendung im eigenen Unternehmen große Vorteile gegenüber bestehenden Lösungen bieten. Dieser Beitrag soll eine erste Grundlage für die erfolgreiche Adaption der Blockchain-Technologie sein.

14.1 Die Entstehung und Entwicklung der Blockchain

Im Jahre 2008 wurde unter dem Pseudonym „Satoshi Nakamoto“ ein neuartiges Konzept zur Abwicklung des digitalen Zahlungsverkehrs veröffentlicht. Durch das alternative E-Cash-System „Bitcoin“ sollte jeder Teilnehmer in der Lage sein, digitale Zahlungen ohne einen Intermediär zu tätigen. Die Entwickler verfolgten dabei zwei Ziele: die Liberalisierung des massenhaften Zahlungsverkehrs und die Vermeidung von Doppelbuchungen. Doppelbuchungen stellen ein bekanntes Problem des digitalen Zahlungsverkehrs dar, bei dem Buchgeld mehr als einmal verteilt wird. Wenn digitale Einheiten beliebig teilbar sind, führt die mehrfache Versendung zu einer Abwertung, bis hin zur Wertlosigkeit.

Dieses Problem wird in der realen Welt durch einen Finanzintermediär gelöst. Die Banken bieten den Transaktionsbeteiligten als neutrale, zentrale Instanz eine sichere Plattform für den Zahlungsverkehr. Teilnehmer sind bei einem zentralisierten Ansatz über eine Institution indirekt vernetzt. Es besteht dabei die operative Gefahr des sogenannten „single point of failure“. Die einzelne Institution betreibt eine eigene Datenbank und muss die Datensicherheit gewährleisten. Ebenso ist die Funktionalität des gesamten Systems abhängig von der zentralen Instanz. Die Gefahren von gezielter Datenmanipulation, Datenverlust und Datendiebstahl sind durch die Machtkonzentration erhöht. Kosten und Gefahren kumulieren sich entsprechend, wenn mehrere solcher Netzwerktypen untereinander verbunden sind (Roßbach 2016, S. 3). Für die Nutzung der Intermediärsfunktion werden zudem Transaktionskosten, wie etwa Gebühren, fällig.

Wie in Abb. 14.1 zu sehen, ist die Blockchain – im Gegensatz zum traditionellen, zentralisierten Ansatz – verteilt organisiert. Jeder Netzwerkteilnehmer kann mit anderen Teilnehmern direkte Transaktionen durchführen und besitzt zudem eine vollständige Kopie der gesamten Transaktionshistorie. Dieser Datensatz enthält die chronologische Abfolge jeder getätigten Transaktion. Mithilfe von verschiedenen technologischen Konzepten ist es nachträglich unmöglich, den Datensatz zu manipulieren oder sensible Informationen

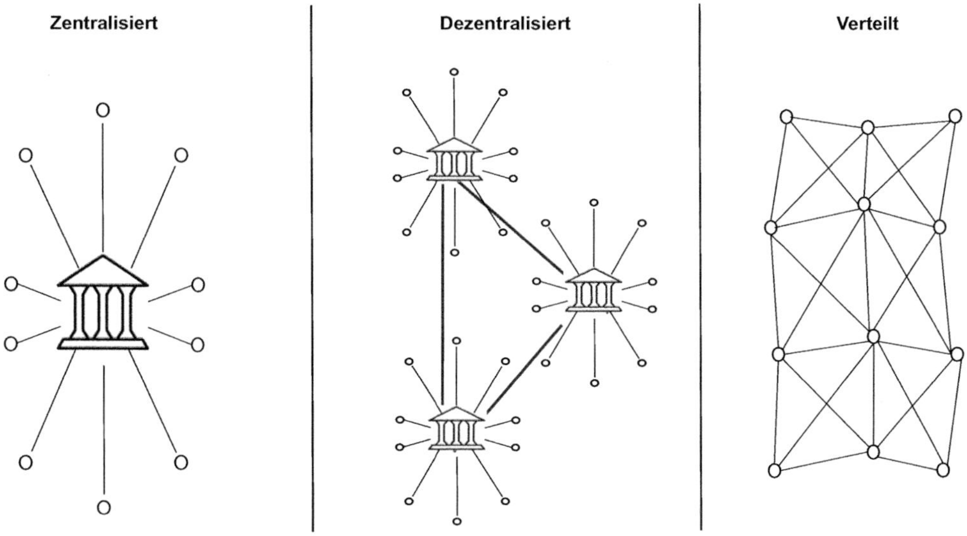

Abb. 14.1 Verteilungsgrad von Netzwerken

einzusehen. Dieses „digitale Kassenbuch" verhindert Doppelbuchungen und wird Blockchain genannt.

Die heute weltweit bekannte Kryptowährung Bitcoin ermöglichte auf Basis der Blockchain den Austausch von digitalen Werten innerhalb eines Netzwerkes von einander nicht vertrauenden Parteien. Ohne eine zentrale Instanz war das Netzwerk selbst in der Lage, ein Sicherheitsgefüge für Transaktionen zu stellen. Bitcoin hatte den Vorteil, dass ein Intermediär obsolet wurde und der Zugang unbeschränkt bestand. Die beliebige Stückelung der digitalen Einheit und geringe Transaktionskosten ließen außerdem „micro-payments" zu (Nakamoto 2008, S. 1–3).

Bitcoin entwickelte sich von einer ersten Idee zu einer funktionierenden Kryptowährung. Der anfängliche kleine Nutzerkreis vergrößerte sich zunehmend, und der Bitcoin-Kurs stieg.

Beispiel

Nach der ersten erfolgreichen Transaktion von Bitcoins zwischen Nakamoto und dem Softwareentwickler Hal Finney im Januar 2009 folgte der erste reale Kauf mit Bitcoins. Im Mai 2010 kaufte Laszlo Hanyec für den Preis von insgesamt 10.000 Bitcoins (Gegenwert 25 US-Dollar) zwei Pizzen. Der heutige Wert (Dezember 2017) der Bitcoins beträgt in etwa 130 Mio. US-Dollar (Finanzen.net 2017).

Die Verwendung der Blockchain als Grundlage für Kryptowährungen kann als erste Entwicklungsstufe der „Blockchain 1.0" subsummiert werden (Swan 2015, S. 9). Obwohl die Blockchain eine disruptive Alternative zum traditionellen Zahlungsverkehrssystem darstellen sollte, interessierten sich vor allem Kreditinstitute für die Technologie. Zahlreiche Banken adaptierten die Technologie, um eigene Prozesse zu optimieren oder neue Geschäftsmodelle zu entwickeln. Speziell bei aufwendigen und fehleranfälligen Standardprozessen, wie dem Clearing beim Wertpapierhandel, bietet Blockchain neue Möglichkeiten zur Prozessverbesserung.

Maßgeblich für die Verwendung der Blockchain in Finanzprozessen waren sogenannte „Smart Contracts". Die elektronischen Verträge wurden durch Nick Szabo im Jahre 1997 erstmals thematisiert und konnten einfache Vertragsbedingungen automatisiert ausführen. Im Stile von „Wenn-Dann"-Operatoren werden bei Smart Contracts Vertragsinhalte durch Aktionen aktiviert und anschließend ausgeführt. Nahezu jeder nutzt Smart Contracts bereits im Alltag, zum Beispiel bei dem Gebrauch von Geldautomaten. Wenn die eigene Bankkarte eingeschoben wird und die Geheimzahl stimmt, dann wird der Betrag (bei ausreichendem Kontostand) ausgegeben. Dabei ist erneut das Kreditinstitut die Instanz für eine sichere und ordnungsgemäße Ausführung des Vertrages.

Durch die Blockchain ergeben sich in Verbindung mit Smart Contracts diverse neue Anwendungsmöglichkeiten. Sei es der automatisierte Handel mit Wertpapieren oder die Abwicklung von Kaufprozessen, die Blockchain ist dabei die manipulationssichere Grundlage. So lassen sich Vertragsbeziehungen mit der Blockchain abbilden und vertragliche Handlungen transparent ausführen. Die Entwicklungsstufe „Blockchain 2.0" beschreibt die Verwendung der Blockchain in Verbindung mit Smart Contracts. Die größten Banken der Welt erkannten sowohl das Potenzial als auch die disruptive Gefahr der Blockchain und starteten diverse Projekte für die Weiterentwicklung und Erforschung. Durch das steigende mediale Interesse und erste erfolgreiche Tests interessierten sich auch andere Branchen für die Blockchain. Versicherungen, Regierungen, Automobilhersteller oder Logistikunternehmen prüfen zurzeit eigene Anwendungsfälle.

Die aktuelle Entwicklungsstufe „Blockchain 3.0" umfasst die Weiterentwicklung von Smart Contracts und ihre Implementierung in automatisierte Organisationen (sogenannte „DAO" – Decentralized Autonomous Organization). Ohne den aktiven Einfluss des Menschen führen automatisierte Organisationen eine Vielzahl von wechselseitigen Verträgen aus. Anwendungen sind denkbar im öffentlichen Sektor, im Gesundheitswesen oder in der Privatwirtschaft. Theoretisch könnten ganze Staaten oder Teile des Staatsapparates über Blockchain-Systeme digitalisiert und gesteuert werden. Beispielsweise wären Blockchain-basierte Wahlen ein effektiver Lösungsansatz für Staaten mit potenziellem Wahlbetrug und Korruption (Tsilidou und Foroglou 2015, S. 5).

Beispiel: Blockchain für Register für Grundbesitz in Georgien

Erste spannende Anwendungen der Blockchain im öffentlichen Sektor sind in Georgien zu beobachten. Im April 2016 wurde das weltweit erste Blockchain-basierte Register für Grundbesitz von der georgischen Regierung und der Bitfury Gruppe aufgesetzt. Im Gegensatz zu westlichen Industrieländern existieren in vielen Ländern keine Nachweise über Grundbesitze. Die Blockchain als Besitznachweis zu nutzen, bietet viele Vorteile. Der Eintrag kann nicht mehr nachträglich manipuliert werden und ist jederzeit durch zuständige Behörden einsehbar. Die Kosten der Eintragung werden eingespart, und Eigentümer können die Registrierung über ihr Smartphone abwickeln (Shin 2016).

Der dynamische Entwicklungsverlauf der Blockchain vollzog sich lediglich über zehn Jahre. Das große Potenzial und die vielen unterschiedlichen Anwendungsmöglichkeiten ließen den globalen Blockchain-Markt wachsen. Aktuelle Marktberichte prognostizieren ein eindrucksvolles Wachstum auf ein Volumen von 2,3 Mrd. US-Dollar bis zum Jahr 2021. Für das Jahr 2017 wird das Marktvolumen auf rund 340 Mio. US-Dollar bemessen (Statista 2017).

14.2 Die Grundlagen

14.2.1 Das Sicherheitskonzept

Wie geschildert, ist der konzeptionelle Ursprung einer Blockchain in der Kryptowährung Bitcoin zu finden. Die späteren Weiterentwicklungen dieses beschränkungsfreien, geteilten Transaktionsprotokolls haben alle die Grundideen gemein. Für das Grundverständnis soll die Funktionsweise am Urkonzept erklärt werden, um nachfolgend ausgewählte, modifizierte Varianten aufzuzeigen.

Die Blockchain ist ein neuartiges Konzept aus bestehenden kryptografischen Sicherheitsmechanismen. Die nachfolgenden drei Verfahren wurden bei der Blockchain-Technologie vereint und bestimmen maßgeblich ihr Innovationspotenzial.

Hashfunktion
Hashwerte sind einzigartige Zahlen- und Buchstabenkombinationen, die nur einmal vorkommen können. Durch die Hashfunktion werden größere Eingabeinhalte in eine kleinere Zeichenfolge mit fester Länge umgewandelt, eine Rückrechnung ist nicht möglich. Jeder Eingabeinhalt erhält damit einen individuellen Hashwert.

Zur Verdeutlichung dient folgendes Beispiel:

Beispiel: Hashwerte

Eingabewert/Inhalt: Konto AB sendet 10 Geldeinheiten an Konto XY

Hashwert:
14d278669a6076b604d029e33f7471dc856b42fa8934c73ee398c6d01c96637d

Ändert man den Eingabewert nur um ein Zeichen, wird ein gänzlich anderer Hashwert erzeugt. Wird etwa der Betrag um eine Geldeinheit erhöht, erhält man diesen Hashwert:

Neuer Hashwert:
93e9a7a50c617363600eae14145f8aa6a4d7e628144b3377e0439ed79459c47e

Das Beispiel zeigt bereits, welche Funktionen Hashwerte bei der Blockchain haben. Mithilfe von Hashwerten können Transaktionen verschlüsselt und Manipulationen aufgedeckt werden. Transaktionen werden in Blöcken gespeichert und sind durch Hashwerte mit dem Vorblock verbunden. Diese Blockkette lässt eine chronologische Nachverfolgung der Transaktionen zu. Sollte man den Inhalt eines Blockes nachträglich manipulieren, würden sich ebenfalls die Hashwerte verändern.

Asymmetrische Verschlüsselung
Hashwerte haben noch eine weitere wichtige Verwendung bei der Blockchain, nämlich in Form von digitalen Signaturen. Jeder Nutzer besitzt ein Schlüsselpaar, bestehend aus einem privaten (geheimen) und einem öffentlichen Schlüssel. Der öffentliche Schlüssel (Buchstaben- und Zahlenfolge) ist für jeden Teilnehmer sichtbar und ermöglicht die Berechnung einer Bitcoin-Adresse. Der private Schlüssel ist geheim und dient als Signatur für eine Transaktion innerhalb der Kette. Durch den öffentlichen Schlüssel kann jeweils der private Schlüssel legitimiert werden.

Beispiel: Persönlicher Schlüssel

Möchte beispielsweise ein Teilnehmer Bitcoins an einen anderen Teilnehmer senden, wird diese Transaktion mit dem persönlichen Schlüssel des Senders signiert. Alle anderen Teilnehmer können nun die Transaktion validieren, ohne dabei die Identität des Senders zu kennen. Zwar kann nur der Empfänger den Inhalt mit seinem privaten Schlüssel entschlüsseln, doch jeder beliebige Teilnehmer kann die Authentizität bestätigen. Hierfür wird überprüft, ob die Signatur des Senders mit seinem öffentlichen (bekannten) Schlüsselpaar zusammenpasst und ob ausreichend Bitcoins vorhanden sind. Erfüllt die Transaktion alle Bedingungen, kommt es zur Validierung und letztendlichen Ausführung.

Konsensprotokolle
Bei einem verteilten Netzwerk aus Knotenpunkten (Teilnehmer), die einander nicht vertrauen, stellt sich die Frage nach der gemeinschaftlichen Aktualisierung des Datenbestandes. Dazu werden Konsensprotokolle genutzt. Unter einem Konsensmechanismus wird ein Prozess verstanden, bei dem sich die Mehrheit (oder in manchen Fällen alle) der Netzwerkteilnehmer über den Zustand der Blockchain einigt. Eine Kombination aus Regeln und Verfahren ermöglicht die Übereinstimmung der kohärenten Knoten des Netzwerkes (Swanson 2015, S. 4). Das bekannteste Protokoll hat den Namen „Proof-of-Work" (PoW) und wird häufig als die größte Innovation der Blockchain angesehen (Bonneau et al. 2015, S. 3).

Beispiel: Konsensmechanismus

Der Konsensmechanismus bei Bitcoin wird häufig „mining" genannt, da die erfolgreiche Erzeugung eines Blockes dem jeweiligen Knotenpunkt eine Belohnung gewährt. Um den Block als ersten Knotenpunkt zu „schürfen", muss ein mathematisches Problem gelöst werden, wobei der Schwierigkeitsgrad mit der beteiligten Rechenleistung steigt. Vereinfacht gesagt, muss ein Hashwert solange verändert werden, bis er mit einem bestimmten Muster übereinstimmt (Schlatt et al. 2016, S. 10). Mit Konsensprotokollen sind Doppelbuchungen praktisch nicht mehr möglich, da es immer nur einen Status der Blockchain geben kann.

14.2.2 Die Funktionsweise

Das Blockchain-Netzwerk besteht aus einer Vielzahl von Knotenpunkten (Nutzern/Teilnehmern), welche in die Typen Mining-Netzwerkknotenpunkte und passive Knotenpunkte unterteilt werden. Beide Knotenarten können die Transaktionen annehmen, sie verifizieren und weiterleiten. Allerdings ist die Aktualisierung und somit Erweiterung der Blockchain den Mining-Knotenpunkten vorbehalten (Schlatt et al. 2016, S. 12). Die Abb. 14.2 zeigt, wie eine einzelne Transaktion durch das Netzwerk verifiziert und schlussendlich durch Mining-Knotenpunkte in die Blockchain eingepflegt wird. Der Prozess läuft in den folgenden Schritten ab:

1. Zu Beginn signiert der Sender die Transaktion mit seinem persönlichen Schlüsselpaar, um Authentizität zu gewährleisten. Zusätzlich zum Betrag (hier Bitcoins) enthält die Transaktion weitere Informationen, wie die Empfängeradresse und einen Transaktionsinput. Diese signierte Transaktion wird an das Netzwerk übermittelt.
2. Alle Knotenpunkte des Netzwerkes erhalten die Transaktion und verifizieren diese durch Überprüfung der Schlüsselpaare. Jeder Knotenpunkt kann die Höhe und den vor-

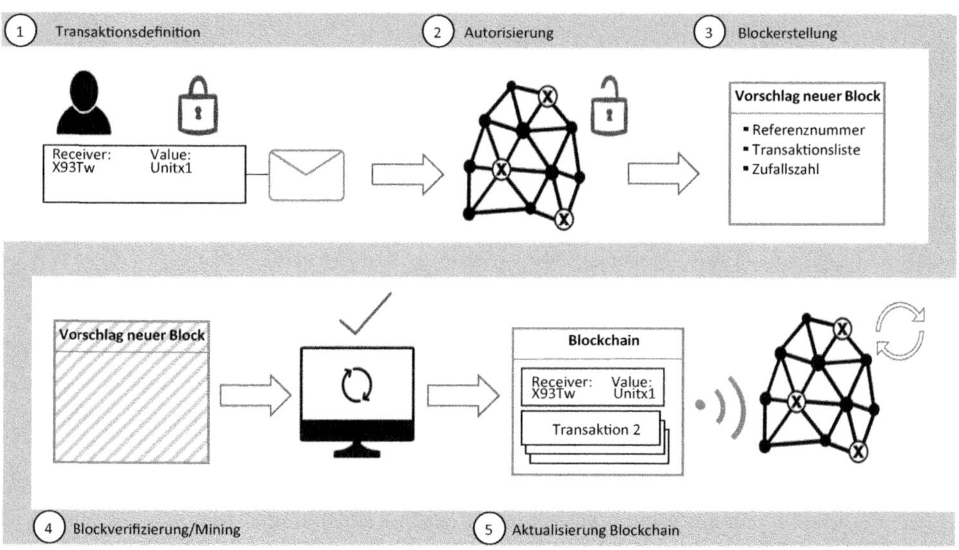

Abb. 14.2 Schematische Funktionsweise. (In Anlehnung an Burelli et al. 2015, S. 8)

herigen Transaktionspfad (Transaktionsinput) der Bitcoins einsehen. Bei erfolgreicher Verifizierung wird die Transaktion mit anderen zeitnahen Transaktionen gebündelt.
3. Autorisierte Transaktionen werden in einem Block zusammengefasst. Inhalt des Blockes sind die Transaktionsliste, ein Referenzcode zu dem vorherigen Block („Header") und eine zufällige Zahlenkombination („Nonce"). Jeder Block enthält eine Vielzahl von gesammelten Transaktionen, welche so lange gepaart und in Hashwerte umgewandelt werden, bis der sogenannte „Merkle Root" verbleibt. Der Header des Blockes vereint den errechneten Merkle Root und den Hashwert des Vorblockes. Somit sind die Blöcke miteinander verkettet, und eine nachträgliche Manipulation ist unmöglich.
4. Das gesamte Netzwerk erhält anschließend den vorgeschlagenen Block und versucht, die Validierung zu vollziehen. Dazu werden die beschriebenen Konsensprotokolle genutzt. Im Zuge des „Proof-of-work"-Ansatzes müssen die Knotenpunkte ein mathematisches Problem lösen und einen Output errechnen. So lange, bis ein Knotenpunkt den Output gefunden hat, wird der Rechenprozess wiederholt. Als Belohnung für die Blockerstellung bekommt der erfolgreiche Knotenpunkt (häufig „Miner" genannt) eine Vergütung (beispielsweise Bitcoins).
5. Abschließend hat ein Knotenpunkt den gesuchten Output mittels reiner Rechenkapazität gefunden und fügt diesen in die Blockchain ein. Die aktualisierte Blockkette wurde um den erstellten Block verlängert und an alle Knotenpunkte übermittelt. Folglich ist die Transaktion abgeschlossen und unwiderruflich Bestandteil der Blockchain.

14.2.3 Gestaltungsmöglichkeiten

Die beschriebene Funktionsweise ist die ursprüngliche Form der Blockerzeugung und weiterhin die technologische Grundlage für die Kryptowährung Bitcoin. Daneben existieren aber noch weitere Formen von Blockchain-Varianten, die eine wesentlich kompatiblere Struktur für private Unternehmungen haben. Hinsichtlich der Verteilung von Rechten und des Dezentralisierungsgrads des Netzwerkes lassen sich grundsätzlich drei Varianten von Blockchain-Systemen unterscheiden (Buterin 2016):

- Die *öffentliche (public) Blockchain* bietet einen restriktionslosen („permissionless") Zugang für jeden potenziellen Teilnehmer. Ferner hat jeder Teilnehmer die Möglichkeit, Transaktionen zu tätigen, einzusehen und zu validieren. Mittels der beschriebenen kryptologischen Konzepte und Konsensmechanismen ist die sichere, direkte Transaktion unter den Knotenpunkten möglich. Die öffentliche Blockchain ist durch ein hohes Maß an Dezentralisierung und Transparenz geprägt.
- Bei einer *konsortialen Blockchain* wird der Konsensmechanismus über eine vordefinierte Anzahl von Knotenpunkten kontrolliert. Es liegt kein öffentlicher Zugang vor („private"), und auch die Rechte können asymmetrisch verteilt sein. So könnten einzelne Knotenpunkte lediglich das Recht haben, die Blockchain einzusehen, aber keine

Transaktionen zu tätigen. Analog zu Konsortialkrediten sind die Rechte bei dieser Blockchain-Form nur partiell dezentralisiert.

- Die vollkommen *privaten Blockchain-Anwendungen* sind geprägt durch eine Rechtekonzentration auf nur einen Anwender. Dieser Anwender hat das Recht auf Transaktionstätigkeiten (Schreiberecht). Das Recht auf Einsicht der Blockchain kann wahlweise öffentlich oder nur für ausgewählte Teilnehmer bestehen und wird durch die zentrale Instanz vergeben.

Aus Unternehmenssicht beschränkt sich die Auswahl der geeigneten Variante auf die beiden letzteren Formen. Ein Unternehmen möchte immer in der Lage sein, die Teilnehmer zu kennen, Rechte zu vergeben und das System zu kontrollieren. Auch kann es erforderlich sein, sensible Daten oder sogar Identitäten zu schützen. Eine öffentliche Blockchain ohne Zugangsrestriktionen ist daher für Unternehmen ungeeignet. Die individuelle Auswahl und Kombination der aufgeführten Varianten ist bedingt durch diverse Überlegungen zu den Themen Sicherheit, Kontrolle, Privatsphäre, Zweck und Umfang.

Beispiel: Auswahl der Blockchain-Variante im Unternehmen

Die Zielsetzung der Blockchain im Unternehmen bestimmt maßgeblich die Auswahl der jeweiligen Blockchain-Variante. Sollte die Blockchain etwa bei der steuerlichen Überprüfung des Transfer Pricings eingesetzt werden, wäre die private Blockchain optimal. Die Rechte wären dann beim Mutterkonzern konzentriert, und die Blockchain dient als Dokumentationstool. Solche „In-house"-Lösungen bieten höhere Transaktionssicherheit, Nachvollziehbarkeit und somit weniger Fehler und Redundanzen (Voshmgir 2016, S. 16).

Gilt es aber, Leistungsbeziehungen vieler unterschiedlicher Unternehmen einer Supply Chain abzubilden, könnte die konsortiale Variante die geeignete Wahl sein. Gemeinschaftlich genutzt, dient die Blockchain in diesem Fall als geteiltes Transaktionsprotokoll und erhöht die Transparenz. Smart Contracts könnten Blockchain-basiert einfache Vertragsbedingungen prüfen und Maßnahmen automatisiert ausführen. Das führt zu schlankeren und effizienteren Prozessen.

Neben den unterschiedlichen Blockchain-Architekturen existiert noch eine Vielzahl weiterer, alternativer Konsensmechanismen, die bei spezifischen Problemen des ursprünglichen Konzeptes ansetzen.

14.3 Hürden und Weiterentwicklungen

Durch den „Hype Cycle of Emerging Technologies" des Forschungsunternehmens Gartner Inc. werden innovative Technologien rational bewertet und die Adaptionszeit bis zu marktreifen Lösungen geschätzt. Gemäß Gartner Inc. steht die Blockchain-Technologie kurz vor dem Höhepunkt eines anfänglichen Hypes, vergleichbar mit anderen Technologien, wie „smart robots" oder „IoT-Plattformen". Die Adaptionszeitspanne von fünf bis zehn Jahren bezieht sich dabei auf die ganzheitliche Adaption und nicht auf Nischenlösungen (Gartner Inc. 2016). Mit dieser ersten Einschätzung wird deutlich, dass sich die Blockchain noch in einem Alphastadium befindet und Herausforderungen bei dem ursprünglichen Konzept bestehen. Bezogen auf die Bitcoin-Blockchain sind noch Herausforderungen bei den Themen Skalierbarkeit/Kosten, Sicherheit, Integrierbarkeit und Regulierung vorhanden.

Bei einer konsistenten Speicherkette kommt es durch die stetige Erweiterung zu einer rasant wachsenden Datenmenge. Dieser „Data Bloat" macht es unmöglich, den Datendurchsatz auf einem produktiven Niveau zu halten. Zudem wird die Blockspeicherkapazität limitiert. Siebenmal weniger Transaktionen könnten im Vergleich zum sekündlich gehandelten Volumen von Visa durchgeführt werden (vgl. Wagner 2016). Neben der geringen Skalierbarkeit kommt es bei dem PoW-Ansatz zu einem hohen Energieverbrauch, da Mining-Knotenpunkte um neue Blöcke konkurrieren (Becker und Breuker 2012, S. 2).

Obwohl die Blockchain ein hohes Maß an Sicherheit bietet, können private Schlüsselpaare verloren gehen oder gestohlen werden. Dadurch wären alle künftigen Interaktionen des Eigentümers kompromittiert und ein neues Schlüsselpaar erforderlich. Des Weiteren verhindert die Irreversibilität der gespeicherten Daten zwar eine nachträgliche Manipulation, erfordert aber einen sehr genauen Umgang mit der erstmaligen Initiierung von Transaktionen. Wie jede andere Informationstechnologie, kann auch die Blockchain durch gezielte Hacking-Angriffe bedroht werden. Ein Beispiel dafür ist die sogenannte „51 %-Attacke": Ein Angreifer manipuliert einen Block (etwa für eine Doppelausgabe) und versucht, den Konsens für alle nachfolgenden Blöcke zu erbringen. Erfolg hat der Angreifer, wenn er die anderen Knotenpunkte durch den Einsatz von über 50 % der beteiligten Rechnerleistung überholt (Bastiaan 2015, S. 2).

Für die Implementierung der Technologie durch Unternehmen kann es zu Problemen bei der Integrierbarkeit in vorhandene Systeme kommen. Da eine Umstellung ganzer Systeme auf Blockchain hohe Kosten mit sich bringt, ist es ratsam, die Technologie zunächst partiell zu erproben. Insellösungen führen zu einer mangelnden Interoperabilität verschiedener Blockchain-Systeme und sollten vermieden werden (Silverberg et al. 2015, S. 9). Nur standardisierte Lösungen führen zu den gewünschten Vorteilen der Blockchain-Nutzung.

Noch immer sind auch dringende rechtliche Fragen ungeklärt. Applikationen wie Smart Contracts benötigen eine rechtliche Grundlage, um reale Geschäftsvorfälle auch rechtlich bindend abwickeln zu können. Zentrale Fragen wie der rechtliche Standort verteilter Netzwerke und die Haftung der Teilnehmer müssen durch länderübergreifende Gesetze geklärt werden.

Diese Herausforderungen beziehen sich allerdings auf die Bitcoin-Blockchain. Hier handelt es sich um eine Kryptowährung, die charakterisiert ist durch den unkontrollierten Zugang sowie eine liberalisierte Rechteverteilung. Die Weiterentwicklung der ursprünglichen Blockchain-Variante von Bitcoin ermöglicht allmählich die Nutzung fernab vom Zahlungsverkehr. So wurden hoch skalierbare Formen von Konsensprotokollen entwickelt, Plattformen für Applikationen entworfen oder gleich Individuallösungen, in Form von Dienstleistungen (Blockchain-as-a-Service), angeboten. All das bestätigt die These, dass die Blockchain-Technologie als infrastruktureller Paradigmenwechsel eingeordnet werden kann. Auf Basis der Blockchain können nicht nur einzelne Prozessstrukturen optimiert werden, sondern auch neue Geschäftsmodelle entstehen.

14.4 Anwendungsbeispiel

In Abb. 14.3 zeigt das linke Schaubild den traditionellen Ablauf einer Handelsfinanzierung. Sind sich Verkäufer und Käufer einig (1), stellt der Käufer einen Kreditantrag bei seiner Hausbank (2). Die Inhalte dieses Akkreditivs werden von den Beteiligten vorab festgelegt. Sie umfassen Lieferzeitpunkte, Dokumentenbedarf, Zahlungsmodalitäten und viele andere Bedingungen. Nachdem nun über ein Interbankensystem (zum Beispiel SWIFT) die Bank A und der Verkäufer das Akkreditiv erhalten und bestätigt haben (3, 4), wird die Warenlieferung veranlasst (5). Diverse Dokumente werden für die Kontrolle der Warenlieferung rollierend ausgetauscht (6, 7). Sollten alle Dokumente die Vereinbarungen des Kaufvertrages und des Akkreditivs erfüllen, kommt es zur Freigabe der interbanklichen Zahlung (8). In dem gesonderten Verhältnis von Importeur zu seiner Hausbank B werden wieder Dokumente ausgetauscht und das Konto entsprechend belastet (9) (Helaba 2016, S. 1–3).

Die vereinfachte Darstellung des Prozesses der traditionellen Handelsfinanzierung offenbart bereits deren Schwächen: redundante Datenbestände, langsamer und fehleranfälliger Informationsfluss, Abhängigkeit von Intermediären und hohe Transaktionskosten. Daneben sind noch weitere, hier nicht aufgenommene Akteure wie die Frachtführer, Spediteure und Versicherungen involviert. Gemäß der Erhebung von ICC Global Survey wurden im Jahre 2016 55 % der weltweiten Handelsgeschäfte über ein Akkreditiv oder ähnliche Finanzierungsformen abgewickelt (ICC 2016, S. 42).

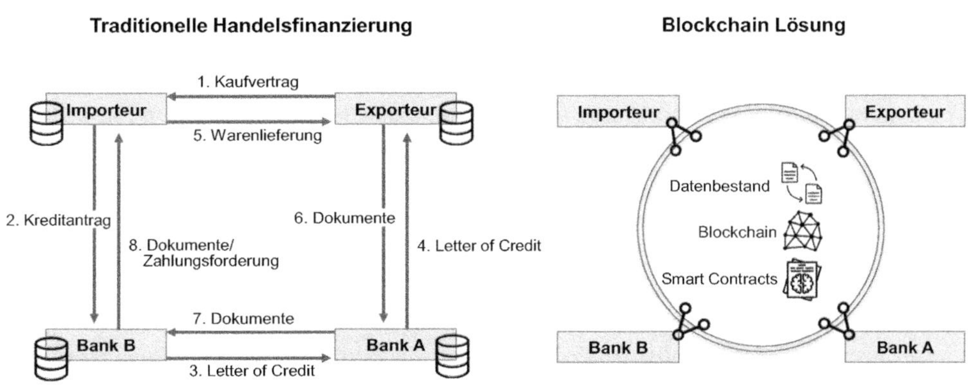

Abb. 14.3 Anwendungsbeispiel Handelsfinanzierung

Das rechte Schaubild bildet den generischen Aufbau einer Handelsfinanzierung mittels Blockchain ab. Die Vorteilhaftigkeit des Blockchain-Modells zeigen erste Versuche aus der Praxis. Die Commonwealth Bank of Australia, Wells Fargo und Brighann Cotton nutzten im Oktober 2016 die Blockchain als Infrastruktur, für die globale Transaktion von Baumwolle. Neben einer verbesserten Transparenz ermöglichte die Blockchain ein hohes Sicherheitsniveau und eine Sendungsverfolgung in Echtzeit. Zudem führten Smart Contracts die festgelegten Zahlungsströme des Akkreditivs automatisiert aus. Das Projektteam konnte nach Abschluss der Transaktion die wesentlichen Vorteile einer Blockchain gegenüber traditionellen Handelsfinanzierungen ermitteln (Commonwealth Bank 2016):

- **Transparenz:** Alle Beteiligten der Supply Chain haben aktuelle Daten, in einem in nahezu Echtzeit aktualisierten Netzwerk.
- **Kosten:** Keine physischen Dokumente und kein Datenaustausch. Somit kein Risiko von fehlerhafter Redundanz und Datenverlusten.
- **Individualität:** Angepasste Versicherungspolicen sind möglich.
- **Zweckmäßig:** Alle Parteien teilen zu jeder Zeit online ein Transaktionsregister.
- **Sicherheit:** Verifizierte und unveränderbare Datenbestände reduzieren die Gefahr von Betrug.

Marktreife Produkte in der Handelsfinanzierung werden momentan durch diverse Akteure erforscht. Aktuell erprobt ein europäisches Bankenkonsortium – bestehend aus Branchengrößen, wie unter anderem der Deutschen Bank, HSBC und UniCredit – eine Blockchain-Plattform für internationale Handelsfinanzierung. In Zusammenarbeit mit IBM und dem Blockchain-Anbieter Hyperlegder Fabric soll das Projekt „Digital Trade Chain" die Handelsgeschäfte für den europäischen Mittelstand vereinfachen. Die Blockchain-Plattform mache es einfacher, Handelsfinanzierungen zu steuern, nachzuverfolgen und abzusichern. Kleinen und mittleren Unternehmen sollen dadurch neue Finanzierungsmöglichkeiten und zusätzliche Ertragsquellen eröffnet werden (Deutsche Bank 2017).

14.5 Handlungsempfehlungen

Auch wenn die Blockchain ein immenses Innovationspotenzial aufweist und infrastrukturelle Grundlage für neue Geschäftsprozesse sein kann, sollten Entscheidungsträger die Technologie planvoll ergründen. Nur so können rationale Entscheidungen getroffen und die Anwendbarkeit geprüft werden. Eine aktuelle Umfrage des Verbands der Internetwirtschaft unter Entscheidern aus dem deutschen Mittelstand ergab, dass 64 % der Befragten noch nie von der Blockchain gehört hatten und lediglich 15 % sich mit der Technologie aktiv beschäftigen (Eco 2017, S. 1).

Der nachfolgende Leitfaden kann dazu dienen, die Blockchain-Technologie im Detail zu verstehen und eigene Anwendungsfälle zu erkennen, um anschließend die Technologie unter realen Bedingungen zu erproben. Durch die nachgelagerte Evaluierung der

Ergebnisse können in einem heuristischen Prozess geschäftsrelevante Lösungen gewonnen werden.

1. **Aktiv werden**
   Im ersten Schritt sollten Interessierte sich ein tiefergehendes Wissen über die Blockchain aneignen. Hierzu eignen sich Whitepapers, Fachartikel und Studien, die online frei zugänglich sind. Es ist noch nicht notwendig, sich mit den technischen Fragen zu beschäftigen. Das Augenmerk liegt auf der generellen Funktionsweise und dem aktuellen Stand der Forschung. Ferner können Berichte und Fachartikel zu brancheneigenen Anwendungsmöglichkeiten Anregungen liefern. Aber auch langfristige Erkenntnisse aus der Finanzbranche können helfen, die Eigenschaften der Blockchain zu verstehen.
2. **Geschäftsmodell/Prozesse analysieren**
   Die Analyse der eigenen Geschäftsmodelle bzw. -prozesse ermöglicht die Bedarfsermittlung an Blockchain-basierten Lösungen. Strukturen mit einer größeren Anzahl einander nicht vertrauender Parteien, redundante Datenbestände, der Bedarf einer nachvollziehbaren Transaktionshistorie oder repetitive, einfache Vertragsbeziehungen können Hinweise für einen Blockchain-Einsatz sein. Neben dem Einsatz bei bestehenden Prozessstrukturen sollten auch neue Geschäftsmodelle geprüft werden. Eine offene Herangehensweise ist hierbei förderlich. Dennoch sollte der eigene Bedarf rational begründet werden, bevor Projekte initiiert werden.
3. **Blockchain-Projekt**
   Wurden Anwendungsmöglichkeiten identifiziert, kann im nächsten Schritt ein Blockchain-Projekt geplant sowie initiiert werden. Es empfiehlt sich, mit einer Unternehmensberatung oder einem Blockchain-Serviceanbieter zusammenzuarbeiten. Alternativ kann auch der Aufbau einer eigenen Kompetenzabteilung von Vorteil sein. Ebenso kann eine Zusammenarbeit mit anderen, bracheninternen Unternehmen standardisierte Blockchain-Lösungen ermöglichen.
   Neben der allgemeinen Frage der Partnerwahl sollten Projektplan und Meilensteine erarbeitet werden. Das Ziel des Projektes darf nicht nur der „Proof-of-Concept“ sein, sondern auch und in erster Linie die Entwicklung praxistauglicher Lösungen. In Form des „Trial-and-Error-Prinzips“ werden Verbesserungen und Neuadjustierungen vorgenommen.
4. **Evaluierung**
   Nach Abschluss des Projektes können die Schwachstellen und der Nutzen erstmalig anhand von Daten abgeleitet werden. Die weiteren Maßnahmen für das Projekt sollten immer in den Kontext der technologischen Weiterentwicklung eingeordnet werden. Versteht man die Blockchain als technologische Grundlage weiterer Innovationen, ist die Wahrscheinlichkeit hoch, dass in den kommenden Jahren Weiterentwicklungen folgen.

Abschließend sei zu erwähnen, dass die mehrheitliche Meinung zu der Blockchain-Technologie euphorisch ausfällt und oft ein zu großes Potenzial suggeriert. Gleichwohl markiert die Blockchain-Technologie einen infrastrukturellen Wandel in der Informationstechnologie. Es ergeben sich vielfältige und weitaus unerforschte, branchenübergreifende Anwendungsmöglichkeiten. In jedem Fall lohnt sich das tiefer gehende Studium, um das Innovationspotenzial eigenständig zu erfassen.

Literatur

Bastiaan, M. (2015). Preventing the 51%-attack: a stochastic analysis of two phase proof of work in Bitcoin. 22nd Twente student conference on IT. http://referaat.cs.utwente.nl/conference/22/paper/7473/preventingthe-51-attack%20-a-stochastic-analysis-of-two-phase-proof-of-work-in-bitcoin.pdf. Zugegriffen: 25. Sept. 2017.

Becker, J., & Breuker, D. (Hrsg.). (2012). Can we afford integrity by proof-of-work? Scenarios inspired by the Bitcoin currency workshop on the economics of information security WEIS 2012. SSRN. https://ssrn.com/abstract=2041492. Zugegriffen: 27. Aug. 2017.

Bonneau, J., Miller, A., Clark, J., Narayanan, A., Kroll, J. A., & Felten, E. W. (2015). SoK: research perspectives and challenges for Bitcoin and cryptocurrencies, 2015 IEEE symposium on security and privacy. http://www.ieee-security.org/TC/SP2015/papers-archived/6949a104.pdf. Zugegriffen: 29. Sept. 2017.

Burelli, F. et al. (Hrsg.). (2015). Blockchain an financial services. Industry snapshot and future developments. INNOVALUE management advisors limited. https://www.innovalue.de/publikationen/InnovalueLockeLord-BlockchaininFinancialServices2015.pdf. Zugegriffen: 19. Sept. 2017.

Buterin, V. (2016). On public and private Blockchains. https://blog.ethereum.org/2015/08/07/on-public-and-private-blockchains. Zugegriffen: 26.09..

Commonwealth Bank of Australia (Commonwealth Bank) (2016). Commonwealth Bank, Wells Fargo and Brighann Cotton pioneer landmark Blockchain trade transaction. https://www.commbank.com.au/guidance/newsroom/CBA-Wells-Fargo-blockchain-experiment-201610.html. Zugegriffen: 25. Aug. 2017.

Crosby, M. (Hrsg.). (2015). BlockChain technology, beyond Bitcoin. http://scet.berkeley.edu/wp-content/uploads/BlockchainPaper.pdf. Zugegriffen: 3. Okt. 2017.

Deutsche Bank (2017). Sieben europäische Banken wollen Blockchain-basierte Handelsfinanzierungen für kleinere und mittlere Unternehmen anbieten. Frankfurt am Main. https://www.db.com/newsroom_news/2017/medien/sieben-europaeische-banken-wollen-blockchain-basierte-handelsfinanzierungen-fuer-kleinere-und-mittlere-unternehm-de-11575.htm. Zugegriffen: 9. Okt. 2017.

Eco Verband der Internetwirtschaft e.V. (2017). Die Blockchain im deutschen Mittelstand. Eine Umfrage von eco – Verband der Internetwirtschaft e.V. und YouGov. https://www.eco.de/wp-content/blogs.dir/20170222_ergebnisse-blockchain-umfrage.pdf. Zugegriffen: 10. Okt. 2017.

Finanzen.net (2017). Historischer Bitcoin – US-Dollar Wechselkurs. https://www.finanzen.net/devisen/bitcoin-dollar-kurs/historisch. Zugegriffen: 31. Dez. 2017.

Gartner Inc. (2016). Gartner hype cycle for emerging technologies, 2017. https://blogs.gartner.com/smarterwithgartner/files/2017/08/Emerging-Technology-Hype-Cycle-for-2017_Infographic_R6A.jpg. Zugegriffen: 24. Sept. 2017.

Glaser, F., & Bezzenberger, L. (2015). Beyond cryptocurrencies – A taxonomy of decentralized consensus systems 23rd European Conference on Information Systems (ECIS). https://ssrn.com/abstract=2605803. Zugegriffen: 17. Okt. 2017.

Helaba – Landesbank Hessen-Thüringen (2016). Helaba Dokumentengeschäft Akkreditiv. https://www.helaba.de/blob/helaba/361124/bf4c48dde4d2be7ed127c3df2d34a481/dl-produktsteckbrief-akkreditiv-data.pdf. Zugegriffen: 25. Aug. 2017.

International Chamber of Commerce (ICC) (2016). Global survey of trade finance. Rethinking trade & finance 2016. An ICC private sector development perspective. ICC publication no. 878E. ISBN: 978.-92-842-0417-5. http://store.iccwbo.org/content/uploaded/pdf/ICC_Global_Trade_and_Finance_Survey_2016.pdf. Zugegriffen: 4. Okt. 2017.

Nakamoto, S. (2008). Bitcoin: a peer-to-peer electronic cash system. https://bitcoin.org/bitcoin.pdf. Zugegriffen: 21. Sept. 2017.

Roßbach, P. (2016). *Blockchain-Technologien und ihre Implikationen Teil 1–3. Frankfurt School of Finance and Management.* Frankfurt. http://blog.frankfurt-school.de/wp-content/uploads/2016/01/Blockchain_FSBlog_part1.pdf. Zugegriffen: 21. Sept. 2017.

Schlatt, V., Schweizer, A., Urbach, N., & Fridgen, G. (2016). *Blockchain: Grundlagen, Anwendungen und Potenziale. Projektgruppe Wirtschaftsinformatik des Fraunhofer-Instituts für Angewandte Informationstechnik FIT*

Shin, L. (2016). Republic of Georgia to pilot land titling on Blockchain with economist Hernando de Soto, BitFury. https://www.forbes.com/sites/laurashin/2016/04/21/republic-of-georgia-to-pilot-land-titling-on-blockchain-with-economist-hernando-de-soto-bitfury/#6a3287b844da. Zugegriffen: 16. Aug. 2017.

Silverberg, K., French, C., Ferenzy, D., & Van den Berg, S. (2015). Banking on the Blockchain. Reengineering the financial architecture. https://www.iif.com/publication/research-note/banking-blockchain-re-engineering-financial-architecture. Zugegriffen: 23. Sept. 2017.

Statista (2017). Statista Report 2017 – FinTech: Market size, business models, blockchain & company profiles. Blockchain technology market size worldwide 2016–2021. https://www.statista.com/statistics/647231/worldwide-blockchain-technology-market-size/. Zugegriffen: 21. Sept. 2017.

Swan, M. (2015). *Blockchain: blueprint for a new economy*. Cambridge: O'Reilly.

Swanson, T. (2015). Consensus-as-a-service: a brief report on the emergence of permissioned, distributed ledger systems. http://www.ofnumbers.com/wpcontent/uploads/2015/04/Permissioned-distributed-ledgers.pdf. Zugegriffen: 5. Okt. 2017.

Tsilidou, A. L., & Foroglou, G. (2015). Further applications of the blockchain. https://www.researchgate.net/publication/276304843_Further_applications_of_the_blockchain. Zugegriffen: 21. Sept. 2017.

Voshmgir, S. (2016). Blockchains, Smart Contracts und das Dezentrale Web. Technologiestiftung Berlin. https://www.technologiestiftung-berlin.de/fileadmin/daten/media/publikationen/170130_BlockchainStudie.pdf. Zugegriffen: 10. Okt. 2017.

Wagner, A. (2016). Ensuring network Scalibility: how to fight Blockchain bloat. https://bitcoinmagazine.com/articles/how-to-ensure-network-scalibility-fighting-blockchain-bloat-1415304056/. Zugegriffen: 28. Sept. 2017.

Wright, A., & De Filippi, P. (2015). Decentralized Blockchain technology and the rise of lex cryptographia. https://ssrn.com/abstract=2580664. Zugegriffen: 9. Nov. 2017.

Sebastian Rieck arbeitet seit Beginn seiner akademischen Ausbildung als Juniorberater in der Unternehmensberatung PRP HanseCorp GmbH. Im Rahmen seiner Masterthesis an der FOM in Hamburg erforschte er die Auswirkungen der Blockchain-Technologie auf Finanzintermediäre. Nach Abschluss des dualen BWL-Masterstudiums folgten Publikationen und Beratungsaufträge zum Thema Blockchain. Seine Schwerpunkte liegen in den Bereichen Digitalisierung, Beteiligungstransaktionen und Projektmanagement.

15 Enterprise-Service-Management

Horst Tisson

15.1 Wandel zur Serviceorientierung

15.1.1 Bedeutung von Services

Services werden für die Wirtschaft immer bedeutender. Volkswirtschaftlich nimmt der tertiäre Sektor in Deutschland mittlerweile den größten Anteil ein. Insgesamt waren 2016 von 43,6 Mio. Erwerbstätigen 1,4 % in der Land- und Forstwirtschaft (primärer Sektor), 24,2 % im produzierenden Gewerbe (sekundärer Sektor) und 74,4 % im tertiären Sektor tätig (Statistisches Bundesamt 2017). Der Anteil der Dienstleistungen stieg damit in den letzten 66 Jahren um 41,9 (siehe hierzu Abb. 15.1). Ursachen des Trends werden in der technologischen Entwicklung und Globalisierung gesehen. Im internationalen Vergleich liegt Deutschland im Mittelfeld.

Die Zahlen sind nicht unumstritten. Der Dienstleistungsanteil erhöht sich beispielsweise auch dann, wenn Unternehmen – dem Trend folgend – Komplexität abbauen und Serviceaktivitäten in eigene Gesellschaften auslagern oder durch Entscheidungen für Outsourcing Drittanbieter im Dienstleistungssektor stärken. Was vorher dem produzierenden Gewerbe zugerechnet wurde, wird zahlenmäßig nun dem tertiären Sektor zugeschlagen.

Ebenso ist deutlich erkennbar, dass das produzierende Unternehmen sein Serviceangebot ständig ausweitet, um am Markt wettbewerbsfähig zu bleiben (vgl. Haller 2012, S. 2 f.). So trägt in vielen Branchen mittlerweile nicht mehr das Produkt zur Differenzierung der Leistung bei, sondern die ergänzenden Services machen einen Kauf für Kunden erst attraktiv. Folglich handelt es sich in diesem Fall um Dienstleistungen, die aufgrund der Zuordnung des Herstellers zum produzierenden Gewerbe nicht dem tertiären Sektor zugerechnet werden und damit eine verzerrte Statistik abliefern – Tendenz steigend.

H. Tisson (✉)
FOM Hochschule für Oekonomie & Management
20357 Hamburg, Deutschland
E-Mail: horst.tisson@fom.de

M. H. Dahm und S. Thode (Hrsg.), *Strategie und Transformation im digitalen Zeitalter*, FOM-Edition, https://doi.org/10.1007/978-3-658-22032-7_15

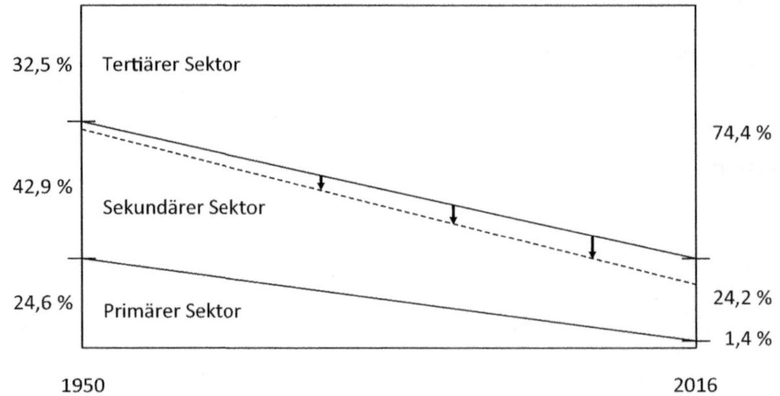

Abb. 15.1 Entwicklung der Sektoren in den Jahren 1950 bis 2016. (Quelle: In Anlehnung an Statistisches Bundesamt 2017)

Ein exponentiell steigendes Serviceangebot ist zudem mit der Digitalisierung erklärbar. Leistungsfähigere Technologien, Miniaturisierungen, Sensorik oder Übertragungsmedien sowie vor allem das Internet der Dinge ermöglichen Geschäftsmodelle mit immer umfangreicheren Services. Erkennbar sind heute Verschiebungen von Kundenschnittstellen, Veränderungen im Nutzerverhalten der Kunden oder auch das Digital Mindset bei allen Marktteilnehmern.

15.1.2 Kundenanforderungen

Neben den technologischen Entwicklungen ist auffällig, mit welcher Geschwindigkeit Kunden neue Produkte und digitale Dienstleistungen einfordern. Wurden noch vor 20 bis 30 Jahren Produkte in Geschäften verglichen, bewertet und gekauft, so ist es heute innerhalb von wenigen Minuten möglich, diesen Vorgang über das Internet abzuwickeln. Auch bei den Lieferfristen für die bestellten Artikel wurden noch vor einigen Jahren mehrere Tage akzeptiert. Mit Amazon und dem Prime Service kam „next-day delivery“, gegen etwas höhere Servicegebühren kann mit „same-day delivery“ zugestellt werden.

Kunden werden in ihrem Verhalten auch vom Verbraucherschutz gestützt. Selbst wenn Waren geöffnet und getestet wurden, können diese innerhalb einer gesetzlich festgelegten Frist – meist kostenfrei – retourniert werden. Um dieses Modell optimal auszunutzen, sind viele Verbraucher dazu übergegangen, sich gleich mehrere Artikel einer bestimmten Produktart liefern zu lassen. Dann kann bequem alles ausprobiert werden, bei Nichtgefallen wird einfach zurückgeschickt.

Konnte ein Unternehmen früher auf der Grundlage langjähriger, stabiler Kundenbeziehungen die Anforderungen durch einen persönlichen Zielgruppendialog herausfinden, liegen diese heute oft im Verborgenen: Viele Unternehmen sehen sich einer zunehmenden Datenflut ausgesetzt und es fehlt – meist im Bereich der KMU – an statistisch-technologischen Kenntnissen, um diese zu entscheidungsrelevanten Informationen zu machen. Werden seine Anforderungen nicht erfüllt und ist der Kunde unzufrieden, wird er kurzfristig wechseln. Kundenbindungen sind bei Weitem nicht so stark wie noch vor wenigen Dekaden. Die Bereitschaft zum Wechsel der Geschäftspartner ist groß und im B2B-Bereich von den leistungsbeziehenden Unternehmen aus verschiedensten Gründen (Compliance, Risikoverteilung, Kostendruck usw.) teilweise sogar gewollt.

Unternehmen[1] müssen sich darauf einstellen, dass Kunden in Services denken. Ihr „Digital Mindset" oder auch der „Digital Lifestyle" (Meyer 2016, S. 84 ff.) sind ausgeprägt. Sie streben nach Einfachheit, Flexibilität und vermeiden Bindungen. Der Besitz von Sachen tritt immer mehr in den Hintergrund, und der sogenannte „value in use" spielt eine dominierende Rolle (vgl. Zolnowski und Böhmann 2013, S. 11). Statt ein Auto zu kaufen, werden unterschiedliche Verkehrsmittel optimal auf die jeweiligen Bedürfnisse abgestimmt. Intelligente Programme und Apps helfen bei der Auswahl der kürzesten und schnellsten Wege.

Ebenso werden, wie bereits erwähnt, häufig Portale für Vergleiche und Bestellungen benutzt. Meinungen und Feedback werden immer weniger persönlich beim Unternehmen abgegeben, sondern finden sich in Bewertungsportalen oder auf Social-Media-Plattformen.

15.1.3 Komplexität und Geschwindigkeit

Für Märkte und Unternehmen ergeben sich im Zusammenhang mit der Digitalisierung exponentiell ansteigende Komplexitäten und Geschwindigkeiten, die es zu bewältigen gilt. Komplexität ist dabei im Sinne einer systemischen Sicht die Zunahme an Systemelementen sowie deren ansteigende Anzahl an Beziehungen untereinander. Können komplizierte Systeme meist mithilfe von „Wenn-dann-Regeln" bewältigt werden, so verhält es sich bei Komplexität anders. „In komplexen Systemen mit vielen Elementen [...] ist das Verhalten eines einzelnen Elements oft unbekannt und wird daher als mehr oder weniger wahrscheinlich betrachtet" (Mainzer 2008, S. 23). Zur Anzahl von Systemelementen und -beziehungen sowie dem Übergang von einer komplizierten zu einer komplexen Situation siehe Abb. 15.2.

Vernetzte Geschäftsmodelle mit verschachtelten Servicestrukturen verursachen eine solche Komplexität. Und dem Management von Unternehmen muss bewusst sein: Es ist ein immerwährender, sich beschleunigender Prozess. Unternehmen müssen sich in strate-

[1] Die Begriffe „Unternehmen" und „Lieferant" werden hier und teilweise nachfolgend synonym verwendet. Die jeweils unterschiedliche Wahl des einen oder anderen Begriffs richtet sich in der Regel danach, ob entweder das Verhältnis zwischen einem externen Kunden und einem Unternehmen gemeint ist oder eher auf eine „Kunden-Lieferanten-Beziehung" hingewiesen werden soll. Unternehmensintern kommt ausschließlich das letztere Konstrukt zum Einsatz.

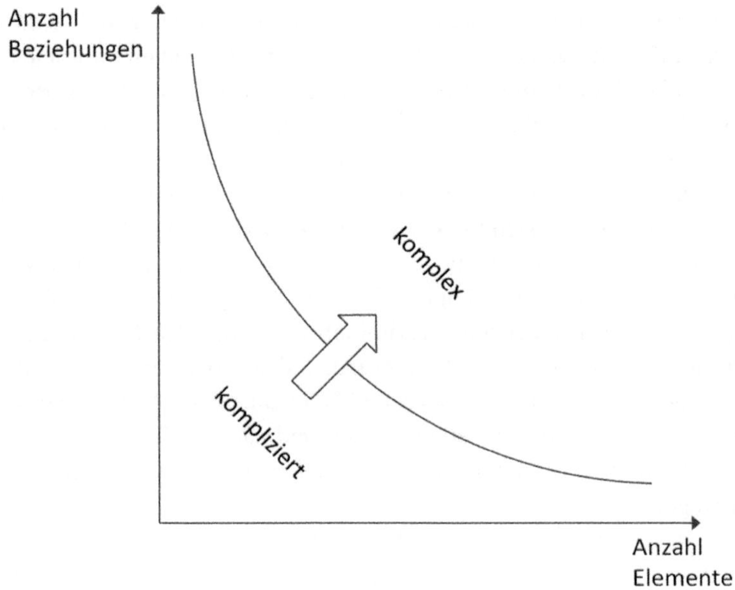

Abb. 15.2 Systematisierung der Komplexität

gischer Hinsicht deshalb fortlaufend mit Märkten, Kundenwünschen und neuen Services beschäftigen und zudem ihre Organisationen entsprechend verändern.

In einer Studie von McKinsey (2017) wird darauf hingewiesen, dass sich Organisationen zukünftig für agile, flexible und kollaborative Prozesse und Strukturen befähigen müssen, ohne dabei den operativen Betrieb zu gefährden. Das Befähigungsmodell der Digitalisierungsallianz[2] berücksichtigt ebenfalls diesen Spagat in einem 54 Fragen umfassenden Assessment zur Feststellung der Digitalisierungsfähigkeit von Unternehmen. Das Modell wurde nach wissenschaftlichen Maßstäben erarbeitet und wird in der Praxis kontinuierlich verbessert.

15.2 Services und Kundennutzen

15.2.1 Service – Begriff und Eigenschaften

Der Begriff „Service" wird unterschiedlich definiert. Im vorliegenden Beitrag wird er synonym zum Begriff der Dienstleistung verwendet (Haller 2012, S. 12 ff.). Er wird als immaterielle Leistung verstanden, die nicht lagerfähig ist. Diese kann integrativ sein (Unternehmensberatung) oder auch autonom erbracht werden (Datenbankdienst). Der Service

[2] Betreiber der Digitalisierungsallianz sind Detego GmbH & Co. KG und Tisson & Company GmbH.

findet zwischen zwei Komponenten eines Servicesystems statt. Dieses „[...] besteht aus dem Dienstleistungsnehmer und dem Potentiale bereitstellenden Dienstleistungsanbietersystem. Der Dienstleistungsnehmer fungiert als Ko-Produzent und das Ergebnis des Interaktionsprozesses generiert einen marktfähigen Nutzen" (Leimeister 2012). Beispiele für die Koproduktion sind der Online-Bestellprozess, der Fahrzeugservice oder auch die Taxifahrt. Alleine die Bereitstellung einer möglichen Servicenutzung reicht nicht aus, der Servicekonsument muss sich selbst aktiv in den jeweiligen Serviceprozess einbringen. Der Service grenzt sich damit deutlich vom Sachgut ab.

Die in der Wissenschaft oft unterschiedlich diskutierte Problematik des Uno-actu-Prinzips wird im vorliegenden Beitrag mit Blick auf die nachfolgenden Ausführungen und die Zeiteigenschaft im Service Level Agreement (SLA) gelöst. Es ist dabei unerheblich, ob Serviceerbringung und -konsum zum gleichen Zeitpunkt stattfinden. Maßgeblich für diesen Sachverhalt ist, was im SLA zwischen Serviceerbringer und Servicekonsument explizit oder implizit vereinbart wird. Beispielsweise könnte ein Mitarbeiter des Unternehmens ein Zwischenzeugnis anfordern, das aber nicht sofort erstellt werden kann und dessen Zustellung im Servicekatalog mit drei Tagen angegeben ist. Auch Warenbestellungen, Fahrzeuginspektionen oder Gebäudereinigungen erfolgen zeitversetzt – anders als ärztliche Behandlungen, Konzertbesuche oder viele Formen der Unternehmensberatungsleistung.

Eine weitere wichtige Servicedefinition steuert das ITIL®-Framework (Information Technology Infrastructure Library) bei: „A service is a means of delivering value to customers by facilitating outcomes customers want to achieve without the ownership of specific costs and risks" (Beims 2010, S. 3). Auch hier wird explizit auf den Nutzen des Kunden[3] abgestellt. Hinzu kommt allerdings die Feststellung, dass der Kunde nicht die Verantwortung für Kosten und Risiken trägt. Inwieweit er später für die Kosten aufkommt, bleibt davon unberührt.

Vor dem Hintergrund von Kosten- und Risikoverantwortung ist die aktuelle Diskussion zur Einführung von Self Services interessant. Damit werden Aufgaben und Prozesse an den heutigen Nutzer übertragen, für die er schließlich auch die Kosten und Risiken selbst trägt. Zwei bereits bekannte, aber dennoch erläuternde Beispiele sind die Auslagerung der letzten „Assemblierungsstufe" bei IKEA oder die Selbstbedienung in der Kantine.

Bei Services, die weniger im Dialog mit Kunden und zudem „versuchsweise" eingeführt werden sollen, entscheiden Umfang und Güte von (agilen) Erhebungs-, Entwicklungs- und Testverfahren darüber, ob eine Einführung erfolgreich sein kann.

Bezogen auf die Eigenschaften von Services ergeben sich somit aus Kundensicht:

1. Vereinbarte und/oder erwartete Eigenschaften (Service Design)
2. Erbrachte und erlebte Eigenschaften (Service Operation)

[3] ITIL® unterscheidet zwischen dem zahlenden Kunden und dem Benutzer. Im vorliegenden Beitrag wird diese Unterscheidung nicht vorgenommen.

Die in der Designphase festgelegten Eigenschaften sind konzeptionell und technisch zu entwickeln, zu testen und schließlich über den Transformationsprozess in den operativen Betrieb zu übernehmen.

Zu ihnen zählen Funktionsumfänge oder Servicezeiten wie 5 T × 8 h oder 7 T × 24 h Auch Verfügbarkeiten gehören unter Einbeziehung von wartungs- und fehlerbedingten Ausfällen zu den „vertraglichen Bestandteilen". Wird auf der Grundlage von Servicedefinitionen innerbetrieblich oder extern abgerechnet, so bietet sich für die Kalkulation und Kostenrechnung der Ansatz einer prozesskostenorientierten Servicekostenrechnung an.

Jede einzelne Eigenschaft ist das Ergebnis eines internen Serviceerstellungsprozesses. Dabei spielen Teilkomponenten und interne Arbeitsprozesse sowie auch extern bezogene Leistungen eine Rolle. Liegen in der Wertschöpfungskette Restriktionen im Zusammenhang mit Beschaffungszeiten oder Verfügbarkeiten vor, dann hat das unmittelbare Auswirkungen auf den mit dem Kunden vereinbarten Service. Um an dieser Stelle eine Sicherheit der Zulieferung zu erreichen, werden sogenannte OLA (Operational Level Agreements) und UC (Underpinning Contracts) mit der eigenen Organisation beziehungsweise externen Lieferanten abgeschlossen. Aus Praktikabilitätsgründen wird in diesem Beitrag durchgängig der Begriff des SLA verwendet.

Exkurs: IT-Service-Management (ITSM)

In der heute vernetzten Welt sind nahezu jede Funktion und jeder Geschäftsprozess abhängig von der IT. Das betrifft sowohl interne Unternehmensprozesse als auch Leistungsbeziehungen zwischen Unternehmen. Gleichzeitig liefert die IT aber auch wichtige Impulse für neue innovative Geschäftsmodelle und damit den Erfolg eines Unternehmens. Sie liefert wichtige Wertbeiträge, die vor dem Hintergrund der verhältnismäßig hohen Kosten transparent gemacht werden müssen.

Das IT-Service-Management spielt dabei eine wesentliche Rolle. Standards und Frameworks wie beispielsweise COBIT5® oder ITIL® wurden in den 1980er-Jahren ins Leben gerufen, um die Governance, Sicherheit und Compliance der IT zu gewährleisten. Gleichzeitig erfüllen sie wesentliche Anforderungen, die an einen Servicepartner zu stellen sind.

Unternehmen, die IT-Service-Management erfolgreich einsetzen, haben die folgenden wichtigen Elemente etabliert (vgl. hierzu ähnlich Kleiner 2013, S. 2 f.):

- Wissen darüber, welche IT-Services der Leistungsbezieher erwartet und benötigt und zu welchen Preisen die Leistung angeboten wird,
- Standardisierung von IT-Services mit dem Ziel der höheren Flexibilität und Agilität,
- Etablierung der nötigen IT-Prozesse (Prozessreife), Werkzeuge und Rollen zur Entwicklung, Einführung und Erbringung der IT-Services,
- Wissen und Auswerten der erbrachten Leistung,
- Optimieren der vereinbarten Dienstleistung.

Die Frameworks sind Best Practices zur individuellen Anpassung an die jeweiligen betrieblichen Gegebenheiten. Im Fall von ITIL® handelt es sich beispielsweise in der aktuellen Version ITIL®V3/2011 um mehr als 20 vordefinierte Prozesse, die sich über fünf Kernpublikationen verteilen (vgl. Kittel et al. 2011, S. 28 f.):

1. **Service Strategy** – Wesentliche Aspekte sind die Definition und die Spezifikation von strategisch relevanten Services oder auch das Finanzmanagement, bei dem es um Preisermittlungsverfahren, Kalkulationen und Abrechnungen geht.
2. **Service Design** – In diesem Abschnitt geht es um inhaltliche und architektonische Aspekte, zum Beispiel: Wie sollen Services im operativen Betrieb erbracht werden? Welche Sicherheitsaspekte spielen eine Rolle? Wie ist die Funktionsweise eines Service und wie sind Serviceleistungen zu erbringen? Welche notwendigen Prozesse und Parameter werden benötigt? Das oberste Ziel ist der zu erbringende Kundennutzen.
3. **Service Transition** – Dieser Teil behandelt den Umstellungsprozess, das Änderungsmanagement, Wartungen und Fragen der Risikoanalyse, Nutzenrechnung sowie die sichere Auslieferung und Gewährleistung, um die Leistungsverpflichtung einzugehen, also „vom Konzept zur Nutzung".
4. **Service Operation** – In diesem Abschnitt geht es um Serviceprozesse zur möglichst fehlerfreien und ausfallsicheren Erbringung von (vereinbarten) Services an den Kunden.
5. **Continual Service Improvement** – Services müssen ergänzt, erweitert und optimiert werden, damit der geschäftliche Erfolg des Unternehmens gesichert ist. In diesem Zusammenhang spielt auch das Monitoring eine wichtige Rolle.

Zielobjekte für die Anwendung des IT-Service-Managements sind mittelständische bis große Unternehmen. Es wird geschätzt, dass heute bereits 85 % dieser Gruppe ITIL® insgesamt oder in Teilen einsetzen. Wegen der damit verbundenen Prozessreife können diese Unternehmen deutlich schneller innovative Services erbringen (vgl. Mendel 2016, S. 3).

15.2.2 Servicekataloge und -verträge

Sind die wesentlichen Komponenten und Parameter des Leistungsaustausches festgelegt, so können Services zur Steigerung von Transparenz und Effizienz in Servicekatalogen abgelegt und in automatische Auftragsprozesse integriert werden (vgl. Scholderer 2017, S. 21). Durch Order und Bestätigung entstehen entsprechend Verträge zwischen Leistungsersteller und -empfänger.

Servicekataloge können Services enthalten, die eingekauft und weitergereicht werden, oder sie beinhalten zuvor konfigurierte Servicestrukturen, die aus Modulen und Komponenten bestehen (Abb. 15.3).

Services befinden sich auf der obersten Ebene eines Servicekatalogs und bilden die Schnittstelle zum Kunden. Eine der wichtigsten Anforderungen für die Definition von Services und Hinterlegung in Servicekatalogen ist, dass der Service nutzenorientiert und verständlich für den Kunden beschrieben ist. Viele Servicekatalogprojekte scheitern, weil Servicebeschreibungen diese Anforderung nicht erfüllen und Kunden sie nicht verstehen. Eine weitere Problematik besteht darin, dass Servicekatalogprojekte „von oben in die Unternehmung gedrückt" werden und dann auf wenig Akzeptanz bei allen Beteiligten stoßen. Als Orientierung für eine im Servicekatalog gut beschriebene und abgegrenzte Leistung kann der „Abrechnungsbezug" bzw. der sogenannte Kostentreiber dienen. Niemand würde für ein „Taxi" bezahlen. Die Abrechnung erfolgt nach gefahrenen Kilometern und der

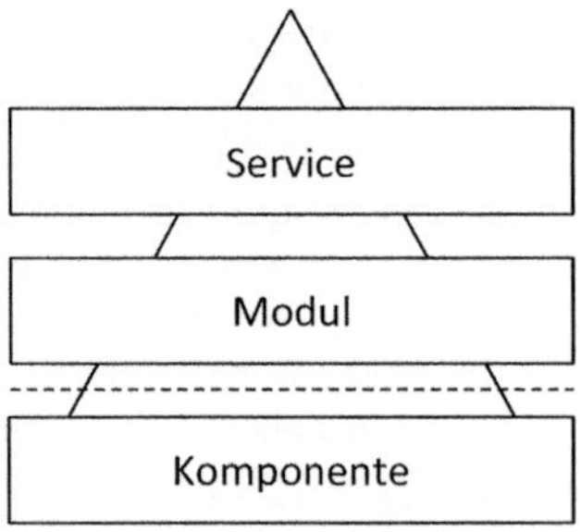

Abb. 15.3 Struktur eines Servicekatalogs

Zeit, welche ordnungspolitisch im Taxameter-Tarif hinterlegt ist. Der konkret zu beschreibende Service wäre demnach eine „Taxifahrt", die in Abhängigkeit von der Strecke und den jeweiligen Verkehrsbedingungen variabel, aber „kontrolliert" abzurechnen ist.

Servicemodule stellen für den Kunden die Optionen in einem Servicekatalog dar. So könnte in einem Restaurant auf der Menükarte (= Servicekatalog) der Service „Steak, 300 g." (implizit Zubereitung und Servieren) stehen und die Module in Form von verschiedenen Beilagen (Optionen) angeboten werden.

Servicekomponenten befinden sich „unterhalb" der Services und Module. Sie sind für den Kunden meist nicht sichtbar und auch nicht von Interesse. Bei den angegebenen Beispielen könnten darunter die Taxiinspektion, der Tankservice oder die Zubereitung des Steaks in der Küche verstanden werden. Im IT-Bereich würden hierunter die Infrastruktur, Netzwerke, Plattformen oder auch Programme fallen.

Um darüber hinaus Servicekatalogprojekte erfolgreich zu gestalten, ist es wichtig, die Konfiguration (Servicemodule und -elemente) nicht zu kleinteilig vorzunehmen. Um sämtliche Elemente und Beziehungen dokumentarisch aufzunehmen, werden in der Praxis weitere Werkzeuge wie beispielsweise Konfigurations- und Vertragsdatenbanken eingesetzt.

15.2.3 Enterprise-Services

Aktuell ist eine sehr intensive Diskussion über Enterprise-Services entstanden. Diese resultiert daraus, dass auch andere Unternehmensbereiche wie beispielsweise HR oder Finanzen die Vorteile eines durchgängigen und konsistenten Servicemanagements erkannt haben. Zudem wird aufgrund der Repräsentation der Services im Servicekatalog und der sich daraus ergebenden Effizienzpotenziale oft über eine Adaption von Serviceprozessen in diesen Funktionen nachgedacht.

Vertretern der IT ist diese Entwicklung recht. Der IT-Bereich war jahrzehntelang dem Vorwurf ausgesetzt, viel zu kosten und wenig zu leisten. Problematisch war jedoch, dass nur wenige Personen dies fachlich beurteilen konnten. Mittlerweile hat sich die Situation geändert. Mithilfe von ITSM und den Frameworks sowie vor dem Hintergrund der Digitalisierung ist deutlich geworden, welchen Wertbeitrag die IT erbringen kann. Der

IT-Bereich ist mit seinen Leistungen neben der Güterproduktion heute ebenfalls eine „Fabrik", die auf der Grundlage modernster Prozesse und Technologien arbeitet. Diese Position führt dazu, dass die IT vielfach selbst darauf hinwirkt, ein Ausrollen des Servicemanagements in anderen Unternehmensbereichen zu forcieren. Viele Anbieter von IT-Service-Management-Software haben dies auch erkannt und werben mittlerweile mit Enterprise-Service-Management.

Der Begriff des Enterprise-Services umfasst jedoch nach Auffassung des Verfassers mehr als nur den IT-Service-Begriff und die Ausweitung auf andere Support-Einheiten. Services spielen für das gesamte Unternehmen unter Einbeziehung sämtlicher externer Partner eine wichtige strategische und operative Rolle. Ziel muss es sein, den Kunden des Unternehmens zufriedenzustellen, ihm die richtigen Services in der erwarteten Qualität zu liefern und zugleich immer komplexere Anforderungen an diese zu managen. Enterprise-Services müssen vom Kunden ins Unternehmen und vom Unternehmen zum Kunden gedacht werden.

Gleichzeitig müssen Services schnell und flexibel entwickelt bzw. konfiguriert werden. Hierzu wird es immer wichtiger, auf externe Lieferanten zurückzugreifen und mit diesen partnerschaftlich zusammenzuarbeiten.

Zusammenfassend werden demnach Enterprise-Services als Leistungsaustausch zwischen Unternehmen, Kunden und Lieferanten am Markt sowie als Ergebnis innerbetrieblicher Leistungsprozesse verstanden. Der IT-Bereich ist folglich ein Teil der Enterprise-Service-Organisation.

15.2.4 Kundennutzen

Für eine Bewertung der Vorteilhaftigkeit einer Kunden-Lieferanten-Beziehung und der ausgetauschten Services gibt es zwei mögliche Perspektiven (siehe Abb. 15.4).

Der Nutzen aus Sicht des Kunden (KN / L → K) ist die Bewertung der Eigenschaften von Leistungen eines Lieferanten, zum Beispiel Umfang, Qualität, Zeitpunkt/-raum der Erbringung, Verfügbarkeit und Ausfallsicherheit sowie der Preis. Die Services sollten innovativ und möglichst einzigartig sein und den Kunden letztendlich begeistern.

Stellt sich eine Kundenzufriedenheit aufgrund der angebotenen und gelieferten Services ein, wird der Kunde wichtige – insbesondere monetäre – Wertbeiträge für den Lieferanten liefern. Der individuell wahrgenommene Nutzenbeitrag kann allerdings kontextuell und stimmungsabhängig variieren (vgl. Beims 2010, S. 27). Es ist insofern eine zentrale Aufgabe des Lieferanten herauszufinden, inwieweit die Services die Erwartungen der Kunden treffen und welche Faktoren hierbei eine Rolle spielen. Diese Aufgabe hat sich nicht geändert, solange Unternehmen bzw. Lieferanten und Kunden Geschäfte machen. Geändert haben sich die Fokussierung auf einzelne Kunden (Individualmarketing) und die Methoden und Werkzeuge der Erhebung sowie die Geschwindigkeit, mit der heute entscheidungsrelevante Informationen bereitzustellen sind.

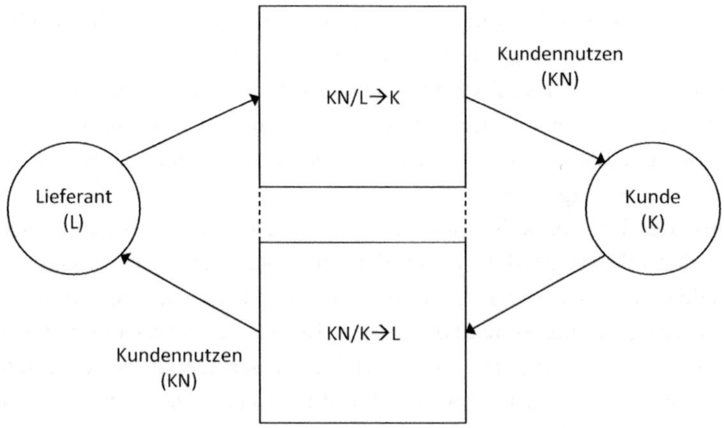

Abb. 15.4 Bidirektionale Kundennutzen-Architektur für Services

Der Kundennutzen aus Sicht des Lieferanten (KN / K → L) kann monetär und prospektiv ausgedrückt werden als die zukünftigen finanziellen Rückflüsse für konsumierte Services sowie Cross- und Up-Selling-Potenziale, die sich hieraus ergeben. Kunden besitzen aber weitere Nutzenpotenziale, die jeder Lieferant kennen sollte und die er bei der Konzipierung von Services berücksichtigen muss. Hierzu zählen beispielsweise die nicht oder nur indirekt quantifizierbaren monetären Determinanten aus Innovations-, Kooperations-, Referenz- oder Empfehlungsbeiträgen. Als Beispiele für diese Form von Wertbeiträgen können Empfehlungen, „Likes", „Teilen" oder auch Kommentierungen auf verschiedensten Portalen genannt werden. Hinzu kommen „Quereffekte", die „eingesammelte Daten" für Produkte in anderen Bereichen als dem der originären Leistungserstellung nutzbar machen. So können Fahrzeugdaten an Versicherungen und Navigationsdienste weitergeleitet oder individuelle Präferenzen von „Alexa"-Nutzern für neue Produktideen genutzt werden. Mit der Einführung des autonomen Fahrens und den dann medialen Angeboten wird es eine weitere Welle des Datensammelns und -nutzens geben.

15.3 Enterprise-Service-Management (ESM)

Der nachfolgende Abschnitt orientiert sich an einem generischen Befähigungsmodell der Digitalisierungsallianz zur Erbringung von Services (siehe Abb. 15.5). Der Kunde und die Services stehen im Zentrum der Betrachtung – unabhängig davon, ob es sich um externe oder interne Kunden-Lieferanten-Beziehungen handelt.

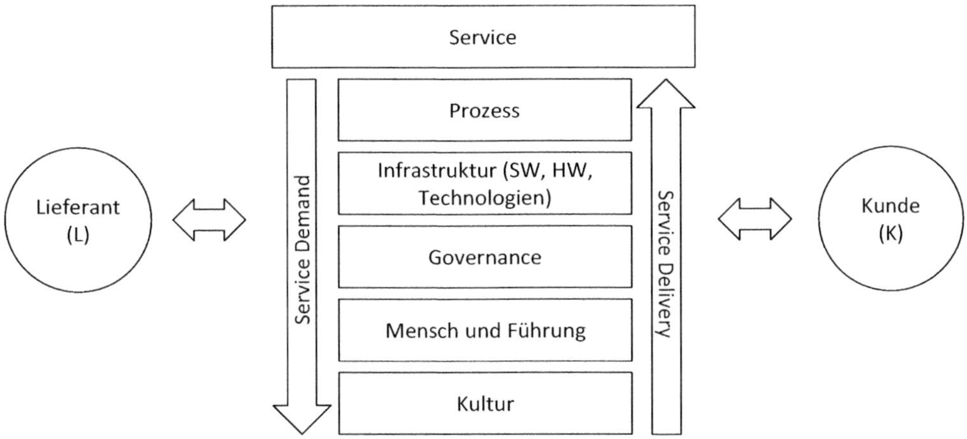

Abb. 15.5 Befähigungsmodell zur Digitalisierung und Serviceerbringung

15.3.1 Befähigungsmodell

Digitalisierung und Serviceorientierung werden Unternehmen verändern. Strategieprozesse müssen neu implementiert werden und Organisationsformen sind zu ändern. Unternehmen müssen schneller und agiler werden, um neue Services marktreif zu entwickeln und einzuführen. Das ist für Unternehmen deshalb schwierig, weil neben dem Veränderungsdruck und den daraus entstehenden Change-Prozessen der laufende Betrieb sicher aufrechtzuerhalten ist.

Der Betrieb lässt keine Fehler zu. Von einer Bank erwarten die Kunden jeden Tag, dass Überweisungen und andere Transaktionen fehlerfrei funktionieren. Damit sind sehr hohe Anforderungen an die Sicherheit von Systemen, Prozessen und das Personal gestellt. Welche Aufgaben und Prozesse bei Ausfällen oder Systemveränderungen zu ergreifen sind, kann dann den auf der Grundlage der Frameworks exakt festgelegten Prozessen und Handlungsanweisungen entnommen werden.

Anders verhält es sich mit Veränderungen. Sowohl für neue Services und Geschäftsmodelle als auch inkrementelle Verbesserungen bestehender Leistungsarten sind Kreativprozesse anzustoßen. Diese entstehen erfahrungsgemäß weniger in einem operativen Betriebsumfeld als vielmehr in einer entspannten Atmosphäre durch Gespräche und Diskussionen oder beispielsweise spezielle „Service Design Thinking"-Workshops. So haben bereits viele Konzerne eigene „Innovation Labs" mit dem Ziel eingerichtet, das Unternehmen ständig neu zu erfinden. Das angenehme Arbeitsumfeld der mit dem Change betrauten Mitarbeiter darf aber nicht darüber hinwegtäuschen, dass durch diesen Bereich eine erhebliche Unruhe entsteht. Neue Ideen werden getestet, Prototypen müssen im laufenden Betrieb integriert werden, Ergebnisse sind zu analysieren. Wurden vor nicht allzu langer Zeit noch Organisations- und Systemänderungen im Jahres- oder Monatsrhythmus durchgeführt, erfolgen in den Vorzeigeunternehmen sogenannte „Deployments" heute teilweise schon täglich oder stündlich.

15.3.2 Kunde und Lieferant

Im globalen Wettbewerb können Unternehmen bestehen, wenn sie sich auf ihre Kernleistungen konzentrieren und einen intensiven Nutzenaustausch mit externen Partnern zulassen. Sowohl mit Kunden als auch mit Lieferanten sind deshalb zusätzliche partnerschaftliche Austauschbeziehungen sinnvoll, die über den bisherigen Rahmen von Absatz- und Beschaffungsleistungen hinausgehen. Eine besondere Berücksichtigung müssen dabei die bereits in Abschn. 15.2.4 erwähnten bidirektionalen Effekte finden.

Der Kunde und seine Bedürfnisse stehen zunächst im Mittelpunkt der Betrachtung. Sämtliche Aktivitäten sind daran auszurichten. Diese Ausrichtung geht so weit, wie es ein wertorientierter Ansatz zulässt. Die Geschäftsmodelle und Services müssen in einem systemischen Ansatz und ganzheitlich in eine Rentabilitätsrechnung einfließen. Es ist deshalb nicht zwingend, dass ein Service kalkulatorisch sofort Erträge erwirtschaftet. Wichtig ist das Erkennen und Berücksichtigen des Lebenszyklus und möglicher Kundennutzeneffekte, die sich langfristig für ein Unternehmen positiv auswirken. Zur Bewertung eines Kundennutzens für das Unternehmen eignen sich am besten sogenannte Discounted-Cashflow-Verfahren unter der weiteren Berücksichtigung von Cross-x-Effekten und Kundenlebenszyklen.

Wichtig ist es insofern, erstens strategisch die richtigen Services zu identifizieren und zu entwickeln und zweitens diese dann nach einer Transformation in den operativen Betrieb dort zur Zufriedenheit der Kunden zu erbringen. Dieser Kreislauf beschleunigt sich aufgrund der Technologieentwicklungen und steigender Kundenanforderungen.

15.3.3 Kultur

Um mit der Komplexität und Geschwindigkeit umzugehen, bedarf es eines Paradigmenwechsels, der die Grundfesten der meisten Unternehmen betrifft. „Einfach mal machen" und „Fehler feiern" sind in agilen Unternehmen die neuen Leitbilder. Wenn der Reklamationsprozess und Kunden nicht mehr zur Last fallen oder Unternehmen sich kontinuierlich selbst erneuern, wenn die Reflexion institutionalisiert ist oder Unternehmen immer mehr in Services investieren und an ihre Kunden denken, dann ist es für Marktteilnehmer zukünftig einfacher, mit den anstehenden Veränderungen umzugehen.

Erfolgreiche Unternehmen haben deshalb vorrangig die Unternehmens-DNA umprogrammiert und kümmern sich erst im Weiteren um Infrastrukturen und Prozesse. Amazon zum Beispiel erprobt ständig neue Geschäftskonzepte und bindet dabei interdisziplinär seine Mitarbeiter ein. Werden Fehler gemacht, wird das nicht negativ gesehen, sondern als Erkenntnisgewinn verstanden.

Der Kunde und die Services des Unternehmens sind der Magnet, nach dem sich Unternehmen zukünftig viel stärker auszurichten haben. Jede Funktionseinheit und jeder Mitarbeiter müssen verstehen, wofür sie arbeiten und dass nur der zufriedene Kunde den weiteren Erfolg des Unternehmens sicherstellt. Auch im Bereich des innerbetrieblichen

Leistungsaustausches muss dieses Bewusstsein existieren, um erstklassige Services für Kunden zu entwickeln und bereitzustellen. Nur so können ineffiziente tayloristisch-funktionale Strukturen überwunden werden. In Organisationen mit einer „[. . .] Silo-Mentalität [. . .] bleiben unternehmensinterne Kooperationsmöglichkeiten ungenutzt" (Kreutzer und Land 2013, S. 79). Für Unternehmen in dieser Situation gilt, diese Form des Arbeitens durch eine prozessuale und an Services ausgerichtete Organisation schnellstens zu überwinden.

15.3.4 Mensch und Führung

Neben der Kultur spielen positive Verhaltenseinstellungen von Mitarbeitern und motivationsfördernde Führungsstile eine große Rolle, um hochwertige wettbewerbsfähige Services zu erbringen. Mitarbeiter sind heute meist intrinsisch gesteuert. Ein kooperativer Führungsstil erzeugt Mitarbeiterzufriedenheit, während eine autoritär-hierarchische Führung bekanntlich das Gegenteil bewirkt. Außerdem verspricht er ein ausreichendes Maß an Kontroll- und Steuerungsmöglichkeiten, was beispielsweise ein Laissez-faire nicht grundsätzlich garantiert. Ein wesentlicher Aspekt zur Leistungsverbesserung liegt nach allgemeinem Verständnis in der Übertragung von Eigenverantwortung. In Projekten, die der Verfasser als Berater begleitet, wird deutlich, welche Effekte kollaborative und motivationsfördernde Führungsstile sowie eine serviceorientierte Organisation erzielen. Ergebnisse konnten dann nachhaltig verbessert werden, wenn Mitarbeitern Services übertragen wurden (Service Ownership) und diese eigenverantwortlich organisiert werden konnten. Und diese Organisationen wurden schneller!

Einstellungen und Verhalten bei Mitarbeitern sind auch bei Veränderungsprojekten gefragt. Müssen bekannte Abläufe und Verfahren überdacht oder sogar das bisherige Verhalten infrage gestellt werden, kann es oft zu Abwehr und Verweigerung führen. Nach Joiner und Josephs (2007) bedarf es in dynamischen Zeiten eines sogenannten „Catalyst", der sich als Visionär und Transformator vorrangig um die Entwicklung und Förderung von Fähigkeiten der Mitarbeiter und der gesamten Organisation versteht. Damit hebt sich dieser vom Lösung suchenden „Expert" oder dem „Achiever" als leistungsbetontem Projektmanager ab. Beide letztgenannten Mitarbeitertypen besitzen meist die Eigenschaft, eher zu bewahren als zu verändern.

15.3.5 Governance

Der Begriff der Governance wird sehr unterschiedlich verwendet. Im vorliegenden Beitrag wird darunter ein Steuerungs- und Regelungssystem für die Aufbau- und Ablauforganisation von Unternehmen verstanden, um die Ziele des Unternehmens optimal zu erreichen. Dazu gehören neben Transparenzzielen sowohl institutionelle als auch prozessuale Aspekte. Vor dem Hintergrund der digitalen Herausforderungen impliziert Governance zudem die Berücksichtigung von Verantwortungsdelegation und kooperativ-intrinsischer Motivationselemente. Auf der Steuerungsebene ist in den Unternehmen zwischen dem regelbasierten Betrieb (Run) auf der einen Seite und der agilen Change-Organisation auf der anderen Seite zu unterscheiden. Beide Seiten sind unterschiedlich auszugestalten. Nachfolgende beispielhaft ausgewählte Aufgabenbereiche machen dies deutlich:

- **Methoden und Verfahren** – Oberstes Ziel der Run-Organisation ist es, die Verfügbarkeit der Services sicherzustellen. Deshalb spielen neben qualitativen Aspekten in diesem Bereich besonders Fragen der Sicherheit und Risikovermeidung eine Rolle. Zum optimalen Betrieb und der Bereitstellung der Services kann auf die Frameworks und Best Practices mit ihren Empfehlungen und „Kopiervorlagen" zurückgegriffen werden. Im Change-Bereich sind Methoden und Verfahren für die kreative Entwicklung und Modifikation von Services vorzusehen. Diese müssen den interdisziplinären Dialog zwischen Mitarbeitern, das Durchführen von Workshops und konstruktive Elemente vorsehen.
- **Risikomanagement** – Die Komplexität und Anfälligkeit von Organisationen und Systemen erfordern ein angemessenes Risikomanagement. Mögliche Risiken müssen identifiziert und bewertet werden. Im ITIL® Framework ist diesem Aspekt innerhalb des Servicedesigns ein eigener Prozess „IT Service Continuity Management" gewidmet. Abgesehen davon, dass es zudem gesetzliche Regelungen für börsennotierte Unternehmen gibt (KonTraG) und ein angemessenes Risikomanagement auch von nicht an der Börse geführten Unternehmen erwartet wird, sollte sich jedes Unternehmen aus eigenem Interesse ernsthaft damit auseinandersetzen.
  Vor dem Hintergrund der zunehmend digitalen Services werden die Sicherheitsanforderungen größer. Auch die Change-Organisation verlangt diesbezüglich ein professionelles Vorgehen. Es muss jedem Unternehmen klar sein, dass an dieser Stelle das geballte Wissen einer Unternehmung zusammenkommt und damit grundlegende betriebliche „Assets" tangiert sind.
- **Compliance** – Bei der Compliance geht es um die Befolgung gesetzlicher Bestimmungen und interner Regelungen. Als Beispiele können die Vorgaben des BSI zur Datensicherheit und Datenschutzbestimmungen genannt werden. Mit der neuen, ab 2018 geltenden EG-Richtlinie (DS-GVO) erhöhen sich nochmals die Anforderungen an Unternehmen. Die Nichtbefolgung der gesetzlichen Bestimmungen kann zu erheblichen Strafen führen. Ein anderes Beispiel sind steuerliche Aspekte wie das Transfer Pricing, das bei der Konzeption und Einführung von grenzüberschreitenden Services rechtzeitig Berücksichtigung finden sollte. Finanzämter stellen oft erst nach mehreren Jahren sehr hohe steuerliche Nachforderungen, weil Services nicht nachvollziehbar beschrieben, falsch kalkuliert und abgerechnet wurden.
- **Projektmanagement und Change** – Traditionelle Projektmanagementmethoden wie das Wasserfall- oder Spiral-Modell genügen nicht mehr den Anforderungen an eine agile Organisation. Um Marktveränderungen und Kundenwünsche flexibel zu berücksichtigen oder auch neue Services mithilfe von Kreativtechniken zu entwickeln, bedarf

es einer veränderten Vorgehensweise. Strategische Zeiträume verkürzen sich, und Planungen werden zunehmend unsicherer. Deshalb ist es zweckmäßig, Steuerungsmodelle zu implementieren, die einerseits ein Mindestmaß an Planung und andererseits ein Maximum an Flexibilität zulassen, ohne dabei die Steuerung zu verlieren. Konsequenterweise muss deshalb Verantwortung von oben nach unten abgegeben werden. In Services gedacht erhalten Service Owner Aufträge, die mithilfe von „Leitplanken" gesteuert werden. Das sind zum Beispiel Ideen-Workshops, Machbarkeitsanalysen oder Prototypen, die nach dem PDCA-Prinzip funktionieren und mit pauschalen Budgets auszustatten sind. Auch auf der Umsetzungsebene erfordert die Komplexität und Dynamik ein agileres Vorgehen in Form von „Scrum" oder ähnlichen Methoden. Mithilfe von „Digitalen Sprints" können neue Services entwickelt, getestet und eingeführt werden. Die Entwicklungspakete sind finanziell überschaubar und mit erheblich weniger Risiken verbunden als Großprojekte.

- **Finanzmanagement und Controlling** – Unternehmen planen, kontrollieren, analysieren und steuern ihre Finanzen. Dabei ist es in den meisten Unternehmen noch üblich, Budgets mit den Kostenstellenverantwortlichen fest zu vereinbaren. Die Budgetplanung sollte im Einklang mit der Portfolioplanung erfolgen. Gemäß einem Budgetschnitt können bestimmte Projekte durchgeführt werden, andere nicht. Maßgeblich für die Entscheidung, welche Services eingeführt werden sollen, sind unterschiedliche Bewertungsverfahren. Diese reichen von einfachen Scoring-Ansätzen bis zu finanzmathematischen Kapitalwertmodellen. Bei zukünftigen Budgetverhandlungen wird es häufiger um Services und Geschäftsmodelle gehen. Und vielfach ist in der Designphase nicht klar, wohin die Reise geht. Aus diesem Grund kann es problematisch werden, auf der Grundlage der traditionellen Budgetierungsverfahren Werte für einzelne Serviceprojekte auf ein oder mehrere Jahre festzuschreiben. Vielmehr ist es sinnvoll, wenn in Anlehnung an das Beyond Budgeting für die Entwicklung von Services mit den Serviceverantwortlichen (Owner) qualitative Ziele formuliert und finanziell rollierende Orientierungswerte vereinbart werden.
- **HR-Management** – Der HR-Bereich beschäftigt sich mit Personalfragen. Heute steht die Personalentwicklung weit oben auf der Agenda. Dabei mussten sich die Mitarbeiter dieses Bereiches bereits wegen der Zunahme von Projektarbeit neuen Anforderungen stellen. Aufgrund der tiefgreifenden technologischen Veränderungen, des Changes und der Agilität, durch die Vernetzung und infolge anderer Arbeitszeitmodelle oder auch durch die Bimodalität wird sich HR zukünftig zu einer zentralen Organisationseinheit mit neu bereitzustellenden Services entwickeln müssen.
- **Performance-Management und Kennzahlen** – Neben dem Finanzmanagement als monetärem Teil des Controllings ist es die Aufgabe der Service Owner, die Performance der Services zu planen und zu überwachen. Die Messung der SLA-relevanten Eigenschaften fällt unter den Funktionsumfang des Service-Level-Managements. Darüber hinaus kann die Messung weiterer Leistungsindikatoren wichtig sein. Welche das sind, sollte vorab systematisch und unter Einbindung aller Beteiligten erarbeitet werden. Faktorenanalysen könnten einen Aufschluss darüber geben, welche Wirkungszu-

sammenhänge tatsächlich bestehen: Verschlechtert sich zum Beispiel die Pünktlichkeit bei der Bahn, kann zeitversetzt mit Unzufriedenheit bei Kunden gerechnet werden. Bei anhaltenden Verspätungen kann das monetäre Folgen haben, weil Kunden die Bahn als nicht mehr verlässlich einstufen und auf andere Verkehrsmittel umsteigen.

15.3.6 Infrastruktur

Unter der Infrastruktur werden Software, Hardware, Technologien und andere Werkzeuge verstanden, die die verschiedenen Prozesse und die Erbringung von Services unterstützen. Dabei ist es vor dem Hintergrund des Veränderungsdrucks erforderlich, dass Unternehmen kurzfristig und flexibel auf neue Situationen reagieren und sich an diese anpassen können.

Die technisch-funktionale Architektur muss deshalb vorsehen, dass Services standardisiert und modularisiert aufgebaut sind. In der Produktionswirtschaft ist das bereits üblich. Die Automobilindustrie produziert mit einer Fertigungstiefe von 20 bis 25 %, und vielfach werden identische Plattformen genutzt, um unterschiedlichste Modelle zu fertigen.

Auch in der IT hat die Einführung der Frameworks entsprechend positive Effekte erzielt. Die Serviceorientierung hat dazu geführt, dass die Bildung von „Service Stacks" zu einer Kapselung und damit Modularisierung führte. Unter Experten wird mit zwinkerndem Auge davon gesprochen, dass der CIO zur Erfüllung der Business-Ziele die Services zukünftig „orchestrieren" wird. Das heißt, man wird zunehmend in der Lage sein, standardisierte und modularisierte Serviceelemente je nach Bedarf und Kostenaspekten intern oder extern zu konfigurieren. Beispiele hierfür ist der Zukauf von externen Leistungen wie die Rechenzentrumsbereitstellung, die E-Mail-/Postfachabwicklung oder die Übergabe der gesamten Netzwerkbetreuung an externe Lieferanten. Sind im Unternehmen die Services so „geschnitten", dass zum Arbeitsplatz die Services Hard- und Softwarebereitstellung, Netzwerkanbindung, Raumbuchung oder 7 × 24-Betreuung gehören, dann handelt es sich um eine „Orchestrierung" bzw. Servicekonfiguration.

Im Change-Bereich sind teilweise andere infrastrukturelle Voraussetzungen zu schaffen. Hier arbeiten die „kreativen" Mitarbeiter in Designprozessen vernetzt oder physisch anwesend in dafür geschaffenen Arbeitsbereichen. Sie benötigen mobile Endgeräte und kabellose Systemzugänge ebenso wie Flip-Charts, Büromaterial oder beispielsweise auch Catering-Services.

Zusammenfassend kann festgehalten werden, dass Bereichsverantwortliche und Mitarbeiter in Change-Prozessen zukünftig beide Organisationsteile und -geschwindigkeiten beherrschen müssen. Neben dem operativen Betrieb sind es auch Innovationsbeiträge, die von ihnen erwartet werden.

15.3.7 Service und Prozess

Der Service bildet die direkte Schnittstelle zum Kunden und seinen Prozessen. Er besitzt mittlerweile – wie zuvor beschrieben – in vielen Branchen eine größere Bedeutung für die Erzielung eines Kundennutzens als das Produkt selbst. Auch beim innerbetrieblichen Leistungsaustausch liegt der Service zwischen dem Lieferanten und dem Kunden. Er ist sowohl das Ergebnis eines oder mehrerer Prozesse und der „darunter liegenden" Serviceelemente als auch prozessbegleitend und koproduzierend als Dienstleistung zu verstehen.

In der Praxis hat sich gezeigt, dass bei der Frage nach dem Nutzen eines Services die Sicht auf den nachfolgenden Service und nicht nur den Prozess sinnvoll ist (Abb. 15.6). Beim Incident- oder Fehlerprozess zeigt sich das ganz besonders. Die Frage lautet oft: „Wie muss der Prozess aussehen oder was ist zu tun …?" Im Ergebnis könnte es sein, dass der Kunde unzufrieden ist, weil wesentliche Nutzenaspekte (Service „fehlerfreier Betrieb") nicht ausreichend gewürdigt werden.

Prozesse bilden zusammen mit den Menschen und Systemen eine wesentliche Grundlage für gute Services. Sie sorgen für eine effiziente und fehlerfreie Serviceerbringung. Das Prozessmanagement ist deshalb im Einklang mit dem Service-Lifecycle zu implementieren. Das heißt, dass Unternehmensprozesse ebenfalls dem Phasenmodell bzw. den Phasen Design, Transformation und Betrieb unterliegen. Sie sind in strategische Fragestellungen eingebunden und müssen kontinuierlich verbessert werden – sowohl im Run- als auch im Change-Bereich. Bei der Betrachtung von Services und Prozessen sowie dem Umgang mit ihnen handelt es sich demnach um ein abgestimmtes Management beider Komponenten. Die bekannten Service Frameworks verwenden konsequenterweise die Begriffe Serviceprozess und Service-Management integrativ.

Ein Enterprise-Service-Management ist deshalb nutzen- und prozessorientiert mit den beteiligten Funktionen, Mitarbeitern und externen Partnern zu konzipieren, abzustimmen und zu dokumentieren. Als Werkzeuge und Methoden zur Dokumentation und Simulation der Serviceprozesse können ereignisorientierte Prozessketten (EPK) oder „Business Process Model and Notation" (BPMN) sinnvoll eingesetzt werden. Diese sind meist in den am Markt verfügbaren Service-Management-Systemen integriert.

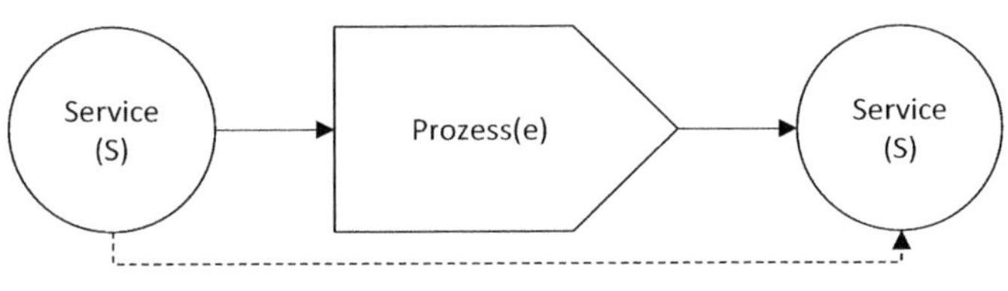

Abb. 15.6 Serviceprozess(e) und Service-to-Service-Sicht

15.4 Fazit

Services müssen in einem zunehmend komplexen Umfeld kurzfristiger strategisch und operativ entwickelt sowie dann im Betrieb fehlerfrei und sicher erbracht werden. Mit dem vorliegenden Ansatz zum Enterprise-Service-Management wird die Lücke zwischen externen Partnern und Services auf der einen Seite und der innerbetrieblichen Leistungserstellung auf der anderen Seite geschlossen. Die durchgängige Fokussierung auf Enterprise-Services und Serviceprozesse ist nach Einschätzung des Verfassers essenziell, um im digitalen Wettbewerb zu bestehen.

Literatur

Beims, M. (2010). *IT-Service Management in der Praxis mit ITIL 3. Zielfindung – Methoden – Realisierung*. München: Hanser.

Haller, S. (2012). *Dienstleistungsmanagement. Grundlagen-Konzepte-Instrumente* (5. Aufl.). Wiesbaden: Springer Gabler.

Joiner, W. B., & Josephs, S. A. (2007). *Leadership agility: five levels of mastery for anticipating and initiating change*. New Jersey: Wiley.

Kittel, M., Koerting, T. J., & Schött, D. (2011). *Kompendium für ITIL® V3 Projekte, Menschen, Methoden, Meilensteine*. Norderstedt: Books on Demand.

Kleiner, F. (2013). *IT Service Management*. Wiesbaden: Springer Vieweg.

Kreutzer, R. T., & Land, K.-H. (2013). *Digitaler Darwinismus. Der stille Angriff auf Ihr Geschäftsmodell und Ihre Marke*. Wiesbaden: Springer Gabler.

Leimeister, J. M. (2012). *Dienstleistungsengineering und -management*. Wiesbaden: Springer Gabler.

Mainzer, K. (2008). *Komplexität*. München: Fink.

McKinsey Global Institute (2017). Das Digitale Wirtschaftswunder – Wunsch oder Wirklichkeit. https://www.mckinsey.de/files/mgi_das_digitale-wirtschaftswunder.pdf. Zugegriffen: 20. Okt. 2017.

Mendel, T. (2016). Das sind die Top-ITSM-Anbieter in Deutschland. Computerwoche, IDG (26.04.2017). https://www.computerwoche.de/a/das-sind-die-top-itsm-anbieter-in-deutschland,3227044. Zugegriffen: 16. Okt. 2017.

Meyer, J.-U. (2016). *Digitale Disruption. Die nächste Stufe der Innovation*. Göttingen: Business Village.

Scholderer, R. (2017). *IT-Service-Katalog. Services in der IT professionell designen und erfolgreich implementieren*. Heidelberg: dpunkt.verlag.

Statistisches Bundesamt, Destatis (2017). Zahlen und Fakten/Arbeitsmarkt. https://www.destatis.de/DE/ZahlenFakten/Indikatoren/LangeReihen/Arbeitsmarkt/lrerw013.html. Zugegriffen: 15. Okt. 2017.

Zolnowski, A., & Böhmann, T. (2013). Grundlagen service-orientierter Geschäftsmodelle. In T. Böhmann, M. Warg & P. Weiß (Hrsg.), *Service-orientierte Geschäftsmodelle. Erfolgreich umsetzen* (S. 1–29). Wiesbaden: Springer Gabler.

Prof. Dr. Horst Tisson studierte bis 1986 in Hamburg BWL und arbeitete dann für IBM und Accenture. Nach weiteren vier Jahren bei Thomas J. C. Matzen gründete er 1995 sein eigenes Beratungsunternehmen. Er beschäftigt sich seitdem mit Reorganisations- und Umstellungsprojekten im Zusammenhang mit IT, Data Warehouses und Business Intelligence/KI. Seit 2012 widmet er sich besonders den Themen Digitalisierung und Enterprise-Service-Management – von der Strategie und digitalen Services zur Service-Fabrik. Er hält seit 2009 eine Professur für BWL, insbesondere Controlling & Informationsmanagement. Horst Tisson gründete 2017 die Digitalisierungsallianz und ist als Beirat tätig.

Teil IV

Branchen und Unternehmen in der Transformation

Uberisierung

Wie neue Anbieter etablierte Marktteilnehmer schlagen können

16

Benjamin Constantine, Tim Gebauer und Benjamin Bartsch

16.1 Einleitung

Die Idee könnte nicht einfacher sein: Fahrer und Passagiere werden direkt verbunden, durch eine mobile App auf dem Smartphone. Seit der Gründung im Jahr 2009 konnte das US-amerikanische Start-up Uber rund 11,56 Mrd. US-Dollar Venture Capital einwerben und so in kurzer Zeit zu einer festen Größe in der individuellen Personenbeförderung zahlreicher Länder werden. Allein in den Vereinigten Staaten wird Ubers Marktanteil im Jahr 2017 auf zwischen 84 und 87 % geschätzt.

Durch diesen Erfolgt ist *Uberisierung*, engl. *Uberization,* inzwischen zu einem Schlagwort für solche Markteintritte geworden, bei denen der Newcomer die etablierten Teilnehmer nicht nur unter Druck setzt, sondern sogar übertrumpft. Die Verwendung des Begriffes ist allerdings uneinheitlich. Während einige Autoren ihn auf die Dimension des „renting labor for specific tasks rather than hiring for jobs" (Davis 2015, S. 511) reduzieren, fassen ihn andere ein wenig breiter. Beispielsweise als eine *People-to-People Economy*, in welcher eine neue Form der kommerziellen Transaktion selbstständige Anbieter eines Services als Entrepreneurs durch Online-Matching-Plattformen im Internet direkt mit den Kunden vernetzt (Nurvala 2015, S. 233).

B. Constantine (✉)
20259 Hamburg, Deutschland
E-Mail: r.b.constantine@gmail.com

T. Gebauer
22301 Hamburg, Deutschland
E-Mail: gebauer.tim@web.de

B. Bartsch
30455 Hannover, Deutschland
E-Mail: benjamin.bartsch@ymail.com

M. H. Dahm und S. Thode (Hrsg.), *Strategie und Transformation im digitalen Zeitalter*, FOM-Edition, https://doi.org/10.1007/978-3-658-22032-7_16

Infosys, ein indischer Spezialist für Informationstechnologie, stellt hingegen innovative Geschäftsmodelle ins Zentrum der Definition. Diese seien in der Lage, traditionelle Markt- und Geschäftsstrukturen durch eine softwaregetriebene, unmittelbare Harmonisierung von Angebot und Nachfrage disruptiv zu verändern und dem Kunden einen Quantensprung an Effizienz und Komfort anzubieten (Mhaiskar 2015, S. 6).

All diese Lesarten des Begriffs *Uberization* eint die Verbindung von Angebot und Nachfrage durch eine Onlineplattform. Es ist aber fraglich, ob dies als Erklärungsansatz ausreicht. Offen bleibt die Frage, wie es Neuankömmlingen gelingt, ihren Erfolg auf industrieumwälzende Veränderungen zu gründen, während die etablierten Marktteilnehmer kollektiv daran scheitern, diese für sich zu nutzen.

Um diese Frage zu beantworten, werden im Folgenden drei Fallstudien behandelt: die Unterkunftsvermittlung Airbnb, der Musik-Streaming-Dienst Spotify und der Finanzdienstleister PayPal. Das theoretische Fundament der Fallstudien bilden die folgenden drei Ansätze:

1. Porters Modell zur Voraussage der Veränderungen in Industrien durch das Aufkommen des Internets wird dazu verwendet, die Struktur des jeweiligen Marktes zum Zeitpunkt des Eintrittes des Newcomers zu charakterisieren.
2. Christensens Disruptionstheorie erklärt die Mechanismen der disruptiven Innovation.
3. Das Konzept des Geschäftsmodells von Osterwalder (dort: Business Model) definiert als das Grundprinzip, nach welchem eine Organisation Werte generiert, bereitstellt und abschöpft, wird verwendet, um den Veränderungsprozess der traditionellen Wertschöpfung in einer Industrie und Strategien, Prozesse und Systeme der Neuankömmlinge zu erfassen (Osterwalder und Pigneur 2010).

In jeder der drei Fallstudien werden die Veränderungen im Geschäftsmodell durch das populäre Framework des Business Model Canvas mit den Komponenten der Partner, Aktivitäten, Wertversprechen, Ressourcen, Kundenbeziehungen, Kundensegmenten, Vertriebskanäle, Kostenstruktur und Einnahmequellen strukturiert. Die Fallstudien schließen mit einer Diskussion der Frage, ob und wie es den neuen Marktteilnehmern gelungen ist, bleibende Veränderungen in ihrer jeweiligen Industrie herbeizuführen.

16.2 Disruptive Innovation im Zeitalter des Internets

16.2.1 Disruptionstheorie

Im Jahr 1997 legte Christensen mit seiner Monografie „The Innovator's Dilemma" das Fundament für eine Theorie der disruptiven Innovationen, indem er die Muster analysierte, nach denen diese Märkte verändern (Christensen 1997). Seine Analyse ermittelte die folgenden grundlegenden Schritte:

1. Disruptive Produkte sind technologisch gesehen einfach, bringen bekannte Technologien aber in einzigartigen Architekturen zur Anwendung.
2. Disruptive Produkte sind dabei zunächst weniger leistungsfähig als die etablierten Produkte, wenn man die Maßstäbe der Mainstream-Kunden zugrunde legt.
3. Die Eigenschaften und Funktionen der neuen Produkte werden hingegen von einer Minderheit der Kunden geschätzt, weil sie beispielsweise preisgünstiger oder bequemer in der Benutzung sind.
4. Damit ist der Markt anfangs stark begrenzt und entweder am unteren Ende der Zahlungsbereitschaft angesiedelt, oder er muss durch das neue Produkt erst geschaffen werden. Die etablierten Unternehmen werden durch geringes Volumen und ebenso geringe Margen abgeschreckt. Infolgedessen fokussieren sie sich auf profitablere Marktsegmente sowie die kontinuierliche und marginale Verbesserung der Bestandsprodukte („*sustaining innovation*“).
5. Mit der Zeit erreichen disruptive Produkte jedoch die nötige Reife für den Massenmarkt. Zu diesem Zeitpunkt haben die Newcomer ihre Stellung in diesem Marktsegment häufig bereits so weit gefestigt, dass es den etablierten Unternehmen schwerfällt, zu konkurrieren. Auf diese Weise scheitern Letztere nicht daran, dass sie ihre Kernkonsumenten aus den Augen verloren haben, sondern daran, dass sie ein sich schrittweise nach oben tastendes disruptives Produkt ignoriert haben, welches zwar nach alten Maßstäben unterlegen ist, aber alternative und gegebenenfalls stärker nachgefragte Vorteile liefert (Guttentag 2015, S. 1194).

Zusammenfassend sieht Christensen die initiale Unattraktivität der innovativen Nische, den zu engen Fokus auf erhaltende Innovation und die fehlende Wahrnehmung disruptiver Potenziale als ursächlich für das Zurückfallen der etablierten Unternehmen. Um diese Annahme auf den Prüfstand zu stellen, wird in den hier behandelten drei Fallstudien nach Anhaltspunkten für diese Zusammenhänge gesucht.

16.2.2 Porters Five Forces und das Internet

Die hier behandelten drei Fallstudien verwenden zur Beschreibung der jeweiligen Industrie das Vokabular der sogenannten Five Forces (Branchenstrukturanalyse), die Michael Porter erstmals 1980 vorgestellt hat (Porter 1980). 2001 sah Porter die Notwendigkeit, sein Modell dem Kontext einer neuen transformativen Kraft, der des Internets, anzupassen. In einem vielzitierten Aufsatz in der Harvard Business Review prognostizierte er einige generische Veränderungsprozesse, die in ganz unterschiedlichen Industrien durch das Internet angestoßen würden (Porter 2001).

Abb. 16.1 fasst Porters Prognosen zusammen. Sie sollen am Ende dieser Analyse wieder aufgegriffen werden, wenn es darum geht, den bleibenden Einfluss der behandelten disruptiven Innovationen auf ihre jeweilige Industrie zu evaluieren.

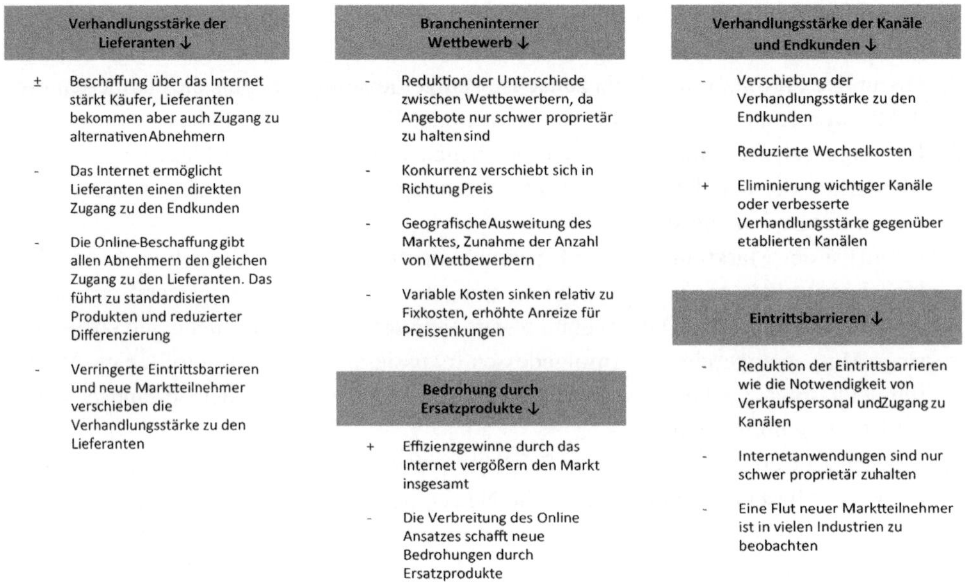

Abb. 16.1 Wie das Internet die Branchenstrukturen verändert. (Quelle: Porter 2001, S. 67)

16.3 Fallstudie Airbnb

> Airbnb – Buche einzigartige Unterkünfte und erlebe die Stadt wie ein Einheimischer (www.airbnb.de).

2007 setzten zwei der drei Gründer von Airbnb eine Revolution in der Tourismusbranche in Gang – mit nicht mehr als ihrem Apartment und drei Luftmatratzen. Eine große Designkonferenz hatte viele Menschen nach San Francisco gezogen. Joe Gibbia und Brian Chesky machten sich die zu diesem Zeitpunkt vorherrschende Knappheit günstiger Hotelzimmer zunutze und bewarben ihr Apartment auf einer Internetseite als „AirBed & Breakfast". Das Potenzial dieser Idee erkennend, kreierten beide, in Zusammenarbeit mit ihrem ehemaligen Mitbewohner Nathan Blecharczyk, eine Internetseite, welche auch anderen ermöglichte, ihr freies Zimmer zu bewerben. Die nächste große Konferenz kam 2008 mit der Democratic National Convention und wurde zum Ausgangspunkt für einen Relaunch der Webseite als *airbnb.com* (Guttentag 2015. S. 1192). Während es einfach ist, die Geschäftsidee von Airbnb zu verstehen, ist es wesentlich schwieriger, den Markt zu definieren, in dem das Unternehmen aktiv ist. Auch wenn es aus heutiger Sicht immer unverständlicher erscheint, gingen Menschen traditionellerweise in stationäre Reisebüros, um ihren Urlaub von der Ankunft bis zur Abreise zu buchen. Die Unterbringung war da nur ein Teil der Entscheidungen, die Reisende fällen mussten. Trotz dieses komfortablen Vollservices wurden die Reisebüros bald von Online-Reiseportalen (ORP) überrannt und dazu gezwungen, sich auf sehr spezifische, komplexe und teure Reisen zu beschränken

(Guttentag 2015, S. 1194). ORPs wie Expedia, Trivago oder Kayak ermöglichen ihren Kunden Preisvergleiche und Raumbuchungen in Sekunden. Obwohl nicht das gleiche Level an personalisiertem Service geboten wird, sind es der günstigere Preis und die Einfachheit der ORPs, die sie so attraktiv für viele Kunden machen. Weiterhin relevant im Kontext von Airbnb sind die Hotels oder Hostels, welche Unterbringungsmöglichkeiten bereitstellen. Da Airbnb nun aber private Einzelpersonen miteinander verbindet, kann man argumentieren, dass Airbnb die althergebrachten Geschäftsmodelle gerade deshalb aufwirbelt, weil ein Onlinemarktplatz geboten wird, der nie dagewesene Dimensionen des Vermietens von Wohnraum zwischen Privatpersonen („Peer-to-Peer-Unterbringung", Guttentag 2015, S. 1194 f.) ermöglicht. Für diese Fallstudie wird Airbnb aufgrund des hybriden Geschäftsmodells in beiden Märkten, sowohl dem der ORP als auch der klassischen Hotellerie, einsortiert und verglichen.

Marktentwicklung und Analyse

Die Branchenstrukturanalyse nach Porters Five-Forces-Modell zeigt, dass sich ein *Einstieg* in das traditionelle Hotelgeschäft, bedingt durch hohe erforderliche Investitionen in Grund und Gebäude, schwierig gestaltet. ORPs hingegen umgehen die hohen Investitionskosten und agieren mit einer schlanken Kostenstruktur. Neue Anbieter werden mit großen Akteuren konfrontiert. Die größten Hotelketten erzielten 2015 insgesamt 49,7 Mrd. US-Dollar an Einnahmen. Nicht weniger stark ist die Konkurrenz im ORP-Markt, in dem allein Expedia 5,9 Mrd. US-Dollar Einnahmen aufweist. Dennoch wachsen beide Branchen. Das zieht viele kleine, unabhängige Hotelunternehmer an, und entsprechend fragmentiert zeigt sich auch der Markt. Der ORP-Markt ist wesentlich komprimierter: Im Wesentlichen teilen sich fünf Unternehmen den Markt.

Für Reisende gibt es kaum *Substitute* zum Hotel, die das gleiche Level an Servicequalität bieten. Couchsurfing ist ein Trend in eher urbanen Regionen, bei dem Reisende bei Einheimischen gratis beherbergt werden. Somit müssen nicht notwendigerweise Privatkontakte am Reiseziel bestehen. Doch dieser Trend ist eher im unteren Bereich des Marktes angesiedelt. ORPs an sich stellen eine deutliche Verbesserung zum klassischen Reisebüro dar, was Bequemlichkeit und Preis angeht. Dementsprechend gering sind auch hier die Alternativen. Große Hotelketten profitieren von ihrer Reputation und haben üblicherweise eigene Onlinebuchungsoptionen auf der Unternehmenswebseite integriert, was eine Abhängigkeit von ORPs in diesem Segment verringert.

Die Rolle des *Käufers* im Triumvirat aus Hotels, ORPs und Reisenden ist äußerst spannend. ORPs schaffen hohe Preis- und Qualitätstransparenz, welche den Wettbewerbsdruck unter den Hotels erhöht. Reisende können innerhalb von Sekunden Hotels vergleichen und selbst bei relativ geringen Preisunterschieden die Buchung ihren ganz individuellen Wünschen anpassen, wie zum Beispiel WLAN-Verfügbarkeit oder Distanz zum Flughafen. Trotzdem – oder gerade aufgrund dieser gestalteten Transparenz über Angebot und Nachfrage – nutzen Hotels ihre Verhandlungspositionen, wenn ein hohes Reiseaufkommen absehbar ist. Suchen besonders viele Menschen für einen bestimmten Zeitraum Hotelzimmer, berechnen Hotels „*compression night fees*". Das bedeutet, der Mangel an Zimmern wird dem Kunden in Rechnung gestellt.

Die *Versorgungskosten* für Hotels können in großen Ketten problemlos optimiert werden. Hotelketten ermöglichen Skaleneffekte *(economies of scale)*, da Vertriebskanäle gebündelt und besser erreicht werden können, Möblierung, Einrichtungen und Wartung zu einem wettbewerbsfähigen Preis verhandelt, administrative Tätigkeiten, wie auch Marketing, verschmolzen werden können und die Marke (Reputation, Loyalität, Lizensierung) als solche erst wirksam eingesetzt wird. Das bedeutet auch, dass eine Rückwärtsintegration für Hotelgruppen besonders lohnenswert ist. Einzelne Hotels befinden sich in einer wesentlich schlechteren Verhandlungsposition in Bezug auf ihre Zulieferer. 72 % der Hotelgäste bevorzugen Onlinebuchungen. Daher spielen ORPs eine signifikante Rolle in der Kundenvermittlung. Portale wie Expedia oder booking.com stellen einen wesentlichen Vertriebskanal für Hotels dar, was diese nicht nur dazu zwingt, über den Preis zu konkurrieren, sondern in erster Linie überhaupt dort gelistet zu sein. Dies wiederum setzt voraus, dass die Hotels mit den hohen Provisionsgebühren der ORPs leben müssen.

Neben den initialen Investitionen in Grund und Gebäude schaffen hohe Fixkosten zusätzliche Austrittsbarrieren, was die *Rivalität* unter den Wettbewerben weiter antreibt. Um als Hotel erfolgreich zu sein, steht nicht nur exzeptioneller Service an erster Stelle. Auch der Standort in einer profitablen Tourismusregion ist meist entscheidend. Dies beschränkt das Wachstum des Marktes stark auf den städtischen Raum. Auch die starke Fragmentierung des Hotelmarktes ist ein Indiz für den stattfindenden Wettkampf: Trotz großer Ketten, wie Marriott International, InterContinental oder Hilton, erreichen die Top-10-Hotelketten gerade einmal 15 % der Einnahmen des gesamten Markts. Im ORP-Bereich ist der Wettbewerb bedingt durch die wenigen, starken Unternehmen für Neueinsteiger jedoch deutlich präsenter. Beide Märkte profitieren bedingt durch ansteigenden Wohlstand und die Globalisierung von anhaltendem Wachstum. Der Hotellerie wird zwischen 2010 und 2018 ein durchschnittliches Wachstum von zehn Prozent prognostiziert, während der ORP-Sektor um 19 % wächst. Somit kämpft jedes einzelne Hotel weiter hart um einen Teil vom Markt, während die etablierten ORPs alles für starkes Wachstum geben, um ihre Vormachtstellung zu sichern.

16.3.1 Das etablierte Geschäftsmodell

Das Grundprinzip eines Hotels ist simpel. Gleiches gilt für die Wertangebote *(value proposition)*. Hotels stellen Räumlichkeiten verschiedenster Art für Reisende bereit. Jedes Kundensegment trifft hier auf ein eigenes Qualitätssegment auf Hotelseite. Untere Marktsegmente fokussieren sich auf den Preis und die Befriedigung des Bedarfs in grundlegendster Form (Zweckerfüllungsmaxime). Hotels im Premiumpreissegment liefern hingegen außergewöhnlichen Kundenservice. Der Geschäftsbetrieb eines Hotels legt gute Partnerschaften mit Zahlungsanbietern, ORPs sowie Reisenetzwerken und dem lokalen Tourismus nahe. Neben der Unterbringung der Gäste zählen auch Zimmerservice und

Hotel Industrie

Schlüsselpartner	Schlüsselaktivitäten	Wertangebot	Kundenbeziehungen	Kundensegmente
- Zahlungsdienstleister - Einrichtungs- und Wartungs-dienstleister - Onlinereisebüros - Reiseforen und Plattformen (z. B. TripAdvisor) - Regionale Touristik (Lokale Restaurants, Sightseeing, Touristen-Führer) - Investoren Weitere Partner: - Kommunen/Regierungen - Energiekonzerne	- Angebot von Unterkunft - Zimmerservice - Kundenrezensionen / Plattform management	-Gute Preis-Leistungs-Verhältnis der Unterkunft - Unteres Segment: Maxime der Zweckerfüllung („Getting the job done") - Luxus-Segment: Außergewöhnliches Kunden-erlebnis	- Seriöse Informationsquelle (z. B. touristische Aktivitäten) - Angenehmer Aufenthalt und zuvorkommender Service	- Freizeitreisende - Geschäftsreisende - Dauergäste (z.B. Einheimische)
	Schlüsselressourcen		**Kanäle**	
	- Qualifizertes Personal - Immobilien - Partnerschaften		- Onlinereisebüros / Reisebüros - Homepage - Mund-zu-Mund-Empfehlung - Konferenzen / Events	
Kostenstruktur		**Einnahmequellen**		
- Personal - Reinigung/Wartung/Umbau/ - Marketing - Telekommunikationsinfrastruktur		- Buchungen - Annehmlichkeiten (Essen & Getränke) - Zusätzliche Services (z .B. Reinigung, Shuttles, Touren) - Lizenzen (wenn zutreffend)		

Abb. 16.2 Business Model Canvas: Hotel Industrie

<table>
<tr><th colspan="5">ORP</th></tr>
<tr>
<td rowspan="2">Schlüsselpartner

- Hotels
- Zahlungsdienstleister</td>
<td>Schlüsselaktivitäten

- Akquisition von Hotels
- Wartung von Plattformen
- Konfliktmanagement/ Kundenbeziehungs-management
- Marketing</td>
<td rowspan="2">Wertangebote

- Preisvergleich und Buchungs-möglichkeiten für das beste Angebot
- Erhöhte Transparenz für den Reisenden
- Effizienter Verkaufskanal für Hotels</td>
<td>Kundenbeziehungen

- Hoch automatisiert (z.B. durch FAQ)
- App / Website
- Konfliktlösungen</td>
<td rowspan="2">Kundensegmentierungen

- Gäste/Hotels</td>
</tr>
<tr>
<td>Schlüsselressourcen

- Plattform
- Hotels
- Vertrauen/Rezensionen
- Reisende</td>
<td>Kanäle

- Mobile App
- Website
- Social Media</td>
</tr>
<tr>
<td colspan="2">Kostenstrukturen
- Plattformentwicklung
- Gehälter
- Sales & Marketing
- Zahlungen an Hotels</td>
<td colspan="3">Einnahmequellen

- Anteil des Umsatzes der teilnehmenden Hotels als Gebühr (15 bis 30 %)
- Gebühren für weitere Services (Versicherungen)</td>
</tr>
</table>

Abb. 16.3 Business Model Canvas: ORP

der Dialog mit dem Kunden zu den Schlüsselaktivitäten eines Hotels. Gerade Letzteres eröffnet wichtige Verbesserungsmöglichkeiten für das Geschäft. Das Personal ist somit sowohl Schlüsselressource als auch wesentlicher Treiber der Kostenstruktur. Andere Kosten umfassen Marketing, Wartungs- und Reperaturarbeiten, sowie Kosten bezüglich der Infrastruktur. Einnahmen werden über Raumbuchungen, besondere Serviceleistungen oder sonstige Annehmlichkeiten erzielt. Hotelketten können weitere Einkünfte durch Lizenzen generieren (Abb. 16.2 und 16.3).

ORPs haben eine bilaterale Geschäftsform und auch ein bilaterales Wertangebot. Sie sind Serviceanbieter für Hotels und Reisende. Während erstere ORPs hauptsächlich als Vertriebskanal zur Kundenakquise nutzen, profitieren Reisende von Transparenz und Komfort durch Preisvergleiche und Onlinebuchungen. ORPs haben eine Vermittlerrolle inne. Ihre Schlüsselaktivitäten umfassen die Akquise von Hotels in den Katalogen und den Betrieb der eigentlichen Plattform. Auch wenn diese höchst automatisiert ist, müssen individuelle Kundenanfragen und -probleme beantwortet werden. Die Kosten ergeben sich daher aus Personal, Plattformentwicklung und Marketing.

16.3.2 Airbnb als neuer Anbieter

Die Webseite von Airbnb bewirbt das neue Wertangebot: Man möchte das traditionelle Hotelgeschäft aufbrechen und Gästen einzigartige Unterkünfte wie auch Erlebnisse bieten, die sonst nur Einheimischen vorbehalten sind. Airbnb ist ein internetbasierter Marktplatz für Peer-to-Peer-Unterbringungen (Guttentag 2015, S. 1194). Und genau dort liegt das disruptive Potenzial des Geschäftsmodells (Abb. 16.4). Auf den zweiten Blick ähnelt dieses vor allem dem Prinzip eines ORPs. Möchte man es auf die Spitze treiben, kann man das Geschäftsmodell eines ORPs kopieren und einfach das Wort „Hotel“ durch das Wort „Gastgeber“ ersetzen. Beide bauen auf die Features des Web 2.0. Gäste (und bei Airbnb auch Gastgeber) schreiben Rezensionen und Bewertungen. Diese erzeugen eine Schlüsselressource der Reiseportale: *Vertrauen*. Dieses ist notwendig, da nicht wie in einem Reisebüro individuelle Empfehlungen durch Reiseberater gegeben werden können. Stattdessen muss der Reisende selbst anhand der Urteile und Erfahrungen anderer sein optimales Angebot finden. Der qualitative Expertenrat wurde somit durch die Beurteilungen der Masse ersetzt. Zudem verfügt Airbnb über verschiedene Erfordernisse zur Bestätigung der Identität von Gast und Gastgeber, damit Klarheit herrscht, worauf (oder auf wen) beide Parteien sich einlassen. Ein integrierter Direktnachrichtendienst erleichtert die Kommunikationen und hilft, eventuell noch bestehende Befangenheiten abzubauen (Guttentag 2015, S. 1195).

Im Fall von Airbnb war Sicherheit bzw. Vertrauen nicht die einzige Herausforderung. Andere Leistungsmaße von Hotels betrafen Freundlichkeit der Bediensteten, Servicequalität und Markenwahrnehmung. Doch potenzielle Zweifel der Reisenden konnten mit günstigen Preisen überwunden werden. Das liegt vor allem an der Tatsache, dass Fixkosten von Hotels durch das Geschäft getragen werden müssen, während private Gastgeber

Airbnb

Schlüsselpartner	Schlüsselaktivitäten	Wertangebot	Kundenbeziehungen	Kundensegmentierungen
- Gastgeber - Örtliche Behörden - Zahlungsdienstleister - Lokale Reinigungsfirmen - Lokale Fotografen	- Akquisition von Gastgebern - Wartung von Plattformen - Konfliktmanagement/ Kundenbeziehungs-management - Marketing	- Buche einzigartige Unterkünfte und erlebe die Stadt wie ein Einheimischer - Möglichkeit schaffen, Immobilien kurzfristig zu mieten - Erhöhte Sicherheit sowohl für Gastgeber als auch Gäste (Buchungsprozess) - Zugriff auf private Immobilien	- Hoch automatisiert (FAQ) - App/Website - Konfliktlösung	- Gäste - Gastgeber
	Schlüsselressourcen - Plattform - Gastgeber - Vertrauen/Rezensionen		**Kanäle** - Mobile App - Website - Social Media	
Kostenstrukturen - Plattformentwickung - Gehälter - Sales & Marketing - Zahlungen an Gastgeber - Versicherungen		**Einnahmequellen** - Gebühren für Miete (Gastgeber: 6 bis 12 %, und Gäste: 3 %) - Zusätzliche Services (z. B. Concierge-Service)		

Abb. 16.4 Business Model Canvas: Airbnb

diese zumeist schon gedeckt haben. Zudem werden die Einnahmen der Privatpersonen meist nicht versteuert, und durch die zusätzlichen Bewohner fallen kaum weitere Kosten an. Manche Touristen mögen des Weiteren noch die Möglichkeit wertschätzen, ein gesamtes Apartment inklusive Waschmaschine und Küche buchen zu können (Guttentag 2015, S. 1196). Um Qualitätsprobleme in Angriff zu nehmen, etablierte Airbnb eine 24-Stunden-Hotline und begann, Gastgebern freien Zugang zu professionellen Fotografen zu gewähren, die qualitativ hochwertige Aufnahmen der Unterbringung für die Airbnb-Webseite machen. Auch ein 24-Stunden-Concierge-Service soll höchsten Komfort ermöglichen (Guttentag 2015, S. 1198). Diese Offensive hat Airbnb dazu befähigt, in verschiedensten Marktsegmenten Kunden anzuziehen und der Stigmatisierung vorzubeugen, dass ihre Plattform nur für *Abenteurer und anspruchslose Touristen* geeignet sei (Guttentag 2015, S. 1205).

16.3.3 Die Marktsituation seit dem Eintritt von Airbnb

Innerhalb von drei Jahren nach dem Relaunch im Jahr 2009 bot Airbnb 300.000 Räume an. Dies war nahezu die Hälfte der Räume, die InterContinental besaß – die Kette mit dem zu diesem Zeitpunkt größten Portfolio an Räumen (Guttentag 2015, S. 1199). Trotz der enormen Menge an Einträgen wurden auf Airbnb 2012 15 Mio. Raumnächte verkauft, was einen Belegungsgrad von 13,6 % ergibt. Die großen Marken verkauften hingegen 45 bis 55 Mio. Raumnächte pro Jahr und waren zu 68,5 % ausgelastet. Im Jahr 2016 wendete sich das Blatt zugunsten von Airbnb: Nun befanden sich mehr als drei Millionen Räume im Repertoire; zu dem Zeitpunkt mehr, als die drei größten Hotelketten zusammen anboten.

Wegen der verschiedenen Raumtypen, wie geteilten Zimmern oder nur temporär verfügbaren Unterkünften, die Airbnb anbietet, wurden diese Daten in einer Studie von STR bereinigt. Sofern nur Zimmer vergleichbar mit dem Standard der Hotels in die Nebeneinanderstellung einfließen, rangiert Airbnb mit einer Million Zimmer auf dem zweiten Platz (STR 2017, S. 10). Für das Jahr 2016 beliefen sich die Prognosen auf 79 Mio. verkaufte Raumnächte und eine Auslastungsquote von 21,6 %. Im ORP-Sektor lag Airbnb, was Einnahmen anbelangt, auf dem vierten Platz. Auch wenn 50 % Wachstum erzielt werden konnte, lag man nur bei einem Sechstel der Erträge von Expedia.

Im Hinblick auf Marktanteile zeigt sich Airbnb weniger disruptiv, als diese Zahlen nahelegen. In den Metropolen rund um die Welt lag Airbnbs Anteil an den Einnahmen bei einem bis vier Prozent, während das Unternehmen (bzw. deren Gastgeber) zwei bis neun Prozent aller Unterkünfte stellten. Die Auswirkungen auf das Beherbergungsgewerbe sind nur schwierig messbar. Airbnb hat einen parallelen Peer-to-Peer-Markt erstellt, der mit der Hotellerie koexistiert. Ein mögliches Indiz für den Einfluss von Airbnb liegt in der Anzahl der Compression Nights: Die Studie von STR zeigt, dass die Anzahl dieser Nächte stabil bei 70 innerhalb der letzten drei Jahre lag (STR 2017, S. 22). Das bedeutet: Kunden greifen nicht deshalb auf Airbnb zurück, weil der Hotelpreis zu hoch ist. Beide Märkte wachsen weiterhin – die Frage, die es jedoch zu beantworten gilt, ist, wie stark ORP und Hotelbranche gewachsen wären, wenn Airbnb nicht in den Markt eingetreten wäre.

Diese Erkenntnisse stimmen mit denen von Guttentag überein: Airbnb macht den Kuchen größer, anstatt den Wettbewerbern ein Stück wegzunehmen (Guttentag 2015, S. 1205). Da sich zudem der anvisierte Kunde in manchen Punkten essenziell vom üblichen Hotelgast unterscheidet, können beide Geschäftsmodelle koexistieren. Doch gemäß der Disruptionstheorie mag dieser Sachverhalt nur Teil des regulären Prozesses sein, den disruptive Produkte durchleben: Sie sprechen zuerst einen Nischenmarkt an, bevor auch der Mainstream gefallen am Neuen findet.

16.3.4 Fallzusammenfassung

Am Fall Airbnb wird das disruptive Potenzial eines *Shared-Economy*-Konzepts deutlich. Das Jungunternehmen hat die Schwachstellen der bestehenden Geschäftsmodelle konsequent und systematisch ausgenutzt (Tab. 16.1).

Airbnbs Gastgeber sind als direkte Substitute für Hotels etabliert. In Bezug auf die Marktzahlen bleibt der disruptive Einschlag jedoch noch abzuwarten, und es ist unwahrscheinlich, dass traditionelle Hotels jemals von der Bildfläche verschwinden werden.

Tab. 16.1 Wie Airbnb die Schwierigkeiten im Beherbergungsgewerbe meisterte

Identifizierte Schwachstelle	Airbnbs Lösung
Dem Hotelgeschäft ist schwierig beizutreten (hohe Investitionen), und das Wachstum ist auf urbanen Raum beschränkt	Gastgeber von Airbnb benötigen keine Investitionen, da sie bereits über Wohnraum verfügen; Metropolen können so in neuen Ausmaßen für Tourismus ausgenutzt werden
Neue Anbieter treffen auf Großunternehmen und Hotelketten	Hotels haben keine Mittel, Gastgeber zu akquirieren bzw. zu fusionieren, und Airbnb nutzte die Gelegenheit zur gleichen Zeit wie ORPs, den Markt zu durchdringen
Es existieren aufgrund der Qualitätsstandards von Hotels keine wirklichen Substitute für das Mittel- und Hochpreissegment	Airbnb bietet eine alternative Art der Stadterkundung an und stellt Qualität unter den Gastgebern mit einer umfassenden Offensive sicher
Die Zuliefer- bzw. Versorgungskosten von Hotels können nur in großen Ketten optimiert werden, und Fixkosten machen einen essenziellen Bestandteil der Kostenstruktur aus	Airbnb verlagert diese Verpflichtungen auf die Gastgeber, die ihre Versorgungskosten jedoch bereits gedeckt haben (Privatbesitz), nicht besteuert werden und nur sehr geringe zusätzliche Kosten aufgrund der Besucher haben

16.4 Fallstudie Spotify

Als das schwedische Start-up-Unternehmen Spotify im Jahr 2006 damit begann, den etablierten Unternehmen in der Musikindustrie Konkurrenz zu machen, tat es das mit einem völlig neuen Wertversprechen: unlimitierter Zugang zu mehr als 30 Mio. Titeln zu einem Preis von unter zehn Euro (Spotify 2018, Stand: 01/2018).

16.4.1 Die Musikindustrie vor Spotify

Bereits seit dem 20. Jahrhundert ist die Distribution elektronisch aufgezeichneter Musik der größte Umsatztreiber der Musikindustrie. Da Spotify primär in diesem Teil der Wertschöpfungskette aktiv ist, wird sich die folgende Analyse anstelle von weniger bedeutenden Bereichen wie dem Verkauf von Noten und der Veranstaltung von Live-Aufführungen auf die Distribution physischer und digitaler Kopien von Aufnahmen beschränken.

Marktentwicklung und Analyse
Seit dem Beginn des 21. Jahrhunderts sah sich die Musikindustrie durch den Megatrend der Digitalisierung vor neue Herausforderungen gestellt: Allein im Jahr 2004 wurde die Summe der entgangenen Umsätze durch illegal verbreitete digitale Kopien auf 4,8 Mrd. US-Dollar geschätzt. Dabei war die sogenannte Musikpiraterie nur das Symptom einer größeren Entwicklung: Das Aufkommen des Internets hatte viele der vorherigen Barrieren in der Musikdistribution beseitigt und den Transport von digitalen Kopien praktisch kostenfrei ermöglicht (Graham et al. 2004, S. 1087).

Nachdem der Versuch, die illegale Verbreitung von Musik im Internet auf juristischem Wege zu stoppen, gescheitert war, wurde mit der Einführung legaler digitaler Musikdistributionskanäle ein wichtiger Schritt zum Erhalt der verbleibenden Umsätze geleistet. Allerdings wurde der Nutzen der initial von den etablierten Unternehmen geschaffenen Angebote wie *Pressplay* und *MusicNet* für die Kunden durch ihre technischen und rechtlichen Restriktionen derartig eingeschränkt, dass Apples deutlich offenerer iTunes Store innerhalb kürzester Zeit Marktdominanz erreichen konnte. Der neue Store wurde 2003 mit den Katalogen aller großen Musik-Labels eröffnet. Durch kompetitive Preise und reduzierte Nutzungsbeschränkungen für die Endkunden etablierte sich iTunes als erste echte Alternative zu illegalen Downloads.

Dennoch waren die Umsätze der Musikindustrie im Jahr 2006 nach Berechnungen der International Federation of the Phonographic Industry (IFPI) zum siebten Mal infolge gesunken und betrugen jetzt mit 19,6 Mrd. US-Dollar (IFPI 2017) nur noch die Hälfte des Rekordjahres 1999, in dem 38 Mrd. US-Dollar verbucht wurden. Ursache war ein Rückgang der Verkäufe an physischen Tonträgern, der durch die digitalen Verkäufe nicht kompensiert werden konnte. Offensichtlich war es iTunes und den weniger bekannten Wettbewerbern nicht gelungen, ausreichend viele Kunden von illegalen Plattformen wie *Napster* und *Kazaa* zurückzugewinnen.

Bedrohung durch neue Anbieter

Die Herausforderung für neue Anbieter im Markt liegt in den kompetitiven Vorteilen der etablierten Wettbewerber und deren Bereitschaft, im Rahmen ihrer Plattformstrategie geringe Margen in Kauf zu nehmen. Besonders Google, Apple und Amazon nutzen das Online-Musikgeschäft als ein Mittel zum Zweck der Erhöhung der Attraktivität ihres sonstigen Produktportfolios (Trefzger et al. 2015, S. 33). Die Komplexität der benötigten technischen Infrastruktur und die unabdingbaren Lizenzvereinbarungen mit den Rechteinhabern stellen weitere Eintrittsbarrieren dar. Allerdings handelt es sich hier um einmalige Aufwände, die durch die geringen Grenzkosten der digitalen Distribution im Internet rasch aufgewogen werden (van Dyk 2009).

Bedrohung durch Ersatzprodukte

Die Bedrohung durch Ersatzprodukte ist generell gering. Musikaufzeichnungen können nicht ohne Weiteres durch andere Formen der Unterhaltung ersetzt werden. Vielmehr bestehen hier sogar wechselseitige Abhängigkeiten. Live-Aufführungen sind ebenfalls kein valides Substitut, da sie weder skalierbar noch jederzeit verfügbar sind. Es bleibt eine Definitionsfrage, ob die Internetpiraterie und dabei insbesondere das sogenannte Peer-to-Peer-Sharing als ein Substitut für andere Distributionsarten gelten kann. Dass sie eine reale Bedrohung für das Musikgeschäft darstellen, ist hingegen unstrittig.

Verhandlungsstärke der Abnehmer

Traditionell leidet die Verhandlungsstärke der Abnehmer unter dem hohen Diversifizierungsgrad und der daraus resultierenden geringen Preissensitivität des Marktes. Die Internetpiraterie hat allerdings durch eine kostenlose, wenn auch illegale, Alternative das Verhältnis umgekehrt. Diese Entwicklung ist eine direkte Folge der Digitalisierung und der Tatsachen, dass digitale Kopien nicht voneinander unterscheidbar sind und die Preistransparenz nie größer war (van Dyk 2009, S. 206). iTunes war in der Lage, nicht zuletzt durch eine konkurrenzfähige Preisgestaltung und die Option zum Einzelkauf von Titeln, von diesen Entwicklungen zu profitieren (Coleman 2009).

Verhandlungsstärke der Lieferanten

Aus der Perspektive eines Vertreibers von Musikaufzeichnungen sind die Musiklabels und andere Rechteinhaber als Lieferanten anzusehen. Deren Markt wird von den sogenannten Big Four dominiert: Sony, EMI, Universal-Vivendi und Time Warner (Graham et al. 2004, S. 1087). Diese Unternehmen hatten 2006 einen kombinierten Marktanteil von 87 % aller verkauften Alben (digital und physisch) in den Vereinigten Staaten. Diese Konzentration und die Notwendigkeit aufseiten der Distributoren, ein möglichst großes Musikangebot zu lizenzieren, führt zu einer immensen Verhandlungsstärke der Lieferanten, die so in der Lage sind, bis zu 70 % der Umsätze als Tantiemen abzuschöpfen (Jakob 2009, S. 84).

Rivalität unter den Wettbewerbern

Mit dem Markteintritt von iTunes 2003 nahm der Druck auf den stationären Musikhandel zu. Walmart, bis dato der größte Anbieter in den Vereinigten Staaten, wurde trotz seines bereits 2004 eröffneten digitalen Angebots vier Jahre später von iTunes überholt. Da es Walmart nicht gelang, die Stärke im stationären Handel in den Onlinehandel zu überführen, wurde das Projekt bereits 2011 wieder eingestellt. Noch kurzlebiger war Microsofts MSN Music. 2004 wurde der Store nach nur zwei Jahren eingestellt. Ein zweiter Versuch, Microsoft Groove, scheiterte 2017. Im Unterschied dazu ist Amazons Online Store für digitale Musik seit 2007 verfügbar. Auch Googles erst 2011 gestartetes Angebot Play Music hält seinen Platz unter den populärsten Quellen digitaler Musik.

16.4.2 Das etablierte Geschäftsmodell

Wie Abb. 16.5 verdeutlicht, entspricht das Geschäftsmodell der etablierten Distributoren digitaler Musik im Wesentlichen dem der traditionellen Vertriebswege physischer Tonträger.

Die Unterschiede liegen in den Wertangeboten und der Kundenbeziehung. Digitale Stores genießen gegenüber dem stationären Handel einige Vorteile. Ohne die Beschränkungen von Öffnungszeiten und lokaler Verfügbarkeit der Ware sowie durch ihren Selbstbedienungscharakter bieten sie ihren Kunden an 365 Tagen im Jahr und rund um die Uhr Zugang zum gesamten lizenzierten Katalog des Distributors. Zudem waren erst die digitalen Stores dazu in der Lage, das klassische Album-Format aufzubrechen und individuelle Titel zu vertreiben.

16.4.3 Spotify als neuer Anbieter

Am 7. Oktober 2008 verkündete Spotify, die Lizenzierung der Kataloge aller größeren Musiklabels abgeschlossen zu haben, und war damit bereit für den Start seines neuartigen Services. Das junge Start-up aus Schweden war zwar nicht der erste, aber sicherlich der kompromissloseste legale Anbieter gestreamter, das heißt kontinuierlich während des Abspielens zum Kunden übertragener, Musik (Abb. 16.6).

Auch Spotifys Innovation des etablierten Geschäftsmodells betrifft wesentlich das *Wertangebot* des Dienstes. Spotify bietet seinen Kunden unlimitierten und bequemen Zugang zu mehr als 30 Mio. Musiktiteln, entweder in einem preisgünstigen monatlich kündbaren Abonnement oder durch einen werbefinanzierten kostenlosen Zugang. Zusätzlich ist der Dienst auf diversen Plattformen von Drittanbietern verfügbar, sodass den Kunden ein nahezu ubiquitärer Zugang gewährt werden kann. Die lokale Speicherung einer limitierten Anzahl von Titeln erlaubt die Offlinenutzung.

Der Schlüssel zum Erfolg liegt allerdings nicht in der Möglichkeit zum Download, die eher als Konzession an eine nicht flächendeckende Versorgung mit schnellem Internet-

<table>
<tr><th colspan="5">Musikvertrieb - Generisches Geschäftsmodell</th></tr>
<tr>
<td rowspan="2">Schlüsselpartner

-Musiklabels und andere Rechteinhaber
- Netzwerkanbieter</td>
<td>Schlüsselaktivitäten

- Betrieb der Plattform
- Katalogmanagement
- Akquise von Inhalten
- Vertragsverhandlungen
- Markenmanagement</td>
<td rowspan="2">Wertangebote

- Bezahlter Download von Titeln und Alben (Selbstbedienung)
- Hörprobe vor dem Kauf</td>
<td>Kundenbeziehungen

- Plattform (Selbstbedienung)
- Automatische Empfehlungen
- Kundenservice</td>
<td rowspan="2">Kundensegmente

- Zahlende Kunden, die willens sind, Musik online zu kaufen, und die keine physischen Kopien benötigen</td>
</tr>
<tr>
<td>Schlüsselressourcen

- Lizenzvereinbahrungen
- Verträge mit Partnern
- Marke
- IT Kompetenzen</td>
<td>Kanäle

- Digitaler Store (Web, Client)
- Apps für ausgewählte Plattformen</td>
</tr>
<tr>
<td colspan="2">Kostenstruktur

- Lizenzgebühren
- Betriebskosten (inkl. Infrastruktur)</td>
<td colspan="3">Einnahmequellen

- Einmalzahlungen für Downloads</td>
</tr>
</table>

Abb. 16.5 Business Model Canvas: Digitaler Musikvertrieb

Spotify

<table>
<tr>
<td rowspan="2">Schlüsselpartner

- Musiklabels und andere Rechteinhaber
- Netzwerkanbieter
- Werbepartner</td>
<td>Schlüsselaktivitäten

- Softwareentwicklung und -betrieb
- Katalogmanagement
- Akquise von Inhalten
- Vertragsverhandlungen
- Markenmanagement
- Marketing</td>
<td rowspan="2">Wertangebote

- Unlimitierter Zugang zu 30 Millionen Titeln
- Günstige Gebühren
- Werbefinanzierter kostenloser Zugang
- Lokale Speicherung
- Verfügbarkeit auf vielen Plattformen und Geräten</td>
<td>Kundenbeziehungen

- Plattform (Selbstbedienung)
- Kundenservice
- APIs für Drittanbieter
- Nutzergenerierte Inhalte (Playlisten)</td>
<td rowspan="2">Kundensegmente

- Nutzer digitaler Musik, die bereit sind, für Zugang ohne Eigentumsrechte zu bezahlen
- Nutzer des kostenlosen Angebots</td>
</tr>
<tr>
<td>Schlüsselressourcen

- Lizenzvereinbahrungen
- Verträge mit Partnern
- Marke
- IT Kompetenzen</td>
<td>Kanäle

- Apps für viele Plattformen
- Website</td>
</tr>
<tr>
<td colspan="2">Kostenstruktur

- Lizenzgebühren

- Betriebskosten (inkl. Infrastruktur)</td>
<td colspan="3">Einnahmequellen

- Abo-Gebühren   - Werbeeinnahmen</td>
</tr>
</table>

Abb. 16.6 Business Model Canvas: Spotify. (Eigene Analyse)

zugang zu sehen ist, sondern im Streaming selbst. Diese Technologie erlaubt es Spotify, den kostenlosen, aber illegalen Anbietern eine größere Bequemlichkeit in der Nutzung des Service entgegenzusetzen: Spotifys Nutzer müssen sich weder um die Speicherung noch um die Synchronisation ihrer Musikbibliothek bemühen. Diese Aufgabe übernimmt bei Spotify eine der wichtigsten disruptiven technologischen Innovationen der jüngeren Zeit: Cloud-Computing.

Zur Realisierung des Services ist das Unternehmen auf die Kooperation mit *Schlüsselpartnern*, darunter Musiklabels, sonstige Rechteinhaber und Werbepartner angewiesen. Die Schlüsselaktivitäten umfassen zum einen die Beschaffung zentraler *Ressourcen* wie Lizenzen und Werbeaufträgen, zum anderen die Anwendung der technologischen Kompetenzen in der Weiterentwicklung der IT-Infrastruktur und der Software-Clients für die unterschiedlichen Plattformen.

Unter diesen Plattformen finden sich Webbrowser, Smartphones, WLAN-gesteuerte Lautsprecher, Spielkonsolen, Bordcomputer von Kraftfahrzeugen und Smart-TVs. Die Pflege und Weiterentwicklung der Software dient daher dem Erhalt der *Kanäle*, über die der Dienst den Kunden zugänglich gemacht wird.

Die Kundenbeziehungen Spotifys lassen sich als Selbstbedienung beschreiben. Der Kundenservice wird zu einem großen Teil durch freiwillige Mitglieder der Nutzergemeinschaft geleistet *(Crowd Sourcing)*. Weitere Interaktionsmöglichkeiten bietet Spotify seinen Nutzern durch eine leicht zugängliche API *(Application Programming Interface)*, durch welche Dienste von Drittanbietern wie die Musikerkennungssoftware Shazam oder die Fitness-App Runkeeper Spotifys Angebot integrieren können.

Spotifys Kunden lassen sich in zwei *Segmente* einteilen. Die zahlenden Nutzer des Premiumdienstes sowie die Nutzer des kostenlosen, werbefinanzierten Angebots. Die Größenverhältnisse dieser Segmente spiegeln nicht ihre Bedeutung für das Unternehmen wider: Obwohl nur 50 der mehr als 140 Mio. aktiven Nutzer 2016 den Premiumdienst abonniert hatten, machten deren Zahlungen 90 % des Gesamtumsatzes aus.

Der Umsatz betrug in demselben Jahr 2,9 Mrd. €, ein Zuwachs von 50 % im Vergleich zum Vorjahr. Durch die im gleichen Umfang steigenden Lizenzkosten mussten jedoch 84 % direkt in Form von Tantiemen und Transaktionsgebühren an Dritte abgeführt werden. In Kombination mit den Personal- und Sachkosten führte das zu einem Gesamtverlust von 539 Mio. € (Turner und Shaw 2017).

16.4.4 Die Marktsituation seit dem Eintritt Spotifys

Das von Spotify eingeführte Geschäftsmodell hat die Musikindustrie nachhaltig verändert. Heute wird Spotify mit rund 50 Mio. zahlenden Nutzern als größter Musikstreaming-Anbieter gehandelt. Zudem haben seit dem Launch von Amazon Unlimited Music 2016 alle verbleibenden großen digitalen Musik-Stores ein Streaming-Angebot in ihren Dienst integriert. Einen Sonderfall bildet Microsoft, das im Zuge der Einstellung seines Musikdienstes Groove seine Kunden aktiv aufforderte, zu Spotify zu wechseln. Zudem hat

Spotify den Markt auch für andere neue Streaming-Anbieter wie Tidal geöffnet. Die Differenzierung der Anbieter ist allerdings gering, da sie inzwischen alle ein vergleichbares Angebot zu einem nahezu identischen Preis anbieten.

16.4.5 Fallzusammenfassung

Spotify ist es als neuem Anbieter gelungen, einen signifikanten Teil des jungen Musikstreaming-Marktes für sich zu beanspruchen, indem sich das Unternehmen genau diejenigen Veränderungen in der Marktstruktur zunutze machte, die Porter als Folge der Digitalisierung prognostiziert hatte. Die unlimitierte Nutzung im Rahmen eines Abonnements wurde möglich, weil die *Verhandlungsstärke der Abnehmer* durch die aufkommende Internetpiraterie die *Rivalität im Markt* auf den Preis verlagerte. Dass Spotify als neuer Anbieter davon profitieren konnte, war wiederum dem Umstand geschuldet, dass das Internet *Markteintrittsbarrieren* wie die Notwendigkeit von Ladengeschäften, Logistik und lokalen Mitarbeitern im lokalen Vertrieb eliminierte.

Möglicherweise profitierte Spotify auch davon, dass die etablierten Marktteilnehmer daran gewöhnt waren, technische Innovationen zu initiieren, und nicht daran, sie reaktiv für sich zu nutzen. Änderungen wie der Übergang von der Musikkassette zur Compact Disc (CD) waren noch das Ergebnis sorgfältiger Absprachen und Planungen innerhalb der Branche gewesen. Das Internet hingegen veränderte die Industrie von außen. Die halbherzigen Onlineexperimente der Musiklabel und der gescheiterte Versuch, der Internetpiraterie mit juristischen Mitteln Herr zu werden, legen den Schluss nahe, dass die Digitalisierung viel zu lange als Bedrohung und nicht als Chance wahrgenommen wurde.

16.5 Fallstudie PayPal

Mit der Öffnung des Internets für Privatanwender in den 1990er-Jahren begann auch die Erschließung des Internets durch die Finanzindustrie. Die Möglichkeit, Betriebs- und Transaktionskosten zu reduzieren, war so naheliegend, dass beinahe unmittelbar nach der Freischaltung einfache Prozesse digital abgewickelt wurden. Infolgedessen hatte das traditionelle Geschäftsmodell bereits früh eine Optimierung durch das Internet erfahren. Der folgende Fall analysiert die besondere Herausforderung der traditionellen Finanzindustrie in der Payment-Branche durch das Unternehmen PayPal. Gerade dieses Segment der Finanzwirtschaft ist bekannt für seine innovativen Entwicklungen und disruptiven Veränderungen.

16.5.1 Die Payment-Branche vor PayPal

Soll die wesentliche Aufgabe der Payment- oder Zahlungsbranche in einem Satz beschrieben werden, ließe sich sagen, dass während eines Zahlungsprozesses Informationen von einem Beteiligten an einen anderen übermittelt werden müssen. Die Branche ist bis zum Jahr 2014 durchschnittlich um näherungsweise neun Prozent gewachsen. Im Jahr 2015 sank die Wachstumsrate auf drei Prozent, jedoch sehen die Prognosen für 2015 bis 2020 mit durchschnittlich fünf Prozent wieder ein weniger besser aus. In absoluten Zahlen stieg der Umsatz innerhalb von fünf Jahren um 0,6 Billionen US-Dollar (ca. 50 % Wachstum) und soll um weitere 0,4 Billionen US-Dollar wachsen, was dann zu einem Wachstum von 80 % führt. Diese Zahlen machen den Markt so attraktiv.

Marktentwicklung und Analyse
Mit einem Blick auf die Profitabilität der Industrie wird klar, dass die effizienteren Transaktionsprozesse höhere Marktanteile besitzen. Der Ausblick der Branche fällt verhalten optimistisch aus, was nicht auf den niedrigen Margen beruht, sondern auf dem Wachstum, welches diese ausgleicht. Allerdings variieren sowohl der dominierende Transaktionstypus als auch die erzielbaren Margen stark regional (Niederkorn et al. 2016, S. 5–10).

Bedrohung durch neue Anbieter
Aufgrund der großen Bedeutung für die Wirtschaft und den Transfer sensibler Daten ist der Markt hoch reguliert und von staatlichen Institutionen überwacht. Daher sind hohe Investitionen notwendig, um dem Markt beitreten zu können. Bestehende Unternehmen und Institutionen haben umfangreiche Prozesse und Infrastruktur aufgebaut, um den täglichen Herausforderungen des Geschäfts gerecht zu werden. Die vergangenen Jahre haben allerdings gezeigt, dass auch neue Anbieter mit starken Finanzrücklagen, technischem Knowhow und gutem Zugang zu Kunden innovative Onlinebezahlmethoden entwickeln und einführen können (Niederkorn et al. 2015, S. 14).

Verhandlungsstärke der Abnehmer
Die Verhandlungsstärke der Nutzer ist äußerst hoch. Kunden haben nur geringfügige Wechselkosten, und die Unternehmen bieten dazu sogar attraktive Anreize. Die genannten neuen Anbieter mit neuen Produkten, wie PayPal, geben den Nutzern mehr Auswahl. Das deutlichste Signal für diese Entwicklung ist die Komprimierung der Marge über die letzten Jahre (Niederkorn et al. 2016, S. 16).

Bedrohung durch Ersatzprodukte
Die Gefahr einer Substitution ist höher als je zuvor. Bedingt durch die Tatsachen, dass neue Anbieter in den Markt treten und dass Kunden ihr Verhalten ändern (zum Beispiel mit E-Wallets, P2P Payment oder Mobile Check Deposits), sehen sich traditionelle Unternehmen großen Herausforderungen gegenübergestellt (Niederkorn et al. 2015, S. 15). Im Jahr 2015 stiegen die weltweite Anzahl und der Wert elektronischen Zahlungen um

neun bzw. fünf Prozent. Dies macht sie zu Wachstumstreibern (Niederkorn et al. 2016, S. 5). Ein Blick auf die Entwicklung des Bitcoins zeigt zudem, dass der Erfolg digitaler Währungen nie größer war.

Verhandlungsstärke der Lieferanten
Die Verhandlungsstärke der Lieferanten ist nicht so hoch wie die der Nutzer. Die traditionelle Netzwerkinfrastruktur war deutlich limitiert, und die Versorger waren fest etabliert. Das Internet reduzierte diese Stärke. Doch auch die Anbieter der Infrastruktur fingen an, sich mittels des Internets zu differenzieren, um effizientere Prozesse zu ermöglichen und wettbewerbsfähig zu bleiben. Besonders die Entwicklungsländer mit schwacher klassischer Infrastruktur investieren viel in den digitalen Ausbau, was Unternehmen wie PayPal in diesen Ländern viele Türen eröffnet.

Rivalität unter den Wettbewerbern
Drei Faktoren tragen dazu bei, dass der Markt hart umkämpft ist. Ein wichtiger Faktor ist die Öffnung und Deregulierung des Marktes durch Regierungen, wodurch Eintrittsbarrieren reduziert wurden, wenngleich sie im Allgemeinen noch immer als hoch gelten müssen. Die Großunternehmen im Markt treiben den Wettbewerb primär durch Wechselanreize und versuchen so, ihre Marktanteile zu halten. Experten sprechen vom „war on cash" und „branding battles". Zuletzt haben nun auch Unternehmen wie Apple, Google oder Alibaba innerhalb der vergangenen Jahre stark investiert, um ihren Kunden neue Onlinezahlungsmethoden anbieten zu können.

16.5.2 Das etablierte Geschäftsmodell

Während eines Zahlungsprozesses sind verschiedene Stakeholder involviert – *Card-Network-Unternehmen* wie Visa und MasterCard, sogenannte *Gateway-Unternehmen* wie PayPal und PaySafe, *Processors* wie WorldPay und Cielo, *Issuers* wie Barclays und die Bank of America und *Member Service Provider* wie PayWire und Cringle (Niederkorn et al. 2015, S. 5). Das klassische Transaktions-Ökosystem stellt sich daher wie folgt dar:

Ein besonderes Geschäftsfeld sind die grenzübergreifenden Transaktionen. Dieses Geschäft ist bei Weitem am profitabelsten und ermöglicht durchschnittlich 20 US-Dollar Gebühren pro Transaktion. Dies hat den Grund, dass internationale Transaktionen kaum einer Regulierung unterlagen – ganz im Gegensatz zu inländischen Transaktionen. Allerdings wird erwartet, dass auch dieses Geschäftsfeld Änderungen unterliegen wird, begründet vor allem durch die höhere Nachfrage in den kommenden Jahren und neue Anbieter wie PayPal (Niederkorn et al. 2016, S. 16).

16.5.3 PayPal als neuer Anbieter

Making it easier to use money (Vision von PayPal 1999).

Im Dezember 1998 gründeten Max Levchin und Peter Thiel das Unternehmen Confinity. Kurz bevor Elon Musk 2001 mit Confinity fusionierte, wurde dann PayPal gegründet und erreichte eine Million Nutzer. 1997 nutzten gerade einmal 121 Mio. Menschen das Internet. Elon Musk sah das Potenzial von PayPal sofort und fokussierte sich daher auf dieses Produkt. Der schnelle Erfolg PayPals wurde mit dem IPO in 2002 besiegelt, bei dem 61 Mio. US-Dollar eingesammelt werden konnten. Nur ein halbes Jahr später kaufte eBay das Unternehmen für 1,5 Mrd. US-Dollar. Im Jahr 2016 hatte PayPal mehr als 18.500 Mitarbeiter, 195 Mio. Nutzer und generierte mehr als 10,84 Mrd. US-Dollar Umsatz. Alle KPIs im Geschäftsbericht waren positiv im Vergleich zu den Vorjahreswerten.

PayPal richtete sich auf den globalen Onlinemarkt und die mobile Paymentbranche aus, entwickelte jedoch auch Lösungen und Produkte, um den Offlinemarkt zu bedienen. So wurde PayPal als internationaler Bezahldienstleister zu einem bedeutenden Akteur in der Finanzindustrie. Weniger als zehn der mehr als 450 während des sogenannten *dot.com-Booms* zwischen 1997 und 2000 gegründeten Unternehmen überlebte. PayPal war das erfolgreichste darunter (Niederkorn et al. 2015, S. 15). In Abb. 16.7 dargestellt ist der Business Model Canvas von PayPal. Die einzelnen Komponenten werden im Folgenden näher beschrieben.

Kundensegmente

Wie zuvor erwähnt, liegt ein deutlicher Fokus auf Onlinetransaktionen, besonders auf mobilen Endgeräten. Demnach bestehen die wichtigsten Kundensegmente aus Einzelpersonen und Unternehmen, die über das Internet kaufen und verkaufen. Heutzutage ist dieses Kundensegment naheliegend, doch vor 20 Jahren war dem nicht so. Schlussendlich bietet PayPal eine Möglichkeit, internationale Transaktionen durchzuführen, was gerade für Unternehmen von hoher Bedeutung und in der Regel sehr kostspielig ist.

Wertangebot

Das Unternehmen PayPal definiert drei Schlüsselwerte, die es anbieten möchte: Bequemlichkeit, Zugänglichkeit und Sicherheit. Kunden können in jeder Währung bezahlen und Geld von jedem Bankkonto in der Welt erhalten (Bequemlichkeit). Nutzer haben Einsicht in den Account von jedem Ort mit Internetzugang (Zugänglichkeit). Darüber hinaus garantiert PayPal auch die Sicherheit gespeicherter Daten und bietet zusätzliche Services gegen Betrug, falls Kunden online Produkte kaufen bzw. verkaufen. Zudem offeriert PayPal die niedrigsten Gebühren für internationale Transaktionen: 4,99 US-Dollar für eine Überseetransaktion auf ein Bankkonto oder zwei Prozent bei einem ausländischen PayPal-Account. Vergleicht man diese Zahlen mit den durchschnittlichen Kosten internationaler Transaktionen (siehe Abschn. 16.5.2), betragen sie bei PayPal nur ein Viertel des Üblichen.

PayPal

<table>
<tr><td rowspan="2">Schlüsselpartner

- Kreditkartenunternehmen
- Online-Marktplatz-unternehmen wie eBay
- Banken und Finanzdienst-leister, die im Prozess ein-gebunden sind</td><td>Schlüsselaktivitäten

- Marketing
- Innovative Lösungen
- Datenschutz
- 24/7 Service
(keine Öffnungszeiten)</td><td rowspan="2">Wertangebot

- Keine Kontogebühren
- Ausgezeichneter Daten-schutz
- Benutzerfreundlichkeit und Verügbarkeit über alle Geräte
- Günstige internationale Transaktionen
- Garantiert gesicherte Online-kaufgarantie (Käufer- & Verkäuferschutz)</td><td>Kundenbeziehung

- Support 24/7
- Volumenpakete (Gebühren)
- Sehr einfache und schnelle Kontoeinrichtung
- Marketing</td><td rowspan="2">Kundensegment

- Privatpersonen
- Onlineverkäufer
- Onlinekäufer
- Unternehmen</td></tr>
<tr><td>Schlüsselressourcen
- Homepage
- Marktführer
(Anzahl von Konten)
- R&D (Datenschutz)
- Partnerschaften</td><td>Kanäle
- Website
- Social Media
- Werbung im Kino/TV
- Onlinewerbung
- Partnerschaften (PayPal-Integration in Geschäfts-modellen)</td></tr>
<tr><td colspan="2">Kostenstruktur
- Server-Kosten
- R&D-Entwicklungskosten
- Datenschutzkosten
- Transaktionskosten (operative Kosten)
- Marketingkosten</td><td colspan="3">Einnahmenquelle
- Transaktionsgebühren
- Zinseinkünfte (Guthaben auf den Konten)</td></tr>
</table>

Abb. 16.7 Business Model Canvas: PayPal

Kanäle

Aufgrund der Einfachheit des Services bestehen die Hauptkanäle aus der Webseite und mobilen Applikationen. Hinzu kommen neue Kanäle, wie die Integration von PayPal-Tools in Social-Media-Anwendungen, insbesondere Messenger, die eine noch schnellere und bequemere Zahlungsmethode bieten. PayPal benötigt so weder externe Unternehmen für die Transaktionen, noch herkömmliche, kostspielige Niederlassungen.

Kundenbeziehung

Die Beziehung zum Kunden ist äußerst wichtig. PayPal ist höchst automatisiert und kundenorientiert. Kunden erhalten Hilfe in Form von FAQs, eines Forums, Chats und einer 24/7-Hotline. Daher findet die Kommunikation mit dem Kunden hauptsächlich über die Website bzw. die App statt. PayPal versucht auch im B2B-Geschäft, die Kunden zu unterstützen, indem Best-Practice-Fallbeispiele einzelner Unternehmen entwickelt und innerhalb der Community geteilt werden.

Einnahmequellen

Wie unter dem Wertangebot aufgeführt, berechnet PayPal Gebühren für verschiedene Services, die meistens niedriger sind als die der Wettbewerber. Verkäufer zahlen eine Provision von 1,9 % plus 0,35 Cent. Geld zu versenden, ist kostenlos, solange dies innerhalb einer Währung und Region stattfindet. Da PayPal eines der ersten Unternehmen war, die dieses Gebührensystem ohne hohe Grundgebühren eingeführt haben, konnten Kunden, die zumeist Onlinegeschäfte betreiben, einfach gewonnen werden. Neben den Gebühren für die Transaktionen verdient PayPal Geld mit Krediten und individualisierten Zahlungsmethoden auf Webseiten.

Schlüsselressourcen

Das Angebot dieser individuellen, flexiblen und kosteneffizienten Dienstleistungen brachte PayPal viele Kunden ein. Insbesondere Partnerschaften mit anderen Unternehmen, wie beispielsweise eBay, trugen zur Popularität PayPals bei und stellen das größte Asset dar. PayPals Nutzer vertrauen darauf, dass ihre Daten geschützt werden und dies höchste Priorität hat. Bisher gab es denn auch keine Sicherheitslücken. PayPal verdient nur, wenn die Kunden Geld ausgeben. Daher setzt das Unternehmen den Fokus darauf, Kunden mit intuitiven Produkten zu gewinnen bzw. zu halten, Partnerschaften mit einer Vielzahl kleiner und großer Unternehmen einzugehen und in den Schutz der Daten zu investieren.

Schlüsselaktivitäten

Die Aktivitäten sind auf die Schlüsselressourcen abgestimmt. Sowohl ein 24/7-Kundendienst als auch Transaktionssicherheit sind entscheidend. Zusätzlich gewinnt PayPal Neukunden mit innovativen Ideen. Hierfür wurden diverse Unternehmen akquiriert, in Forschung und Entwicklung investiert und Partnerschaften mit Unternehmen in verschiedenen Märkten eingegangen. So bleibt das Unternehmen innovativ, fügt weitere Services hinzu und trägt zum Geschäft der Kunden und Partner bei.

Schlüsselpartner
Wie beschrieben kooperiert PayPal mit unterschiedlichen Unternehmen. Die größte Allianz wurde mit eBay eingegangen, dem Unternehmen, das später PayPal kaufen sollte. Um Geld initial in das System von PayPal bzw. wieder herauszubringen, spielen Kreditkartenunternehmen, Banken und andere Finanzinstitutionen als Partner eine wichtige Rolle.

Kostenstruktur
Die Kostenstruktur ist simpel. Neben Serverkosten, Forschungs- und Entwicklungskosten, Transaktionskosten (Betriebskosten) und Marketing sind Sicherheitskosten die prominentesten. PayPal gehört zu den von Kunden als am vertrauenswürdigsten eingeschätzten Marken, nicht zuletzt aufgrund seiner Sicherheitsinfrastruktur und der Safeguard-Services. Somit ist dieser Kostentreiber wesentlich für den Erfolg im Hinblick auf die Schlüsselressourcen und das Wertangebot.

16.5.4 Die Marktsituation seit dem Eintritt PayPals

PayPal fügte der Paymentbranche ein neues Segment hinzu: Onlinetransaktionen. Mit dem Emporkommen des Internets nahmen die Beliebtheit und das Geschäft zu. Heute ist PayPal die am meisten präferierte Onlinebezahlmethode weltweit. Im Interpersonen-Transaktionsmarkt der Vereinigten Staaten hat PayPal beinahe das gleiche Volumen wie die drei größten US-amerikanischen Banken. Das Produktsortiment bietet den Kunden eine Bequemlichkeit, die etablierte Unternehmen zu kopieren versuchten, um Kunden halten zu können. PayPal gehört zu den zehn wertvollsten Internetunternehmen und führte die Idee einer mobilen Brieftasche ein, die die Zukunft dieser Industrie formen wird.

16.5.5 Fallzusammenfassung

> Payment systems have moved from the backroom to the boardroom of all financial institutions (World Bank 2010, S. 3).

Dieses Statement zeigt die strategische und operative Bedeutung von Transaktionen für Finanzinstitutionen. Für viele Jahre waren diese nicht im Fokus gewesen. Das änderte sich durch PayPal und den Dotcom-Boom.

PayPal hat es geschafft, ein eigenes Netzwerk aufzubauen, und setzte das Hauptaugenmerk auf das Onlinegeschäft, insbesondere auf mobilen Endgeräten. Die Integration in den damals größten Online-Marktplatz eBay war der Schlüssel zum Erfolg. Mithilfe dieser Partnerschaft nahmen viele Menschen PayPal als schnelle, sichere Bezahlmethode an. Speziell der Sicherheitsaspekt ist von großer Wichtigkeit. Beinahe jeder Internetnutzer kennt und verwendet PayPal. Kundenservice wird über verschiedene Kanäle realisiert, und es ist inzwischen kein Problem mehr, Waren und Dienstleistungen an Personen auf der anderen Seite der Welt zu verkaufen, fast ohne zusätzliche Gebühren.

Mobile Zahlungsmethoden sind ein Schlüsseltreiber des Onlinemarktes. Daher tätigte PayPal mit seinen intelligenten und innovativen Ideen, wie Messenger-Zahlungen, die richtigen Investitionen, um künftigen Bedarf zu decken. Herkömmliche Kreditkartenunternehmen werden ihre Marktstellung behaupten, doch Banken verlieren Anteile im Transaktionsgeschäft, besonders im internationalen Bereich, und damit verbunden den direkten Kontakt zu den Kunden. Klassische Banken könnten in der Zukunft eine sekundäre Rolle in dem Segment spielen, da ihre Betriebskosten zu hoch und die angebotenen Services nicht konkurrenzfähig sind.

PayPal hat das Transaktionsgeschäft *uberisiert,* indem eine neue Art des Geldtransfers geschaffen und in einem eigenen Netzwerk realisiert wurde. Mit der Einbindung der richtigen Partner hat PayPal die perfekte Marketingstrategie, um die Aufmerksamkeit und das Vertrauen der Kunden zu gewinnen. Dies wurde möglich, weil ursprünglich hohe Eintrittsbarrieren in der Finanzindustrie mit der Erfindung des Internets reduziert wurden.

16.6 Schlussfolgerungen

In drei Fallbeispielen wurden disruptive Geschäftsmodellinnovationen in den drei Branchen Beherbergung, Musik und Finanztransaktionen analysiert. Im nachfolgenden Abschnitt werden Gemeinsamkeiten und Unterschiede aufgezeigt.

16.6.1 Ausschöpfen der Effekte des Internets auf die Märkte

Insgesamt untermauern die Fallstudien Porters Vorhersagen darüber, wie das Internet verschiedene Industrien beeinflussen würde. Alle drei Beispiele wiesen eine erhöhte *Bedrohung durch neue Anbieter* auf, da – so seine Theorie – die neuen Services online angeboten werden konnten (Porter 2001, S. 67). Nur im Falle von Airbnb spielte die Gefahr von Substituten eine entscheidende Rolle, obwohl sich auch die Internetpiraterie für viele Menschen als ernstzunehmende Alternative zum legalen Musikerwerb erwiesen hat. Im Gegensatz dazu erwies sich die *Verhandlungsstärke der Käufer,* wie von Porter prognostiziert, als signifikanter Faktor in allen drei Fällen. Die neuen Anbieter konnten ihre Services wesentlich günstiger anbieten als die etablierten Unternehmen.

Porter ging auch von einer verbesserten *Situation für Zulieferer* aus, während er gleichzeitig zu bedenken gab, dass eine digitalisierte Beschaffung ihre Positionen wiederum schwächen könne. Dies war sicherlich keine entscheidende Ursache in den drei vorgestellten Fällen, doch Airbnb ist ein gutes Beispiel dafür, wie die Verhandlungsstärke der Lieferanten in der Theorie gesteigert werden kann: Nichts hält einen privaten Gastgeber davon ab, in direkten Kontakt mit dem Endkonsumenten zu treten. In der Praxis machen aber Netzwerkeffekte Airbnb zur Standardplattform für Beherbergung in privaten Wohnräumen. Dies reduziert die Verhandlungsstärke der Zulieferer deutlich.

Auch eine weitere Prognose von Porter kann mit den drei Unternehmen veranschaulicht werden. Die *Rivalität unter den Wettbewerben* äußert sich durch einen gesteigerten Preiskampf. Güter, Dienstleistungen und ihre Preise wurden bequem vergleichbar gemacht. Das gilt für Unterkünfte, Musik und Finanzdienstleistungen gleichermaßen.

Wir halten fest, dass es allen drei neuen Anbietern möglich war, eine Strategie zu definieren, die auf den unmittelbaren Veränderungen im jeweiligen Markt fußt. Die Gemeinsamkeit, trotz aller industriespezifischen Unterschiede, liegt in der Kompromisslosigkeit ihrer Ausführung:

- Airbnb ersetzt die traditionellen Zulieferer von ORPs durch die Bereitstellung privaten Wohnraums als kommerzielle Unterkünfte.
- Spotify gewährt konsequent unbegrenzten Zugang zur Gesamtheit der eingespielten Musik zu einem niedrigen Pauschalpreis.
- PayPal zeigt den unnachgiebigen Drang, finanzielle Transaktionen so günstig und bequem wie möglich zu gestalten.

Die etablierten Unternehmen waren nicht dazu in der Lage, dies zu tun, und eröffneten so den neuen Anbietern die Chance, sich eine starke Position aufzubauen. Der nachfolgende Abschnitt nimmt Bezug auf Clayton Christensens Theorie, um weitere Erklärungen für diesen Umstand zu finden.

16.6.2 Eine Theorie der Disruption – Muster bestätigt?

Christensen hat die Theorie der disruptiven Innovation zunächst im Bereich der Computer-Hardware entwickelt. Doch auch in den zuvor diskutierten Fallstudien können Christensens Muster wiedergefunden werden. Die Unternehmen starteten mit neuartigen Produkten, deren Leistungsfähigkeit zunächst hinter den Erwartungen zurückblieb. Auf Airbnb wurden zu Beginn lediglich Räume in Studentenwohnungen inseriert. Spotify fehlten zu Anfang zahlreiche prominente Künstler, sodass Konsumenten entgegen dem Wertversprechen nicht auf das gesamte Spektrum internationaler Musik zugreifen konnten. PayPal kreierte zwar eine wesentliche Verbesserung des Prozesses, stellte aber eine eher ungewöhnliche Transaktionsform dar und war zunächst auf wenige Anwendungsbereiche beschränkt. Diese drei Nachteile bedeuten, dass zu Beginn nur auf eine kleine Randgruppe und generell eher neue Konsumenten abgezielt werden konnte.

Airbnb und PayPal verließen sich auf sogenannte Early Adopter, die den Service nutzen, wenngleich er noch nicht über längere Zeit bewährt war. Spotifys frühe Kunden brachen mit der Erwartung, Musik, für die sie bezahlt hatten, auch permanent zu besitzen. Im Falle von Spotify und PayPal waren zudem die Margen aufgrund des anvisierten Marktsegments niedrig, doch die niedrigen Preise senkten auch die Hemmschwelle seitens der Kunden, den neuartigen Service auszuprobieren. Airbnb hingegen schuf sich einen eigenen Parallelmarkt.

Der entscheidende Schritt in Christensens Muster ist jedoch der vierte: Führende Unternehmen finden die neuen Ansätze unattraktiv und fokussieren sich auf profitablere Märkte, während sie ihre bestehenden Produkte marginal verbesserten (Guttentag 2015, S. 1194). So berechnet Airbnb seinen Gastgebern drei Prozent und Gästen sechs bis zwölf Prozent Servicegebühren, während ORPs für Hotels mindestens 15 % ansetzen. Daher war Airbnb unattraktiv, was Marktgröße und Machbarkeit angeht, sodass etablierte Unternehmen die rapide Expansion vermutlich unterschätzten. PayPals Modell war finanziell wenig attraktiv, da bewusst ein Fokus auf margenschwache Shoptransaktionen gelegt wurde. Spotify war und ist noch heute aufgrund der hohen Lizenzgebühren an die Rechteinhaber nicht profitabel (Turner und Shaw 2017).

Weiterhin wurde bestätigt, dass die Qualität der drei hier vorgestellten Produkte konstant verbessert wurde, bis sie dazu geeignet waren, Kundensegmente des Mainstream-Marktes zu überzeugen. Spotify hat die Größe und Diversität des Katalogs erweitert, Airbnb hat sein Angebot deutlich erweitert, und PayPal konnte erfolgreich in viele zentrale Webseiten integriert werden, sodass es zu einer weitverbreiteten Zahlungsmethode wurde.

Christensens Ausblick lautet wie folgt: Wenn disruptive Produkte ausreichend verbessert werden, etablieren sie sich, und traditionelle Unternehmen beginnen zu straucheln. Das trifft jedoch (noch) nicht auf Airbnb zu. Das neue und das etablierte Geschäftsmodell koexistieren, und Vertreter beider Seiten wachsen stetig. Spotify und PayPal wirkten nachhaltiger auf ihre Industrie: Alle etablierten digitalen Musikvertriebe haben das Modell von Spotify übernommen oder den Service eingestellt. PayPal darf sich, mit 40 % Marktanteil, Marktführer bei Onlinetransaktionen nennen. Als entscheidenden Faktor in diesem Prozess erwies sich das Unvermögen führender Unternehmen, das Geschäftsmodell neuer Anbieter richtig einzuschätzen. Um diesen Fehler zu vermeiden, müssen auch etablierte Unternehmen zunächst unprofitable Marktsegmente bedienen, um Erfahrungen zu sammeln und disruptive Produkte auf ihrem Steigflug nicht zu übersehen.

16.6.3 Ausblick

Die Kompromisslosigkeit von Airbnb, Spotify und PayPal benötigt keine weiteren Belege. Dennoch ließe sich argumentieren, dass alle drei Unternehmen nur den Bedarf einer schmalen Kundengruppe bedienen, die jung, technologieaffin und experimentierfreudig sei. Während dies im Moment noch zutreffen mag, sollte die langfristige Auswirkungen der Geschäftsmodellinnovationen nicht auf die Akzeptanz durch die Early Adopters reduziert werden. Christensen zeigt auf, dass gerade das anfänglich beschränkte Umsatzpotenzial der Grund für das Verfehlen branchenformender Chancen durch die etablierten Unternehmen ist.

Allerdings lassen sich die Implikationen, die sich aus dieser Deutung ergeben, aufgrund der geringen Fallzahl nur mit Vorsicht generalisieren. Weitere Untersuchungen, insbesondere in weiteren Branchen, wären zweckdienlich. Auch wäre es lohnenswert zu untersuchen, ob die von Christensen identifizierten Muster inzwischen bekannt genug sind, um die Chancen etablierter Unternehmen auf Früherkennung disruptiver Veränderungen und die damit verbundenen Geschäftsmöglichkeiten zu erhöhen. Dass die meisten Wettbewerber von Airbnb, Spotify und PayPal zwar nicht aus dem jeweiligen Markt gedrängt wurden, aber ihre Geschäftsmodelle entsprechend anpassten, ist ein Indiz dafür, dass die Sensibilität für diese Problematik zugenommen hat.

Literatur

Christensen, C. (1997). *The innovator's dilemma: when new technologies cause great firms to fail.* Boston: Harvard Business Review Press.

Coleman, M. (2009). *Playback: From the victrola to MP3, 100 years of music, machines, and money.* Cambridge: Da Capo Press.

Davis, G. F. (2015). What might replace the modern corporation? Uberization and the web page enterprise. *Seattle University Law Review*, *39*, 501.

van Dyk, T. (2009). Einfluss neuer Technologien auf die Wertschöpfungskette in der Musikindustrie. In M. Clement, D. Papies & O. Schusser (Hrsg.), *Ökonomie der Musikindustrie* (S. 197–210). Wiesbaden: Gabler.

Graham, G., Burnes, B., Lewis, G. J., & Langer, J. (2004). The transformation of the music industry supply chain: a major label perspective. *International Journal of Operations & Production Management*, *24*(11), 1087–1103.

Guttentag, D. (2015). Airbnb: disruptive innovation and the rise of an informal tourism accommodation sector. *Current issues in Tourism*, *18*(12), 1192–1217.

IFPI (2017). Music market data 2006. http://www.ifpi.org/content/library/music%20market%20sales%20data%202006.pdf. Zugegriffen: 15. Apr. 2017.

Jakob, H. (2009). Wirtschaftlichkeit in der Musikindustrie. In M. Clement, D. Papies & O. Schusser (Hrsg.), *Ökonomie der Musikindustrie* (S. 77–84). Wiesbaden: Gabler.

Mhaiskar, A. (2015). Manufacturing the next industrial revolution. https://www.infosys.com/industries/industrial-manufacturing/white-papers/Documents/manufacturing-next-industrial-revolution.pdf. Zugegriffen: 17. Juni 2017.

Niederkorn, M., Bruno, P., Hou, G., Istace, F., & Bansal, S. (2015). *Global payments 2015: a healthy industry confronts disruption*. McKinsey.

Niederkorn, M., Bruno, P., Hou, G., Istace, F., & Bansal, S. (2016). *Global payments 2016: strong fundamentals despite uncertain times*. McKinsey.

Nurvala, J. P. (2015). „Uberisation" is the future of the digitalised labour market. *European View*, *14*(2), 231–239.

Osterwalder, A., & Pigneur, Y. (2010). *Business model generation: a handbook for visionaries, game changers, and challengers*. New York: Wiley.

PayPal (2015). Paypal: Milestones. https://www.paypalobjects.com/webstatic/en_US/mktg/pages/stories/pdf/paypal_infographic_-_key_milestones.pdf. Zugegriffen: 1. Aug. 2018.

Porter, M. E. (1980). *Competitive strategy. Techniques for analyzing industries and competitors.* New York: Free Press.

Porter, M. E. (2001). Strategy and the internet. *Harvard Business Review*, *79*(3), 62–78.

Spotify (2018). Spotify premium. https://www.spotify.com/de/premium/. Zugegriffen: 15. Jan. 2018.

STR (2017). Airbnb & hotel performance. http://www.str.com/Media/Default/Research/STR_AirbnbHotelPerformance.pdf. Zugegriffen: 18. Juni 2017.

Trefzger, T., Rose, M., Baccarella, C., & –I, V. K. (2015). Streaming killed the download star! How the business model of streaming services revolutionizes music distribution. *Journal of Organizational Advancement, Strategic and Institutional Studies*, *VII*(1), 29–39.

Turner, G., & Shaw, L. (2017). Spotify's loss more than doubles even as user growth surges. https://www.bloomberg.com/news/articles/2017-06-15/spotify-losses-widen-after-music-site-flags-accounting-errors. Zugegriffen: 30. Apr. 2017.

World Bank (2010). Payment and settlement systems. http://www.worldbank.org/en/topic/paymentsystemsremittances/overview#1. Zugegriffen: 18. Juni 2017.

Benjamin Constantine ist seit 2013 in der Digitalwirtschaft tätig. Als Head of Digitalization verantwortet er Change- und Innovationsprojekte bei den Goodgame Studios (Stillfront Group), einem Entwickler und Betreiber von Free-to-Play-Spielen für Desktop-Computer und mobile Endgeräte.

Tim Gebauer ist Consultant in der Global Incentives Advisory bei Ernst & Young und berät Mandanten im Bereich Financial Compliance für nationale und europäische Förderprojekte. Zudem absolviert er ein MBA-Studium berufsbegleitend an der FOM Hochschule für Oekonomie & Management in Hamburg. Sein beruflicher Werdegang begann 2014 im Operations Consulting der ERGO Versicherungsgruppe.

Benjamin Bartsch arbeitet seit 2015 in der Reifenindustrie. Nach einem internationalen Bachelor-Studium sammelte er bei Continental, einem der größten Reifenhersteller und Automobilzulieferer weltweit, Erfahrungen im Vertrieb und gestaltet nun im Rahmen seiner Aufgaben als Produktmanager das EMEA-Produktportfolio im Bereich Lkw- und Busreifen.

17 Erfahrungen aus sozialen Projekten als Best Practice für die VUCA-Welt

Hilke Posor und Thomas Leppert

17.1 Eine Kurzskizze des sozialen Sektors

Mit mehr als 630.000 gemeinnützigen Organisationen, 4,4 Mio. Beschäftigten, knapp 31 Mio. Ehrenamtlichen und einer Bruttowertschöpfung von 165 Mrd. € (Priemer et al. 2017; Ehrentraut et al. 2014; BMFSFJ 2016) stellt der soziale Sektor einen äußerst relevanten Teil des sozialen und wirtschaftlichen Lebens in der Bundesrepublik dar. Er stellt in erheblichem Umfang Leistungen und Angebote für die Gesellschaft zur Verfügung, die von besonderer Bedeutung für das individuelle und kollektive Wohlergehen und den gesellschaftlichen Zusammenhalt sind und von klassischen Wirtschaftsakteuren so nicht erbracht werden. Dieser erhebliche Gemeinwohlbeitrag gelingt ihm trotz – oder gerade wegen – deutlicher Abweichungen von gängigen Funktionslogiken etablierter Wirtschaftsunternehmen: Weder liegt ihm das Prinzip ökonomischer Profitmaximierung zugrunde, noch bietet er den Beteiligten in der Regel herausragende Chancen auf etablierte Karrierepfade oder finanziellen Reichtum. An vielen Stellen ist er partizipativ organisiert und wendet andere Erfolgskriterien an, als sie in der klassischen Betriebswirtschaftslehre gelehrt werden. Ähnlich wie profitorientierte Unternehmen sehen sich jedoch Organisationen des sozialen Sektors in zunehmendem Maße mit fundamentalen strategischen Herausforderungen konfrontiert. Dazu zählen etwa eine große Unsicherheit über zukünftige Entwicklungen gepaart mit erhöhter Komplexität und Veränderungsgeschwindigkeit, ergänzt um die Mehrdeutigkeit möglicher Handlungsszenarien. Und dennoch gelingt es diesem Sektor, sich regelmäßig auf neue soziale Herausforderungen

H. Posor (✉) · T. Leppert
Heldenrat GmbH
97228 Rottendorf, Deutschland
E-Mail: hilke.posor@heldenrat-gmbh.de

T. Leppert
E-Mail: thomas.leppert@heldenrat-gmbh.de

M. H. Dahm und S. Thode (Hrsg.), *Strategie und Transformation im digitalen Zeitalter*, FOM-Edition, https://doi.org/10.1007/978-3-658-22032-7_17

einzustellen, neue Leistungen anzubieten und in zunehmendem Maße sowohl Finanz- als auch Humankapital anzuziehen. Ist er also womöglich besser gewappnet, auf die Veränderungen von Gesellschaft und Märkten zu reagieren? Es scheint zumindest sinnvoll, einmal einen Blick auf die speziellen Funktionslogiken gemeinwohlorientierter Organisationen zu werfen, um daraus mögliche Ableitungen für profitorientierte Unternehmen im Umgang mit den Herausforderungen der sogenannten VUCA-Welt zu treffen.

Einen Blick auf solche Funktionslogiken ermöglicht die Arbeit von Heldenrat.

17.2 Heldenrat als Social Business: Eine neue Form des Wirtschaftens

Seit 2005 setzt die Initiative Heldenrat – Beratung für soziale Bewegungen e. V. als Organisationsberatung Erfahrungen aus der Wirtschaft für den sozialen Sektor ein. Seit 2014 trägt die Heldenrat GmbH als sogenanntes „Social Business" die dabei gemachten Erfahrungen an Wirtschaftsunternehmen weiter. Erkenntnisse aus der Wirtschaft und dem sozialen Sektor werden in diesem Zusammenspiel wechselseitig nutzbar gemacht, Heldenrat dient als Brücke zwischen beiden Sektoren.

Der Heldenrat Verein bietet mit ca. 40 Ehrenamtlichen an neun Standorten bundesweit kostenfreie Beratung und Qualifizierung für soziale Initiativen an. Dabei arbeiten die sogenannten Heldenberater weniger als Expertenberater denn als fragenstellende Moderatoren und geben als Prozessberater Hilfe zur Selbsthilfe statt fertiger Antworten. Im Zentrum der Aktivitäten des Heldenrat e. V. steht dabei, Erfahrungen aus der Wirtschaft für den sozialen Sektor einzusetzen, zur Professionalisierung sozialer Initiativen beizutragen und damit mehr Nachhaltigkeit bei der Lösung von sozialen Problemen zu erreichen.

Im Laufe der Jahre wurde deutlich, dass über die sozialen Projekte nicht nur Erfahrungen aus der Wirtschaft für den sozialen Sektor eingesetzt werden. Die Heldenberater berichten auch immer wieder von Erfahrungen aus dem sozialen Sektor, die sie für ihr berufliches Aufgabengebiet einsetzen. Ausgehend von diesen individuellen Erfahrungen hat Heldenrat insgesamt zehn sogenannte „Heldenrat-Learnings" aus gemeinwohlorientierten Organisationen identifiziert, die sich für die Wirtschaft einsetzen lassen. Um diese Erfahrungen konkret für Wirtschaftsunternehmen nutzbar zu machen, wurde in der Folge die Heldenrat GmbH gegründet. Als Social Business wird der Erfahrungsschatz aus sozialen Projekten für nachhaltige Veränderungsprozesse in Unternehmen nutzbar. Die gemeinsame Mission von Verein und GmbH ist der Brückenbau zwischen Wirtschaft und sozialem Sektor auf der Basis von Kooperation und Wissenstransfer.

17.3 Die Heldenrat-Learnings

Die sogenannten „Heldenrat-Learnings" haben sich aus der mehr als zehnjährigen Beratungstätigkeit in gemeinwohlorientierten Organisationen ergeben. Sie beschreiben grundlegende Funktionslogiken, die immer wieder in unterschiedlicher Ausprägung anzutreffen sind. Nicht alle sind für profitorientierte Unternehmen gänzlich neu. Gerade die zuletzt prominentere Debatte um agile Managementmethoden – wie Scrum oder Kanban – hat einige dieser zum Teil altbekannten Prinzipien wieder einem breiteren Publikum vor Augen geführt. Der Erkenntnisgewinn dieser Beobachtungen aus der eigenen Beratertätigkeit liegt zum einen darin, dass gesellschaftlich relevante und wirkungsvolle Organisationen bereits seit Langem über einen breiten Erfahrungsschatz verfügen, auf den Wirtschaftsunternehmen zurückgreifen können. Zum anderen erscheinen einzelne Beobachtungen innovativ in dem Sinne, dass sie etablierte Denkmuster grundsätzlich infrage stellen und gleichzeitig durch erfolgreiche Anwendung in der Praxis ihre Gültigkeit unter Beweis stellen. Gleichwohl soll damit nicht behauptet werden, dass die Beobachtungen überall im sozialen Sektor in Reinform anzutreffen sind – ebenso wenig wie die gespiegelten Beobachtungen aus Wirtschaftsunternehmen.

Die soziale Mission dient als Integrationspunkt für alle Stakeholder

Was lässt sich in sozialen Initiativen beobachten? Soziale Initiativen definieren sich über eine soziale Mission, mit der sie ein gesellschaftliches Problem lösen wollen und zum Gemeinwohl beitragen. In der Zusammenarbeit mit sozialen Initiativen lässt sich beobachten, dass diese soziale Mission den überragenden Integrationspunkt für alle Interessensgruppen bietet, die ein berechtigtes Interesse an der Organisation besitzen. Für die Stakeholder bietet die soziale Mission die Möglichkeit, sich mit den Werten und Zielen der Organisation zu identifizieren.

Welches Beispiel verdeutlicht das? Ein Beispiel ist die Organisation „Dialog im Dunkeln". Hier werden dunkle Räume gestaltet, durch die blinde Gastgeber Teilnehmer durchführen und Blinde somit zum Experten in ihrem Umfeld werden. Die soziale Mission ist es, ein Bewusstsein für die Situation von Sehbehinderten zu schaffen und eine Beschäftigungsmöglichkeit für Menschen mit Sehbehinderung zu bieten. Hier wird die soziale Mission zum Integrationspunkt für alle Stakeholder. Die Mission ist so klar, dass sowohl Kunden als auch Kooperationspartner diese sofort verstehen. Gerade auf der Suche nach Förderern und Mitwirkenden kann sich die Organisation auf diese soziale Mission berufen, um den Unterstützungsbedarf transparent zu machen.

Wie ist es in Unternehmen? In Unternehmen werden häufig Ziele in dem Dreieck aus Budget, Qualität und Zeit formuliert. Die eigentliche Mission, zu der das Unternehmen beitragen soll, gerät dabei unter Umständen in den Hintergrund. Über die soziale Mission lassen sich jedoch auch Zielgruppen erreichen, die vorher nicht im Blick lagen. Ein Beispiel dafür bietet das Projekt „Mehrwert2", mit dem neue Zielgruppen durch den Beitrag zur Lösung eines sozialen Problems auch für Unternehmen in den Fokus rücken (Beyond Philanthropy 2017).

Was können Unternehmen tun? Für Unternehmen lässt sich daher aus den Erfahrungen mit sozialen Initiativen die Frage nach der sozialen Mission ableiten. Was genau ist die Mission des Unternehmens, welche soziale Mission wird mit dem Unternehmenszweck verfolgt? Findet sich dieser Aspekt auch in der übergeordneten Vision des Unternehmens wieder? Wenn sich alle mit einer gemeinsamen Mission identifizieren und ihr Handeln daraus ableiten, fällt die Zusammenarbeit insbesondere mit externen Partnern oder in schwierigen Situationen leichter.

Wirtschaften kann auch ohne Gewinnmaximierung funktionieren

Was lässt sich in sozialen Initiativen beobachten? Soziale Initiativen verfolgen in der Regel eine soziale Problemlösung und sind am Gemeinwohl orientiert. Dadurch haben sie kein „Produkt" oder eine „Dienstleistung", die über den normalen Marktmechanismus nachgefragt wird, und ein Preisbildungsprozess besteht. Infolgedessen verfügen soziale Initiativen nur über sehr begrenzte Ressourcen, mit denen sie wirtschaften müssen – seien es finanzielle Mittel, personelle Ressourcen oder die Ausstattung mit Sachmitteln. Sie müssen daher sehr aktiv mit den gegebenen Mitteln wirtschaften, in Anlehnung an das Minimax- oder Maximax-Prinzip der Ökonomie, nach dem ein gegebenes Ziel (die soziale Problemlösung) mit minimalem Aufwand zu erreichen ist oder anders herum mit einem gegebenen Aufwand das maximale Ergebnis erreicht werden soll. Der Erfolg einer solchen Organisation bemisst sich daher nicht zwangsläufig nach ökonomischen Kriterien, sondern vielmehr nach dem Beitrag zur sozialen Mission. Der Friedensnobelpreisträger Muhammad Yunus geht mit seinem Social-Business-Ansatz sogar noch weiter: Seine Unternehmensgruppe erlaubt Gewinne nur, wenn sie zugunsten der Armen gehen oder ins Unternehmen reinvestiert werden. Dennoch sind seine Unternehmen profitabel auch im streng ökonomischen Sinne.

Welches Beispiel verdeutlicht das? Ein Beispiel ist die Organisation „Viva con Agua", die als Social Business eine GmbH zur Produktion von Wasser gegründet hat. Die Überschüsse dieser GmbH dienen zur Finanzierung von Viva-con-Agua-Projekten und damit zur Unterstützung von unterschiedlichsten Wasserprojekten weltweit, mit denen die Versorgung mit sauberem Trinkwasser verbessert wird. Die nach wirtschaftlichen Gesichtspunkten gegründete GmbH dient damit ebenfalls dieser sozialen Mission.

Wie ist es in Unternehmen? Unternehmen verfolgen für gewöhnlich Gewinnmaximierungsabsichten, entweder zugunsten des Inhabers oder von Anteilseignern. Im Sinne der Gewinnmaximierung werden dann alle Aktivitäten des Unternehmens nach dem Beitrag zu diesem Ziel bewertet. In der Folge werden dann Kosten maximal reduziert bei gleichzeitiger Steigerung der Umsätze. Die Mission des Unternehmens oder moralische Grundwerte geraten dabei leicht aus dem Blick. Eine Entwicklung, die beispielsweise auch der Club of Hamburg (o.J.) mit seinem Fokus auf moralische Werte bei gleichzeitigem wirtschaftlichem Erfolg in den Mittelpunkt rückt.

Was können Unternehmen tun? Unternehmen können auch dann wirtschaftlich sein, wenn sie Zielgröße und Nebenbedingung tauschen. Zielgröße ist dann die Maximierung des Beitrags zur Mission, Nebenbedingung der effiziente Ressourceneinsatz bzw. die Gewinnerzielung. Unternehmen können sich dann beispielsweise fragen, welche Ressourcen zur Mission oder Vision des Unternehmens beitragen. Mit dieser Frage kann sich dann ein anderer Fokus zur Bewertung des Ressourceneinsatzes ergeben. Wird der Blick sogar auf die soziale Mission gerichtet, werden zwar keine Gewinne maximiert, aber mit wirtschaftlichem Handeln kann dann ein Beitrag zum Gemeinwohl geleistet werden. Dass diese „vertauschte" Gewinnperspektive durchaus auch interessant für Investoren ist, zeigt der wachsende Social-Impact-Investment-Markt[1].

Führung funktioniert auch unter der Bedingung von Unverbindlichkeit und mit lateraler Führungskompetenz

Was lässt sich in sozialen Initiativen beobachten? Führungskräfte im sozialen Sektor arbeiten häufig mit Freiwilligen. Das verbindende Element ist auch hier wieder die soziale Mission, die allen Beteiligten den Sinn für die Aufgaben vermittelt. Da freiwilliges Engagement in der Regel in der Freizeit stattfindet, besteht auch ein großes Verständnis dafür, dass die gemeinsame Arbeit Spaß machen muss. Verbindlichkeit lässt sich dann nicht durch Verträge oder monetäre Anreize herstellen, die Führungskraft muss sich aber dennoch auf die Mitarbeiter verlassen können. In diesem Sinne besteht in sozialen Initiativen häufig nur ein fachliches Weisungsrecht bzw. muss die Initiative die Ehrenamtlichen für die gemeinsame Sache begeistern, sodass sich alle für die gleichen Ziele engagieren. Außerdem benötigen die sozialen Initiativen eine Struktur, die trotz des ehrenamtlichen Engagements eine verbindliche Arbeit ermöglicht.

Welches Beispiel verdeutlicht das? Ein Beispiel sind sogenannte Urban-Gardening-Initiativen, die in Städten das gemeinsame Gärtnern beispielsweise auf Parkdecks oder wie in Berlin auf dem alten Flughafengelände des Flughafens Tempelhof ermöglichen. Jeder kann sich nach seiner persönlichen Motivation engagieren. Allerdings müssen gewisse gemeinsame Regeln definiert werden, damit beispielsweise die Pflege und das Gießen der Pflanzen über den Sommer hinweg sichergestellt sind. Diese Regeln aufzustellen und umzusetzen, gelingt in diesen Organisationen, da sich alle dem gemeinsamen Ziel des Gärtnerns in ihrem Umfeld verschrieben haben.

Wie ist es in Unternehmen? Unternehmen sind dagegen zum einen nach wie vor stark auf die disziplinarische Führung ausgerichtet. Auch wenn es Ansätze gibt – wie beispielsweise mit dem Ansatz des kollegial geführten Unternehmens (Oestereich und Schröder 2017) beschrieben –, die eine Alternative zur disziplinarischen Führung enthalten, herrscht aktuell ein klassisches Führungsverständnis in Unternehmen. Auch wenn Führungskräfte wissen, welchen Beitrag intrinsische und extrinsische Motivation für die Mitarbeiterbindung und Ausrichtung auf die gemeinsamen Ziele leistet, ist es der klassischen Führung inhärent, dass sie mit direkter Weisung arbeitet. Zudem führt der Wandel in der Erziehung und des Bildungssystems dazu, dass die klassische Führung an Grenzen stößt, da Menschen heute stärker gewohnt sind, motivationsgetrieben zu arbeiten, und dies auch einzufordern. Zum anderen besitzt gerade in der Projektarbeit die Führung ohne Weisungsbefugnis, die sogenannte laterale Führungskompetenz, eine hohe Bedeutung, da die

[1] Social Impact Investment bezeichnet zu Deutsch wirkungsorientiertes Investieren. Diese Investments verfolgen die gezielte Absicht, soziale bzw. ökologische Wirkung sowie eine positive finanzielle Rendite zu erzielen. Die soziale bzw. ökologische Wirkung ist Teil der Investmentstrategie und wird gemessen. Einen Überblick über diesen wachsenden Markt gibt die Bertelsmann-Studie „Social Impact Investment in Deutschland 2016" (Bertelsmann 2016).

Projektleitung in der Regel den Projektmitarbeitern nicht disziplinarisch weisungsbefugt ist, sondern nur ein fachliches Weisungsrecht im Rahmen des Projektes besitzt.

Was können Unternehmen tun? Für Unternehmen lässt sich daraus wieder die Frage ableiten, wie die Führungskräfte das Team für die gemeinsame Mission oder aber mindestens für die Ziele begeistern und motivieren können. Kontinuierlicher Austausch über den Beitrag zur (sozialen) Mission sowie Transparenz über die Ziele und den Status der Zielerreichung für alle Beteiligten können hierzu einen wertvollen Beitrag leisten. Hilfreich ist auch die gemeinsame Formulierung von klaren und einfachen Regeln, denen die Mitarbeiter aufgrund der Eindeutigkeit folgen können und wollen, insbesondere wenn sie an deren Entwicklung mitgewirkt haben.

Partizipation fördert die Motivation der Mitarbeiter
Was lässt sich in sozialen Initiativen beobachten? In sozialen Initiativen engagieren sich Menschen, die sich aus einer individuellen Motivation heraus für die soziale Mission der Organisation engagieren wollen. Dabei sind die Initiativen darauf angewiesen, die individuellen Stärken, Fähigkeiten und Motivation ihrer Mitglieder möglichst gut zu nutzen und zu kombinieren. Sie können in den seltensten Fällen Mitarbeiter einfach austauschen oder Ressourcen extern einkaufen. Mitarbeiter können daher eigene Ideen einbringen, mit denen sie das Projekt voranbringen können, und so dazu beitragen, das soziale Problem zu lösen. Dafür besitzen insbesondere gemeinnützige Vereine Strukturen, die demokratische Beteiligung möglich machen. Zudem müssen sie sich fragen, was ihre Mitglieder motiviert und wofür sie sich engagieren wollen.

Welches Beispiel verdeutlicht das? Viva con Agua e. V. aus Hamburg tut das beispielsweise, indem jeder Freiwillige eine regionale Gruppe bilden und seine eigenen Ideen für eine Aktion umsetzen kann, um Geld für Wasserprojekte in der Entwicklungszusammenarbeit zu sammeln. Und das einfach, flexibel und jeder auf seine eigene Weise. Ein weiteres Beispiel ist eine evangelische Kirchengemeinde aus Bremen, bei welcher der Pastor alle Gemeindemitglieder eingeladen hat, an der Entwicklung der Vision für die Kirchengemeinde 2020 mitzuwirken. Es hat sich eine Gruppe gebildet, die über einen längeren Prozess ein Zukunftsbild für die Kirchengemeinde und einen Umsetzungsplan entwickelt hat.

Wie ist es in Unternehmen? Unternehmen sind arbeitsteilig organisiert. Mitarbeiter werden für eine bestimmte Funktion eingestellt, und sie können im Rahmen ihres Verantwortungsbereiches arbeiten. Sich darüber hinaus in dem Unternehmen einzubringen oder gar Aufgaben zu übernehmen, für die sie nicht eingestellt wurden, kann ein Unternehmen Mitarbeitern nur schwer möglich machen. Auch wenn es partizipative Prozesse – beispielsweise in Strategieprozessen – gibt, dann wird das in der Regel nur in einem sehr begrenzten Rahmen ermöglicht.

Was können Unternehmen tun? Für Unternehmen kann das bedeuten, dass sie weniger vorgegeben arbeitsteilig organisiert werden, sondern Möglichkeiten bieten, wie sich die Mitarbeiter nach ihrer persönlichen Motivation und selbstorganisiert engagieren möchten. Unternehmen können zudem stärker beobachten, welche gesuchten Kompetenzen und Ideen fach- und abteilungsübergreifend bei den eigenen Mitarbeitern vorhanden sind und in welcher Weise sie für die Vision des Unternehmens sinnvoll genutzt werden können. Das kann bedeuten, dass Führungskräfte ihre Pläne zugunsten von Ideen, die von Mitarbeitern und Führung gemeinsam entwickelt werden, in den Hintergrund stellen. Beschrieben wird dies beispielsweise von Laloux (2017), der mit seinem Buch „Reinventing Organizations" einen Leitfaden für sinnstiftende Formen der Zusammenarbeit bietet.

Reflexionsprozesse fördern die Weiterentwicklung

Was lässt sich in sozialen Initiativen beobachten? Soziale Initiativen sind durch ihre Abhängigkeit von der Öffentlichkeit als potenzielle Spender oder von Dritten als Geldgeber (Stiftungen, öffentliche Hand) in stärkerem Maße darauf angewiesen, ständig zu überprüfen, ob alle ihre Handlungen der sozialen Mission dienen. Dies geschieht zum Beispiel im Rahmen ihrer Öffentlichkeitsarbeit, bei Projektanträgen oder Evaluierungen oder auch im Rahmen interner Entwicklungsprozesse zur Frage, ob die bisherigen Angebote und Leistungen einen überzeugenden Beitrag zur sozialen Mission leisten können. Wir erleben in sozialen Initiativen immer wieder, dass sie ganz aktiv über Reflexionsprozesse ihr Angebot weiterentwickeln und die Prozesse bewusst gestalten.

Welches Beispiel verdeutlicht das? Ein Projekt aus dem Großraum Hamburg bietet Betreuung für Familien, in denen ein Elternteil eine akute Krebsdiagnose erhalten hat. Damit sich die Eltern zunächst um ihre eigene Situation kümmern und sich damit auseinandersetzen können, übernehmen speziell ausgebildete Paten die Betreuung der Kinder in dieser Zeit. Die beiden Gründerinnen dieser Initiative – die wie so häufig ihre Initiative aus persönlicher Betroffenheit heraus gegründet haben – fragen sich kontinuierlich, welche weiteren Angebote sie entwickeln müssen, um ihre soziale Mission – in dieser Situation Unterstützung für die Familien zu bieten – zu verfolgen. So wurde beispielsweise eine Erste-Hilfe-Box mit Informationsmaterialien und Trostspendern entwickelt, um unkomplizierte Familienhilfe im Falle einer schweren Erkrankung eines Elternteils anzubieten oder ein Netzwerk mit weiteren Kooperationspartnern, beispielsweise einem deutschen Wohlfahrtsverband, gebildet.

Wie ist es in Unternehmen? Unternehmen tun sich erfahrungsgemäß schwer mit Reflexionsprozessen, wie sie beispielsweise auch mit kontinuierlichen Veränderungs-/Verbesserungsprozessen verfolgt werden. Derartige Reflexionsprozesse setzen voraus, dass getroffene Entscheidungen auch hinterfragt werden dürfen. Und vor allem setzen sie Zeit, Offenheit und Vertrauen voraus. Aufgrund von starken Konzentrationsprozessen und Verdichtung von Arbeitsabläufen, wie sie durch Kosten- oder Prozessoptimierungen insbesondere seit den 1990er-Jahren umgesetzt werden, lässt sich jedoch immer stärker beobachten, dass jetzt erst recht keine Zeit, keine Ressourcen und kein Puffer für solche Prozesse vorhanden sind.

Was können Unternehmen tun? Für Unternehmen bedeutet das, sich kontinuierlich immer wieder zu fragen, welches Umfeld und welchen Freiraum sie für ihre Mitarbeiter schaffen wollen, um Ideen einzubringen oder Probleme in aktuellen Entwicklungen aufzeigen zu können und damit Angebote und Prozesse weiterzuentwickeln. Die Leitfrage nach der Mission kann auch hierbei für Unternehmen als Orientierung dienen. Diesen Freiraum für die Mitarbeiter zu schaffen, darf nicht als „Zeitverschwendung“ bewertet werden, da dadurch erst die für die Weiterentwicklung benötigten Reflexionsprozesse durchlaufen werden. Wird dieser Freiraum geschaffen, können sich Mitarbeiter engagieren, um Angebote weiterzuentwickeln, die einen Beitrag zur Mission leisten – wie in der Organisation in unserem Beispiel. Hinzukommen sollte gleichzeitig die Offenheit, getroffene Entscheidungen zu hinterfragen und aktuelle Entwicklungen im Unternehmen kritisch zu bewerten.

Dinge brauchen ihre Zeit

Was lässt sich in sozialen Initiativen beobachten? Wie schaffen es soziale Initiativen, langfristig Bestand zu haben und – auch wenn nur ehrenamtlich organisiert – ein kontinuierliches Angebot aufrechtzuerhalten? Viele soziale Initiativen stehen permanenter Ressourcenknappheit gegenüber. Trotzdem schaffen sie es häufig, dass die wichtigen Themen langfristig bearbeitet werden. Eine zentrale Erkenntnis aus der Arbeit mit sozialen Initiativen ist: Die Dinge brauchen eben ihre Zeit. Unsere Erfahrung zeigt: Die wirklich wichtigen Dinge bekommen Aufmerksamkeit. Auch wenn zeitweise nicht daran gearbeitet oder auch bewusst innegehalten wird. Es lässt sich in den Initiativen beobachten, dass die relevanten Themen dann Aufmerksamkeit bekommen, wenn das Ziel klar ist und Engagement vorhanden ist.

Welches Beispiel verdeutlicht das? Ein Beispiel stellt die bereits vorgestellte Organisation dar, die Unterstützung für Familien mit einer akuten Krebsdiagnose bietet. Lange Zeit hat sich das Projekt gefragt, welche organisatorische Struktur benötigt wird, um die Unterstützung für Familien anzubieten. Sollte sich die Initiative einem Träger anschließen, einen anderen Kooperationspartner finden oder einen Verein gründen? Dieser Prozess hat fast zwei Jahre Zeit gedauert, obwohl die eigentliche Gründung eines Vereins verhältnismäßig kurzfristig möglich wäre. Auf diese Weise ist die Entscheidung gut gereift, und es ist keine voreilige Bindung an einen externen Träger erfolgt. Als weiteres Beispiel kann ein Verein genannt werden, der Trauerbegleiter ausbildet und ein neues Angebot zur Unterstützung von Angehörigen von demenziell Erkrankten entwickelt hat: Sehr sorgfältig wurde im Team geprüft, wie der Verein dieses neue Angebot in die bestehenden Angebote integrieren kann, ohne die vorhandenen ehren- und hauptamtlichen Mitarbeiter zu überfordern.

Wie ist es in Unternehmen? In der Wirtschaft wissen wir, dass „Zeit Geld ist“. Die Aufträge und Aufgabenpakete sollen am besten schon gestern erledigt werden. Immer wieder heißt es, dass Geschwindigkeit erforderlich ist, um am Markt bestehen zu können. Dieses Mantra wird von Unternehmen häufig gar nicht mehr infrage gestellt. Vielmehr entsteht der Eindruck, dass Unternehmen diese Devise sklavisch verfolgen, weil damit die Prioritäten klargemacht werden und der Druck bei den Mitarbeitern aufrechterhalten werden soll. Gleichzeitig gibt es auch immer wieder Projekte, die nach einem Jahr in der Konzeptphase „in der Schublade“ landen, aber zwei Jahre später auf einmal unter neuem Namen weiterverfolgt werden. Die Zeit für das Projekt war scheinbar noch nicht reif.

Was können Unternehmen tun? Unternehmen können vor der Umsetzung von neuen Ideen stärker reflektieren, inwieweit sie zur Mission des Unternehmens beitragen und ob sie möglicherweise Ressourcen überstrapazieren. Mitarbeiter sollten zudem Ideen, die von Führungskräften eingebracht werden, infrage stellen dürfen. Zudem kann es immer wieder sinnvoll sein, auch bewusst Projektpausen einzulegen, um ein Thema aus einer neuen Perspektive zu betrachten und mit neuem Schwung anzugehen. Auch der Blick in die Vergangenheit ist sinnvoll, welche Projekte zum aktuellen Thema schon einmal initiiert wurden, um etwaige Erfahrungen daraus auszuwerten.

In sozialen Projekten können neue Kompetenzen ausprobiert werden

Was lässt sich in sozialen Initiativen beobachten? Wir erleben soziale Initiativen als ideales Übungsfeld, um neue Dinge auszuprobieren. Es ist dort in der Regel immer noch besser, dass sich jemand mit intrinsischer Motivation um ein Thema kümmert, auch wenn er nicht der Experte auf dem Gebiet ist, als dass das Thema gar nicht weiterverfolgt wird. Soziale Organisationen haben oft nicht die Ressourcen, um zusätzliche bzw. neue externe Mitarbeiter einzusetzen. Für Ehrenamtliche etwa bieten sich hier vielfältige Einsatzmöglichkeiten, und die Fehlerkultur in sozialen Initiativen macht es ihnen zudem leichter, Gelegenheiten für neue Erfahrungen und Entwicklung zu nutzen.

Welches Beispiel verdeutlicht das? Heldenrat e. V. selbst bietet dafür ein Beispiel. Berufstätige aus der Wirtschaft haben die Möglichkeit, Moderations- oder Beratungserfahrung, Erfahrung im Projektmanagement, Präsentationserfahrung oder auch laterale Führungskompetenz zu sammeln, auch wenn sie selbst die Erfahrung nicht mitbringen. Mit der ehrenamtlichen und kostenfreien Beratung für soziale Initiativen erhalten die Initiativen Unterstützung, die sie sonst nicht in Anspruch nehmen könnten.

Wie ist es in Unternehmen? Unternehmen tun sich für gewöhnlich schwer damit, ihren Mitarbeitern wirklich bewusst Übungsfelder zu eröffnen. Es besteht die Sorge, dass ein Thema nicht kurzfristig oder nicht in der benötigten Qualität bearbeitet wird. In den Situationen, in denen ein Thema zu besetzen ist, für die kein interner Mitarbeiter verfügbar ist, werden oft externe Dienstleister oder Berater eingekauft. Das bedeutet jedoch auch, dass das Know-how wieder weg ist, sobald die Externen das Unternehmen verlassen. Ist das wirklich effizienter, als den eigenen Mitarbeitern die Chance zu geben, ihre Kompetenzen weiterzuentwickeln?

Was können Unternehmen tun? Interne Projekte mit ihrem abgeschlossenen Charakter sind die ideale Spielwiese, um Neues auszuprobieren. Hier können bewusst Freiräume und Übungsfelder für Mitarbeiter geschaffen werden, um neue Kompetenzen zu entwickeln oder Erfahrungen zu sammeln. Dazu zählen im Übrigen auch Pro-Bono-Projekte oder Corporate-Volunteering-Maßnahmen, die für Mitarbeiter willkommene Übungsfelder darstellen. Ein Beispiel bietet der startsocial-Wettbewerb, über den sich Mitarbeiter für drei Monate als ehrenamtliche Coaches engagieren können (startsocial 2018).

Der Mensch steht im Mittelpunkt

Was lässt sich in sozialen Initiativen beobachten? Im sozialen Sektor fallen Missstimmungen meist schnell auf, da die Menschen aufgrund des freiwilligen Charakters weniger ein Blatt vor den Mund nehmen. Sie sagen ihre Meinung freier heraus. In zivilgesellschaftlichen Organisationen – als Ort von ewigen Diskussionen bekannt – kann diese Eigenschaft viel Positives bewirken. Missstände fallen schneller auf, dadurch werden Blockierer schneller zurück an den Tisch geholt – bevor sich Demotivation und Missmut einschleichen und andere mitreißen. In sozialen Initiativen zeigt sich häufig, dass sie sehr offen für die Belange ihrer Mitglieder sind. Sie wissen, dass sie ohne das Engagement der Ehrenamtlichen ihre soziale Mission nicht erfüllen können.

Welches Beispiel verdeutlicht das? Ein Beispiel ist ein Hospizdienst in Niedersachsen, der einen Zukunftstag mit seinen Ehrenamtlichen plant, um sie zu ihren Wünschen und Erwartungen an die Arbeit für den Hospizdienst in der Zukunft zu befragen. Dabei wird die Frage gestellt, welches Umfeld die Ehrenamtlichen benötigen, um sich langfristig für den Dienst zu engagieren. Auf diese Weise gelingt es dem Hospizdienst besser, Missstimmungen vorzubeugen und ein attraktives Umfeld für seine Ehrenamtlichen zu gestalten.

Wie ist es in Unternehmen? In Unternehmen herrscht vielfach die Devise: „Der Mensch ist Mittel. Punkt“ vor und weniger „Der Mensch ist Mittelpunkt“. Das Primat der Gewinnmaximierung rechtfertigt dann, dass Arbeit nicht einem höheren oder sozialen Zweck dient, sondern die Arbeitsleistung der Mitarbeiter dem Unternehmenszweck der Gewinnmaximierung dienen muss. Deswegen erhalten Stimmungen und Hinweise auf die Atmosphäre vielfach nicht die Aufmerksamkeit, die erforderlich wäre, um entsprechend gegenzusteuern. Um langfristig erfolgreich zu sein, müssen Unternehmen menschlicher werden (Dilk 2017, S. 18–26). Dafür finden sie in gemeinwohlorientierten Organisationen überzeugende Vorbilder.

Was können Unternehmen tun? In Unternehmen kann es ebenfalls hilfreich sein, ein Stimmungsbild von den Beteiligten einzuholen. Die Führungskraft dient mit einer wertschätzenden Haltung als Vorbild. Eine Kurzbefragung als sogenannter Quick-Check oder die Frage nach einer Wasserstandsmeldung im (Projekt-)Teammeeting können einen Eindruck zum Stimmungsbild vermitteln und so Entwicklungen in der Motivation des Teams helfen frühzeitig zu erkennen.

Den Wert von Vielfalt erkennen

Was lässt sich in sozialen Initiativen beobachten? Vom flippigen Selbstständigen zur aktiven Rentnerin, vom Flüchtling zur Schülerin: In sozialen Initiativen gehören alle dazu. Mit einem äußerst heterogenen Projektteam ein Ergebnis zu erarbeiten, erfordert die Fähigkeit, diese Vielfalt zu nutzen. Welche Chancen sind mit der Vielfalt im Team verbunden, und wie wird die Vielfalt gepflegt? In Teams von Freiwilligen im sozialen Sektor findet meist eine geringe Auslese der Teammitglieder durch die Führungsebene statt. So gut wie alle Initiativen suchen Ehrenamtliche, und dadurch gibt es wenig Auswahlprozesse, und es können auf diese Weise sehr heterogene Teams entstehen.

Welches Beispiel verdeutlicht das? Ein Beispiel ist ein Verein, der Öffentlichkeitsarbeit zum Thema psychische Erkrankung anbietet. In dem Verein engagieren sich von einer psychischen Krankheit Betroffene, Angehörige von psychisch Erkrankten oder Professionelle, die sich beruflich mit dem Thema psychische Erkrankung beschäftigen. Die Besonderheit dieser Zusammensetzung in den Projektteams führt unter Umständen dazu, dass einzelne Projektteammitglieder, beispielsweise mit einer manisch-depressiven Erkrankung, nach einer Stunde einen Workshop verlassen, weil sie nicht länger mit der Gruppe zusammen sein können. Aber durch die Einbindung der verschiedenen Zielgruppen des Vereins ist es beispielsweise gelungen, eine Internetplattform für die interne und externe Kommunikation aufzubauen, die aktiv für die Vereinsarbeit genutzt wird und mit der alle Beteiligten (Erfahrene, Angehörige, Professionelle) zurechtkommen.

Wie ist es in Unternehmen? Gerade unter Druck lässt sich vielfach beobachten, dass bei der Zusammensetzung von Teams die Gleichartigkeit und scheinbare „Passung" der Teammitglieder im Vordergrund steht. Für zentrale strategische Projekte eines Unternehmens bilden dann häufig die gleichen Schlüsselressourcen ein Projektteam, die bereits in vorangegangenen Projekten erfolgreich zusammengearbeitet haben. In Projekten sind jedoch gerade neue Denkweisen gefragt und heterogene Teams stellen bestehende Zusammenhänge eher infrage. Häufig wird auch zu Beginn eines Projektes nicht ausreichend Zeit eingeplant, eine gemeinsame Sprache mit den diversen Beteiligten zu finden. Es kann Zeit in Anspruch nehmen, bis deutlich wird, dass mit unterschiedlichen Begriffen der gleiche Sachverhalt bezeichnet wird. Erst dann ist eine inhaltliche Auseinandersetzung möglich, und die Beteiligten können ihre je unterschiedlichen Perspektiven in die Projektarbeit einbringen.

Was können Unternehmen tun? Für Unternehmen stellt sich die Frage, wie die Vielfalt im Projektteam aktiv gepflegt und bewusst für die Erreichung von Zielen eingesetzt werden kann. Wo ergänzen sich die Teammitglieder? Gibt es besondere Eigenschaften, die nicht im Team vorhanden sind und bewusst auf anderem Wege eingebunden werden sollten? Hilfreich ist es auch, vor allem Projektteams zum Start genügend Zeit einzuräumen, um ein gemeinsames Zielbild zu entwickeln, Spielregeln für die Zusammenarbeit aufzustellen und damit verbunden eine gemeinsame Sprache zu finden. Die Vielfalt wirkt sich dann positiv auf die Qualität der Ergebnisse aus.

Virtuelle Zusammenarbeit einfach gestalten
Was lässt sich in sozialen Initiativen beobachten? Teams im sozialen Sektor arbeiten heute oft virtuell zusammen. Reale Treffen werden seltener, häufig ist die virtuelle Zusammenarbeit sogar eine Grundvoraussetzung für die Arbeit. Tools für gemeinsames Arbeiten müssen dann für die Beteiligten einfach, handhabbar und effizient sein. Die Ehrenamtlichen sind nicht in Vollzeit eingebunden, und daher werden Instrumente benötigt, mit denen auch an unterschiedlichen Standorten ansässige Mitglieder schnell und unkompliziert auf dem aktuellen Stand gehalten und eingebunden werden können. Die heute verfügbaren Open-Source- oder kostenfreien Tools bieten hierfür viele Möglichkeiten. Insbesondere dadurch, dass Teammitglieder Erfahrungen mit einzelnen Tools besitzen,

werden sie auch für die Arbeit in den sozialen Initiativen eingesetzt. Der Einsatz orientiert sich an Vorerfahrungen und Interesse sowie an einfach verfügbaren Instrumenten statt am neuesten Stand der Technik.

Welches Beispiel verdeutlicht das? Als Beispiel lässt sich wieder der Verein benennen, der Öffentlichkeitsarbeit zum Thema psychische Erkrankung bietet. Ein Vereinsmitglied hatte Erfahrungen mit einer sogenannten Open-Source-Internetplattform (in diesem Fall Joomla als freiverfügbares und somit als Open Source bezeichnetes Content-Management-System), die dann für die Vereinsarbeit eingesetzt wurde. Auch bei Heldenrat wird die Vereinsarbeit mit einfachen Tools unterstützt, indem beispielsweise bei Teammeetings Teilnehmer von anderen Standorten via Skype eingebunden werden.

Wie ist es in Unternehmen? In Unternehmen werden häufig komplexe IT-Landschaften aufgebaut, die es den Mitarbeitern nicht mehr erlauben, einfache Tools – mit denen sie Erfahrungen aus anderen Kontexten besitzen – einzusetzen. Muss ein Projektteam beispielsweise virtuell zusammenarbeiten, ist ein großer Zeitaufwand erforderlich, um alle Projektbeteiligten mit den zur Verfügung stehenden Tools vertraut zu machen. Beobachten lässt sich dann häufig, dass bei virtuellen Konferenzen – obwohl technisch hervorragend ausgestattet – die Konferenz kaum ein Ergebnis bringt, da die Hälfte der Zeit für die Überwindung technischer Hürden aufgewendet wird. Dabei lassen sich Tools viel einfacher anwenden, wenn Teammitglieder bereits Erfahrung im Umgang mit den Tools besitzen.

Was können Unternehmen tun? Unternehmen können den Mitarbeitern den Freiraum bieten, unkompliziert Erfahrungen mit neuen Tools zu sammeln. Das scheinbar beste technische Tool bietet nicht immer auch die beste Lösung für die Mitarbeiter. Es sind häufig eher Tools, mit denen Erfahrungen im Projektteam bestehen und die einfach verfügbar sind und somit unkompliziert für die Zusammenarbeit ausprobiert werden können. Teams können die Frage stellen, was sich bei den Beteiligten in der Vergangenheit für die Zusammenarbeit bewährt hat. Wenn an die bestehenden Erfahrungen der Teilnehmer angeknüpft werden kann, dann steigt damit auch die Akzeptanz für den Einsatz von Tools – alleine schon dadurch, dass im Peer-to-Peer-Verfahren Erfahrungen ausgetauscht werden.

17.4 Den Herausforderungen der VUCA-Welt begegnen

17.4.1 Überblick zum VUCA-Begriff

Der Begriff VUCA wurde erstmals im US Army War College, Pennsylvania, verwendet, um das veränderte Umfeld Ende des 20. Jahrhunderts, Anfang des 21. Jahrhunderts zu beschreiben, dem Militärstrategen gegenüberstanden (Mack und Khare 2016, S. 5). Die Umfeldbeschreibung lässt sich auch auf andere Bereiche strategischer Führung übertragen und eignet sich insbesondere, um bestehende Managementkonzepte vor dem Hintergrund wirtschaftlicher und gesellschaftlicher Veränderungen zu überprüfen.

VUCA ist ein Akronym für die Begriffe Volatility, Uncertainty, Complexity und Ambiguity. Volatilität bezeichnet die steigende Veränderungsgeschwindigkeit, Uncertainty oder auch Unsicherheit bezeichnet den Umstand, dass Entwicklungen in der Zukunft kaum noch vorausgesagt werden können. Complexity steht für die zunehmende Komplexität, da sich im Rahmen weltweiter Vernetzung kaum noch überschaubare Bereiche ergeben. Außerdem steht die zunehmende Komplexität für den Umstand, dass Ursache und Wirkung nicht mehr in einem direkten Zusammenhang stehen. Ambiguität ist die Bezeichnung für die Situation, dass es für Probleme nicht mehr eine eindeutige Lösung gibt, sondern immer mehrere denkbare Lösungswege bestehen. Das „sowohl als auch" von denkbaren Lösungsszenarien steigert wiederum die Komplexität.

Werden die vier Phänomene nach dem Wissen über die Situation und die Vorhersagbarkeit von Ergebnissen zugeordnet, ergibt sich die in Abb. 17.1 aufgeführte Matrix als VUCA-Portfolio[2].

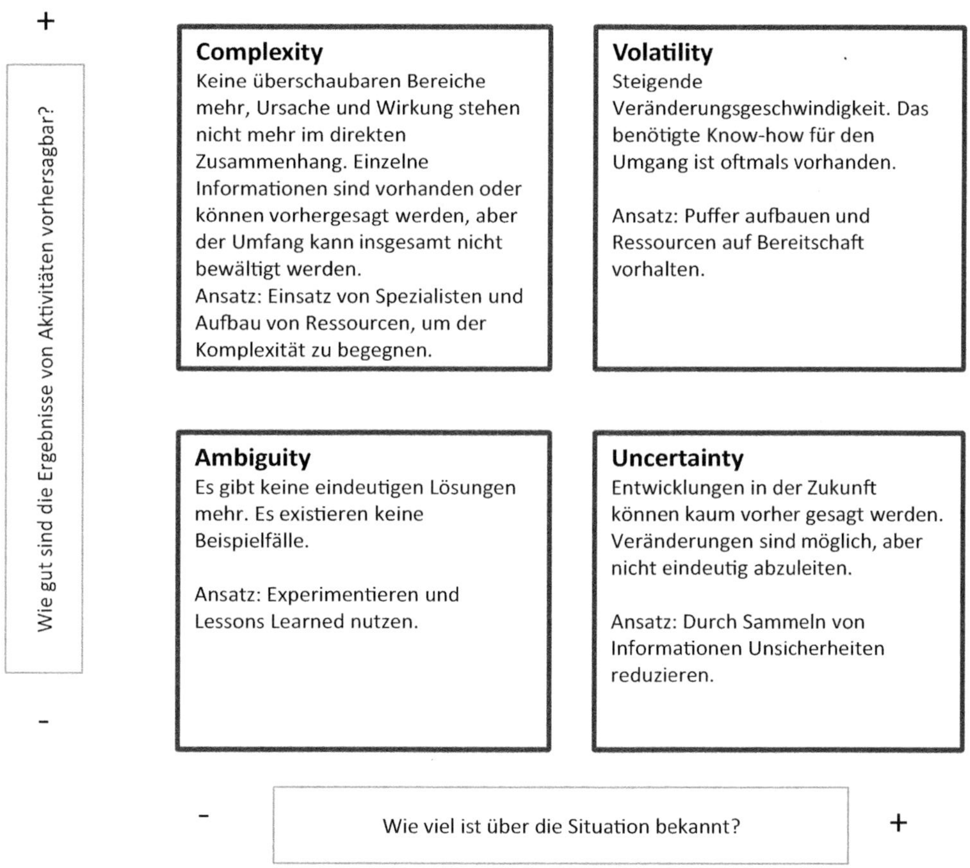

Abb. 17.1 VUCA-Portfolio. (Quelle: In Anlehnung an Mack und Khare 2016, S. 7.)

[2] Für eine andere Schwerpunktsetzung vgl. Mack et al. (2016): Hier werden mit VUCA nicht vier separate Phänomene bezeichnet, sondern nach Ansicht der Autoren stellt Komplexität den Schlüs-

17.4.2 Strategien für die VUCA-Welt

Die zentrale Frage für Unternehmen lautet nun, wie sie unter den veränderten Rahmenbedingungen aus Komplexität, Mehrdeutigkeit, Unsicherheit und Veränderungsgeschwindigkeit langfristig handlungsfähig bleiben. Die zuvor genannte Matrix bietet bereits erste Handlungsansätze wie zum Beispiel den Aufbau von Ressourcen und Kapazitäten, das Schaffen von Experimentierräumen oder die Informationssammlung und -auswertung durch intensivere Reflexionsprozesse.[3]

Ein erweiterter systematischer Ansatz liegt nach Bartholomees (2008, S. 57–60) in der strategischen Förderung von fünf zentralen Denkkompetenzen: kritisches Denken, kreatives Denken, Systemdenken, Denken in der Zeit und ethisches Denken.

Das kritische Denken ist dabei ein Prozess aus Klärung des Anliegens, der Bewertung von Informationen, der Bewertung von Auswirkungen und dem Treffen von Entscheidungen oder Fällen von Urteilen.

Das kreative Denken leistet seinen Beitrag, indem neue, andere und kreative Wege genutzt werden, um Informationen zu verarbeiten und die Beziehungen zwischen Daten, Akteuren und Ereignissen zu erkennen.

Systemdenken bezieht sich für den strategischen Prozess darauf, das Ganze zu verstehen, (Sub-)Systeme zu identifizieren, Abhängigkeiten zwischen Systemen zu betrachten ebenso wie die individuellen Besonderheiten einzelner Systeme in Bezug auf ihre Rolle und Funktion innerhalb des Ganzen, und die Auswirkungen von Änderungen auf das Ganze zu begreifen. Diese Perspektive richtet als Synthese den Blick darauf, wie die Teile zusammenwirken.

Das Denken in der Zeit beinhaltet das Identifizieren von vergangenen Situationen, die Ähnlichkeiten zu der aktuellen Situation aufweisen, um anschließend Gemeinsamkeiten und Unterschiede herauszuarbeiten. Auf diese Weise werden sonst unbeachtete Faktoren und Beziehungen sichtbar.

Das ethische Denken fordert die Überprüfung moralischer Faktoren im strategischen Prozess. Das ethische Denken fokussiert, was in Bezug auf die jeweiligen Interessen von Bedeutung ist, und zieht moralische Faktoren für die Beurteilung hinzu.

Situationen und Entwicklungen lassen sich mithilfe dieser fünf Denkkompetenzen differenzierter betrachten. Blinde Flecken werden verhindert, denen unsere Wahrnehmung unterliegt, wenn etwas nicht vollständig erfasst werden kann, indem verschiedene Blickwinkel eingenommen werden. Auf diese Weise wird nach Bartholomees die Wahrscheinlichkeit erhöht zu erkennen, was im Strategieprozess wichtig wird. Die Denkkompetenzen

selansatz dar, und die anderen Elemente werden als Konsequenz der zunehmenden Komplexität betrachtet.

[3] Vgl. für weitere Ansätze: Mack et al. (2016) beschreiben die Ausrichtung verschiedener Managementansätze auf das VUCA-Umfeld, Johansen und Voto heben zehn Leadership-Kompetenzen hervor (Johansen und Voto 2013, S. 4–6) oder Buchholz richtet den Blick auf die interne Kommunikation (Buchholz 2017, S. 198).

bieten zugleich einen geeigneten Bezugspunkt, um die beschriebenen zehn „Heldenrat-Learnings" in Verbindung zu den Anforderungen einer VUCA-Welt zu setzen.

17.4.3 Denkkompetenzen aus dem sozialen Sektor für die VUCA-Welt

Die naheliegendste Erfahrung aus dem sozialen Sektor ergibt sich aus der Anforderung an das *ethische Denken,* da sich gemeinnützige Organisationen dem Gemeinwohl verpflichten und dadurch moralische Grundlagen im Kern tragen – wenn Moral das „gute" und „richtige" Handeln und somit die Gesamtheit der Werte und Normen einer Gesellschaft bezeichnet. Diese Organisationen verfolgen keine Gewinnmaximierung, sondern vielmehr die Lösung eines gesellschaftlichen Problems. Darüber hinaus gewinnt auch die Orientierung an den Menschen als „gutes" Handeln eine ethische Komponente. Soziale Initiativen mit ihrer ausgeprägten Orientierung an den Menschen bieten somit für das VUCA-Umfeld eine wichtige Erfahrung.

Aber auch das *kritische Denken* kann in sozialen Initiativen mit ihrer ausgeprägten Reflexionsfähigkeit beobachtet werden. Soziale Projekte holen sich Feedback zu ihren Prozessen ein und können damit trotz zunehmender Komplexität mit ihrem Angebot zur Lösung eines sozialen Problems beitragen. Das *kreative Denken* ist regelmäßig gefordert, da soziale Initiativen kontinuierlich und unter Einbezug von Praxiserfahrungen nach kreativen Problemlösungen für das soziale Problem suchen. Die vorherrschende Vielfalt und die partizipativen Prozesse in sozialen Initiativen unterstützen ebenfalls das kritische und kreative Denken. Darüber hinaus wird das kreative Denken durch die Offenheit gefördert, mit der im sozialen Umfeld neue Dinge ausprobiert werden können und jeder sich nach seinem Interesse und seiner Motivation engagieren kann. Dadurch wird das „Denken über den Tellerrand" gefördert. Das kreative Denken lässt sich zudem mit Erfahrungen aus Führungssituationen in gemeinnützigen Organisationen verstärken, in denen keine Weisungsbefugnis besteht. Offenheit, der Blick über den Tellerrand und Sensibilität für das Team sind hier gefragt und eröffnen kreative Denkprozesse.

Systemdenken zeigt sich in der Ausrichtung an der sozialen Mission und der Betrachtung aller Elemente, die einen Beitrag zur Lösung des identifizierten gesellschaftlichen Problems leisten. Die Integration aller Stakeholder über die soziale Mission stellt im Sinne des „Systemdenkens" die Anschlussfähigkeit an die Organisation sicher. Zudem werden die Rolle und Funktion der Stakeholder mit ihrem Beitrag für die Problemlösung betrachtet, um sie zielgerichtet ansprechen zu können. Mit Führungserfahrung aus dem sozialen Sektor ist darüber hinaus der Blick für das große Ganze und das Zusammenwirken einzelner Teile trainiert worden, da sich nur so Freiwillige für das Engagement begeistern lassen. Wird dann noch die virtuelle Zusammenarbeit einfach gestaltet, leistet das ebenfalls einen Beitrag, das Zusammenwirken einzelner Teile zu ermöglichen.

Aus dem *Denken in der Zeit* wird im sozialen Sektor vielmehr ein Denken über Zeit und kommt besonders mit der Erfahrung „die Dinge brauchen ihre Zeit" zum Ausdruck. Mit diesem Verständnis für Prozesse im sozialen Sektor – wenn beispielsweise die Umsetzung von Themen wie eine Vereinsgründung deutlich länger braucht als der eigentliche Akt der Gründung – steht dahinter vielmehr eine Haltung, mit der eine neue Bewertung für den Umsetzungsgrad von Themen im VUCA-Umfeld möglich wird.

Zusammenfassend ergibt sich in Tab. 17.1 eine Matrix aus der Gegenüberstellung der Denkkompetenzen und der Heldenrat-Learnings.

Diese Einordnung erhebt keinen Anspruch auf Vollständigkeit oder Eindeutigkeit. Sie bietet jedoch die Möglichkeit, Erfahrungen aus dem sozialen Sektor – sei es von einzelnen Mitarbeitern, einzelnen Teams oder des Unternehmens – neu zu bewerten und auf Relevanz für die strategische Ausrichtung des Unternehmens hin zu überprüfen.

Tab. 17.1 Matrix der Heldenrat-Learnings und Denk-Kompetenzen für die VUCA-Welt

	Ethisches Denken	Kritisches Denken	Kreatives Denken	Systemisches Denken	Denken in der Zeit
Die soziale Mission dient als Integrationspunkt für alle Stakeholder.	X			X	
Wirtschaften kann auch ohne Gewinnmaximierung funktionieren.	X				
Führung funktioniert auch unter der Bedingung von Unverbindlichkeit und mit lateraler Führungskompetenz.			X	X	
Partizipation fördert die Motivation der Mitarbeiter.		X	X		
Reflexionsprozesse fördern die Weiterentwicklung.		X	X		
Dinge brauchen ihre Zeit.					X
In sozialen Projekten können neue Kompetenzen ausprobiert werden.			X		
Der Mensch steht im Mittelpunkt.	X				
Den Wert von Vielfalt erkennen.		X	X		
Virtuelle Zusammenarbeit einfach gestalten.				X	

17.5 Fazit und Abschluss

Das VUCA-Umfeld erfordert neue Vorgehensweisen, um den Anforderungen in diesem Kontext zu begegnen. Die strategische Förderung von fünf zentralen Denkkompetenzen bietet hierfür einen geeigneten Ansatz. Die geschilderten Heldenrat-Learnings aus der Beobachtung zentraler Funktionslogiken des sozialen Sektors zeigen, dass die Erfahrungen aus gemeinwohlorientierten Organisationen einen Unterschied machen und die Entwicklung solcher Denk-Kompetenzen fördern können. Wie gezeigt werden konnte, zahlen die Learnings auf unterschiedliche Art und Weise auf die Entwicklung ein.

Es bleibt die zentrale Managementherausforderung dieser Tage, den Bedarf an einer solchen Kompetenzentwicklung und die Relevanz für die strategische Ausrichtung nicht nur zu erkennen, sondern sie auch systematisch und konzentriert zu gestalten. Eine partizipativ getragene Analyse der „sozialen Balance" innerhalb eines Unternehmens und die Bearbeitung ihrer Erkenntnisse, Kooperationen mit sozialen Initiativen, die Entwicklung einer sozialen Unternehmensmission sowie von Angeboten zu sozialen Problemlösungen können mögliche Schritte in diese Richtung sein. Das Lernen aus dem sozialen Sektor erscheint insgesamt als zukunftsfähiger Baustein der Unternehmensentwicklung, um sich in einem dynamischen Umfeld auf Markt- und gesellschaftliche Veränderungen auszurichten und die eigene Transformations- und Veränderungsfähigkeit zu stärken.

Literatur

Bartholomees, J. (2008). *Theory of war and strategy*. US Army War College: Carlisle.

Bertelsmann (2016). *Social Impact Investment in Deutschland 2016: Kann das Momentum zum Aufbruch genutzt werden?* Studie der Bertelsmann Stiftung. Gütersloh: Bertelsmann.

Beyond Philanthropy (2017). MEHRWERT^2 Soziale Innovationen für Unternehmen und Gesellschaft. https://de.beyondphilanthropy.eu/ideen/themen/mehrwert. Zugegriffen: 17. Nov. 2017.

Buchholz, U. (2017). Interne CSR-Kommunikation im VUCA-Umfeld. In R: Wagner, N. Roschker & A. Moutchnik (Hrsg.), *CSR und interne Kommunikation. Forschungsansätze und Praxisbeiträge* (S. 193–202). Wiesbaden: Springer Gabler.

Bundesministerium für Familie, Senioren, Frauen und Jugend - BMFSFJ (2016). *Freiwilliges Engagement in Deutschland. Der Deutsche Freiwilligensurvey 2014*. Berlin: BMFSFJ.

Club of Hamburg (o. J.). *Stiftung – Club of Hamburg Erfolg mit Anstand*. https://www.clubofhamburg.de. Zugriffen: 17. November 2017

Dilk, A. (2017). Macht's menschlicher. *Manager Seminare*, *235*, 18–26.

Ehrentraut, O., Hackmann, T., Krämer, L., & Plume, A.-M. (2014). *Ins rechte Licht gerückt. Die Sozialwirtschaft und ihre volkswirtschaftliche Bedeutung. WISO direkt. Analysen und Konzepte zur Wirtschafts- und Sozialpolitik*. Bonn: Abteilung Wirtschafts- und Sozialpolitik der Friedrich Ebert Stiftung.

Johansen, B., & Voto, A. (2013). Leadership skills to thrive in the future. *People & Strategy*, *36*(4), 4–6.

Laloux, F. (2017). *Reinventing Organizations. Ein illustrierter Leitfaden sinnstiftender Formen der Zusammenarbeit*. München: Vahlen.

Mack, O., & Khare, A. (2016). Perspectives on a VUCA World. In O. Mack, A. Khare, A. Krämer & T. Burgartz (Hrsg.), *Managing in a VUCA World* (S. 3–19). Heidelberg: Springer.

Oestereich, B., & Schröder, C. (2017). *Das kollegial geführte Unternehmen. Ideen und Praktiken für die agile Organisation von morgen*. München: Vahlen.

Priemer, J., Krimmer, H., & Labigne, A. (2017). *Vielfalt verstehen. Zusammenhalt stärken*. ZiviZ-Survey 2017. Essen: Edition Stifterverband.

startsocial (2018). startsocial – hilfe für helfer. https://startsocial.de/. Zugegriffen: 8. Apr. 2018.

Dr. Hilke Posor ist seit 2014 verantwortlich für das Competence Center Change Management der s.Oliver Group. Darüber hinaus ist sie Gründerin des Heldenrat e.V. sowie geschäftsführende Gesellschafterin der Heldenrat GmbH und hat einen Lehrauftrag am Zentrum für Weiterbildung der Universität Hamburg. Sie hat Betriebswirtschaftslehre an der Universität Hamburg studiert und wurde dort 2011 zum Thema „Moderation virtueller Projektarbeit" promoviert. Sie hat langjährige Erfahrung im Projekt-, Prozess- und Qualitätsmanagement, seit 2009 mit dem Schwerpunkt Change-Management, und begleitete verschiedene strategische Excellence-Initiativen und SAP-Einführungen.

Dr. Thomas Leppert ist Industriekaufmann, Gründer von Heldenrat e.V. sowie geschäftsführender Gesellschafter der Heldenrat GmbH. Zudem hat er diverse Lehraufträge zu Social Business, Social Entrepreneurship und Wirtschaftsethik. Seit 2016 ist er stellvertretender Bereichsleiter der Robert Bosch Stiftung und verantwortlich für das Thema „Zivilgesellschaft in Deutschland". Er hat Politische Wissenschaften an der Freien Universität Berlin studiert und wurde 2012 von der Universität Hamburg zum Thema „Social Entrepreneurship in Deutschland" promoviert. Thomas Leppert hat langjährige Erfahrung im Projekt-, Prozess- und Qualitätsmanagement in den Sektoren Forschung, Finanzwirtschaft, Medizinprodukte und Non-Profit-Management.

Digitale Transformation bei einem technischen Dienstleister

18

Erfahrungen aus der Transformation von Det Norske Veritas Germanischer Lloyd

Albrecht Grell

DNV GL ist ein global operierender technischer Prüfdienstleister, der seit über 150 Jahren Unternehmen in ihrem Bestreben unterstützt, die Sicherheit und Nachhaltigkeit ihrer Aktivitäten zu steigern. Kern der Aktivitäten von DNV GL ist die Maritime Sparte, die als Klassifikationsgesellschaft Werften, Reedereien und die maritime Zulieferindustrie zu ihren Kunden zählt. Dabei stützt sich DNV GL auf ein in dieser Form einmaliges regulatives Regelwerk, welches ausgehend von den in der International Maritime Organisation (IMO) organisierten (Flaggen-)Staaten den Klassifikationsgesellschaften eine fest definierte Rolle zur Vermeidung maritimer Unfälle zuweist, mit damit verbundenen Rechten und Pflichten. Die 4000 Mitarbeiter der Maritimen Sparte von DNV GL (von 13.000 Mitarbeitern im Konzern insgesamt) sind überwiegend Ingenieure und tätig in über 100 Ländern. DNV GL ist Qualitäts- und mit einem Anteil von 20 % auch Weltmarktführer.

Ende 2015 wurde eine neue Konzernstrategie entwickelt, aus der eine maritime Strategie abgeleitet wurde. Diese Strategien stellten erstmalig die Digitalisierung in den Mittelpunkt der strategischen Ambitionen des Konzerns und beschreiben die Digitalisierung als zentralen Hebel zur Steigerung von Effizienz und Kundenzufriedenheit (DNV GL 2016, S. 5). Als Konsequenz aus der Verabschiedung dieser Strategie wurde in der maritimen Sparte eine Einheit zum Vorantreiben dieser digitalen Transformation geschaffen, die „Digital Solutions & Innovation" (DSI). Dabei wurde „Digitale Transformation" definiert als eine grundlegende Veränderung von Dienstleistungen, Produkten, Prozessen und Beziehungen zu Kunden, die über die normale evolutionäre Entwicklung dieser hinausgeht. Durch die bewusste Fokussierung auf die digitale Transformation wurde darüber hinaus der Erwartung Ausdruck verliehen, dass auf Prozess-Automatisation und Datenanalytik basierende Ansätze eine solche Transformation ermöglichen würden. Anfang 2016 wurde

A. Grell (✉)
22391 Hamburg, Deutschland
E-Mail: albrechtgrell@googlemail.com

M. H. Dahm und S. Thode (Hrsg.), *Strategie und Transformation im digitalen Zeitalter*, FOM-Edition, https://doi.org/10.1007/978-3-658-22032-7_18

eine „Digital Roadmap“ verabschiedet, die die erkennbaren Veränderungsnotwendigkeiten und -möglichkeiten gesamtheitlich darstellte und die als Arbeitsgrundlage diente.

Der hier veröffentlichte Beitrag basiert auf den seit Anfang 2016 gemachten Erfahrungen bei der digitalen Transformation von DNV GL. Auch wenn das bei DNV GL umgesetzte Programm auf die spezifische Ausgangslage und die strategischen Intentionen von DNV GL angepasst war, sind die gemachten Erfahrungen weitestgehend auf andere – zumindest auf vergleichbare – Industrien übertragbar. Die zunehmende Vernetzung sowohl von Menschen als auch von Maschinen durch künstliche Intelligenz und Machine Learning ermöglichte die Automatisierung von Wissensarbeit und Gewinnung neuer Erkenntnisse, die Schaffung neuer User-Interfaces mit zunehmenden mobilen Anwendungen, „virtual und augmented reality“ sowie sprachgestützte Mensch-Maschine-Interaktion sind Beispiele technologiegetriebener Änderungen, die praktisch alle Branchen gleichermaßen betreffen. Darüber hinaus wird durch die zunehmende Durchdringung aller Handlungsfelder mit diesen Technologien ein weiterer Trend beschleunigt: das Verschieben und Verschwimmen von Industriegrenzen. Traditionelle Industrieabgrenzungen verlieren zunehmend ihre Bedeutung, neue Wettbewerber greifen aus angrenzenden Industrien an oder tauchen als Start-ups ganz aus dem Nichts auf. Der vertraute Schutz vor allzu radikalen Änderungen, den klar abgegrenzte Industrien mit bekannten Spielern und Wettbewerbsansätzen boten, löst sich zunehmend auf.

18.1 Ausgangslage für DNV GL

Die Verabschiedung der Strategie und die Phase ihrer beginnenden Umsetzung fielen zusammen mit einer Reihe substanzieller Herausforderungen für DNV GL. Nach einer langen Boomphase war das maritime Geschäft erstmals seit den 80er-Jahren des letzten Jahrhunderts von einer massiven Marktkontraktion betroffen. Diese wird sich bis 2019 in Summe auf gut 30 % des Marktniveaus von 2014/2015 belaufen, was mehrere Gründe hat:

- Die Globalisierung vieler Wertschöpfungsketten ist weitestgehend abgeschlossen, die Containerisierung vieler Warenströme hat ein hohes Niveau erreicht. In Verbindung mit einer zunehmenden Umstellung des chinesischen Wachstumsmodells hin zu einer stärkeren Orientierung auf Binnennachfrage führt dies strukturell und somit nachhaltig zu einer weniger stark wachsenden Nachfrage nach Seetransportleistung/Schiffen.
- Dieser Rückgang wird zyklisch überzeichnet, da der Kapazitätsüberhang aus der Wachstumsblase zu Mitte des vergangenen Jahrzehnts immer noch nicht abgebaut ist, worunter insbesondere der Schiffbau und die Zulieferindustrie leiden – für DNV GL sehr wichtige Märkte.
- Für DNV GL hat das Offshore-Geschäft (Exploration und Produktion von Öl und Gas) eine erhebliche Bedeutung, insbesondere die Exploration in komplexen Umgebungen, hohen Wassertiefen und in der Arktis. Der durch den Siegeszug der Fracking-Techno-

logie ausgelöste Einbruch der Ölpreise hat auch diese Exploration weitestgehend zum Erliegen gebracht.
- Diese mengenmäßigen Belastungen des Marktes werden durch die im Klassifikationsmarkt seit einigen Jahren zu beobachtende Preiserosion verstärkt. Alle Wettbewerber von DNV GL kämpfen mit Überkapazitäten und haben einen erbitterten Verdrängungswettbewerb aufgenommen.

Die Situation von DNV GL wurde dadurch erschwert, dass gleichzeitig mit dieser substanziellen Marktschrumpfung auch Marktanteile verloren gingen. Auch hierfür gab es eine Reihe von Gründen:

- 2013 waren DNV und GL zu DNV GL verschmolzen worden. Ein langwieriger Integrationsprozess führte in dieser Phase zu einer starken Innenorientierung der Organisation, Kundenfokus und Servicequalität litten.
- Der gleichzeitig zunehmende Preiswettbewerb stellte für DNV GL als Premiumanbieter eine zusätzliche Herausforderung dar. Auch klassische Premiumsegmente im Markt begannen, ihre Einkaufsentscheidungen stärker preisbasiert zu fällen.

Die digitale Transformation wurde in der Strategie als der zentrale Hebel zur Steigerung von Effizienzen, Verbesserung der Kundenbetreuung und -interaktion sowie zur Generierung neuer Umsätze identifiziert – als Weg, um in einem zunehmend intensiven Wettbewerb erfolgreich zu bestehen. Darüber hinaus galt es, durch den rapiden technologischen Wandel der Branche neu auftretende Wettbewerber im Zaum zu halten und die erbrachten Dienstleistungen anzupassen an ein immer komplexeres technologisches Umfeld (Stichwort „softwareabhängige Systeme"), das es mit seinen Risiken zu beherrschen galt. Während also DNV GL durch einen schrumpfenden Markt bei sinkenden Preisen und Marktanteilen unter nicht unerheblichen (wirtschaftlichen) Druck geriet, stieg die Notwendigkeit zu einer digitalen Transformation des Geschäfts und damit verbunden zu entsprechenden Investitionen.

Zurückblickend wird man fragen, ob die entsprechenden Aktivitäten nicht früher hätten eingeleitet werden können und müssen – sowohl die technologischen Entwicklungen als auch die geschäftlichen Herausforderungen waren schon lange absehbar. Da die Frage aber grundsätzlich bei jedem Veränderungs- und Transformationsprozess gestellt werden muss und wird, brauchen wir sie hier nicht weiter zu diskutieren. Vielmehr ist festzustellen, dass DNV GL mit der Entscheidung, eine digitalisierungszentrische Strategie auf- und umzusetzen, 2015 in der Branche alleine stand und dieser voranschritt.

Dieser Schritt war auch intern – insbesondere im mittleren Management des Konzerns – nicht unumstritten. Zu stark war noch der Eindruck der hohen Margen (die bis 2015/16 verteidigt werden konnten), zu klar der Fokus auf operative Verbesserungen auf Markt- und Kostenseite innerhalb der jeweiligen persönlichen Komfortzone. Die Tatsache, dass der CEO und Präsident von DNV GL neu im Amt war und mit dieser Strategie der Organisation seinen Stempel aufdrücken wollte, war vermutlich letztendlich der entscheidende Faktor für einen konsequenten Kurswechsel in Richtung digitale Transformation. Ohne den Wechsel an der Spitze wäre die Richtungsentscheidung vermutlich weniger konsequent ausgefallen.

18.2 Hürden für eine erfolgreiche Transformation

Den an der Entwicklung der neuen Strategie Beteiligten war klar, dass einer erfolgreichen Umsetzung viele Hürden entgegenstanden. Auch diese sind typisch für derartige Transformationsprozesse und bestehen im Kern aus einer oftmals nicht ausreichenden Änderungsbereitschaft und -fähigkeit von (erfolgreichen) Organisationen.

- Die äußerst erfolgreiche, lange Unternehmensgeschichte von DNV GL (ver)führte zu einer Sicht, dass die Veränderungen in Markt und Wettbewerb eher zyklischer Natur seien, dass das bestehende Geschäftsmodell verteidigt werden müsse und dass zwar Verbesserungen und Veränderungen immer wünschenswert seien, aber nur innerhalb des bestehenden, vertrauten Rahmens.
- Organisation und Governance-Modelle waren auf das bisherige, dienstleistungsorientierte Geschäftsmodell abgestimmt. Starke regionale Strukturen, über eine engmaschige Steuerung von „Utilization" und „Chargeability" geführt, standen bei DNV GL einer schnellen, notwendigerweise global ausgelegten digitalen Transformation mit erheblichen Investitionserfordernissen entgegen. Viele der notwendigen Maßnahmen zur digitalen Transformation beeinflussten in ihrer Konsequenz zumindest kurzfristig zentrale Erfolgsmessgrößen wie die „Utilization" negativ, sodass eine operative Unterstützung durch die operativ verantwortlichen Manager nicht automatisch sichergestellt werden konnte.

Darüber hinaus gab es aber auch eine Reihe von DNV GL spezifischen, zusätzlichen Herausforderungen:

- DNV GL ist eine „Prüforganisation", mit dem Unternehmensziel, Risiken zu vermeiden. Die Unternehmenskultur wurde über Jahrzehnte, wenn nicht gar seit der Gründung vor gut 150 Jahren, auf diese Aufgabe hin entwickelt. Mutiges Voranschreiten, Initiieren von Änderungsprozessen, ein „Fail fast"-Ansatz, wie im Silicon Valley gelebt, sind da fremd.
- Mangelnde Diversität, insbesondere im oberen und mittleren Management, stellte eine weitere Veränderungshürde dar. Das zwölfköpfige Managementteam der maritimen Sparte verdeutlicht die Herausforderung: Nur ein Mitglied verfügt über Berufserfahrung aus einer anderen Branche, nur ein Drittel hat je außerhalb von DNV GL gearbeitet (und diese Erfahrung lag oft schon Jahrzehnte zurück), fast alle Mitglieder des Teams sind über 50 Jahre alt, Nordeuropäer, und über 50 % von ihnen sogar

mit Abschlüssen von der gleichen Universität. Diese enorme Homogenität stellte eine zusätzliche Herausforderung und Bremse dar, da die Klassifikationsbranche in der Digitalisierung nicht führend ist und somit nur ein begrenzter Know-how- und Erfahrungspool zur Verfügung stand.

Derartige Hürden bremsen die Umsetzung einer jeglichen Strategie. Wenn die Veränderungen substanziell sind – und im Fall digitaler Transformation müssen sie dies ohne Frage sein – können die Widerstände bis zu einem Scheitern der Transformation führen. Zu beachten ist, dass das mittlere Management ein natürlicher Verlierer und damit Gegner eines solchen Prozesses ist. Manager haben ihre Rolle und ihren Status auf Basis von Kompetenzen und Verhaltensmustern erarbeitet, die in einer digitaleren Welt möglicherweise an Bedeutung verlieren. Der sich daraus ergebende Widerstand, ob offen gezeigt oder (in der Regel) verdeckt, ist eine natürliche Reaktion.

Man kann nur dringend raten, diese Herausforderungen nicht zu unterschätzen. Eine Transformationsstrategie wird in der Regel über gut zu kommunizierende Ziele der Veränderung und den Weg dahin verfügen. Aber auch wenn solche Strategien nicht explizit auf Widerstände und deren Überwindung eingehen, muss der CEO die Situation sehr klar analysieren und einen diesbezüglichen Plan entwickeln. Der Glaube, dass alleine eine aus Sicht der Gesellschafter und des Vorstands „gute" und erfolgversprechende Strategie ausreichen wird, um schrittweise zu einer konsensual veränderten Ausrichtung der Organisation zu kommen, kann sich leicht als Irrglaube entpuppen.

Bei der Umsetzung der Strategie wird es auf starke, unmissverständliche Signale des CEO ankommen. Veränderungswiderstände im mittleren Management können nur durch klar kommunizierte Erwartungen in Bezug auf Richtung und Geschwindigkeit der Veränderung überwunden werden. Dabei muss man nicht so weit gehen wie der chinesische Philosoph und General Sunzi in seinem 2500 Jahre alten Werk „Die Kunst des Krieges", der, um ein unmissverständliches Signal zu senden, königliche Konkubinen köpfen ließ. Dass es aber sehr starker Signale – gegebenenfalls auch wiederholt – bedarf, um Veränderungs-Inertia zu besiegen, steht außer Frage. Gut begründete Beförderungen und Kündigungen können dazugehören.

Als Führer einer Organisation in derartigen Transformationen muss man sich dieser Notwendigkeit bewusst sein. Denn ein Scheitern einer Transformation würde nicht nur die strategische Überlebensfähigkeit des Unternehmens infrage stellen. Gerade in einer so eingeschwungenen und erfolgreichen Organisation wie DNV GL könnte die auf ein Scheitern folgende Desorientierung und Verunsicherung in der Organisation weitreichende Folgen auch für das eigentlich von diesem Scheitern (noch) gar nicht betroffene Stammgeschäft und seine Wettbewerbsfähigkeit haben. Wankelmütigkeit ist bei der digitalen Transformation genauso wenig eine Option wie eine Umkehr zu alten Ufern – sehr wohl aber kontinuierliche Iteration und Weiterentwicklung des Rahmens, wie nachfolgend diskutiert.

18.3 Die digitale Transformation von DNV GL Maritime

Der bei DNV GL gewählte Ansatz bestand aus zwei Kernelementen. Eine „Roadmap“ zum Vorantreiben der digitalen Transformation wurde ergänzt durch den Aufbau einer Organisation zum Vorantreiben der für die Transformation notwendigen Programme und Aktivitäten.

18.3.1 Inhaltliche Ausrichtung

In einer „Roadmap for the digital transformation of DNV GL Maritime“ wurden die strategischen Ambitionen auf einzelne Handlungsfelder heruntergebrochen, Schritte zur digitalen Transformation definiert und Verantwortlichkeiten für die Umsetzung definiert. Die Festlegung dieser Roadmap ermöglichte es DNV GL, in Bezug auf Inhalte und Terminologie ein gemeinsames Verständnis zu schaffen. Ihr Ziel war es, in Ergänzung der Strategie für deren gesamte Gültigkeitsdauer (2016 bis 2020) als Referenz zu dienen. Die enorme Veränderungsgeschwindigkeit in Markt und Wettbewerbsumfeld sowie in den Projekten gewonnene Erkenntnisse machten dabei eine regelmäßige Anpassung notwendig. Dies geschah erstmalig bereits nach zwölf Monaten.

Die digitale Transformation von DNV GL Maritime hat drei in der Roadmap beschriebene Stoßrichtungen, die sich so oder ähnlich in Digitalisierungsinitiativen vieler Unternehmen wiederfinden:

- **Neue Geschäftsfelder und -möglichkeiten:** Die Erschließung neuer Geschäftsfelder hat einen doppelten Zweck. Zum einen kann so das Wachstum befeuert werden, zum anderen ist es auch eine notwendige defensive Strategie. Im Rahmen der Digitalisierung von Wertschöpfungsketten beginnen Industriegrenzen, sich mit zunehmender Vehemenz zu verschieben. Durch dieses Verschieben und Verschwimmen von traditionellen Industriegrenzen steigt die Gefahr, dass neue Wettbewerber aus benachbarten oder sogar ganz fremden Industrien in Erscheinung treten. Diesen Angriffen „präventiv“ Nährboden und Sprungbrett zu entziehen, kann überlebenswichtig sein.
  Wo liegen Potenziale für zusätzlichen Umsatz für DNV GL? Zum einen in den Bereichen, die einem Prüfkonzern am Herzen liegen: das Schützen von Daten und digitaler Infrastruktur (Cyber Security), die Sicherstellung einer ausreichenden Qualität von Daten und datenverarbeitenden Algorithmen. Zum anderen bieten sich zusätzliche Chancen durch die Entwicklung von Produkten auf Basis des proprietären Zugriffs auf die vermutlich größten Datentöpfe der maritimen Industrie in Verbindung mit den analytischen Fähigkeiten von DNV GL. Für diese zusätzlichen Geschäfte definierte die Roadmap ein Umsatzziel, um einen entsprechenden „Zug zum Tor“ sicherzustellen.
- **Bestehende Produkte, Dienstleistungen (und Prozesse ihrer Erbringung):** Vor dem Hintergrund einer zunehmenden Kommoditisierung weiter Teile des Geschäfts und eines damit stark preisbasierten Wettbewerbs stand die Effizienzsteigerung im Vorder-

grund der Aktivitäten. Kostensenkungen im deutlich zweistelligen Bereich wurden für wesentliche Geschäftsfelder angestrebt.
Neben der notwendigen Kostensenkung wurden weitere Ziele definiert: Die Erwartungen an Nutzerfreundlichkeit und Vereinfachung sind in den vergangenen Jahren erheblich gestiegen und müssen im Rahmen einer tiefgreifenden digitalen Transformation – auf Basis eines tiefen Nutzer- und Nutzungsverständnisses – im Re-Design von Produkten und Prozessen eine zentrale Rolle einnehmen.
Die prüfenden Tätigkeiten, die DNV GL ausführt, stehen vor der Herausforderung neuer Technologien (vernetzte, softwarebasierte Systeme), die ebenfalls zu prüfen sind, für die aber bisher im Wesentlichen weder die notwendigen Kompetenzen noch die benötigten „Produkte" ausreichend und zu kommerziell relevanten Kosten zur Verfügung standen. Hier musste Abhilfe geschaffen werden.
- **Kundenservice und -interaktion:** Pioniere wie Apple oder Amazon sind vorangeschritten, Banken, Onlineportale und andere sind gefolgt: Die Erwartungen, wie Kunden heute (digital) bedient werden wollen, haben sich in den vergangenen Jahren dramatisch verändert. 24/7-Erreichbarkeit, intuitive Benutzeroberflächen sowie Unterstützung durch künstliche Intelligenz werden mittlerweile erwartet, genau wie eine nahtlose Integration mobiler Endgeräte in die Kommunikation. Und diese Erwartungen sind nicht mehr auf den Endverbraucher und Konsumenten beschränkt – Konsumenten haben sie ins Berufsleben mitgenommen. Auch hier musste DNV GL nachziehen, um weiter als führender Spieler im Markt zu bestehen.

18.3.2 Organisatorische Voraussetzungen

Neben der Erstellung der Roadmap war der Aufbau einer dedizierten Organisation zu deren Umsetzung der zweite wesentliche Baustein der digitalen Transformation von DNV GL Maritime – die Einheit „Digital Solutions & Innovation". Die Schaffung einer solchen dedizierten, neuen Einheit ist ein schwieriger Schritt, da er schnell zu erheblichen Widerständen in der Bestandsorganisation führt, getrieben von dem wahrgenommenen Verlust an Zuständigkeiten und Deutungshoheit (diese Konflikte brechen oftmals an den Schnittstellen zu bestehenden Einheiten auf – so zum Beispiel zur IT oder zu den Bereichen, die bei der Transformation im Mittelpunkt stehen). Derartige Konflikte sind systemimmanent und müssen bewusst gemanagt, die gemeinsame Energie auf das Erreichen des gesamtheitlichen Transformationsziels gelenkt werden. Neben strukturellen Lösungsansätzen kommt hier einer klaren Führung durch den CEO besondere Bedeutung zu.

Bei DNV GL wurden in „Digital Solutions & Innovation" zwei wesentliche Organisationseinheiten der Digitalisierung zusammengezogen – und unter diesem gemeinsamen Dach weiterhin separat gemanagt: die Einheiten „Fleet Performance Management" und „Transformation & Innovation". Diese Entscheidung wurde bewusst gefällt, zum einen im Bewusstsein der handelnden Personen, zum anderen vor dem Hintergrund der Erkenntnis, dass die Erfolgsvoraussetzungen für das in „Fleet Performance Management" gebündel-

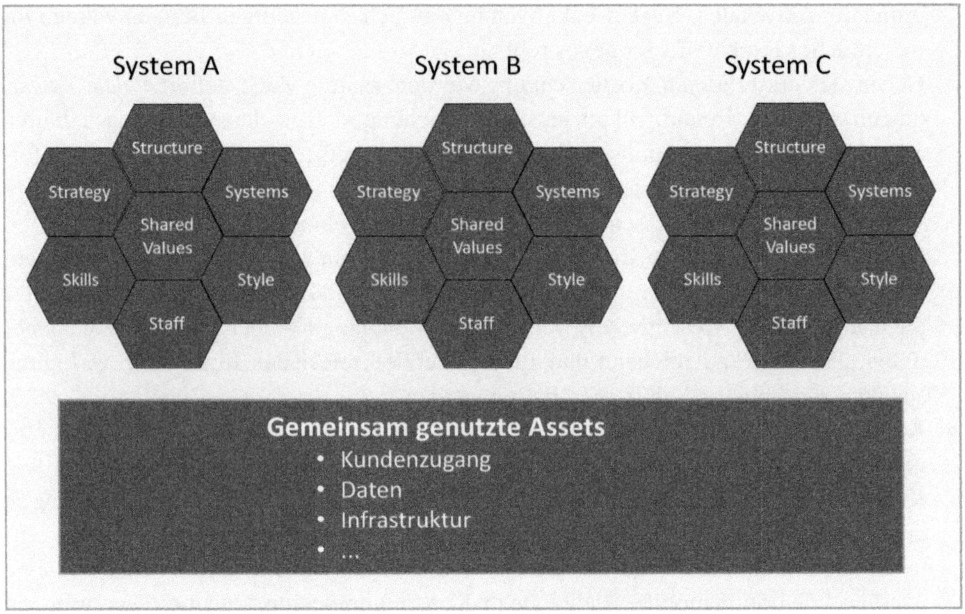

Abb. 18.1 Parallele Systeme auf Basis einer gemeinsamen Plattform

te digitale Geschäft denen des Transformationsvorhabens ähnlicher waren als denen der bestehenden Geschäftsfelder.

Grundlage dieser bewusst gewählten Aufstellung war die Notwendigkeit von Kongruenz, die Erkenntnis, dass ein Unternehmen oder auch nur ein spezifischer Veränderungsprozess nur dann erfolgreich sein kann, wenn alle Aspekte seines „Gesamtsystems" kongruent zueinander designt werden (O'Reilly und Tushman 2004). Es gibt diverse Modelle organisatorischer Kongruenz, das bekannteste dürfte das 7-S-Modell von McKinsey sein, welches die Kongruenz der 7S (Shared Values, Strategy, Structure, Systems, Style, Staff, Skills) als Erfolgsvoraussetzung benennt (Peters und Waterman 1982).

Diesen Modellen folgend mussten für den erfolgreichen Aufbau von (digitalem) Neugeschäft und für die Transformationsaktivitäten kongruente Gesamtsysteme geschaffen werden, die die spezifischen Erfolgsvoraussetzungen reflektierten und sich von dem System für das Bestandgeschäft abgrenzten. Für all diese Systeme wurde dabei eine gemeinsam zu nutzende Plattform definiert, auf die zur Steigerung von Geschwindigkeit und Effizienz zurückgegriffen werden konnte (siehe Abb. 18.1).

18.3.2.1 Das bestehende Geschäft

Bei genauerer Betrachtung wird schnell klar, dass für ein etabliertes Dienstleistungsgeschäft diese Kongruenz ganz anders ausgestaltet sein kann als für ein digital getriebenes, im Aufbau befindliches Venture oder gar für eine Transformationsaktivität.

Unternehmen, die sich auf den Weg der digitalen Transformation machen, verfügen allerdings nicht über alle denkbaren Freiheitsgrade. Vielmehr haben sich wesentliche Parameter ihres Gesamtsystems über Jahre und Jahrzehnte hinweg organisch entwickelt und sind tief in der Organisation verwurzelt. Die Systeme, mit denen eine Organisation funktioniert, das Personal (Staff), dessen Fähigkeiten, der Stil/die Art, wie gearbeitet wird etc. existieren in den Köpfen von oftmals Tausenden von Mitarbeitern, die damit erfolgreich arbeiten. Unter der Annahme, dass es sich um die Transformation eines funktionierenden und nicht um den Turnaround eines dysfunktionalen Unternehmens handelt, sind die Entscheider gut beraten, sich auf eine solide Analyse dieses Systems zu beschränken, es aber intakt zu lassen und nur behutsam weiterzuentwickeln: Es ist die Grundlage des Erfolgs des Unternehmens. Eine ehrliche Bestandsaufnahme ist allerdings notwendig, um auf ihrer Basis zu definieren, in welcher Beziehung zum bestehenden System das zu schaffende „Parallelsystem" für neue, andersgeartete Aufgaben, wie neue Geschäftsmodelle oder Transformationsaktivitäten, zu gestalten ist. Letztendlich dient ein Verständnis der Unterschiede auch der Entscheidung, wie nah oder fern vom bestehenden Geschäft und von der es tragenden Organisation die neuen Aktivitäten aufgesetzt werden müssen.

Das System des Bestandsgeschäfts von DNV GL Maritime, der seit 150 Jahren erfolgreichen Klassifikation von Schiffen und mobilen Offshore-Einheiten, hat sich über die Jahre entwickelt und ist fest in der Organisation und seinen Mitarbeitern verankert (siehe Tab. 18.1). Es setzt einen engen inhaltlichen Rahmen („Safeguard life, property and the environment") und fokussiert auf die kontinuierliche, schrittweise Verbesserung des Bestandsgeschäfts. Es ist ein auf die Verteidigung der führenden Position im Markt sowie auf Stabilität und Verlässlichkeit ausgelegtes System.

Wollte man dieses System forciert ändern, um die digitale Transformation zu beschleunigen, liefe man Gefahr, irreparablen Schaden anzurichten. Das System mag auf den ersten Blick „unmodern" erscheinen, es erfüllt aber seinen Zweck, wie man an der marktführenden Position und den bisher erwirtschafteten hohen Margen erkennen kann. Eine organische, behutsame Weiterentwicklung, mit Kunden und Markt in Einklang, erscheint der einzig sinnvoll gangbare Weg. Dieses gilt umso mehr, als es sich bei DNV GL um einen Dienstleister handelt, der außer seinem Personal keine wesentlichen Assets hat. Dieses Personal zu verunsichern, würde sofort negative Effekte im Kundenkontakt und in internen Abläufen nach sich ziehen – Effekte, die nur schwer reparabel wären.

18.3.2.2 Das digitale Neugeschäft

Es ist allerdings offensichtlich, dass dieses System kaum geeignet ist, mit mutigen Schritten neue Produkte zu entwickeln und in neue Märkte vorzustoßen. Wenn dieser Aufbruch dennoch gelingen soll (und er wurde in der Strategie als notwendig benannt), muss neben das bewährte System für das etablierte Geschäft ein neues System gesetzt werden, das gezielt für dieses neue Geschäft entworfen wird. Dabei ist es vorteilhaft, dass dieses Geschäft neu entsteht, oft auch mit neuen Mitarbeitern, sodass die Freiheitsgrade in seiner Gestaltung erheblich sind. Basierend auf den 7 S und nach den Entwicklungen der vergangenen zwei Jahre könnte man das System für die Führung des digitalen Neugeschäfts

Tab. 18.1 7 S der Systeme für das Bestandsgeschäft und das digitale Neugeschäft

	System für das Bestandsgeschäft	System für digitales Neugeschäft
Shared Values	„Safeguard life, property and the environment“	„Help our customers solve their most pressing challenges“
Strategy	Verteidigung der führenden Position im Markt der Klassifikation Premium, qualitative Differenzierung Fokus auf operative Exzellenz Nutzung der regulativen Grundlagen des Geschäfts	Schaffung von marktführenden Positionen mit datengetriebenen Produkten für Reedereien und Werften (DNV GL Kernkunden) Nutzung wesentlicher Assets von DNV GL: Marke, Kundenzugang, Daten, Infrastruktur etc. Premium, konsistent mit der Positionierung der Marke DNV GL
Structure	Regionale Struktur mit Fokus auf Leistungserbringung Kleinere zentrale Elemente ausschließlich zur Governance (Finance, Personalwesen etc.) sowie „Shared Services“	Zentrale Struktur mit Fokus auf Produktentwicklung Geringe Anzahl lokaler dislozierter Vertriebsmitarbeiter in den Regionen Schaffung eines „Unternehmens im Unternehmen“ mit hohem Grad an Autarkie entlang der gesamten Wertschöpfungskette
Systems	Starke Gewinn/EBITA-Orientierung, Kostenfokus Utilization/Chargeability als zentrale Key Performance Indikatoren (KPIs) Umfangreiches Managementsystem, (Prozess-)Vorgaben Intensive Planungs- und Controlling-Aktivitäten	Starke Wachstumsorientierung Steuerung über Meilensteine Sehr schlanke Finanz-, Planungs- und Controlling-Aktivitäten
Style	Risikominimierung Beständigkeit/geringe Veränderungsgeschwindigkeit Regelbasiert, hierarchisch	Unternehmerisch, pragmatisch Starke Kundenorientierung
Staff	Erfahrene Ingenieure mit Schwerpunkt Schiffbau/Schiffsmaschinenbau Hohes Durchschnittsalter von 45 bis 50 Jahren	Hohe Diversität (Ausbildung, Nationalitäten, Alter, Karrierepfade) Zwei Kerngruppen: Kundenorientierung/operative Erfahrung und Technologie
Skills	Starke technische Orientierung: Schiffbau/Schiffsmaschinenbau	Starke Vertriebs- und Kundenorientierung Verständnis Web-Technologien, Datenmanagement, Datenanalytik

von DNV GL – das Geschäftsfeld „Fleet Performance Management“ mit dem Kernprodukt „ECO Insight“ – wie folgt beschreiben, auch im Unterschied zum System für das Bestandsgeschäft (Tab. 18.1).

Nicht alle Elemente des hier beschriebenen Systems für das digitale Neugeschäft wurden bewusst entworfen und von Anfang an so etabliert, auch wenn das im Rückblick sowohl möglich als auch vermutlich sinnvoll gewesen wäre. Die Schaffung einer dedizierten

Einheit für das Neugeschäft schuf aber den Freiraum, unterschiedliche Systemelemente zu testen und zu iterieren, bis sich eine „Winning Formula" ergab.

Beim Aufbau von Neugeschäft neben und in Ergänzung zu bestehenden Aktivitäten stellt sich immer wieder die Frage, ob dieses Geschäft besser innerhalb oder außerhalb der bestehenden Organisation aufzubauen ist. Generell darf man annehmen, dass ein externer Aufbau, extern finanziert und mit entsprechend motiviertem Management ausgestattet, schneller voranschreiten, radikaler denken und unternehmerischer handeln wird. Extreme Fälle eines solchen externen Aufbaus sind Investitionen in unabhängig entstandene Start-ups oder aber die Schaffung von unternehmenseigenen Inkubatoren, die an Drittstandorten mit hohen unternehmerischen Freiheitsgraden aufgebaut werden. Im Falle von DNV GL gab es zwei Gründe, eine interne Entwicklung des Neugeschäfts zu präferieren (ohne dass diese Entscheidung notwendigerweise in anderen Fällen nicht anders zu treffen wäre):

- Synergien, insbesondere in Bezug auf Marke und Kundenzugang sowie in der Nutzung von technischem Know-how und Daten der bestehenden Organisation, wurden als erfolgsentscheidend bewertet. Zugang zu diesen Ressourcen wäre in einer externen Struktur teilweise rechtlich nicht möglich gewesen und in vielen Fällen – in einer Risiken vermeidenden, Veränderungen scheuenden Organisation – schwer durchzusetzen, insbesondere, da die Zahl der Schnittstellen zu diesen Ressourcen sehr hoch war und man auf „Goodwill" angewiesen gewesen wäre. Auch wurde die Geschwindigkeit und Dynamik möglicher Wettbewerber als nicht so hoch eingeschätzt, als dass eine auf maximale Geschwindigkeit ausgelegte externe Struktur notwendig erschien.
- Positive Rückkoppelungseffekte auf das bestehende Geschäft waren erwünscht. Zum einen hoffte man, durch das Bedienen von bestehenden Kunden mit einem verbreiterten Dienstleistungsportfolio aus einer Hand die Kundenbindung und die Differenzierung gegenüber dem Wettbewerb zu erhöhen, zum anderen sollten die unternehmerische, kundenorientiertere Arbeitsweise der neuen Einheit auf andere Teile der Organisation abstrahlen und dort zu dem erwünschten, schrittweisen Kulturwandel beitragen.

18.3.2.3 Die Transformationsaktivitäten

Das zweite Standbein der Einheit „Digital Solutions & Innovation" waren die von einer Stabsstelle geführten Programme zur (digitalen) Transformation des maritimen Geschäfts. Unter ihrer Führung wurden anfänglich vier Programme aufgesetzt, die auf die in der Roadmap beschriebene Steigerung der Effizienz bei bestehenden Produkten und Prozessen sowie auf Kundenservice und -interaktion fokussierten. Die Programme wurden mit einem breiten Mandat ausgestattet, sodass in jedem Programm die jeweilige Herausforderung ganzheitlich gelöst werden konnte. Innerhalb jedes Programms wurden mehrere Einzelprojekte aufgesetzt, die hohe Fokussierung und damit Geschwindigkeit bei der Erreichung von Unterzielen ermöglichen sollten. Projekte waren je nach Scope auf die Dauer von drei bis zwölf Monaten ausgelegt, die sie bündelnden Programme auf zwei Jahre und mehr.

Dieser bewusst temporär gestaltete Ansatz führte zu einer organisatorischen Lösung, die sich deutlich von den bisherigen Innovationsansätzen des Konzerns unterschied. Der in der Stabsstelle zur Transformation fest angestellte Stamm von Mitarbeitern wurde bewusst klein gehalten, Ressourcen für die Projekte wurden temporär aus den unterschiedlichsten Einheiten des Konzerns zusammengezogen. Dieses Vorgehen versprach mehrere Vorteile:

Die Flexibilität der Transformationseinheit blieb im Zeitverlauf gegeben, und es konnte umgehend auf etwaige Veränderungen in Bezug auf notwendige Kapazitäten oder Ausrichtung der Projekte reagiert werden. Auch versprach der zeitlich begrenzte Einsatz von Mitarbeitern einen höheren Grad an Engagement – eine Serie von Sprints statt Dauerlauf – und vermied das Aufkommen von Routine und Innenorientierung. Ein ähnliches Denken artikulierte auch Amazons Jeff Bezos (2017), in dem er die Vermeidung des „Day 2" zu einer seiner wichtigsten Maximen der Unternehmensführung erhebt. Auch wurden Mitarbeiter ausschließlich in Vollzeit eingesetzt – die bisher übliche Teilzeitabstellung wurde als nicht ausreichend fokussiert und effektiv erkannt und nur noch in Ausnahmefällen genutzt.

Gleichzeitig ermöglichte dieser kontinuierliche Personalumschlag eine starke Vernetzung mit bestehenden Einheiten des Unternehmens und einen Transfer insbesondere auch von Know-how, Sichtweisen und Methodik sowie der sich im Transformationsbereich entwickelnden Kultur „zurück" in die operativen Einheiten, deren Transformation ja das eigentliche Ziel der Aktivitäten war.

Durch den temporären Charakter dieser Transformationsprogramme und den regelmäßigen Wechsel des Personals musste – um den Erfolg dieser Aktivitäten sicherzustellen – das zugrunde liegende System sehr sorgfältig entworfen und permanent gepflegt werden. Ansonsten hätte die Gefahr bestanden, dass Systemelemente aus dem Bestandsgeschäft auch in der Transformation Fuß fassen und diese bremsen oder gar verhindern könnten (Tab. 18.2).

Das System für die Transformationseinheit wurde wie folgt entworfen (und hier dem System für das Bestandsgeschäft gegenübergestellt).

Auch bei einer solchen Transformationseinheit stellt sich die Frage der richtigen organisatorischen Aufhängung. Wir wählten eine Einheit, die bewusst neben den zu transformierenden Einheiten stand und durch eine direkte Berichtslinie von „Digital Solutions & Innovation" zum CEO eine gewisse Eigenständigkeit und ausreichenden Entscheidungsraum hatte (Abb. 18.2).

Eine eigenständige Aufstellung – so wie im Fall von DNV GL Maritime gewählt – kann leicht zu erheblichen Widerständen in den zu transformierenden Bereichen führen. Veränderungen werden als Indikation für Fehler interpretiert und zu verhindern versucht, „Not invented here"-Attitüden bremsen die Implementierung, ein schwieriger Weg, der nur durch intensive Abstimmungen und klare Führung erfolgreich gegangen werden kann. Der alternative Ansatz, die Transformationsaktivitäten direkt in den zu transformierenden Einheiten anzusiedeln, kann nur unter zwei Voraussetzungen zum Erfolg führen:

Tab. 18.2 Gegenüberstellung der Systeme für das Bestandsgeschäft und für Transformationsaktivitäten

	System für das Bestandsgeschäft	System für Transformationsaktivitäten
Shared Values	„Safeguard life, property and the environment“	„Challenge and transform the status quo of our key services in order to further strengthen DNV GL as the world's leading class society“
Strategy	Verteidigung der führenden Position im Markt der Klassifikation Premium, qualitative Differenzierung Fokus auf operative Exzellenz Nutzung der regulativen Grundlagen des Geschäfts	Digitalisierung und Automatisierung von Produkten und Prozessen, Einsatz von „Machine Learning“ und anderen Methoden der Datenanalytik zur Steigerung von Effizienz und Kundenfreundlichkeit Fokussierung auf die größten Kostenblöcke Konsequente Nutzung von Methoden des „Design Thinking“/„User Centric Designs“, auch für die Optimierung interner Prozesse
Structure	Regionale Struktur mit Fokus auf Leistungserbringung Kleinere zentrale Elemente ausschließlich zur Governance (Finance, Personalwesen ...) sowie „Shared Services“	Kleine Zentraleinheit mit Mitarbeitern, die themenübergreifend eingesetzt werden konnten, um Schwerpunkte zu bilden oder spezifische Kompetenzen einzubringen Projektorganisation mit eng fokussierten Einzelprojekten, gebündelt in größeren Programmen, um ausreichend Momentum in den definierten Themen zu erreichen
Systems	Starke Gewinn/EBITA-Orientierung, Kostenfokus Utilization/Chargeability als zentrale Key Performance Indikatoren (KPIs) Umfangreiches Managementsystem, (Prozess-)Vorgaben Intensive Planungs- und Controlling-Aktivitäten	Ausschließlich Meilensteinorientierung Kosten/Budgets außerhalb der Programme gemanagt, um Ergebnisfokus nicht zu verwässern
Style	Risikominimierung Beständigkeit/geringe Veränderungsgeschwindigkeit Regelbasiert, hierarchisch	„Fail fast – learn fast“, Aktivitäts-Bias und Fokus auf Geschwindigkeit Starke Outside-in-Orientierung Kultur des „Minimum Viable Product“, permanente Iteration Akzeptanz von Risiko als notwendige Kehrseite von Chancen Regelbrechen akzeptiert
Staff	Erfahrene Ingenieure mit Schwerpunkt Schiffbau/Schiffsmaschinenbau Hohes Durchschnittsalter von 45 bis 50 Jahren	Jung (intern rekrutiert zur Steigerung der Akzeptanz der Transformationsaktivitäten) Hoher Anteil temporär versetzten Personals zur besseren Erdung der Aktivitäten in der Organisation und Verbreitung der Methoden Hohe Diversität (Ausbildung, Nationalitäten, Karrierepfade)

Tab. 18.2 (Fortsetzung)

	System für das Bestandsgeschäft	System für Transformationsaktivitäten
Skills	Starke technische Orientierung: Schiffbau/Schiffsmaschinenbau	Fokus auf Persönlichkeit „Attitude beats skill“ Vermittlung von: Prinzipien agilen Arbeitens, „Design Thinking“ Grundprinzipien der IT und des Datenmanagements (eigentliche Programmierarbeit und Datenanalytik weitestgehend outgesourct)

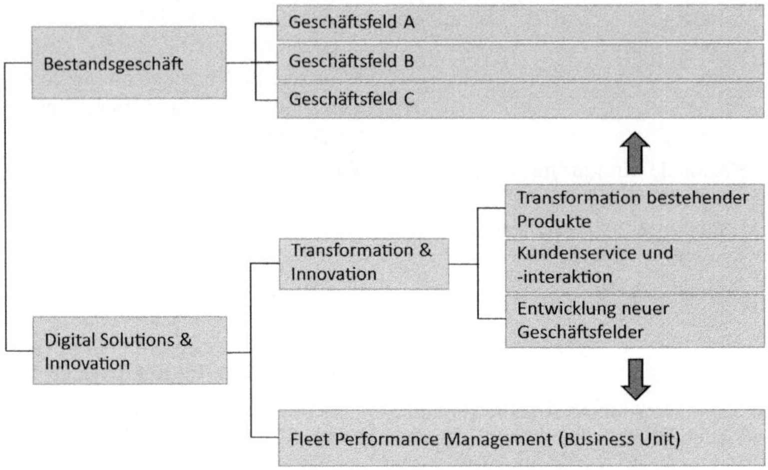

Abb. 18.2 Einbettung von „Digital Solutions & Innovation“ in den Unternehmenskontext

- Die Führung dieser Einheiten ist neu bzw. nicht der Vergangenheit verpflichtet und hat einen ernsthaften Wunsch zur Transformation des eigenen Bereichs.
- Der zu transformierende Bereich ist umfassend verantwortlich, sodass organisatorische Grenzen einer fundamentaleren Transformation nicht im Wege stehen.

Auch bei dem System für Transformationsaktivitäten gibt es kein generelles Richtig oder Falsch. Wichtig ist, dass der Entscheidung über die jeweilige Gestaltung dieses Systems eine gründliche Analyse der Erfolgsfaktoren vorausgeht und dass das System kongruent gestaltet und diese Gestaltung dann konsequent umgesetzt wird.

18.4 Übergreifende Erkenntnisse aus der digitalen Transformation von DNV GL

Im Rahmen der digitalen Transformation von DNV GL wurden weitere Erfahrungen gemacht, die für derartige Vorhaben von genereller Bedeutung zu sein scheinen.

Industriegrenzen verschwimmen. Digitale Technologien und datenbasierte Geschäftsmodelle ermöglichen es Spielern aus benachbarten Industrien und mit überschaubaren Investitionen, in ihnen bisher fremde Geschäftsfelder einzudringen. Hardwareanbieter werden zu Dienstleistern, Kunden und Lieferanten zu Wettbewerbern, Start-ups greifen aus dem scheinbaren Nichts an. Diese neuen Wettbewerber stellen die eigentliche Gefahr für das eigene Überleben dar und können disruptiv ganze Industrien auf den Kopf stellen oder gar zerstören. Die Bedrohung durch bestehende Wettbewerber dagegen folgt bekannten Regeln und ist deswegen in der Regel weniger disruptiv, die durch sie verursachten Effekte treten schrittweise und berechenbar ein.

Konsequenterweise ist die klassische Fokussierung auf Marktanteile bzw. Anteile im angestammten Markt gefährlich und kann zu strategischen Fehlanalysen führen. Die Betrachtung des klassischen Marktes muss mit ergänzenden Perspektiven flankiert werden:

- Intensivere Beobachtung von Start-ups, kleinen Anbietern in Marktnischen und Randaktivitäten von Spielern aus benachbarten Industrien, sobald diese Angebote für Kunden im Kernmarkt entwickeln und anzubieten beginnen. Eine frühzeitige Identifikation möglicher Gefahren bietet die besten Chancen für eine entsprechende Entwicklung des eigenen Angebots, um diesen potenziellen Angreifern den Raum zur Entwicklung in eine attraktive und damit gefährliche Position zu nehmen.
- Derartige Angreifer basieren ihre Ansätze oftmals aus einem tiefen Verständnis der (sich entwickelnden) Bedürfnisse von Kunden. Oftmals generiert jenseits der klassischen Marktforschung durch intensive Beobachtungen und Auseinandersetzung mit den handelnden Personen, kann dieses Verständnis Märkte sichtbar werden lassen, die es in diesem Zuschnitt so noch gar nicht gibt. Die hier liegenden Gestaltungsmöglichkeiten können äußerst attraktiv, die generierbaren First-Mover-Vorteile nachhaltig sein. Die Ansätze von Kim und Mauborgne (2004) zur Blue Ocean Strategy® erscheinen hier wegweisend. Auch etablierte Spieler sollten diese Perspektiven suchen. Nicht nur ist Angriff oftmals die beste Verteidigung – durch bereits bestehende Assets wie Marke, Kundenzugang, finanzielle Ressourcen etc. bestehen oft gute Chancen, auch in diesen benachbarten Märkten starke Positionen aufzubauen. Das aus dem Geschäftsfeld „Fleet Performance Management“ stammende Produkt „ECO Insight“ von DNV GL ist hierfür ein gutes Beispiel.
- Trends entstehen in der Regel nicht im stabilen Zentrum, sondern an den Rändern von Märkten, bei den Innovatoren, bei den Spielern, die etwas Neues ausprobieren (und damit nicht notwendigerweise immer erfolgreich sein müssen). Amy Web (2016) beschreibt sehr gut die Bedeutung und Aufnahme dieser „Fringe Signals“. Es ist sinnvoll, seinen Beobachtungsradius auch auf Spieler auszudehnen, die nicht zu den Top 10 einer Branche gehören, die nicht am meisten von sich reden machen. Nicht alles, was an den Rändern geschieht, ist relevant, aber (fast) alles, was relevant ist, ist zuerst an den Rändern in Erscheinung getreten.

Traditionell liegt der Fokus von Innovationsstrategien auf Produkt- und gegebenenfalls noch Prozessinnovation. Dieses gilt insbesondere für technisch geprägte Organisationen, deren Erfolg oft auf dem tiefen technischen Know-how ihrer Mitarbeiter basiert und die eine entsprechende Kultur entwickelt haben. Im Kontext digitaler Transformation ergeben sich wesentliche Verschiebungen:

- Die Technologien, die bisher den Erfolg eines Unternehmens geprägt haben, und damit das entsprechende Know-how der Belegschaft, werden ergänzt und teilweise ersetzt durch neue technologische Kompetenzen. Programmieren, Data Management und Science, Machine Learning usw. werden zu gefragten Kompetenzen. Diese Kompetenzen müssen aufgebaut werden und Platz und Akzeptanz in der Organisation finden. Da mit ihnen oft die gleichen Fragen bearbeitet werden wie mit traditionellen technischen Disziplinen und Methoden, sind Konflikte und Misstrauen vorprogrammiert. Bei DNV GL wurde die Erfahrung gemacht, dass eine intelligente Verbindung der verschiedenen Methoden und damit eine vertrauensvolle Zusammenarbeit der unterschiedlichen Disziplinen Erfolgsvoraussetzung ist und erst in dieser Verbindung relevante neue Erkenntnisse gewonnen werden.
- Schlagzeilen machten in den vergangenen Jahren in der Regel nicht Produkt-, sondern Geschäftsmodellinnovationen. Insbesondere, wenn diese neuen Geschäfte erfolgreich als Plattform aufgebaut werden, können sie unter Umständen schnell skalieren und sind von Wettbewerbern nur schwer zu kopieren. Somit liegen in solchen Innovationen große Risiken und Chancen. Geschäftsmodellinnovationen verlangen nach neuen Perspektiven und Fähigkeiten in Ergänzung zu den technischen. Strategisches Denken und externe Perspektiven werden benötigt sowie eine solide kaufmännische Basis.

Das zentrale Element der Transformation von DNV GL – genauso wie von jeder unternehmerischen Transformation – ist und bleibt die Führung. Einer Organisation ist Richtung und Sicherheit zu geben, wertvolle Ressourcen müssen neu verteilt, Widerstände überwunden werden. Bothelo et al. (2017) nennen in ihrem Beitrag im Harvard Business Review Grundsätze, die sich sehr gut auf die bei DNV GL gemachten Erfahrungen übertragen lassen. Insbesondere in Zeiten des sich beschleunigenden Wandels sind diese Grundsätze essenziell, nicht nur für den CEO, sondern für das gesamte der Transformation verpflichtete Management:

1. Decide with speed and conviction,
2. engage for impact,
3. adapt proactively,
4. deliver reliably.

Unter einer solchen Führung, die sich diesen Grundsätzen verpflichtet fühlt, und mit einem gründlich geplanten Vorgehen auf Basis sauber definierter und differenzierter Systeme können auch etablierte Unternehmen ihre Transformation in Angriff nehmen. Wenn sie dabei auf kompetente und engagierte Mitarbeiter zur Gestaltung der Veränderungsprozesse zurückgreifen können, sollte einem Erfolg nichts mehr im Wege stehen.

Literatur

Bezos, J. (2017). 2016 letter to shareholders. https://www.amazon.com/p/feature/z6o9g6sysxur57t. Zugegriffen: 15. Dez. 2017.

Bothelo, E. L., Rosenkoetter Powell, K., Kincaid, S., & Wang, D. (2017). What sets successful CEOs apart. *Harvard Business Review*, *2017*, 70–77.

DNV GL (2016). *Annual Report 2015*. Hovik. Eigenverlag.

Kim, W. C., & Mauborgne, R. (2004). Blue ocean strategy. *Harvard Business Review*, *2004*, 76–84.

O'Reilly, C. A., & Tushman, M. L. (2004). The ambidextrous organization. *Harvard Business Review*, *2004*, 74–81.

Peters, T., & Waterman, R. (1982). *In search of excellence*. New York: Harper & Row.

Web, A. (2016). *The signals are talking*. New York: PublicAffairs.

Albrecht Grell verantwortet die digitale Transformation des maritimen Geschäftsfelds von DNV GL. Zu seinem Aufgabenspektrum gehören darüber hinaus das Innovationsmanagement sowie die Führung der Sparte für digitale Produkte und Dienstleistungen. Bevor er diese Anfang 2016 geschaffene Rolle übernahm, führte Albrecht Grell unterschiedliche Geschäftsbereiche innerhalb der maritimen Dienste und von 2007 bis 2009 den Bereich „Corporate Development and M&A". Albrecht Grell verfügt über 25 Jahre Erfahrungen in unterschiedlichen Industrien. Auf den Berufseinstieg als Berater und später Projektleiter bei McKinsey&Company in Deutschland und Indien folgten Stationen im Tchibo-Konzern sowie die Gründung und der spätere Verkauf eines eigenen Unternehmens im Foodservice-Bereich. Albrecht Grell hat Wirtschaftswissenschaften an der Universität Kiel studiert und verfügt über einen MBA der Kellogg Graduate School of Management (USA).

19 Wertschöpfungskettenorientierte Betrachtung der Digitalisierung im Mittelstand

Ivo Mersiowsky, Uta Bösch und Gerald Feigenbutz

19.1 Ausgangssituation

Der Mittelstand ist das Rückgrat der deutschen Wirtschaft und steht weltweit für hohe Qualität. Doch Globalisierung und Digitalisierung stellen gerade produzierende Unternehmen von technischen Produkten vor Herausforderungen. Der mittelständische Fensterbau ist ein gutes Beispiel. Die Unternehmen stecken in einer Zwickmühle: Einerseits bedarf es Produkt- und Prozessinnovationen, um wettbewerbsfähig zu bleiben; andererseits ist das Produkt Fenster einem ruinösen Preiskampf gegenüber Importware ausgesetzt. Weil der Materialaufwand die Herstellkosten dominiert, lassen sich anscheinend kaum mehr Einsparungen realisieren. Der Kostendruck verringert den Spielraum für Innovationen und anstehende Investitionen. Branchenexperten erwarten daher in den nächsten Jahren eine weitere Konsolidierung im Bereich kleiner und mittlerer Fensterbauer (Theopold et al. 2016).

Die Digitalisierung scheint hier neue Perspektiven zu eröffnen: Eine vernetzte, zunehmend flexible und individualisierte Produktion sowie neue Funktionalitäten der Produkte könnten die Wettbewerbsfähigkeit der deutschen Fensterbauer verbessern. Jedoch weisen Experten seit geraumer Zeit darauf hin, dass selbst die Hidden Champions im deutschen Mittelstand weithin zu Overengineering und Perfektionismus neigen. Produkte erhalten

I. Mersiowsky (✉) · U. Bösch
Quiridium GbR
Tübingen, Deutschland
E-Mail: ivo.mersiowsky@quiridium.de

U. Bösch
E-Mail: uta.boesch@quiridium.de

G. Feigenbutz
Gütegemeinschaft Kunststoff Fensterprofilsysteme e.V.
53113 Bonn, Deutschland
E-Mail: gerald.feigenbutz@qke-bonn.de

M. H. Dahm und S. Thode (Hrsg.), *Strategie und Transformation im digitalen Zeitalter*, FOM-Edition, https://doi.org/10.1007/978-3-658-22032-7_19

technische Features, die das eigentliche Kundenbedürfnis übertreffen und somit auch nicht auf Zahlungsbereitschaft treffen. Dabei werden wertvolle Ressourcen verschwendet: sowohl Material als auch Arbeit und Energie. Abgesehen von steigenden Herstellkosten würden somit auch Ressourcen fehlen für strategisch relevante Vorhaben. Die Wettbewerbs- und Zukunftsfähigkeit wären beeinträchtigt.

Die Digitalisierung bedingt zwar zunächst innerbetriebliche Maßnahmen, verändert jedoch zugleich Aufbau und Steuerung der gesamten Wertschöpfungskette. Der überwiegende Wertbeitrag durch Vorprodukte und Leistungen, die in das Produkt Fenster einfließen, stammt aus der Lieferkette. Insofern setzt die Optimierung eine unternehmensübergreifende Betrachtung und Zusammenarbeit voraus. Für eine erfolgreiche Umsetzung gibt es Voraussetzungen, wie zum Beispiel Softwarelösungen und Schutzmechanismen für sensible Daten und Produktionsprozesse. Entscheidend ist jedoch eine Veränderung der Kultur hin zu mehr Offenheit und Kooperation. Zu diesen Themen gründen führende Unternehmen der Fensterbaubranche derzeit ein Innovationsforum (siehe Walther 2017).

Welche Chancen, Risiken und Herausforderungen dieser Ansatz mit sich bringt, wurde in Interviews mit Branchenexperten aus sämtlichen Wertschöpfungsstufen des PVC-Fensters (Profilhersteller, Fensterbauer usw.) erkundet:

- Welchen Vorteil bietet eine Betrachtungsweise des digitalen Wandels, die sich stärker an der gesamten Wertschöpfungskette orientiert?
- Welche Chancen und Herausforderungen für interne Abläufe und für die Zusammenarbeit mit Kunden und Lieferanten sehen Branchenexperten in einer stärkeren Einbeziehung der Wertschöpfungskette in die Digitalisierungsstrategie?
- Inwiefern eignet sich Ressourceneffizienz als Leitindikator, um ein ausgewogenes Verhältnis von Aufwand und Nutzen der Digitalisierung zu erreichen?

Insgesamt neun Interviews und begleitende Fachgespräche wurden im September 2017 mit Vertretern folgender Unternehmen bzw. Verbände geführt:

1. Hersteller von PVC
2. Hersteller alternativer Werkstoffe
3. Profilhersteller und Systemhaus
4. Fensterbauer
5. Hersteller fensternaher Bauprodukte
6. Recycler
7. Maschinenbauer
8. Softwarehaus
9. Gütegemeinschaft

19.2 Grundlagen

19.2.1 Die Wertschöpfungskette im Fensterbau

Der Kunststoff Polyvinylchlorid (PVC) ist mit knapp 60 % der vorherrschende Werkstoff im Fensterbau und liegt noch deutlich vor Metall (18 %) und Holz (15 %) (Friedrichs et al. 2016, S. 1). PVC-Fenster gelten als besonders wirtschaftlich in der Anschaffung und im Unterhalt, zumal wenn ihre energieeinsparende Wirkung in die Lebenszykluskosten einbezogen wird. PVC-Profile als Fensterrahmen ermöglichen die industrielle Herstellung und haben besondere Stärken in der Energieeffizienz des Fensters. Zudem besteht ein gut organisiertes Sammel- und Recyclingsystem für Altfenster. Im europäischen Durchschnitt sind mittlerweile rund zehn Prozent und in Deutschland sogar knapp 20 % des Materials für die Fensterprofilproduktion Rezyklat. Dabei handelt es sich um PVC aus Altfenstern, die getrennt gesammelt und hochwertig aufbereitet werden (Feigenbutz 2017, S. 14). Indem dieser Sekundärwerkstoff im Profilkern eingesetzt und außen mit Neuware umgeben wird, kann ein Fensterprofil zu 50 % aus Rezyklat bestehen, ohne dass etwa Verfärbungen auftreten. So wird die Ressourcenintensität der Neuproduktion erheblich entlastet.

Charakteristisch für die Fertigung in der Kunststoffindustrie sind eine geringe Fertigungstiefe, hohe Taktzeiten und ein breites Stückzahlspektrum. Die Kunststoffindustrie ist bei hoher ökonomischer Relevanz vor allem durch kleine und mittlere Unternehmen geprägt (Schebek et al. 2017, S. 85). Speziell im Fensterbau gibt es eine große Spanne der Betriebsgrößen, vom Handwerksbetrieb mit einer Handvoll Mitarbeiter bis zum industriell ausgerichteten Vollsortimenter mit zweistelligen Mitarbeiterzahlen (je nach Fertigungstiefe). Die bei Weitem überwiegende Anzahl der Fensterbaubetriebe liegt im Bereich bis zu zehn Millionen Euro Jahresumsatz und ist handwerklich geprägt. Den Markt für Fenster und Türen in Neubau und Renovierung kennzeichnen recht geringe Wachstumsraten (Tschorn 2017). Bedingt durch den Preisverfall beim Fenster ist die Beschäftigtenzahl seit Langem rückläufig, und es entstand ein entsprechender Rationalisierungsdruck (Arnold 2004). Dieser Druck wächst durch zunehmende Importe noch, sodass die Konsolidierung der Branche voranschreitet (Theopold et al. 2016).

Im Fokus der Betrachtung stehen nachfolgend der Kunststoff-Fensterbau, insbesondere Systemhäuser und Fensterbaubetriebe. Die Wertschöpfungskette des Fensterbaus (Abb. 19.1) beginnt mit den Roh- und Werkstoffen und erstreckt sich über sämtliche Fertigungsschritte bis hin zu Architekten und Bauherren. Im Anschluss an die Nutzungsphase sind ferner Recycling bzw. Entsorgung einzubeziehen. Vereinfachend sind hier nur wesentliche Schritte der Herstellungsphase des Kunststoffanteils gezeigt.

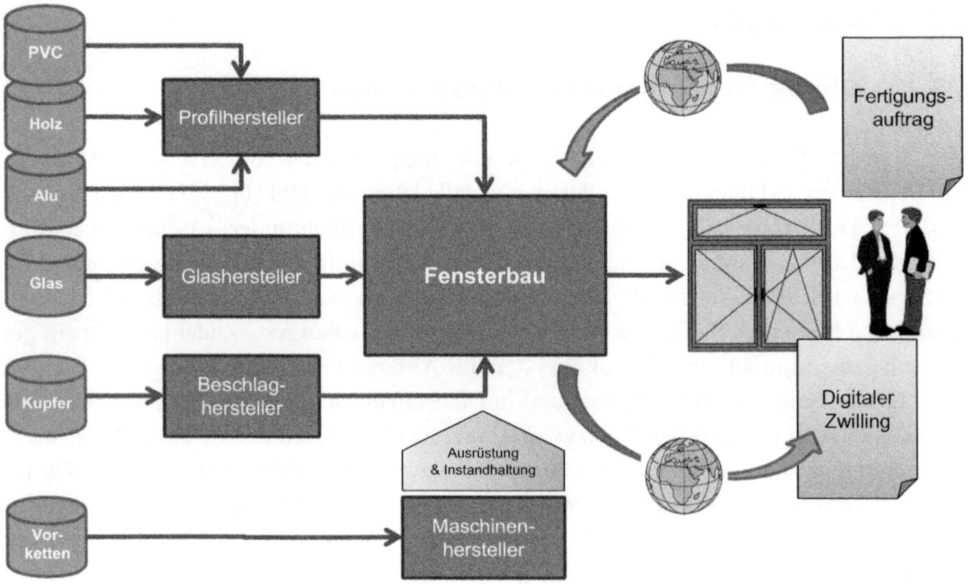

Abb. 19.1 Wertschöpfungskette Fensterbau, vereinfachte Darstellung von Lieferkette und Produktion als Grundlage einer Modellierung und Analyse

Wertschöpfungskette beim Fensterbau

1. **Kunststofferzeuger** (PVC, Additive, Compounds): Die Preise für PVC sind derzeit recht stabil. Jedoch sind fossile Rohstoffe (Öl, Erdgas) knapp und unterliegen geopolitischen Risiken, sodass zumindest längerfristig schwankende Einkaufspreise (Volatilität) drohen. Daher wird nach Alternativen geforscht: Der Kohlenstoffanteil im PVC kann bereits aus nachwachsenden Rohstoffen erzeugt werden. Zumal einige Kundengruppen grundsätzlich Holz bevorzugen, ist die Entwicklung völlig neuer Werkstoffe auf der Basis nachwachsender Rohstoffe von Interesse: Sie besäßen ähnliche Verarbeitungseigenschaften wie Kunststoff und wären sogar für die Extrusion von Fensterprofilen geeignet. Derzeit sind sie aber noch nicht am Markt verfügbar. Solange bei fossilen Rohstoffen Externalitäten wie der Klimawandel nicht vollständig eingepreist werden, gelten zudem die Preise nachwachsender Rohstoffe als noch nicht wettbewerbsfähig.
2. **Kunststoffverarbeiter** (Extrusion von PVC-Fensterprofilen): Neben PVC-Neuware werden hier in erheblichem Umfang auch Rezyklate eingesetzt, die zur Entlastung der Rohstoffreserven eine wesentliche Rolle spielen.
3. **Maschinenbau**: Die Maschinen zur Verarbeitung von Profilen und zur Herstellung von Fenstern sind zunehmend mit Schnittstellen zum Datenaustausch ausgestattet und innerbetrieblich vernetzt.

4. **Systemhaus** (Design und Konstruktion): Hier findet die wesentliche Innovationsleistung für Fenstersysteme statt, und es bestehen am ehesten Freiheitsgrade im Design.
5. **Fensterbaubetrieb** (Herstellung und Montage des Fensters): Viele Betriebe verarbeiten durchaus auch mehrere Werkstoffe (etwa PVC, Holz oder Aluminium). Die Nähe zum Kunden ist hier gegeben, insofern kann hier auch Fachberatung erfolgen, allerdings sind die Freiheitsgrade durch die Vorgaben des Systemhauses bereits eingeschränkt.
6. **Bauherren, Architekten und Bauunternehmen**: Fenster werden teils über den Fachhandel vertrieben, teils direkt für Bauvorhaben gefertigt. Neben dem Neubau spielt die Renovierung von Objekten eine nicht zu unterschätzende Rolle.
7. **Nutzer des Objekts**: Der Einfluss des Nutzers ist bedeutend, da sein Verhalten (Handhabung, Pflege und Wartung) sowohl die tatsächliche Energieeffizienz der Gebäudehülle als auch die Langlebigkeit des Fensters günstig oder ungünstig beeinflussen kann.
8. **Bauunternehmen**: Im Zuge von Umbau, Renovierung oder Abriss ist die getrennte Sammlung ausgebauter Altfenster mittlerweile Stand der Technik. Allerdings ließen sich durch elektronische Produktdokumentation die Logistik, Sortierung und Aufbereitung sogar noch weiter verbessern.
9. **Recycling- und Entsorgungsunternehmen**: Durch Recycling lassen sich Wertstoffkreisläufe schließen, indem wertvolle Sekundärrohstoffe in die Profilherstellung zurückgeführt werden. Durch die sortenreine Sammlung werden inzwischen sehr hohe Recyclingquoten und -qualitäten erzielt.

Bislang wurde beim PVC-Fenster in einem stetigen Innovationsprozess die Leistungsfähigkeit, gerade in puncto Energieeffizienz, kontinuierlich verbessert. Doch wenn heute schon erkennbare Trends sich überlagern und gegenseitig verstärken, sind disruptive Veränderungen entlang der gesamten Wertschöpfungskette des Fensters zu erwarten. Sowohl Produktentwicklung als auch Herstellung, Gebrauch und Rückbau von Fenstern unterliegen dann anderen Anforderungen. Einer der wesentlichen industrieübergreifenden Trends ist die Digitalisierung. In dem von der Unternehmensberatung Accenture erstellten digitalen Index der Industriecluster findet sich die Bauindustrie auf einem der hinteren Plätze – ähnlich wie Maschinen- und Anlagenbau sowie Chemie (Riemensperger et al. 2016, S. 4). Im Gegensatz zu Vorreitern der Digitalisierung wie IT, Kommunikation und Elektronik handelt es sich also bei Unternehmen aus der Branche Fensterbau eher um Nachzügler.

19.2.2 Digitalisierung

Das Ziel der Digitalisierung im Allgemeinen ist die Organisation und Steuerung der Wertschöpfungsketten von Produkten über ihren gesamten Lebenszyklus. Dabei spielen die Orientierung an Kundenwünschen, die Verfügbarkeit relevanter Informationen in Echtzeit und das Zusammenwirken von Menschen, Produkten und Systemen in selbstorganisierten Wertschöpfungsnetzwerken eine Rolle (Barbian et al. 2016, S. 1). Wichtige Bestandteile dieser Entwicklung sind die Automatisierung und Vernetzung von Produktion und Produkten. Hinzu kommen neue, digitale Geschäftsmodelle (Winterstein und Heinze 2017). Auch für den Fensterbau eröffnet die Digitalisierung potenziell attraktive Perspektiven:

- Eine vernetzte, zunehmend flexible und individualisierte Produktion (sogenannte Industrie 4.0) könnte auch dank kürzerer Durchlaufzeiten die Wettbewerbsfähigkeit von Unternehmen im Fensterbau steigern,
- neue Funktionalitäten und Features von Produkten (Integration von Sensoren und Aktoren, sogenannte Smart Windows) könnten den Qualitätsstandard „Made in Germany" weiter aufwerten.

Fensterbaubetriebe müssen dafür im Wesentlichen folgende Voraussetzungen schaffen:

- Aufträge und zugehörige Konstruktionsdaten werden zunehmend digital übermittelt,
- Maschinen sind so vernetzt, dass Produktionsdaten zusammengeführt und ausgewertet werden können.

Damit verändert sich auch die überbetriebliche Kommunikation. Für die Vorketten des Fensterbauers bedeutet Digitalisierung, dass Material- und Vorproduktdaten übermittelt werden können und sollen. Planern und Kunden ermöglicht die Digitalisierung, dass sie per Web Fenster konfigurieren und bestellen können. Insbesondere bei Architekten besteht eine Erwartungshaltung, dass eine erweiterte Produktdokumentation einschließlich Gütezeichen und Umweltdeklaration verfügbar ist. Gerade bei anspruchsvollen Projekten kann es auch darum gehen, mit einem „digitalen Zwilling" des Fensters eine Gebäudeberechnung (Building Information Modelling, BIM) sowie Bewertungen zum nachhaltigen Bauen zu unterstützen.

19.3 Ergebnisse der Befragung

19.3.1 Innerbetriebliche Aspekte der Digitalisierung

Welche Handlungsfelder im Zusammenhang mit der Digitalisierung im Fensterbau bestehen, beschreiben die befragten Branchenexperten wie folgt:

- **Stammdatenmanagement**: Stammdaten sind die Grundlage aller Prozesse in Unternehmen und zwischen Unternehmen; sie sind somit auschlaggebend für den Unternehmenserfolg. Im engeren Sinne handelt es sich beispielsweise um Stücklisten ebenso wie Informationen zu Kunden und Lieferanten (Lindl et al. 2015, S. 3). Das Management von Stammdaten gilt als unabdingbare Grundlage für die Digitalisierung. Die Gütegemeinschaft Kunststoff-Fensterprofilsysteme fördert derzeit den Dialog in der Branche insbesondere in Bezug auf Schnittstellen und Datenaustausch.
- **Datenverfügbarkeit**: Die Bereitstellung kann durch Maschinen ebenso wie durch Menschen erfolgen. Jedoch sind viele Maschinen im Fensterbau noch nicht vernetzt, und der Übergang zur papierlosen Fertigung hält erst langsam Einzug. Die Möglichkeiten zur Automatisierung, Flexibilisierung und Vernetzung in Produktion und Prozesssteuerung werden bei Weitem noch nicht ausgeschöpft.
- **Datenaustausch**: Während die innerbetriebliche Steuerung der Produktion schon einigermaßen fortgeschritten ist, hinkt der überbetriebliche Datenaustausch zur Steuerung der Wertschöpfungskette noch hinterher. Auch die Digitalisierung des Produktes, also die Anreicherung des Fensters mit Informationsträgern oder Zusatzfunktionen etwa mit Blick auf Smart-Home-Anwendungen, ist noch nicht sonderlich weit fortgeschritten.
- **E-Commerce und BIM**: Ein spezieller und vor allem an den Bedürfnissen der Abnehmer von Fenstern und anderen Bauprodukten orientierter Teilbereich der Digitalisierung sind webbasierte Konfigurator-Tools, Onlineshops sowie das Building Information Modelling (BIM). Während erste Webplattformen entstehen, wird erwartet, dass binnen wenigen Jahren BIM als Standard für die Übermittlung von Bauproduktdaten an Architekten und Planer etabliert ist, sodass kurzfristig entsprechende Voraussetzungen zu schaffen sind.
- **Datenintegration und -nutzung**: Eine Zusammenführung unterschiedlicher Datenquellen und insbesondere die Auswertung im Zusammenhang mit neuen oder veränderten Geschäftsmodellen sind bisher schwach ausgeprägt. Hier ist die handwerkliche Prägung der Branche am deutlichsten.

Erkennbar wird also, welche tragende Rolle den Daten und deren Nutzung entlang der Wertschöpfungskette für die Digitalisierung zukommt. Weniger ausgeprägt ist das Bewusstsein, dass es beim Stammdatenmanagement und anderen Maßnahmen zur Digitalisierung eben nicht nur um Daten geht, sondern vielmehr um Strategie, Führung, Kommunikation und Kooperation.

In Anbetracht des umfassenden Ausmaßes des anstehenden Wandels zeigt die Haltung zur Digitalisierung sehr unterschiedliche Facetten. Die meisten der befragten Branchenexperten behandeln das Thema etwas distanziert und mit recht hohem Abstraktionsniveau. Dabei reicht die Spanne vom Erkennen willkommener Optimierungspotenziale über vorsichtiges Abwarten bis hin zur Ablehnung als unnützes Trendthema oder sogar Bedrohung:

Haltung zur Digitalisierung im Fensterbau

- **Positiv**: Vielfach erkennen die befragten Branchenexperten bereits deutliche Nutzenpotenziale und begrüßen die entstehenden Möglichkeiten zur Optimierung und Wettbewerbsfähigkeit. Ein IT-Experte unterstreicht die Schaffung größtmöglicher Transparenz. Er hebt neue Möglichkeiten für weitergehende Services und engere Kundenbindung hervor, erkennt darin ein potenzielles Alleinstellungsmerkmal und eine „digitale Marktbarriere". Dabei besteht die Notwendigkeit, für jede betroffene Zielgruppe, beispielsweise Mitarbeiter in der Produktion, den konkreten Nutzen klar aufzuzeigen, um Akzeptanz für Veränderungen (bei ohnehin hoher Arbeitsbelastung) zu erhalten.
- **Neutral**: Bei eher nüchterner Betrachtung gilt die Digitalisierung als Fortschreibung der Automatisierung und somit betriebswirtschaftlich rationale Entwicklung. Ein Produktionsexperte sieht Big Data allein als nicht ausreichend an und warnt vor überzogenem Enthusiasmus. Viele Branchenvertreter überblicken konkrete Maßnahmen und mögliche Folgewirkungen noch zu wenig und äußern daher einen Bedarf an mehr grundlegender Information.
- **Negativ**: Vereinzelt kommen auch Befürchtungen in Bezug auf Überforderung und begrenzte Kontrollmöglichkeiten zum Ausdruck. Einer der Befragten thematisiert die Manipulationsgefahr bei Datenerhebungen. Dem könne durch sachgerechte Beschränkung des Erhebungsumfangs begegnet werden, die den Kontrollraum des Datenlieferanten respektieren. Dass die Digitalisierung potenzielle Nachteile für den Mittelstand birgt, bestätigt eine Reihe der Befragten. Es fehlten die personellen Kapazitäten, um das Thema zu beobachten, sowie die Mittel für Investitionen. In Bezug auf mögliche Berührungs- und Veränderungsängste empfiehlt der Vertreter eines bereits gut aufgestellten Unternehmens, sich proaktiv und eingehend mit dem Thema Digitalisierung zu befassen.

Mit Blick auf die Planungssicherheit besteht somit offenkundig ein erheblicher Informations- und Beratungsbedarf. Entsprechende Investitionsentscheidungen ziehen finanziellen und personellen Aufwand nach sich. Während ein Verbandsvertreter die Position vertritt, dieser Aufwand wäre im Zuge regulärer Reinvestition vertretbar, fordert ein Fensterbauer Wirtschaftsförderungsmaßnahmen. Er warnt zugleich vor Marktverzerrungen durch uneinheitliche Anforderungen: Wichtig wären demnach gleiche Spielregeln für alle Marktteilnehmer.

19.3.2 Menschliche Aspekte der Digitalisierung

Die Umsetzung der Digitalisierung in Unternehmen ist jedoch nicht nur eine technische Frage, sondern auch vom Faktor Mensch und der inner- und überbetrieblichen Zusammenarbeit geprägt. Hier sehen die Branchenexperten vor allem folgende Herausforderungen:

- **Generationenbezogene Vorbehalte**: Während viele jüngere Geschäftsführer und Mitarbeiter Offenheit für die Digitalisierung mitbringen, haben Ältere oft Berührungsängste, die eine Umstellung von Betrieben und Prozessen behindern. Branchenexperten erwarten, dass die Umsetzung der Digitalisierung und der grundlegende Wandel von Geschäftsmodellen insgesamt noch etwa eine Generation dauern. Allerdings stehen derzeit bereits viele Betriebsübergaben und Generationswechsel an Unternehmensspitzen an, sodass der Wandel bereits beginnt und über die nächsten Jahre kontinuierlich voranschreiten wird. Auch der Austausch auf Augenhöhe zwischen Mitarbeitern verschiedener Generationen kann den Veränderungsprozess unterstützen. So empfiehlt ein Branchenexperte, die Zusammenarbeit jüngerer und älterer Mitarbeiter bei der Umsetzung von Maßnahmen im Zuge der Digitalisierung zu stärken: Auf diese Weise kann die digitale Affinität etwa von Auszubildenden der Generationen Y und Z mit der Erfahrung langjähriger Mitarbeiter zusammenwirken.
- **Personelle Kapazitäten**: Marktbeobachtung und strategische Planung ebenso wie die Auswahl, Entscheidung und Umsetzung von konkreten Projekten zur Realisierung der Digitalisierungsstrategie erfordern personelle Kapazitäten. Gerade für kleine und mittelständische Unternehmen ist es besonders schwer, diese freizustellen.
- **Motivation**: Betriebliche Veränderungen bedeuten zunächst Mehraufwand. Die Motivation hierfür erfordert Überzeugungsarbeit, mitunter Weisungen und vor allem unmittelbare Vorteile für die Betroffenen, etwa durch Zeitersparnis und eine Vereinfachung durch papierlose Dokumentation. Für viele Mitarbeiter stellen Arbeitserleichterungen und Prozessoptimierung schon einen Anreiz dar, insbesondere wenn ihr Engagement diesbezüglich wertgeschätzt und gegebenenfalls auch incentiviert wird. Dies belegen auch Erfahrungen in Projekten aus dem baden-württembergischen Förderprogramm „100 Betriebe für Ressourceneffizienz" (Schmidt et al. 2016).
- **Mitarbeiteranzahl**: Digitalisierung wird in der Diskussion häufig mit einer Verringerung der Mitarbeiterzahl in Verbindung gebracht. Insbesondere ältere Mitarbeiter in der Branche fürchten einen Verlust ihres Arbeitsplatzes. Derzeit verzeichnet die Branche teilweise sogar steigende Mitarbeiterzahlen (ca. 20 % aller Betriebe im Fensterbau). Mittelfristig wird aufgrund der höheren Produktivität, die durch die Digitalisierung ermöglicht wird, tatsächlich eher eine Verringerung der Mitarbeiterzahlen bei gleicher Kapazität oder eine Vergrößerung der Produktion bei gleicher Mitarbeiteranzahl erwartet.
- **Qualität und Qualifikation**: Die Automatisierung verstetigt die Produktqualität, die somit weniger von der „Tagesform" des Mitarbeiters abhängig ist. Dabei wird vor allem Mitarbeiterleistung im routinisierbaren bzw. standardisierbaren Bereich ersetzt,

übrig bleiben anspruchsvollere Aufgaben. Ein Fensterbauer beschreibt den hohen Ausbildungsstand der Mitarbeiter als wesentlichen Erfolgsfaktor: Durch akademische und insbesondere duale Ausbildungen sowie regelmäßige Schulungen seien sie in der Lage, komplexe Planungsaufgaben durchzuführen und Kunden besser zu beraten.

- **Zusammenarbeit**: Digitalisierung schlägt nicht zuletzt Brücken zwischen Funktionsbereichen und Standorten bis hin zu Kunden und Lieferanten. Die Umsetzung wird durch die unterschiedlichen Perspektiven und Interessen und durch isolierte Aktivitäten häufig behindert. Die Lösung besteht darin, für die Beteiligten eine gemeinsame Zielsetzung zu entwickeln und vor allem in eine Kultur des bereichsübergreifenden Dialogs und Mitdenkens zu investieren. Interessant ist auch, wie sich die Interaktion von Mensch und Maschine entwickelt. Derzeit entstehen mitunter Konflikte durch den „Druck" automatisierter Fertigungslinien auf händische Arbeitsstationen. In Zukunft könnten sich bei Einsatz von Robotik durchaus Synergien verwirklichen lassen.

19.3.3 Innovationsprozesse in der Digitalisierung

Die befragten Branchenexperten halten es für wesentlich, dass die technischen und kulturellen Voraussetzungen für einen proaktiven und erfolgversprechenden Umgang mit der Digitalisierung geschaffen werden. Dazu zählen sowohl das aktive Beobachten, die proaktive Auseinandersetzung mit dem Thema und die Formulierung bzw. Klärung einer entsprechenden Strategie als auch Investitions- und Personalentscheidungen.

Ein Teilnehmer aus dem Bereich Profilherstellung hebt die Bedeutung einer „forschenden" Geisteshaltung hervor: So könnten zum einen die am Fertigungsprozess beteiligten Mitarbeiter Optimierungspotenziale erkennen und heben, zum anderen sind oftmals die Beobachtungen „Externer" hilfreich, um Muster zu erkennen und zu deuten. Externe Perspektiven können sowohl aus anderen Abteilungen, wie zum Beispiel dem Controlling, als auch durch unternehmensfremde Beobachter, wie beispielsweise Berater, eingebracht werden.

Bezogen auf das Produkt Fenster sind indes weiteren Optimierungen der Energieeffizienz Grenzen gesetzt. Anstelle der bisher stetigen Innovationsdynamik des Fensters könnten Produktinnovationen durch Sensoren, Aktoren und smarte Displays völlig neue Technologiepfade eröffnen.

Auffallend ist indessen, dass die innerbetriebliche Umsetzung der Digitalisierung in der Diskussion der großen Mehrheit der Branchenexperten eher geringen Raum einnimmt. Der Schwerpunkt der Überlegungen der Branchenexperten liegt in der Auseinandersetzung mit den Umfeldfaktoren und allgemeinen Überlegungen zum Einfluss der Digitalisierung auf die Fensterbaubranche. Dies lässt sich auch darauf zurückführen, dass Digitalisierung für die Mehrzahl der Betriebe noch wenig greifbar ist und die Auseinandersetzung mit dem Thema erst begonnen hat.

19.3.4 Wettbewerb und Kunden in der Digitalisierung

Die Wettbewerbssituation und strukturelle Aspekte spielen in der Darstellung der Branchenvertreter eine wichtige Rolle. Früher war der Fensterbau von lokalen und regionalen deutschen Anbietern geprägt. Hingegen wurden in Deutschland 2016 bereits etwa 21 % der Fenster aus dem Ausland importiert, vor allem aus Polen. Während die Importquote steigt, beträgt der Anteil der exportierten deutschen Fenster nur etwa neun Prozent (Tschorn 2017). Die Importware sind vor allem vorgefertigte, nicht maßgefertigte Fenster.

Angesichts dieser Entwicklung setzt sich die Branche mit den Unterschieden gegenüber ausländischen Mitbewerbern auseinander. Polnischen Anbietern wird eine höhere Produktivität bescheinigt. Dies wird vor allem auf eine stärkere Integration der Betriebe zurückgeführt, die ihnen eine höhere Ressourceneffizienz ermöglicht. Auch geringere Arbeitskosten spielen eine Rolle, wenngleich ihr Anteil an den Gesamtkosten verhältnismäßig gering ist. Erklärungsansätze für die Entwicklung im osteuropäischen Fensterbau werden auch in EU-Subventionen und dem Fehlen deutscher Auflagen gesehen, die zu einer Wettbewerbsverzerrung führen.

Auch im deutschen Markt findet ein harter Preiskampf statt, indem Anbieter sich gegenseitig unterbieten, obwohl höhere Preise realisierbar wären. Dies wird sowohl für Fensterbaubetriebe als auch für Systemhäuser berichtet. Dabei wird die Qualitätsdifferenzierung zunächst nachrangig. Als möglicher Lösungsansatz werden Preisregulierungen angesprochen. Neben dem Preiskampf wird jedoch auch eine andere Tendenz im Markt wahrgenommen: Hochpreisige Markenprodukte verzeichnen aktuell Umsatzzuwächse.

Der Kostendruck durch steigende Herstellungskosten, die andererseits nicht durch entsprechende Preissteigerungen ausgeglichen werden können (Theopold et al. 2016), verringert den Spielraum für Innovationen und anstehende Investitionen, die auch für den Umgang mit der Digitalisierung dringend erforderlich sind. Branchenexperten erwarten daher in den nächsten Jahren ein weiteres Verschwinden kleiner und mittlerer Fensterbauunternehmen.

Nicht nur der Wettbewerb in der Fensterbaubranche ist im Wandel, auch die Bedürfnisse und die Rolle des Kunden verändern sich im Zuge der Digitalisierung. So ermöglicht die Digitalisierung neue Produkte und Services. Zu den neuen Produkten gehören beispielsweise Smart Windows. Sie werden als Chance für die Branche gesehen, weil sie aus dem preissensitiven Standardproduktportfolio herausragen. Da sie eher im hochpreisigen Segment angesiedelt sind, ermöglichen sie damit deutlich mehr Umsatz für die Unternehmen. Neue Services wie etwa Wartungs-Apps können die Kundenbindung stärken.

Die Digitalisierung kann auch eine Veränderung der Rolle des Kunden bedeuten; er wird zum „Prosumer": Zum einen kann der Kunde die digitale Wertschöpfungskette direkt anstoßen. Zum anderen kann er in die Wertschöpfung einbezogen werden. Kundenwünsche und Trends steuern zwar die Branche, sind jedoch nicht immer durch eine gute Informationsgrundlage gestützt. Insbesondere die Qualität oder technische Unterschiede sind für Kunden oft nicht zu erkennen. In dieser Hinsicht bedarf es einer besseren Kommunikation und Information der Kunden. Die mangelnde Wertschätzung des Fensters im Vergleich zu Lifestyle-Produkten wie zum Beispiel Küche oder Bad führt zur Preisorientierung.

Unternehmen stoßen derzeit an die Grenzen der Optimierung von Preis, Qualität und Umweltorientierung. Eine Weiterführung dieses Ansatzes erscheint den Branchenexperten nur möglich, wenn eine Steuerung und Optimierung entlang der gesamten Wertschöpfungskette geschieht – eines der Kernanliegen der Digitalisierung. Dazu bedarf es zunächst eines intensiven Dialogs zwischen den Unternehmen, der derzeit noch nicht stattfindet.

19.3.5 Digitalisierung entlang der Wertschöpfungskette

Viele Potenziale der Digitalisierung setzen die Beteiligung weiterer Akteure entlang der Wertschöpfungskette voraus. Sie erschließen sich erst bei einer Betrachtung der Branche über die gesamte Wertschöpfungskette hinweg. Digitale Werkzeuge und Schnittstellen ermöglichen das Übermitteln von Daten entlang der Wertschöpfungskette, wobei gleichzeitig ein Zusatznutzen entsteht. Die überbetriebliche Zusammenarbeit und das Denken in kreislaufwirtschaftlichen Systemen sind also wesentliche Erfolgsfaktoren und Innovationspotenziale. Das Verständnis der Wertschöpfungskette im Fensterbau ist indessen unterschiedlich ausgeprägt:

- Zumeist konzentriert sich das tägliche Handeln auf Interna und die direkten Kunden-Lieferanten-Beziehungen. Bei den industriell geprägten Unternehmen, wie zum Beispiel Rohstoff- und Profilherstellern, bietet diese Kommunikation möglicherweise zu wenige Gelegenheiten für das Erkunden von Kundenbedürfnissen und die Anwendung als übernächste Wertschöpfungsstufe.
- Demgegenüber weist der Fensterbauer einerseits eine teils handwerklich geprägte Fertigung und Kundennähe auf und hat andererseits den starken Bezug zum Systemhaus als Lieferanten. Betriebsübergreifende Fragestellungen zur Digitalisierung werden also hier viel deutlicher.
- Gerade Verbände betrachten die Wertschöpfungskette aus der Vogelperspektive und mit einem gewissen Abstraktionsgrad. Die Wertschöpfungskette im Fensterbau ist danach nicht gleichförmig, sondern in Blöcke unterteilt: Der erste Block umfasst die industrielle Vorfertigung vom Rohstoff bis zum Systemhaus; der zweite Block umfasst die eher handwerkliche Fertigung und Montage ab dem Fensterbauer. Die Schnittstelle zwischen Systemhaus und Fensterbauer macht sich deutlich bemerkbar, wenn Maßnahmen im Zuge der Digitalisierung eine engere Zusammenarbeit entlang der Wertschöpfungskette erfordern.

Grundsätzlich stehen die Vorteile einer hohen Flexibilität bei vielfältigen Kunden-Lieferanten-Beziehungen denen einer intensiven Entwicklungspartnerschaft bei engerer oder sogar exklusiver Bindung gegenüber. Eine stärkere Integration der Wertschöpfungskette hingegen kann den Personalaufwand reduzieren. Gemeinsame Vorstellungen über die Kundenbedürfnisse und Markttrends zu entwickeln, erfordert Dialog. Doch bestehen Vorbehalte gegenüber einer zu engen Zusammenarbeit und Offenlegung, die derzeit noch als Bremse für die Digitalisierung wirken:

- Ein Systemgeber berichtet, dass Fensterbauer dessen Beratungsangebote ungern annehmen, weil ein zu tiefer Einblick in Geschäftsprozesse und Zahlen nicht erwünscht ist.
- Entsprechend äußert ein Fensterbauer Vorbehalte gegenüber einer stärkeren Öffnung zum Systemhaus, weil gerade durch dessen Produkt- und Preispolitik der unternehmerische Gestaltungsspielraum des Fensterbauers eingeschränkt werden kann.

Hier sehen Branchenexperten Verbesserungspotenziale und begrüßen die Anregung einer Plattform für einen regelmäßigen und tiefer gehenden Austausch. Beim Datentransfer verschärft sich die Zurückhaltung noch. Der Anspruch an den Einsatz digitaler Technologien und die gelebte Wirklichkeit gehen bislang weit auseinander:

- Die Gütegemeinschaft Kunststoff-Fensterprofilsysteme unterstreicht die Notwendigkeit des Stammdatenmanagements als Voraussetzung für die Datenübertragung entlang der Wertschöpfungskette. Selbst diese innerbetrieblichen Voraussetzungen sind aber noch längst nicht in ausreichendem Maß geschaffen. In Arbeitskreisen werden derzeit die Vereinheitlichung von Datenformaten und die Definition entsprechender Schnittstellen behandelt. Allerdings sind hier wiederum nicht alle relevanten Akteure beteiligt: Neben Fensterbauern und Softwarehäusern wären auch die Maschinenbauer besser einzubinden, um den problemlosen Datenaustausch zu gewährleisten.
- In besonderem Maß ist hiervon die aktuell notwendige Vorbereitung für BIM-Systeme betroffen. Denn bereits ab 2020 sollen BIM-Daten an Architekten und Planer übermittelt werden. Doch selbst fortschrittlichen Fensterbauern, die bereits seit geraumer Zeit CAD-Systeme statt Zeichnungen verwenden, stehen hier noch umfassende Maßnahmen bevor, um gut aufgestellt zu sein.
- Dass BIM-Systeme Vorteile mit sich bringen, liegt auf der Hand. Experten aus den Bereichen Fenster und Fassade schildern die Gewerkelücke beim Einbau von Fenstern: Anschlüsse und Übergänge fallen teilweise aus den Produktbeschreibungen und Zuständigkeiten heraus. Gerade hier entstehen Probleme für die Gütesicherung und Abnahme. Daher hilft eine bessere Informationsverfügbarkeit zu den Produkten und ihren Einbaubedingungen. Die Datenübermittlung und Kommunikation von der Baustelle zurück zum Fensterbauer würde zudem ein Nachsteuern bei Glasbruch oder die Freigabe bei erfolgten Abnahmen erlauben.
- Eines der zentralen Hemmnisse besteht hingegen im Argwohn gegenüber einer zu freizügigen Datenübermittlung. Fensterbauer könnten eine ungewollte Offenlegung ihrer Wettbewerbsvorteile befürchten. Ein Hersteller von fensternahen Bauprodukten, der

hier schon weiter fortgeschritten ist, hält entgegen, dass BIM-Datensätze keine wettbewerbsrelevanten Informationen enthalten, die nicht auch durch Produktrecherchen oder Demontage erhältlich wären. Die Angst, zu viel preiszugeben, sei also unbegründet: Das Know-how stecke nicht in den Produktdaten, sondern in Kompetenzen und Prozessen.
- Allein schon durch die Größenverhältnisse und ihre Marktmacht können die Systemhäuser gegenüber den Fensterbauern „tonangebend" wirken und weitreichend die zu verwendenden Systeme zum Management der Lieferkette oder gegebenenfalls BIM-Lösungen bestimmen. Hier gehen nach Einschätzung eines IT-Experten den Fensterbauern Chancen zur Differenzierung und Kundenbindung verloren.

19.4 Empfehlungen

19.4.1 Rolle von Normen und Gütekriterien

Bislang war der Fensterbau eher von stetiger Innovation geprägt, insbesondere bei der kontinuierlichen Verbesserung der Energieeffizienz. Entsprechend zeigt die Branche eine grundsätzlich positive Haltung gegenüber Normen und Richtlinien, die hier eine wichtigere Rolle spielen als bei radikalen oder disruptiven Innovationsprozessen. Insofern werden auch für die Digitalisierung Voraussetzungen in der Normung gesehen:

- Klare und verständliche Normen mit zumindest europäischer Reichweite sowie gute Umsetzungsleitfäden können Aufwand und Kosten der Digitalisierung reduzieren.
- Insbesondere Standards zu Datenformaten und -schnittstellen für den Austausch zwischen Maschinen und Werken bringen die Digitalisierung der Branche voran.
- Der Gesetzgeber sollte den digitalen Wandel im Fensterbau und anderen Branchen nicht nur fordern, sondern auch fördern. Durch bessere Rahmenbedingungen und durch die Vernetzung der Akteure können öffentliche Stellen Voraussetzungen für die Integration von Wertschöpfungsketten schaffen.

Die Digitalisierung eröffnet aber auch neue Möglichkeiten in der Gütesicherung. Gütezeichen geben Endkunden und kommunalen Beschaffern Entscheidungshilfen. Die RAL-Gütegemeinschaft Kunststoff-Fensterprofilsysteme e. V. (GKFP) verleiht als Zertifizierungsstelle ein Gütezeichen an Mitgliedsunternehmen, die sich im Sinne einer freiwilligen Selbstverpflichtung den Regeln der Güte- und Prüfbestimmungen unterwerfen. Eine wesentliche Voraussetzung für Qualitätssicherung und Leistungsnachweise ist Transparenz. Genau diese Transparenz wird durch die Digitalisierung erleichtert:

- Fensterbauer und Vertreter der Gütesicherung weisen auf die Bedeutung gleicher und fairer Bedingungen und Anforderungen hin. So lässt sich unlauterer Wettbewerb vermeiden, der insbesondere angesichts des harten Preiskampfs den Wettbewerb verzerrt.

- Im Objektgeschäft wird nachhaltiges Bauen immer wichtiger und bestimmt zunehmend den Marktzugang: Dafür sind digitale Produktinformationen erforderlich.
- „Made in Germany" hat derzeit noch einen deutlichen Marktwert und gilt anderen Regionen als Orientierung. Allerdings ist dies kein nachhaltiger Wettbewerbsvorteil mehr, da internationale Produktions- und Qualitätsstandards sich einander angleichen.

Überdies wirken sich Normen auch als Festlegung anerkannter Methoden und guter Praxis auf die innerbetrieblichen Prozesse aus. Sowohl der Einsatz digitaler Technologien als auch die Vorgehensweisen lassen sich auf diese Weise weiterentwickeln:

- Die durch digitalisierte Prozesse einfachere Einbeziehung von Energie- und Materialeffizienz in die betriebliche Gütesicherung ermöglicht auch kleinen und mittleren Unternehmen, von entsprechenden Einsparungen zu profitieren. Bisher haben eher große Unternehmen dank besserer personeller und finanzieller Ausstattung Effizienzgewinne realisiert.
- Digitale Tools erleichtern die ganzheitliche Planung und Analyse betrieblicher Handlungsfelder wie Einkauf, Produktportfolio und Produktionssteuerung. Bisher unterliegen die Unternehmen einer Vielzahl von Einzelregelungen, deren Zusammenführung sehr aufwendig ist. So hat der Einsatz von Rezyklaten Einfluss auf Werkstoff- und Produkteigenschaften sowie Herstellkosten, hängt aber gleichzeitig von teils widersprüchlichen abfall- und gefahrstoffrechtlichen Regelungen ab.

19.4.2 Ressourceneffizienz als Kompass

Die Digitalisierung der Fensterbaubranche ermöglicht einerseits Kosteneinsparungen durch Effizienzgewinne; andererseits bestehen erhebliche Risiken, wenn betriebliche Ressourcen wie Material, Energie, Wissen, Arbeit und finanzielle Mittel bei diesem tief greifenden Wandel nicht zielführend eingesetzt werden. Dazu bedarf es zunächst eines besseren Bewusstseins für den Wertbeitrag der nicht-finanziellen Ressourcen: Eine Analyse der Materialeffizienz legt beispielsweise mehr Wertschätzung von Werkstoffen und Vorprodukten nahe. Im Jahr 2014 nahmen die Kosten für Materialaufwendungen mit rund 43 % den mit Abstand größten Kostenblock im verarbeitenden Gewerbe ein. Sie stellen somit ein weithin unterschätztes Einsparpotenzial dar, sofern es gelingt, Verschwendung und „nutzlose" Aufwendungen zu erkennen. Allerdings liegen nur etwa fünf bis zehn Prozent der Wertschöpfung in der betrieblichen Kontrolle des Fensterbauers; der bei Weitem überwiegende Anteil stammt aus vorgelagerten Stufen der Wertschöpfungskette. Insbesondere bei den dominanten Materialkosten können Mitbewerber in Osteuropa oder auch Fernost Vorteile herausholen, wenn günstige Rohstoffpreise und staatliche Subventionen zu einer Verbilligung führen. Umgekehrt sind bei den hiesigen geringen Fertigungstiefen Verluste an wertvollen Materialien und Vorprodukten unbedingt zu vermeiden.

Die Kosten für Personal lagen demgegenüber bei knapp 19 %, die für Energie bei 1,9 % der Herstellkosten (Daten des Statistischen Bundesamts, zitiert in Schebek et al. 2017, S. 10). Die Personalkosten sind als Einsparpotenziale also von eher untergeordneter Bedeutung. Reduzierte Durchlaufzeiten durch automatisierte Prozesse scheinen zunächst einen Ansatzpunkt zu bieten, zumal auf dem Faktor Arbeit in Deutschland hohe Kosten lasten. Doch in Anbetracht ihres geringen Beitrags zu den Herstellkosten könnten sich investive Maßnahmen nicht so bald rechnen.

Dennoch ist nicht nur die Kreislaufwirtschaft, sondern auch der verantwortungsvolle Umgang mit menschlichen Ressourcen wie Zeit und Kreativität anzustreben. Diese umfassende und ganzheitliche Betrachtungsweise ist sowohl Gelegenheit als auch Herausforderung für die Digitalisierung einer jeden Branche. Während die bisherige Definition des Begriffs Ressourceneffizienz sich üblicherweise auf finanzielle und natürliche Ressourcen beschränkt, ist dies für die Optimierung der Unternehmens- und Produktleistung zu eingeschränkt. Überlegungen zum Lean Management zeigen, dass nicht-wertschöpfende Anteile am Personalaufwand Einsparpotenziale bieten. Beispiele sind:

- *defensiver Mehraufwand* für administrative Prozesse (Gutachten, „Trouble-shooting" und Rechtsstreitigkeiten), schadensvermeidende Prozesse (Arbeits-, Gesundheits- und Umweltschutz) und rechtfertigende Kommunikation (Pflege der Reputation);
- *komplexitätsbedingter Mehraufwand* für Organisationserhalt (Strukturen und Prozesse), Lösungsfindungs- und Abstimmungsprozesse sowie IT-Systeme und -prozesse.

Durch den tief greifenden und aufwendigen Wandel infolge Digitalisierung kann auch der deutsche Fensterbau viel gewinnen oder viel verlieren: Chancen durch mehr Kundennutzen und schlankere Prozesse stehen Risiken durch ressourcenintensive Produktmerkmale und reibungsintensive Abläufe entgegen. Umgekehrt müssen die beim Materialaufwand und beim nicht-wertschöpfenden Personalaufwand realisierten Einsparungen für strategische Projekte wie Digitalkompetenz verwendet werden, um die Zukunftsfähigkeit der Unternehmen tatsächlich zu stärken.

Die Bilanz ließe sich durch Wertsteigerungen verbessern, die auf eine höhere Zahlungsbereitschaft beim Kunden treffen. Dies könnte durch neue Funktionalitäten erreicht werden, durch komplexen Sonderbau und durch Qualitätsmerkmale, die sich auch in der Langlebigkeit und dem geringeren Instandhaltungsaufwand (Lebenszykluskosten) der Fenster niederschlagen. Als Maß für den Kundennutzen und die Zahlungsbereitschaft kann der Verkaufspreis verwendet werden. Mithilfe der Wertanalyse und Flusskostenrechnung lassen sich auch Teilnutzen des Produktes Fenster ins Verhältnis zu den dafür aufgewendeten Produktionsfaktoren bzw. Ressourcen setzen. Dabei legt die Einbeziehung der Wertschöpfungskette (Activity-based Footprinting) den wahren Wert eingesetzter Werkstoffe und Vorprodukte offen. Verschiedene Produktentwürfe, Produktvarianten und Produktportfoliovarianten können also im Hinblick auf Nutzen und Ressourcenaufwand bewertet werden.

Teilnutzen des Produktes Fenster

- Licht, Transparenz
- Lüften
- Wärmeschutz
- Schallschutz
- Einbruchsschutz
- Insekten- und Pollenschutz
- möglich: Informationsdarstellung (Display)
- möglich: Gebäudetechniksteuerung (User Interface, Tablet)
- emotionale Nutzenbestandteile wie Atmosphäre und Lifestyle

In einer erweiterten Sicht auf Produktivität kann die Ressourceneffizienz als wesentliche Kennzahl für eine zukunftsfähige Unternehmensführung verwendet werden, ein Nutzen/Aufwand-Verhältnis („Return on Resources"):

- Im Zähler steht der Nutzen, beispielsweise abgebildet durch den Preis als Maß von Wertschätzung und Zahlungsbereitschaft;
- Im Nenner steht der (monetär bewertete) Gesamtaufwand an Material, Energie und Arbeit.

$$Ressourceneffizienz = \frac{Kundennutzen\ (Preis)}{Gesamtaufwand\ (Material, Energie, Arbeit)}$$

Das Zentrum Ressourceneffizienz (ZRE) des VDI empfiehlt in einer aktuellen Studie, die Ressourceneffizienz von Produktvarianten bereits während des Produktentwicklungsprozesses zu bewerten (Schebek et al. 2017, S. 183). Obwohl ein Produkt B verglichen mit dem Vorgänger A technisch leistungsfähiger ist, kann dennoch der wahrgenommene Mehrnutzen für den Kunden abnehmen; entsprechend verhält sich die Zahlungsbereitschaft des Kunden. Jedoch steigt der Aufwand für die Weiterentwicklung überproportional (Pareto-Prinzip, siehe Abb. 19.2). Demzufolge spricht viel für eine Konsolidierung der Leistungsanforderungen und – weil dies nicht uneingeschränkt möglich ist – für eine Verflachung der Aufwandskurve durch smarte Einsparungen.

Indem der Ressourcenaufwand für derzeitige und innovative Produkte hinterfragt und Prozesse durchgehend optimiert werden, lässt sich die Wettbewerbsfähigkeit der Fensterbaubranche im digitalen Wandel verbessern. Als aussagekräftige Kennzahl und Steuerungsgröße in Unternehmensführung und Produktmanagement kann die Ressourceneffizienz kostspielige Fehlentwicklungen bei Produkt- und Prozessinnovationen aufdecken und somit als Kompass für die Digitalisierung dienen.

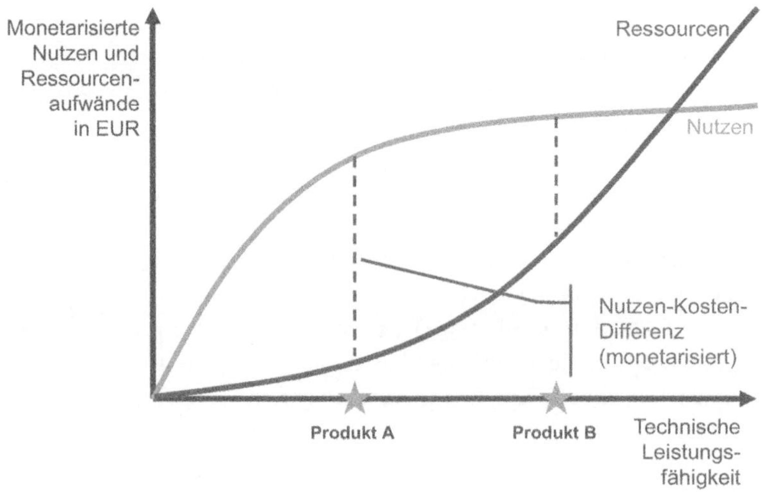

Abb. 19.2 Schematische Darstellung des Kundennutzens und des monetarisierten Ressourcenaufwands

19.4.3 Entwickeln einer Digitalisierungsstrategie

In Anbetracht des steigenden Wettbewerbsdrucks besteht in der Fensterbaubranche erheblicher Handlungsbedarf. Bisher setzt sich die Branche eher reaktiv mit der Digitalisierung auseinander. Die Strategieentwicklung setzt jedoch eine sorgfältige Bestandsaufnahme der Kernkompetenzen, der Prozesse und des Produktportfolios sowie des Umfeldes voraus. Die proaktive Beschäftigung mit der Digitalisierung und konkrete Maßnahmen sind derzeit noch auf wenige Unternehmen und oft auf wenige jüngere Fach- und Führungskräfte in den Unternehmen beschränkt.

Um die Handlungsbereitschaft in den Unternehmen zu steigern, sollten sich möglichst alle Führungskräfte mit dem Thema Digitalisierung beschäftigen. Es ist nachgewiesen, dass Teams und Geschäftsleitungen dazu neigen, jenen Informationen, die allen Gruppenmitgliedern bekannt und vertraut sind, mehr Zeit und Aufmerksamkeit zu widmen und diese in entsprechenden Entscheidungen zu berücksichtigen (Stasser und Titus 1985, S. 1470). Dies wird durch verstärkte Information, vor allem aber über die eigene Auseinandersetzung mit den Entwicklungen gefördert. Beispielsweise sollte jede Führungskraft für ihren jeweiligen Fachbereich Veränderungen bei Technologie, Umfeld, Markt und Wettbewerb selbst beobachten. Aufgrund dieser Analysen von Möglichkeiten und Auswirkungen der Digitalisierung erhalten Führungsteams eine breite Grundlage zur Überarbeitung der Unternehmensstrategie und für neue Geschäftsmodelle.

Dieser Ansatz bringt mit sich, dass Strategie zwar Chefsache ist und bleibt, aber nicht vom Geschäftsführer allein gedacht und gestaltet wird. Die Digitalisierungsstrategie wird vielmehr von möglichst vielen Führungskräften erarbeitet und mitgetragen. Das Wissen über die Digitalisierung als strategisches Thema wird dabei auf mehr Köpfe verteilt und erhöht die Wahrscheinlichkeit, dass das Thema auf die Agenda gelangt und in konkreten Handlungen mündet. Beispiele für Handlungsansätze sind:

1. Für alle Unternehmen entlang der Wertschöpfungskette im Fensterbau ist zunächst das *Stammdatenmanagement* mit seinen Voraussetzungen an Organisation, Unternehmenskultur und IT neu zu regeln. Eine umfassende Analyse von Produkten und Prozessen im Hinblick auf ihre *Ressourceneffizienz* deckt Optimierungspotenziale und Handlungsfelder auf. Mögliche Maßnahmen im Zuge der Digitalisierung sollten also geprüft werden, ob sie tatsächlich den Kundennutzen steigern und/oder wertvolle betriebliche Ressourcen entlasten.
2. In den *industriellen Vorketten* kann die Digitalisierung der Produktion Ansatzpunkte bieten. Zwar gilt eine völlige kundenspezifische Flexibilität als derzeit nicht machbar, weil die Produktionsanlagen aufgrund ihrer Anfahrvorgänge Mindestlosgrößen erfordern und deshalb eine Trägheit gegenüber Nachfrageschwankungen mit sich bringen. Profilhersteller könnten aber Standorte miteinander vernetzen, um mittels übergreifender Produkt- und Produktionsplanung noch mehr als bisher vielfältige Kundenwünsche abzubilden. Künftig wären sogar komplett andere, etwa additive Produktionsverfahren mit entsprechend anderer Rohstoffbasis denkbar.
3. Die *Systemhäuser* spielen aufgrund ihrer technologischen Kompetenz eine Schlüsselrolle bei der Einführung von Werkzeugen und Prozessen im Zuge der Digitalisierung. Sie können und sollten ihre angeschlossenen Fensterbauer mit Informationen und in der Umsetzung unterstützen. Damit die Fensterbauer trotz generischer Lösungen Differenzierungsmöglichkeiten erhalten, ist eine sorgfältige Balance beider Interessen wichtig. Denkbar wäre eine Beschränkung auf die Vermittlung von Werkzeugen, Standardschnittstellen und Basiskompetenzen, um gleichzeitig ein unternehmensspezifisches Customising zu fördern. Digitale Tools und Geschäftsmodelle könnten im Rahmen von Open-Design-Prozessen oder Creative-Commons-Lizenzen die hiesige Branche voranbringen.
4. *Fensterbauer* sollten mit Blick auf ihre Kernkompetenzen produktnahe Services definieren, die ihnen echte Alleinstellungsmerkmale verschaffen. Indem sie Kunden beispielweise bei der Planung digital unterstützen oder ein digitales Produktgedächtnis für Wartung und Instandhaltung nutzen, können sie ihre Abhängigkeit von dem verhältnismäßig einfach imitierbaren Produkt Fenster verringern. Dienstleistungen ermöglichen nicht nur schwer einholbare Wettbewerbsvorteile, sondern es hält sich auch der Ressourcenaufwand für Produktinnovationen wie Smart-Home-Anwendungen in Grenzen.

Diesen Ansätzen ist gemein, dass erst der intensive Dialog und Datenaustausch zwischen Unternehmen entlang der Wertschöpfungskette und im partnerschaftlichen Netzwerk Innovationen erschließt.

Literatur

Arnold, H. (2004). Preisentwicklung im deutschen Fenstermarkt. www.fensterplatz.de/fenster/fenster.nsf/Alias/051205bic. Zugegriffen: 10. Nov. 2017.

Barbian, M., Gräßler, I., Piller, F. T., Gülpen, C., & Welp, P. (2016). Digitale Chancen und Bedrohungen – Geschäftsmodelle für Industrie 4.0. VDI-VDE-Statusreport, Mai 2016. https://www.vdi.de/fileadmin/user_upload/2016-08-10_VDI-GMA_Statusreport-Digitale-Chancen_Geschaeftsmodelle-fuer-I40.pdf. Zugegriffen: 4. Dez. 2017.

Feigenbutz, G. (2017). Fenster fürs Leben. Themenheft der Gütegemeinschaft Kunststoff-Fensterprofilsysteme e.V. (GKFP). http://www.gkfp.de/fileadmin/gkfp/inhalte_2017/Ver%C3%B6ffentlichungen/Themenheft_Kunststofffenster.pdf. Zugegriffen: 4. Dez. 2017.

Friedrichs, M., Hülsmann, T., & Vetter, M. (2016). AGPU Blitz-Info Nr. 1, Stand Frühling 2016. Arbeitsgemeinschaft PVC und Umwelt e.V. (AGPU). http://www.agpu.de/infocenter/blitz-info. Zugegriffen: 4. Dez. 2017.

Lindl, M., Haferkorn, F., Wächtler, A., Kersebohm, P., Heil, M., & Löffler, J. (2015). Praxisbroschüre Stammdaten und Stammdatenmanagement. Mittelstand-Digital, herausgegeben vom BMWi. http://www.mittelstand-digital.de. Zugegriffen: 4. Dez. 2017.

Riemensperger, F., Hagemeier, W., Pfannes, P., Wahrendorff, M., & Feldmann, M. (2016). Digitalisierung entzaubern – wie die deutschen Top500 digitale Blockaden lösen. Executive summary. Accenture. https://www.accenture.com/_acnmedia/PDF-5/Accenture-Top500-DE-Executive-Summary-Final-Web.pdf. Zugegriffen: 4. Dez. 2017.

Schebek, L., Kannengießer, J., Campitelli, A., & Fischer, J. (2017). *Ressourceneffizienz durch Industrie 4.0*. VDI-ZRE-Studienbericht. https://www.ressource-deutschland.de/fileadmin/Redaktion/Bilder/Newsroom/Studie_Ressourceneffizienz_durch_Industrie_4.0.pdf. Zugegriffen: 4. Dez. 2017.

Schmidt, M., Spieth, H., Bauer, J., & Haubach, C. (2016). *100 Betriebe für Ressourceneffizienz – Band 1: Praxisbeispiele aus der produzierenden Wirtschaft*. Heidelberg: Springer Spektrum.

Stasser, G., & Titus, W. (1985). Pooling of unshared information in group decision making: biased information sampling during discussion. *Journal of Personality and Social Psychology*, *48*, 1467–1478.

Theopold, S., Greiner, C., & Moll, F. (2016). *Deutschlands Fensterindustrie im Formcheck: Wie müssen sich Fensterhersteller strategisch ausrichten, um die Markt- und Wettbewerbskräfte zu beherrschen?* Studienkurzfassung, Munich Strategy Group. http://www.munich-strategy.com/de/publikationen/branchenstudien/management-reader/deutschlands-fensterindustrie-im-formencheck.html. Zugegriffen: 4. Dez. 2017.

Tschorn, U. (2017). *Fenster- und Türenbranche für 2018 anhaltend optimistisch*. Verband Fenster + Fassade (VFF). Pressemitteilung vom 07.11.2017. http://window.de/verband-fenster-fassade/presse-medien/pressemitteilungen/einzelansicht-vff/news/fenster-undtuerenbranche-fuer-2018-anhaltend-optimistisch. Zugegriffen: 10. Nov. 2017.

Walther, M. (2017). *Expertenkreis I4.0 im Maschinenbau – Fensterproduktion*. XING-Forum (dient während der Gründungsphase des Innovationsforums als Informationsplattform). https://www.xing.com/communities/groups/expertenkreis-i4-punkt-0-im-maschinenbau-fensterproduktion-63aa-1087752. Zugegriffen: 4. Dez. 2017.

Winterstein, T., & Heinze, B. (2017). *Fenestration Business, Industrie 4.0 – Strategie, Kontext, Verknüpfung*. Ausgabe 1, 2017. PrefCo GmbH. http://www.fenestration.business. Zugegriffen: 4. Dez. 2017.

Dr.-Ing. Ivo Mersiowsky ist seit 2015 Gründer und Managing Partner bei Quiridium, wo er Führungskräfte darin unterstützt, Nachhaltigkeit in Produktmanagement und Unternehmensführung umzusetzen. Er studierte Bauingenieurwesen und Umwelttechnik an der TU Hamburg-Harburg sowie Umweltrecht & Umweltökonomie an der Universität Lüneburg. Nach seiner Promotion im Jahre 2002 zum Umweltverhalten von PVC-Produkten war er zunächst als Fachführungskraft für Ökobilanzierung und Nachhaltigkeit bei Solvay, später als Berater für Nachhaltigkeitsmanagement bei Five Winds International und ab 2008 als Geschäftsfeldleiter Nachhaltigkeitsmanagement bei der DEKRA tätig. Nach Weiterbildungen zum Innovationscoach und Systemischen Berater am ZWW Augsburg war er zuletzt Mitglied der Geschäftsleitung bei DEKRA Consulting.

Uta Bösch (Dipl.-Psych., MA) ist seit 2015 Gründerin und Managing Partner bei Quiridium, wo sie Führungskräfte und Führungsteams in der Kompetenzentwicklung und bei Veränderungsprozessen unterstützt. Sie studierte Psychologie an der TU Berlin, Arbeits- und Organisationspsychologie an der RWTH Aachen und Personalentwicklung im lernenden Unternehmen an der TU Kaiserslautern. Nach verschiedenen Funktionen in der Personalberatung, im Personalmanagement und in der Führungskräfteentwicklung von Unternehmen machte sie sich 2008 als Beraterin mit den Schwerpunkten Coaching, Führungskräfteentwicklung sowie Strategieformulierung und -umsetzung selbstständig. Dabei hat sie insbesondere Unternehmen verschiedener Branchen in der Neuaufstellung begleitet.

Gerald Feigenbutz (Dipl.-Ing.) ist seit 2007 Geschäftsführer der RAL-Gütegemeinschaft Kunststoff-Fensterprofilsysteme e.V. (GKFP), des Qualitätsverbands Kunststofferzeugnisse e.V. (QKE) sowie auf europäischer Ebene der European PVC Window Profile and Related Building Products Association (EPPA). Er studierte Verfahrenstechnik an der FH Mannheim und Universität Karlsruhe. Ergänzend dazu hat er 1997 bis 1998 das General-Management-Programm am INSEAD, Fontainebleau absolviert. Er begann seine Laufbahn in der technischen Entwicklung der Rhodia AG Freiburg und war dort später Produktionsleiter. 1994 wurde er Werksleiter bei Nylstar GmbH, Freiburg, wechselte 1999 in die Konzernzentrale nach Mailand und wurde 2002 zum Geschäftsführer Deutschland ernannt. Er ist zudem Lehrbeauftragter für Corporate Restructuring im Executive MBA Programm der Hochschule Furtwangen.

Die Herausgeber

Prof. Dr. Markus H. Dahm begleitet seit 1995 deutsche, europäische und globale Organisationen in Strategie-, Transformations- und Change-Prozessen. Der Fokus liegt auf digitalem Wandel, strategischer Neuausrichtung, Produktivitätssteigerung mittels Lean Management, Organisationsentwicklung, Qualitätsmanagement mittels Six Sigma, Kulturwandel und Leadership-Themen. Aktuell ist er Abteilungsleiter in der Beratungs-Practice Digital Change &Transformation in der IBM Deutschland GmbH. Zuvor war Markus Dahm einige Jahre als Experte für Bankberatung bei Ernst & Young in München europaweit tätig. Er publiziert regelmäßig zu aktuellen Management- und Leadership-Fragestellungen in wissenschaftlichen Fachmagazinen, Blogs und Online Magazinen sowie der Wirtschaftspresse und ist Autor zahlreicher Bücher. Markus Dahm hat Lehraufträge am Hasso-Plattner-Institut in Potsdam und der Kühne Logistics University in Hamburg. Seit über zehn Jahren ist er fest in die Lehre und Forschung an der FOM Hochschule Essen/ Hamburg verankert. Als Digital Transformation Thought Leader ist er als Speaker zu Themen wie New Ways of Work, Digitalisierung, Digital Leadership und agile Organisationsgestaltung auf Konferenzen und Symposien gefragt. Markus Dahm ist Mitglied der Schweizerischen Gesellschaft für Organisation, des International Bankers Forums, des Deutschen Outsourcing Verbandes, des BPM Bundesverbandes der Personalmanager und des DFJV Deutscher Fachjournalisten-Verband. Er lebt mit seiner Frau und seinen zwei Kindern in Hamburg.

M. H. Dahm und S. Thode (Hrsg.), *Strategie und Transformation im digitalen Zeitalter*, FOM-Edition, https://doi.org/10.1007/978-3-658-22032-7

Prof. Dr. Stefan Thode begleitet seit 20 Jahren internationale Konzerne, mittelständische Unternehmen und öffentliche Organisationen als Berater und Coach in komplexen Strategieentwicklungs- und Transformationsprozessen. Seine Grundüberzeugung: Eine umfassende Veränderung gelingt nur, wenn sie gleichermaßen strategisch, organisatorisch, technologisch und kulturell erfolgt. Bis 2008 war er für PricewaterhouseCoopers in verschiedenen Funktionen im In- und Ausland tätig, zuletzt als Global Strategy & Change Manager in London (UK) und Stamford (USA). Dort leitete er ein Team aus internationalen Change-Experten. Seit 2008 ist Stefan Thode ordentlicher Professor für Internationales Management an der FOM Hochschule in Hamburg. Er lehrt und forscht auf den Gebieten der Strategieentwicklung und -umsetzung, des Change Managements und der Organisationsgestaltung und -entwicklung. 2012 erhielt er den Lehrpreis der FOM Hamburg. Lehr- und Forschungsaufenthalte führten und führen ihn unter anderem an Universitäten in Istanbul, Kiew, Murcia, New York und Sydney. Stefan Thode wird als Speaker und Moderator zu Führungskräftekonferenzen und Podiumsdiskussionen eingeladen. Themen sind u. a. Agiles Management, Change Management, Geschäftsmodellinnovation, New Work, Strategie und Transformation. Er studierte Betriebswirtschaftslehre an der Christian-Albrechts-Universität zu Kiel und der McMaster University in Hamilton (Kanada); 2002 wurde er von der Universität Hamburg zum Dr. rer. pol. promoviert. Stefan Thode lebt mit seiner Frau und seinen beiden Töchtern in Hamburg.